MINISTÈRE
DU COMMERCE ET DES TRAVAUX PUBLICS.

CONSEIL SUPÉRIEUR DE COMMERCE.

ENQUÊTE
SUR LES HOUILLES.

1832.

PARIS.
DE L'IMPRIMERIE ROYALE.

1833.

MINISTÈRE
DU COMMERCE ET DES TRAVAUX PUBLICS.

CONSEIL SUPÉRIEUR DE COMMERCE.

HOUILLES.

ENQUÊTE pour la recherche et la constatation des faits qui doivent servir à résoudre la question de savoir s'il y a lieu de supprimer ou de réduire le droit perçu sur les Houilles étrangères, à leur importation en France, tant par mer que par terre,

COMMENCÉE LE 13 NOVEMBRE 1832.

SOMMAIRE DU CONTENU.

Note sur la houille.. *Page* 2.
Mesures diverses qui s'emploient dans le commerce de la houille............................ 2.
Exposé... 3.
Questions posées par l'enquête... 10.

Documents réunis à l'occasion de l'enquête.

Nº 1. Compte des frais supportés par la houille expédiée d'Andrezieux à Paris... 16.
2. Houilles qui ont payé l'octroi de Paris de 1818 à 1831.............. 20.
3 à 5. Tarif des houilles. 3. En France, depuis 1667. (Entrée.)...... 21.
4. En Angleterre. Entrée et sortie............ 22.
5. En Belgique. (Entrée, sortie et transit)... 23.
6. Importations. — 6. En France, de 1821 à 1832.............. 24.
7. Exportations et droits perçus. — 7. En Angleterre, de 1816 à 1832......... 25.
8. Houille expédiée par cabotage de Dunkerque et autres ports de France, de 1829 à 1832................................. 26.
9. Résultat d'expériences faites à Brest, en 1827, sur la qualité des diverses houilles.................................. 27.
10. Notice sur l'extraction de la houille aux États-Unis d'Amérique..... 28.
Enquête.. 29.
Liste des personnes entendues dans l'enquête.. 483.

HOUILLE (*hulla*, mot saxon), CHARBON DE TERRE.

On désigne par ce nom une substance minérale composée, dans des proportions variables, de charbon, de bitume et d'huile essentielle ; quelques centièmes de son poids sont formés d'oxydes, de sulfure de fer, de sulfates de chaux, de soude et d'alumine, de matière azotée, de débris organiques, etc.; elle est solide, noire, opaque, brillante, insipide, cassante et quelquefois même friable, pesant environ 1, 3, comparativement avec le poids de l'eau pris pour unité.

Les géologistes attribuent en général la formation de la houille à la décomposition de matières organiques enfouies dans le sein de la terre; ils y voient le résultat de la transition du bois végétal à l'état de bois fossile ou bois bitumineux, et de celui-ci, par une altération plus avancée, à l'état de lignites, puis à celui de houille ; enfin on attribue encore, aux changemens spontanés de cette dernière, la formation de l'anthracite. Il reste à expliquer comment ont pu rester, sans décomposition, les débris de végétaux que l'on rencontre dans le milieu des masses de houille, et il n'est pas démontré que les corps organiques donnent des bitumes dans leur décomposition spontanée : nous manquons donc encore de données positives sur l'origine de cette substance.

Elle est le combustible à la fois le plus abondant et le plus précieux, la base de presque toutes les industries manufacturières, l'une des principales causes de la richesse et de la puissance de la Grande-Bretagne, qui, la première, sut l'employer, et qui lui doit les immenses produits de la force de quatre cent mille chevaux, représentés par ses machines à vapeur.

Les mines de Newcastle, les plus productives de toutes, emploient seules 70,000 individus, et donnent annuellement 35,000,000 de quintaux métriques de houille.

La France n'offre pas d'exploitation aussi gigantesque; mais cela est dû à ce que la consommation y est plus bornée, car ses ressources en ce genre sont très-considérables. (Extrait du *Dictionnaire technologique des arts et métiers*, vol. 10, art. *Houille*.)

Mesures diverses qui s'emploient dans le commerce de la Houille.

Quintal métrique ou 100 kilogrammes. — 200 livres anciennes.

Hectolitre. — Mesure de capacité d'un mètre cube, qui, remplie d'eau, pèse 100 kilog., mais qui, remplie de houille, ne donne pas ce poids, à moins qu'on ne la surcharge par ce qu'on appelle le comble.

Ainsi, il faut distinguer et dire : Hectolitre { comble. — 100 kilog. ou 1 quintal métrique. / ras, — 80 kilog. à peu-près.

Tonneau de mer { français. — 10 quintaux métriques ou 10 hectolitres combles. / anglais. — 1015 kilog. 838/1000.

Livre belge. — 1 kilog.

Chaldron impérial anglais. — 12 hectol. 81/1000.

Maune. — Mesure de capacité équivalant à 1 hectolitre 1/2 ou hectolitre comble, soit exactement 2 quintal métrique.

Muid. — 4 maunes.

Voie. — 15 hectolitres ras ou 12 hectolitres combles.

EXPOSÉ.

On a toujours pensé que l'exploitation des richesses minérales ne pouvait être excitée et maintenue par des lois transitoires, et qu'il était de l'essence des travaux, qui ont les mines pour objet, d'être lents, et d'exiger, pour leur succès, l'effort continu de plusieurs générations.

L'Angleterre a longtemps maintenu des droits considérables sur l'importation des houilles étrangères. Aujourd'hui son tarif est encore de 5 francs par hectolitre (V. le tableau ci-après, page 22), quoiqu'elle n'ait pas à craindre qu'on lui apporte d'ailleurs des houilles moins chères que les siennes.

La France est, depuis peu, en voie de progrès dans l'extraction en grand de la houille.

Les mesures qu'elle a prises pour encourager cette industrie datent cependant d'assez loin. En voici l'historique : Un édit du 3 juillet 1692, le premier que l'on puisse considérer comme ayant eu l'intention formelle de favoriser l'exploitation des mines du royaume, fixa le droit d'importation du charbon de terre à 30 sols, le baril de 250 livres, poids de marc, ce qui revenait à 1 franc 20 centimes, le quintal métrique ou l'hectolitre.

Un arrêt du 19 juin 1703, confirmé par celui du 18 septembre 1762, réduisit ce droit au tiers seulement (40 centimes), pour les charbons venant de la Flandre et du Hainaut, par les frontières de Champagne et de Picardie.

Ainsi on retrouve, dès cette époque, la distinction qui est faite aujourd'hui en faveur des départements des Ardennes, de la Meuse et de la Moselle : ils ne payaient alors que 40 centimes, au lieu de 1 franc 20 cent., et, quand le tarif du 15 mars 1791 abaissa le droit proportionnel à 10 centimes, il affranchit tout-à-fait ces mêmes départements.

On ne peut douter que l'établissement de droits ainsi combinés n'eut pour motif unique d'encourager l'extraction de la houille du pays ; car, en cela, on s'écartait du principe fondamental qui avait dicté le tarif de 1664, par lequel toutes les matières brutes, nécessaires à l'industrie, étaient exemptes à l'entrée.

En 1789, ce tarif était encore en vigueur, comme on peut le voir par le tableau chronologique du tarif des houilles que l'on joint ici. (V. page 21).

L'assemblée constituante s'occupa, dès qu'il lui fut possible, de refaire un tarif de douanes tel que le réclamaient les besoins de l'époque et le vœu des négociants qu'elle avait appelés en grand nombre pour donner leur avis.

Ceux-ci réclamaient des franchises de toute espèce, et cependant ils reconnurent la nécessité, 1° de taxes suffisantes pour conserver les exploitations déjà ouvertes, et 2° d'une distinction en faveur de la frontière de l'est, près de laquelle il n'existait pas de mines françaises. Ces taxes furent établies, de la manière suivante, par la loi du 15 mars 1791 :

Charbon importé
— par terre.
   — par les départements de la Moselle, de la Meuse et des Ardennes.............. Exempt.
   — partout ailleurs.............. 4s. par baril de 240 l.
— par mer..
   — de Bordeaux aux Sables, et de Redon à Saint-Valéry.............. 6f 00c
   — partout ailleurs.............. 10 00
   } par tonneau de 21 quint. environ.

Le 19 mai 1793, une loi, que nécessitaient les travaux de la guerre, réduisait à moitié les droits pour les importations *par mer seulement.*

Les besoins devenant plus pressants encore, la loi du 12 pluviôse an III, n'exigea plus que 1/5° des droits primitifs, toujours pour les seules importations par mer.

Le 3 frimaire an V, on rétablit le demi-droit, selon la loi du 19 mai 1793, c'est-à-dire, 3 et 5 francs.

La Belgique étant réunie à la France, la combinaison du tarif devait changer; et en effet, la loi du 8 floréal an XI, y pourvut (Voir le Tarif chronologique, p. 21). Quant aux importations par terre, le tarif restait inviolablement fixé à 4 sols par baril, mais ce droit ne s'appliquait plus entre la France et la Belgique alors réunies.

Lorsqu'en 1814, les deux pays furent séparés de nouveau, le tarif antérieur à la réunion fut rétabli de plein droit.

Aussitôt s'élevèrent de vives réclamations de la part des extracteurs français du nord et du midi : pendant la guerre, disaient-ils, le haut prix de la houille avait excité à en extraire de grandes quantités; de nouvelles fosses avaient été ouvertes, et 39 départements étaient déjà désignés comme producteurs de ce combustible. Ils demandaient qu'on les défendit de la concurrence du pays dont naguères les intérêts étaient confondus avec les nôtres.

L'office des mines fut consulté, et il démontra combien il importait à la France que l'exploitation des houilles ne fût pas découragée, et qu'au contraire, on adoptât une taxe franchement prohibitive. Il demandait 6 francs par hectolitre.

Le Gouvernement crut néanmoins qu'il suffirait, pour les importations de la Belgique, d'un droit de 40 centimes, et, pour les importations par mer, d'un droit de 1 franc par 100 kilogrammes : il le proposa aux Chambres en 1816.

Le taux d'un franc par 100 kilogrammes, avec addition de 50 cent. pour ce qui arriverait par navire étranger, fut adopté, quant aux importations par mer.

Mais, pour les autres, il y eut plus de difficultés.

M. Duvergier de Hauranne, prenant en main les intérêts des fabriques auxquelles la houille est indispensable, exprima le regret de voir qu'on fût obligé de taxer ce principal agent de production; mais, reconnaissant la nécessité d'un droit, il proposa de s'en tenir à celui de 20 cent.; la Chambre des députés s'arrêta au taux de 30 cent., qui formait la moyenne des deux propositions. Elle décida aussi qu'il y aurait, à l'application de ce droit, deux exceptions en sens contraire : d'une part, que la houille importée par la frontière du nord, qui s'étend de la mer à Baisieux, payerait 60 cent. par 100 kilogr., c'est-à-dire le double, afin qu'on ne pût pas éluder le droit de 1 franc 50 cent. en débarquant, en Belgique et près de notre frontière, des houilles venues par mer et qui ainsi ne payeraient que 20 centimes, au lieu de 1 fr. 50 cent.; et, d'autre part, que la houille, importée par les départements de la Meuse, de la Moselle et des Ardennes, ne payerait, au contraire, que la moitié du droit, c'est-à-dire 15 cent. par 100 kilogr.; et cela, parce que ces départements, n'étant pas à portée des houillères de la France, ne pouvaient s'approvisionner à l'intérieur sans un surcroît de frais dont on devait leur tenir compte. Cette vue d'équité avait déjà dicté la distinction établie par l'arrêt de 1703 et par la loi du 15 mars 1791, en faveur de la même frontière. Deux lois subséquentes, celles des 21 avril 1818 et 7 juin 1820, ont reconnu la nécessité de cette disposition, tout en modifiant la quotité du droit.

Telles sont les bases de la loi du 28 avril 1816, qui est encore en vigueur, loi qui fut applaudie par plusieurs écrits de cette époque, et sous l'empire de laquelle on a vu se développer l'extraction de la houille d'abord si insignifiante.

Toutefois, les fabricants du nord n'ont cessé de réclamer contre l'existence de ce tarif, d'abord parce que, ne se rendant aucunement compte des motifs de la distinction faite, comme on vient de le dire, pour les départements des Ardennes, de la Meuse et de la Moselle, ils se croyaient injustement surtaxés, et supposaient qu'il y avait privilège pour l'autre localité ; ensuite, parce qu'étant obligés de préférer, à cause de leur qualité toute spéciale, les houilles belges à celles de notre territoire, le droit d'importation, qui ne devrait se motiver que sur le choix volontairement fait de telle ou telle houille, se transforme réellement en un impôt direct et forcé sur leur industrie ; sans que pour cela, affirment - ils, le marché intérieur soit agrandi en faveur des exploitations françaises.

Ils ajoutent : ce n'est pas seulement la qualité des houilles françaises qui fait faute, c'est aussi leur quantité ; car, bien que nos exploitations aient pris un grand accroissement depuis 1816, celui de la consommation a été plus rapide encore : l'emploi des machines à feu et des bateaux à vapeur a créé de nouveaux besoins, et d'ailleurs le chauffage domestique tend à s'alimenter par la houille, surtout depuis l'hiver de 1829 à 1830, qui triompha de bien des répugnances, même dans la capitale (*).

De leur côté, les exploitants des houillères du centre et du midi accusaient l'insuffisance du tarif actuel et montraient qu'ils ne pouvaient, à cause des difficultés de la navigation intérieure, soutenir la concurrence des houilles belges sur le marché de Paris, marché qu'ils croyaient pouvoir revendiquer à bon droit.

Il existe une double série de mémoires, imprimés depuis douze ans pour attaquer ou défendre le régime actuel.

C'est dans cette position de choses que la question de savoir si le tarif des houilles devait être changé a été soumise au Conseil supérieur de commerce.

Celui-ci fut d'avis que la question n'était pas uniquement de savoir laquelle des deux prétentions, celle des fabricants du nord ou celle des propriétaires de mines françaises, devait l'emporter ; mais de savoir ce que réclame en général le bien du pays, l'acheminement de toutes les industries, et nos relations avec la Belgique.

(*) En effet, on a été longtemps persuadé que la consommation de la houille ne pourrait s'établir à Paris. On peut en juger par ce passage de Savary : « Le bois étant devenu très-rare et très-cher à Paris, en 1[illegible], on amena quelques bateaux de charbon de pierre, qui se déchargèrent d'abord assez bien aux ports de l'École et de Saint-Paul : le peuple y courut en foule, et même plusieurs bonnes [maisons] voulurent en essayer dans les poêles et cheminées des antichambres ; mais la malpropreté de ces vapeurs et [particulière] de cendre en dégoûtèrent bientôt ; et, la vente des premiers bateaux n'ayant pas réussi, les nouveaux marchands de charbon de pierre craignirent d'en faire venir pour la consommation de Paris. Ce charbon se vendait en gros, au quintal, et se détaillait en détail, à la livre. »

En 1[illegible], on en consommait encore, à Paris, que[lque] 2[illegible],797 quintaux métriques de houille.

En 18[illegible], c'était déjà 748,873 quintaux métriques (M. Héron de Villefosse).

En 18[illegible], on amène 2,[illegible],000 hectolitres (V. les réponses à la question n° [illegible]), et avec la consommation de la houillère, on doit être 1,[illegible],000 [illegible]. (Mémoire de M. Pécheux de la [illegible]).

Quelle que doive être, pensa-t-il, la résolution à intervenir, elle contrariera nécessairement une masse d'intérêts auxquels il importera de pouvoir prouver irréfragablement qu'on ne l'a prise qu'après avoir épuisé tous les moyens possibles d'instruction.

En conséquence, il proposa d'établir une enquête dans laquelle on consignerait l'avis motivé des personnes que la question intéresse à divers titres ou qui ont une connaissance spéciale de la matière, afin de mettre en évidence :

1° La situation et les nécessités des fabriques de tous genres qui avoisinent la frontière ou les côtes, et qui pourraient, sans les défenses du tarif, se pourvoir utilement de charbons étrangers ;

2° Les besoins de la navigation à vapeur qui tend à s'établir pour le service du cabotage ;

3° Les besoins de la consommation domestique en général, et, en particulier, de l'approvisionnement de Paris ;

4° La situation et les nécessités des houillères qui s'exploitent, en France, tant dans la région du Nord que dans celles du Centre et du Midi ; le prix nécessaire de leurs produits et la possibilité ou l'impossibilité où elles seraient de continuer à vendre dans l'intérieur, si les houilles étrangères étaient dégrevées, en tout ou en partie, des taxes qu'elles supportent aujourd'hui ;

5° Les effets que pourrait avoir la suppression des droits de navigation intérieure qui se perçoivent directement pour le compte de l'état, et si elle pourrait compenser, pour les exploitations françaises, le retrait de tout ou partie du droit d'entrée sur les houilles étrangères ;

6° L'influence du tarif, maintenu ou réduit, sur l'établissement des voies de communication intérieure, canaux, chemins de fer, etc., ou sur la conservation de celles qui existent déjà.

Cet avis ayant été adopté par M. le Ministre du commerce et des travaux publics, il fit rédiger une série de questions (*) et l'adressa aux chambres de commerce des villes manufacturières et aux préfets des départements houillers, afin d'inviter les personnes intéressées, et celles qui ont des connaissances techniques, à se mettre en mesure de répondre à ces questions, soit par écrit, soit en venant s'expliquer en personne devant la commission d'enquête.

Cette commission fut formée par l'arrêté suivant :

« Nous Ministre Secrétaire d'état au département du commerce et des
« travaux publics ;

(*) Voir cette série de questions, page 10.

« Vu la délibération du conseil supérieur du commerce, approuvée
« par nous, et de laquelle il résulte qu'il y a lieu de procéder à une
« enquête pour éclaircir tous les points qui peuvent faire résoudre la
« question de savoir si l'on doit supprimer ou réduire le droit d'im-
« portation sur les houilles étrangères,

« Avons arrêté et arrêtons ce qui suit :

« M. le baron Portal, pair de France, en qualité de président ; M. le
« baron de Fréville, pair de France, et M. David, maître des requêtes,
« sont chargés de procéder à l'audition des personnes désignées par le
« conseil et qui ont déjà reçu leur convocation pour les premiers jours de
« ce mois.

« L'enquête et ses résultats seront rapportés au conseil supérieur pour
« avoir son avis définitif.

« Paris le 2 novembre 1832.

Signé *le Pair de France, Ministre du commerce et des
travaux publics,*

Cte D'ARGOUT. »

En conséquence, les commissaires ont procédé immédiatement et
successivement à l'audition des personnes, et à l'examen des mémoires
transmis par les préfets, les chambres de commerce et les délégués
spéciaux.

Les réponses, obtenues par l'enquête, se trouvent consignées textuelle-
ment ci-après dans l'ordre des questions posées, et, autant qu'il a été possible, de manière à rapprocher celles qui tendent au même but, et de
faciliter aux lecteurs l'analyse de toutes les opinions, malgré les redites
qu'on ne pourrait éviter.

On remarquera que les questions ont été diversifiées dans leurs termes,
afin d'obliger les déposants à voir chaque proposition sous toutes ses faces,
et afin d'obtenir des réponses itératives sur les mêmes points considérés en
sens contraire. Il en devait être ainsi, afin de provoquer tous les genres de
contradiction.

La Commission ayant terminé son travail l'a transmis à M. le Ministre
du commerce, avec la lettre suivante :

(0)

Paris, le 12 Novembre 1833.

MONSIEUR LE MINISTRE,

Votre prédécesseur nous a chargés, par un arrêté en date du 2 novembre 1832, de procéder à l'audition des personnes qui devaient être entendues sur les questions relatives à la suppression ou à la réduction des droits qui frappent actuellement les houilles étrangères.

Nous avons l'honneur de mettre sous vos yeux les documents dont se compose cette enquête, en vous priant de remarquer que le résumé qui la termine n'est encore que le rapprochement textuel des opinions émises en sens contraire.

Il n'entrait pas dans notre mission de présenter un avis collectif, chacun de nous devant rester en mesure de fixer ses idées et d'énoncer sa manière de voir au sein du conseil supérieur du commerce et des colonies, lorsque vous jugerez à propos de l'appeler à délibérer sur les questions préindiquées.

Il est probable qu'alors vous pourrez ajouter aux résultats de l'enquête, des renseignements qui vous seront parvenus par d'autres voies et qui tireront un nouveau prix des observations qu'ils vous auront suggérées.

On doit d'ailleurs prévoir le cas où les trois conseils que vous avez convoqués pour le 2 du mois prochain, usant de la faculté que vous leur avez réservée, se livreraient à l'examen des droits qu'il convient de maintenir ou de modifier à l'égard des houilles étrangères.

Puisqu'il peut survenir de nouveaux éléments pour cette discussion, tout avis collectif que nous aurions essayé de vous offrir aurait été évidemment prématuré.

Nous avons l'honneur d'être, avec la plus haute considération,

Monsieur le Ministre,

Vos très-humbles et très-obéissants serviteurs,

Bon PORTAL, B^{on} DE TRÉVILLE, DAVID.

M. le Ministre du Commerce.

2

QUESTIONS

*Posées par l'Enquête, avec indication de la page du présent volume
où commencent les réponses relatives à chacune d'elles.*

——

1. De quelle époque date le plus grand développement obtenu par les exploitations françaises?..*Page.* 29.

2. Les houilles, produites par les extractions françaises (*), peuvent-elles
subvenir à l'entière consommation du royaume, tant pour les foyers domestiques, que pour les forges et la formation de la vapeur dans les fabriques?

En d'autres termes, la France possède-t-elle, en quantité et qualité, toutes
les houilles dont elle peut faire emploi?......................... 45.

3. Dans le cas même où la production française, vue dans son ensemble,
serait équivalente à tous les besoins, n'y a-t-il pas certaines parties du territoire qui, par leur position relative, ne peuvent s'approvisionner utilement
qu'avec des houilles étrangères; quelles sont ces localités, et à combien estime-
t-on les quantités de houilles qu'elles peuvent avoir à tirer du dehors?..... 63.

4. Quel est le prix des extractions françaises qui se trouvent, par un point
quelconque, passibles de la concurrence étrangère, et de combien ce prix
est-il au-dessus ou au-dessous des prix des charbons importés du dehors?... 78.

5. Le rapport qui s'est établi sous l'empire du tarif actuel, entre l'importation, qui monte à 5,732,536 hect. de houille étrangère (**), et l'extraction
française, qui est à peu près de 20,000,000 d'hectolitres (***), serait-il détruit
dans le cas où ce tarif viendrait à être changé?..................... 111.

(*) Les relevés officiels de 1831 portent le nombre des mines concédées à 231, et les répartissent
entre 29 départemens.

(**) Moyenne de l'importation des trois années 1829-30-31 de houille de toute provenance.

(***) Les états officiels de 1831 ne portent que 15,201,000 hectolitres; mais on y ajoute, par supposition, les quantités qui se consomment sur place et celles qu'on ne déclare pas.

(11)

6. Est-ce uniquement aux nouveaux besoins créés par l'emploi de la vapeur, ou, en partie, au droit qui atténue les effets de la concurrence étrangère, qu'il faut attribuer le développement des extractions françaises, qui, en 1789, ne produisaient que 2,800,000 quintaux, en 1812, que 6,683,000, et qui maintenant produisent 20,000,000 d'hectolitres?...................... *Page.* 125.

7. Si le droit de douane a pu aider au développement de l'extraction, est-il encore nécessaire qu'il soit maintenu, et toujours au taux de 33ᵉ pour les importations de la frontière du Nord, et de 1 franc pour les importations par mer, afin que toutes choses soient égales entre les exploitants français et les exploitants étrangers?.................................. 136.

8. En résumé, quel est le rapport des frais d'extraction, que l'on peut considérer comme inévitables, entre les houillères

étrangères { d'Angleterre.
{ de Mous.
françaises { du département du Nord.   159.
{ de Saint-Étienne et autres mines du centre et du midi?

9. L'intérêt du capital, employé à l'administration et au matériel d'une exploitation, formant un des éléments du prix de *revient*, ne doit-on pas croire que les mines françaises, qui ont considérablement augmenté leurs produits de houilles, ont vu décroître, en proportion, la quotité contributive que chaque mesure de charbon avait à supporter; et que, par conséquent, les prix doivent avoir baissé dans l'intérieur, de manière à ce que le droit d'entrée, sur les houilles étrangères, ne réponde plus au besoin qui l'avait fait établir?................................ 170.

10. Peut-on dire que les établissements français qui, pendant 22 ans, ont supporté la libre concurrence des houilles belges, ne peuvent avoir aujourd'hui aucun nouveau motif de réclamer une protection dont le fait a prouvé qu'ils pouvaient très-bien se passer?.................... 180.

11. Les exploitations du Centre ou du Midi ont-elles quelque chose à redouter de la concurrence des houilles qui arrivent, par les ports, au droit de 1 franc par hectolitre?............................ 191.

12. De combien ce droit pourrait-il être abaissé, sans qu'aucun des marchés actuellement ouverts aux houilles de France cessât de leur être accessible?.................................... 201.

13. Quel avantage particulier ce changement de tarif aurait-il pour les ports de mer, pour les ateliers de la côte, et pour la navigation à la vapeur, qui tend à s'agrandir?.......................... 209.

2.

(12)

14. Ne doit-on pas croire que la navigation ordinaire en profiterait également, lorsqu'on remarque que les importations actuelles, qui sont de 35,900 hectolitres, s'effectuent, à peu près exclusivement, par des navires français? (*). *Page*. 210.

15. A quelle époque la concurrence des houilles belges, favorisée par l'ouverture du canal de Saint-Quentin, et ensuite par le perfectionnement de la navigation de ce canal, s'est-elle fait sentir aux exploitations du centre? 220.

16. Quels résultats a-t-on reconnus, sur les lieux d'extraction dans le centre de la France, de la vente progressive des houilles belges à Paris?.. 233.

17. Quels sont les lieux où la concurrence des houilles étrangères se fait le plus particulièrement ressentir?.............................. 237.

18. Si les marchés de Paris et de l'Est échappaient à l'Auvergne et à Saint-Étienne, les mines de ces contrées cesseraient-elles d'être en progrès, ou n'ont-elles pas un débouché suffisant dans la consommation de 40 départements avec lesquels elles communiquent par le Rhône, la Loire, des canaux et des chemins de fer, et par la consommation de Lyon, qui seule absorbe plus de 2,000,000 hectolitres?......................... 240.

19. (Renseignements spéciaux.).......................... 254.

20. Le surcroît de valeur, que le droit d'importation donne aux houilles belges, a-t-il pour résultat de faire que certains genres de fabrication ne puissent s'établir, ou que des fabriques établies diminuent ou suppriment l'emploi de ce combustible?.............................. 255.

21. Les besoins de la consommation, dans le nord de la France, et la variété de ces besoins, sont-ils tels que toutes les houillères de France réunies ne puissent subvenir à tous, quant à la quantité, et que, quant aux espèces, on manque de celle qui est la plus importante, c'est-à-dire, de la houille flamboyante qu'on doit brûler sous les chaudières évaporatoires?.. 266.

22. Les exploitants belges, qui, pendant la réunion, étaient nos fournisseurs exclusifs au prix de 5 francs l'hectolitre, ont-ils été obligés d'abaisser leurs prix en vue de celui de 1 franc 27 centimes 1/2, auquel la compagnie d'Anzin s'est restreinte?.............................. 274.

23. Ou, au contraire, les exploitants français ont-ils profité de l'établissement du droit pour élever les prix antérieurs à 1814?.............. 280.

24. Quel est maintenant le taux de l'augmentation ou de la diminution? 284.

(*) Ce que cette hypothèse a d'erroné est signalé aux pages 15 et 210.

25. En remplaçant la *manne* par l'hectolitre, ainsi que la loi le voulait, a-t-on exactement rétabli le tarif de vente, de manière à ne pas augmenter le prix de l'ancienne mesure?.. *Page*. 286.

26. Quelle différence y a-t-il entre le mode d'association et d'extraction qui existe pour les mines du département du Nord, et celui qui existe pour les mines étrangères dont les produits arrivent en France?................ 288.

27. Quel est le prix de la houille de Mons, dite *forge gailletouse*, la plus analogue au charbon moyen d'Anzin?........................ 292.

28. Certaines mines françaises n'ont-elles pas des qualités de houilles tellement supérieures à celles de l'étranger, pour certains usages, qu'elles pourraient maintenir une augmentation de prix, quand même il n'y aurait pas de droit d'entrée?.. 297.

29. A combien évalue-t-on cet avantage?........................ 303.

30. Que coûte un hectolitre de houille?........................ 305.

> A Thionville (Moselle)?
> A Charleville (Ardennes)?
> A Verdun (Meuse)?
> A Reims (Marne)?
> A Lille, à Saint-Quentin, à Dunkerque?

31. La différence des prix résulte-t-elle d'une différence des situations et justifie-t-elle l'inégalité du tarif?............................ 307.

32. Est-il exact de dire que chaque espèce de charbon a un emploi tout à fait distinct? que, par exemple :

Le Mons, et particulièrement le Mons *flénu*, ne peut être suppléé par aucun autre pour les usines à chaudières?

L'Anzin, les Anzin-Fresnes et Vieux-Condé, pour les forges, les chaufourneries et les briqueteries?

Le Saint-Étienne, l'Auvergne et l'Allier, pour les forges et les hauts-fourneaux?

Et que, par conséquent, ces différentes espèces peuvent se rencontrer sur le même marché sans se nuire?............................ 314.

33. Est-ce la qualité seule ou le prix qui détermine l'usage de telle ou telle espèce de houille?............................ 325.

34. Est-il exact de dire que les houilles françaises, non-seulement ne donnent pas, pour le service des chaudières, une flamme assez vive ni assez

facile à conduire, mais encore qu'elles détruisent promptement les vaisseaux évaporatoires soumis à leur action?.................-.......... *Page.* 328.

35. Quelle est la consommation de Paris, dans les ateliers d'industrie, dans les ménages?...................................... 333.

36. De combien s'est-elle accrue, depuis dix ans, dans l'un ou l'autre cas?... 337.

37. Quelle est la cause de cet accroissement?.................... 338.

38. Aurait-il été plus considérable si les houilles belges avaient été affranchies, en tout ou en partie, du droit d'entrée de 33 centimes par hectolitre, ou si les houilles françaises l'avaient été des droits de navigation intérieure, que l'on suppose revenir à 26 centimes par hectolitre?...... 340.

39. Quelle était la condition des exploitants des mines du centre, sur le marché de Paris, et, en général, dans le bassin de la Seine, avant l'ouverture du canal de Saint-Quentin?............................. 345.

40. Quelle est la durée moyenne de la navigation entre Mons et Paris et entre Saint-Étienne et Paris?............................. 349.

41. Quel est, sur chacune de ces lignes, le fret d'un tonneau de charbon? 352.

42. De quel droit de navigation ce même tonneau est-il passible..... 356.

43 et 44. Comment décompose-t-on le prix d'une voie de 15 hectolitres rendue à Paris, soit qu'elle provienne de la Belgique, soit qu'elle provienne du centre?..................................... 359.

45. Pourquoi la houille française, revenant à un prix notablement plus élevé, entre-t-elle encore, pour une si forte portion, dans la consommation de la capitale?..................................... 366.

46. Le motif qui fait employer ces houilles, malgré leur plus haut prix, ne subsisterait-il pas encore, et sans altération, lors même que le prix des houilles belges serait diminué de tout ou partie du droit de 3 francs 95 centimes qu'elles payent par voie, à l'importation?.................. 369.

47. Si, à cause de la qualité spéciale des houilles de Saint-Étienne, leur débit, dans le bassin de la Seine, a déjà lieu, malgré la concurrence des houilles belges revenant à 49 francs la voie, de combien faudrait-il réduire le droit de navigation intérieure ou élever le tarif d'importation, pour que le prix des houilles des deux origines se balançât?................. 372.

48. La suppression des droits de navigation intérieure devrait-elle profiter au transport des houilles étrangères comme à celui des houilles françaises?. 377.

49. La distinction, entre les unes et les autres, ne se ferait-elle pas d'elle-même et au profit de nos exploitations du centre, les houilles françaises naviguant sur des rivières où se perçoivent maintenant des droits pour le compte de l'État, qui en serait remise, tandis que les houilles belges naviguent sur un canal dont le droit est aliéné à une compagnie, en compensation des charges que cette compagnie a prises à son compte?................................ *Page*. 385.

50. A quelle quantité peut-on évaluer la consommation d'une famille dans les lieux ou l'usage de la houille est à peu près exclusif? Est-ce à 30 quintaux? 388.

51. Croit-on que, dans le département du Nord, l'usage des engrais artificiels ait diminué à cause du prix de la chaux, sur lequel influe le prix de la houille?.. 391.

52. Interrogatoire relatif au chemin de fer de Roanne à Andresieux.... 395.

53. Considérations générales tendant à ce que le tarif des houilles soit { supprimé ou réduit........ 403. augmenté ou tout au moins maintenu............. 425.

N° 1. *EXPÉDITION de charbon d'Andrezieux à Paris.*

(Tableau fourni par M. Baude et se rapportant à la 18e Question, page 241.)

NATURE DES DÉPENSES.	FRAIS divers.	BATEAUX et agrès.	MARINIERS.	DROITS de navigation.
D'Andrezieux à Roanne.				
Achat de 24 bateaux à 300 francs..........	//	7,200f 00c	//	//
Chargement de 297 voies (2,910 hect.)....	297f 00c	//	//	//
Descente de Roanne à prix fixe..........	//	//	2,400f 00c	//
Droits de navigation, 17 francs..........	//	//	//	408f 00c
A Roanne, vendu 8 bateaux, reste 16 pour 2 équipes.				
TOTAUX..................	297 00	7,200 00	2,400 00	408 00
De Roanne à Briare.				
Doublement de 16 bateaux à 35 francs.....	//	550 00	//	//
2 douzaines de bâtons ferrés et luznés, à 20 francs........................	//	400 00	//	//
8 plantres à 8 francs.....................	//	64 00	//	//
16 montures à 50 centimes...............	//	8 00	//	//
8 paquets de menicles à 1 franc..........	//	8 00	//	//
64 douzaines de triailles pour les frontiaux, à 2 fr. 50 cent.....................	//	160 00	//	//
30 douzaines de triailles pour la cabane et le carré, à 2 fr. 50 cent................	//	125 00	//	//
2 sacs de clous à 5 francs................	//	10 00	//	//
16 grindats à 1 franc....................	//	16 00	//	//
16 bourdes à 1 franc....................	//	16 00	//	//
36 pelles plates ou à jeter l'eau, à 75 cent..	//	27 00	//	//
2 bachots avec bourde et aviron..........	//	20 00	//	//
12 paquets de balises à 1 fr. 50 cent......	//	18 00	//	//
16 ballots de mousse à 30 cent...........	//	4 80	//	//
4 sacs de clous à 5 francs................	//	20 00	//	//
1,000 chevilles..........................	//	6 00	//	//
Poterie.................................	//	10 00	//	//
Paille..................................	//	10 00	//	//
Bois pour la cuisine.....................	//	12 00	//	//

NATURE DES DÉPENSES.	FRAIS divers.	BATEAUX et agrès.	MARINIERS.	DROITS de navigation.
Jetage en mer......................	147f 50c	″	″	″
4 doublages, 2 arrousoirs	″	14f 00c	″	″
2 courbes.......................	″	5 00	″	″
2 coffres de sapin..................	″	5 00	″	″
Déchet des cordes..................	″	150 00	″	″
2 pièces de boIte (abondance)...........	″	″	90 00	″
Dépense de bouche du 27 février au 17 mars,	″	″	151 25	″
Jetage d'eau jour et nuit, et nourriture du 24 février au 17 mars...............	″	″	240 00	″
2 soutiers à 228.................. 456f				
6 hommes de devant à 216 francs.... 1,296				
1 idem.....idem.............. 206				
1 idem.....idem.............. 200	″	″	3,548 00	″
1 idem du coin.............. 200				
7 idem..idem.. à 2f 70c........ 1,490				
Vivres au départ et en route...........	″	″	202 80	″
Billeur de Roanne à Baugi.............	50 00	″	″	″
Balises à Digoin..................	″	10 00	″	″
Droits à Digoin...................	″	″	″	190f 55c
Droits à Decise...................	″	″	″	222 30
Un doublage à Decise...............	″	3 00	″	″
Droits à Nevers...................	″	″	″	111 30
Billeurs à Nevers..................	33 75	″	″	″
Balises........................	″	3 00	″	″
Relevage d'un couplage..............	12 00	″	″	″
Billeurs à la Charité................	33 75	″	″	″
Droits à Briare...................	″	″	″	317 55
Remontage à Roanne de 2 ancres, 2 commandes, garus, etc.................	248 00	″	″	″
TOTAUX...................	555 00	2,087 80	4,242 05	841 70
De Briare à Paris.				
À Briare, vendu 2 bateaux.				
Jetage en mer de 2 bateaux............	34 00	″	″	″
Droits de canal à Briare..............	″	″	″	467 10

3

NATURE DES DÉPENSES.	FRAIS divers.	BATEAUX et agrès.	MARINIERS.	DROITS de navigation.
Planches		40f 25c		
Bois à brûler			84f 00c	
Égalisage des bateaux	2f 50c			
Marque des bateaux au canal	4 50			
8 bourdes		3 50		
12 pelles à eau		8 00		
Clous et doublage		8 00		
Droits de canal à Cepoy				436f 57c
Droits pour excédant de tirant d'eau				47 44
Vivres de Briare à Saint-Mamert			467 80	
Marinière de Briare à Paris.				
1 à 140f 140f				
2 à 60 120				
6 à 50 300			1,025 00	
1 à 57 57				
3 à 46, 47, 48 141				
6 à 45 270				
Haleurs sur le canal.				
1 à 30 30				
4 à 22 88			214 00	
3 à 20 60				
2 à 18 36				
Jetage en mer de 2 bateaux à deuxelles	22 00			
Clous et mousse		21 80		
Achat de verdons, marmites et pots			33 75	
Vivres de Saint-Mamert à Paris			221 95	
8 mariniers de Saint-Mamert à Paris			50 00	
Billeurs à Valvin	27 00			
Idem... à Melun	27 00			
Idem... à Choisy	29 50			
Au pont de Charenton	5 00			
Droits à Choisy				59-40
TOTAUX	168 10	51 65	2,009 50	1,072 61

NATURE DES DÉPENSES.	FRAIS divers.	BATEAUX et agrès.	MARINIERS.	DROITS de navigation.
RÉCAPITULATION.				
D'Andrezieux à Roanne....................	997f 00c	7,200f 00c	2,400 00	408f 00c
De Roanne à Briare......................	555 00	2,067 80	4,242 05	841 70
De Briare à Paris	168 10	81 65	2,009 80	1,072 61
TOTAUX..................	1,020 10	9,349 45	8,651 55	2,322 31
DÉDUCTIONS A FAIRE.				
Vendu :				
A Roanne, 8 bateaux à 240f....... 1,920f				
A Briare, 2 bateaux et fonds....... 230				
A Saint-Mamert, 2 bateaux........ 250				
27 bateaux...................... 35	"	3,225 00	"	"
12 à Paris, à 45f................. 540				
Poteries, planches, etc........... 120				
RESTE..............	"	6,144 45	"	"

DÉPENSE TOTALE.		SOIT par mètre cube.
Frais divers...	1,020f 10c	1f 15c
Bateaux et agrès..	6,144 45	6 90
Mariniers...	8,651 55	9 70
Navigation..	2,322 31	2 60
TOTAUX............................	18,138 41	20 35

3.

N° 2. *RELEVÉ des Quantités de houilles sur lesquelles le Droit d'octroi a été perçu à l'entrée de Paris, fourni par M. Huerne de Pommeuse.*

EXERCICES.	PORTS		BARRIÈRE de La Villette (1).	TOTAL.	OBSERVATIONS.
	D'AMONT.	D'AVAL.			
1818	348,900^h 50^l	123,925^h 00^l	999^h 74^l	473,825^h 24^l	(1) Les entrées par les autres barrières sont entièrement nulles.
1819	329,360 00	143,852 00	2,928 70	476,147 70	
1820	350,907 00	149,135 00	2,084 30	502,126 30	
1821	365,983 00	240,493 00	5,855 40	655,374 40	
1822	367,071 00	319,811 00	13,149 09	699,821 09	
1823	362,069 00	271,413 30	23,462 05	658,944 35	
1824	339,024 00	246,864 30	24,713 01	620,604 20	
1825	283,363 00	275,178 00	55,613 90	513,154 90	
1826	388,776 30	271,162 00	101,281 40	761,219 90	(2) M. Baude a donné, de la même manière, les entrées faites par les ports d'amont, sauf pour les trois dernières années qu'il présente ainsi :
1827	466,808 75	189,757 00	129,536 70	786,195 45	
1828	415,894 00	191,129 00	104,883 30	711,006 30	
1829	(2) 421,137 00	204,101 00	132,415 30	757,653 30	1829 — 368,209 hect.
1830	(2) 360,251 00	145,712 00	89,528 40	595,491 40	1830 — 392,533
1831	(2) 402,712 00	192,314 00	145,534 25	740,560 25	1831 — 403,127

NOTA. Les consommations opérées dans les établissements placés hors barrières doivent avoir éprouvé un décroissement considérable.

Les houilles entrées à Paris, en 1828, et venant de la Loire supérieure, sont celles qui ont franchi le canal de Briare à la fin de 1827 et dans le commencement de 1828; et c'est ainsi qu'on peut expliquer la contradiction apparente que présentent ces deux tableaux.

N° 3. *TARIF chronologique des Houilles à l'entrée en France.*

Tarif de 1667............ Charbon de terre, 24 sols par baril de 250 liv.—Charbon de pierre (1), 8 sols par banne.

Arrêt du 16 novembre 1688.. .... 8 sols la banne sans distinction d'espèce.

Idem du 3 juillet 1692..... .... 1 liv. 10 sols le baril.—Charbon de pierre, 8 sols la banne.

Idem du 6 septembre 1701... .... anglais, 1 livre 10 sols. (Sans doute il y avait eu depuis 1692, une exception que l'on supprimait en rétablissant le droit commun à l'égard de l'Angleterre.)

Idem du 19 juin 1703...... .... Importé par les frontières de Champagne et de Picardie, 10 sols par baril de 300 livres.

Idem du 14 juin 1739...... .... De l'île Royale, du Cap Breton, 6 livres par tonneau de 5,250 livres.

Idem du 10 mai 1750....... .... Pour les verreries de la basse ville de Dunkerque, prohibé.

Idem du 18 septembre 1763.. .... Sans distinction d'espèces, par terre, 30 sols le baril; par mer, 12 livres le tonneau de 2,200 liv.

Idem du 18 juillet 1764...... .... Par les généralités de Bordeaux et la Rochelle, 9 livres le tonneau.

CHARBON DE TERRE
sans distinction de celui dit de pierre (2)

Tarif qui précédait immédiatement celui du 15 mars 1791 d'après les arrêts encore en vigueur.

Pour les verreries de la basse ville de Dunkerque.	À toute autre destination, par les frontières,		par mer, même celui d'Angleterre et de l'île Royale,	
	de la Champagne et de la Picardie.	autres.	généralités de Bordeaux et de la Rochelle.	tous autres ports.
Prohibé.	par baril de 300 liv. 10 sous.	par baril de 250 liv. 1 liv. 10 sous.	le tonneau: 9 liv.	le tonneau: 12 liv.

CHARBON DE TERRE IMPORTÉ

	par les ports,		par les frontières,	
	depuis Bordeaux jusqu'aux Sables-d'Olonne inclusivement, et depuis Rouen jusques et y compris Saint-Valery et Abbeville.	Autres.	des départements de la Meurthe, de la Moselle et des Ardennes.	Autres (3).
Loi du 15 mars 1791............	le tonneau: 6 fr. 60 c.	le tonneau: 15 fr.	Exempt.	le baril de 250 l. 2 s. 6 d.
Idem du 19 mai 1793............	3 60	5	*Idem.*	2
Idem du 12 pluviôse an III (4).....	0 60	1	*Idem.*	2
Idem du 3 frimaire an V............	3 60	5	*Idem.*	6

	Par mer,				
	depuis Anvers inclusivement jusqu'au département de la Somme exclusivement.	dans le départem. de la Somme et de Rouen jusqu'aux Sables, et dans la Méditerranée.	dans les autres ports.		
Loi du 8 flor. an XI.	le tonneau de mer, 15 fr.	le tonneau de mer, 10 fr.	le tonneau de mer, 6 fr.	*Idem*	*Idem.*

CHARBON DE TERRE (par 100 kilog.)

	Par mer,		Par terre.	Exceptions par terre,		
	par navires français.	par navires étrangers.		de la mer à Béziers exclusivement.	par les d. à partir de la Meuse, des Ardennes et de la Moselle.	
Loi du 22 avril 1816........	1f	1f 50c	0f 30c	0f 60c	0f 15c	
Idem du 21 avril 1818........	*Idem.*	*Idem.*	*Idem.*	*Idem.*	*Idem.*	Par la rivière de la Meuse. 0f 10c
Idem du 7 juin 1830........	*Idem.*	*Idem.*	*Idem.*	*Idem.*	Par les Ardennes et la Meuse seulement, 0f 15c	Par la rivière de la Meuse et le département de la Moselle. 0f 10c

(1) En rétablissant cette fausse distinction qui était déjà faite par le tarif de 1667, on a vu soit de dire que c'était à tort que l'arrêt du 16 novembre 1688, avait confondu deux substances qui n'avaient rien de commun entre elles. (Savary.) (Voir la note ci-après, n° 2.) (*Tarif des traites*, tome 1er, Lyon, 1782.)

(2) Le 28 avril 1723 il avait été rendu une décision de la ferme fondée sur ce que « la nature du « charbon de pierre est la même « que celle du charbon de terre; « ou plutôt l'un et l'autre ne sont « qu'une substance minérale dé- « signée sous deux noms diffé- « rents, à raison de ses qualités « plus ou moins grasses, plus ou « moins compactes, substance « qui provient de la même mine « et sert aux mêmes usages. » (*Tarif des traites*, Lyon 1782.)

(3) Cette colonne comprend la frontière du département du Nord et de la Belgique à l'égard de laquelle il faut observer qu'il y a eu franchise absolue depuis 1795, époque de la réunion des deux pays, jusqu'au traité du 30 mai 1814 qui a fait rétablir la frontière et le droit ci-contre que la loi du 28 avril 1816 a porté à 30 centimes.

(4) La loi du 12 pluviôse an III ne devait avoir d'effet que pour six mois, mais elle fut prorogée par celle du 20 thermidor an III.

On ne cite pas ici la loi du 17 vendémiaire an II, qui prohibait toute marchandise fabriquée ou manufacturée provenant d'Angleterre, parce qu'évidemment cette loi ne devait pas atteindre la houille, qui n'a jamais été considérée que comme un produit brut. Toutefois, il faut rappeler qu'en fait on a repoussé la houille anglaise jusqu'à la paix générale. (*Circulaire des douanes, et décision du ministère des finances du 26 frimaire an X.*)

On ne cite pas également un décret du 4 avril 1811, qui accordait une franchise absolue pour la houille destinée aux manufactures d'armes.

N° 4. TARIF DES HOUILLES EN ANGLETERRE.

DROIT D'ENTRÉE.

Le tonneau (1,015 kilogrammes 315 millièmes)..................... 20f 00c

Nota. Ce droit résulte du tarif général des douanes du 7 juillet 1819, confirmé le 5 juillet 1821 et le 28 août 1822.

DROITS DE SORTIE.

Charbon			
gros (*Coals*)...	pour toute possession anglaise..		Exempt.
	pour l'étranger...	par navires anglais ou y assimilés, le tonneau.......	4f 15c
		par tous autres navires.................. *idem*.........	5 30
menu ☐ (*Small coals, Culm, Cinders*)...	pour toute possession anglaise..		Exempt.
	pour l'étranger...	par navires anglais ou y assimilés, le tonneau........	2f 50c
		par tous autres navires.................. *idem*.........	5 50

(*) Sont réputés menus les charbons passés à une claie dont les mailles n'ont pas plus de 2/3 de pouce.

Nota. Le tarif de sortie n'a été fixé au taux ci-dessus que par un acte du 22 août 1831. Antérieurement à cet acte, les houilles payaient, depuis le 1er mars de la même année, les droits suivants, qui étaient beaucoup plus élevés :

Charbon			
gros (*Coals*)...	pour toute possession anglaise, le tonneau................................		6f 50c
	pour l'étranger...	par navires anglais ou y assimilés, le tonneau.......	4 15
		par tous autres navires.................. *idem*.........	15 20
menu	(*Cinders*) Mêmes droits que le gros charbon.		
	(*Small coals et Culm*)	pour toute possession anglaise.— le chaldron impérial (13 hectol. 881).	0 50
		par navires anglais ou y assimilés, le tonneau......	4 15
	pour l'étranger...	par tous autres navires.................. *idem*.........	15 20

Les diverses quotités de droits ci-dessus expliquent comment le droit moyen, indiqué à la 7e colonne du tableau n° 4, page 25, n'est que de 23 centimes, par 100 kilogrammes, bien que les houilles, qui s'exportent pour la France, payent 41 centimes.

Nº 5. TARIF DES HOUILLES EN BELGIQUE.

DROITS D'ENTRÉE, DE SORTIE ET DE TRANSIT.

	UNITÉS TAXÉES.	ENTRÉE.	SORTIE.	TRANSIT.
		fr. c.	fr. c.	fr. c.
1822. (Tarif général du 26 août).......	Les 100 kilog.	1 48	0 01	0 03 *Nota.* Le droit n'est que de 4 cent. par 100 kilog., pour les charbons en transit d'une partie d'un état vers pour une autre partie de ce même état.
1831.. étrangère. française. (Décret spécial du 29 juin.).... *Nota.* Le but de cette nouvelle fixation a été d'abaisser le droit au taux de celui qui existe en France sur les houilles belges. (V. la note placée à la p. 191.)	Idem.........	0 33	Droits antérieurs maintenus.	
autre..............		"	Droits antérieurs maintenus.	
indigène. (Décret spécial du 29 juin.)...............		"	"	Exempte. "

Nota. Aux droits ci-dessus il faut ajouter le droit dit de syndicat fixé, avant 1824, à 15 p. o/o du montant des droits de douanes, et réduit, en 1824 (*arrêté du 20 octobre 1823*), à 13 p. o/o.

Depuis la séparation de la Belgique et de la Hollande, le droit de 13 p. o/o ne se perçoit plus que sur la houille étrangère autre que française.

Pour la houille française, il se trouve compris dans le droit unique de 33 centimes.

N° 6. *Tableau des quantités de Houilles importées en France
de 1821 à 1832.*

ANNÉES.	PRUSSE.	BELGIQUE.	ANGLETERRE.	ALLEMAGNE.	AUTRES PAYS.	TOTAL.	DROITS perçus.
	kil.	kil.	kil.	kil.	kil.	kil.	francs.
1788	»	37,818,860	184,773,641	»	500,000	243,098,441	»
1821	39,808,128	291,801,825	26,818,309	2,463,682	8,788	330,344,608	1,226,446
1822	35,628,180	267,777,670	31,105,571	2,735,463	6,820	337,830,316	1,213,931
1823	24,278,827	254,770,418	23,232,391	4,363,720	2,758,120	325,393,176	1,209,314
1824	38,678,830	394,382,252	25,451,232	2,998,350	36,418	461,566,486	1,623,438
1825	37,221,143	439,248,243	26,681,480	3,624,505	130,000	506,915,311	1,819,643
1826	50,911,880	419,608,804	36,930,160	5,144,094	172,039	502,566,976	1,716,842
1827	60,310,347	423,224,673	47,761,663	7,410,380	175,114	538,882,377	1,913,670
1828	62,178,400	470,869,855	35,674,684	6,504,535	62,179	575,659,753	1,832,138
1829	62,120,230	435,340,481	42,340,755	6,540,430	16,500	547,435,416	1,891,745
1830	62,173,810	510,749,537	51,128,920	3,857,380	13,833	630,923,400	2,217,768
1831	39,243,870	443,549,055	35,911,467	2,619,395	23,792	541,279,230	1,544,975
1832	46,161,230	489,604,958	37,325,471	2,368,550	30,429	575,855,658	2,067,474

*Tableau des quantités de Houilles exportées de France
de 1821 à 1832.*

ANNÉES.	BELGIQUE.	ÉTATS-UNIS.	SUISSE.	COLONIES FRANÇAISES.	AUTRES PAYS.	TOTAL.
	kil.	kil.	kil.	kil.	kil.	kil.
1788	32,394,000	»	b	»	200,000	32,594,000
1821	70,123,000	763,210	603,347	744,280	1,694,841	72,835,262
1822	2,377,172	836,030	717,861	773,217	1,419,868	6,286,168
1823	1,109,900	1,972,830	651,510	1,045,137	921,731	4,531,228
1824	516,700	1,342,734	601,344	1,489,834	2,317,423	6,363,055
1825	1,049,413	1,449,100	494,994	932,523	2,687,812	5,614,857
1826	520,273	1,382,630	276,512	638,897	1,080,782	3,888,121
1827	135,262	1,736,155	648,282	1,822,331	582,971	4,950,001
1828	237,680	2,017,503	651,168	1,464,815	945,298	5,306,504
1829	181,440	2,461,820	302,256	1,483,379	1,370,152	6,116,847
1830	167,300	3,075,680	734,149	1,410,369	664,104	6,011,722
1831	974,950	2,791,331	465,135	1,822,719	943,059	7,966,194
1832	13,873,480	3,400,937	615,278	1,368,977	2,465,274	22,463,274

N° 7. TABLEAU des quantités de houilles exportées d'Angleterre.

ANNÉES	DESTINATIONS				DROITS PERÇUS à l'exportation		OBSERVATIONS
	France		Autres pays	Quantités totales	Sommes totales	Valeur par 100 kil.	
	Par navires anglais	Par navires français					
	tonn.	tonn.	tonn.	tonn.	l. s. d.	cent.	
1816	16,837	1,124	220,296	237,557	62,340 00 07	67 (3)	
1817	47,715	1,904	234,212	243,161	60,384 12 04	53	
1818	73,045	6,022	243,379	272,456	39,559 12 04	57 1/2	
1819	15,120	6,304	216,232	235,248	42,562 07 11	52	
1820	23,555	4,991	213,360	236,946	45,340 03 08	47 3/4	
1821	23,204	4,546	235,219	262,969	50,912 03 01	47 1/2	
1822	20,843	8,264	235,287	267,394	52,771 16 05	45 3/4	
1823	17,589	4,575	231,823	253,987	44,020 16 09	42	
1824	18,033	6,007	257,573	282,013	42,522 11 07	38 1/4	
1825	19,830	7,463	285,953	312,246	43,421 01 09	33 2/3	
1826	36,563	7,786	304,919	348,221	40,333 17 05	28	
1827	34,072	13,051	313,556	365,679	45,182 09 03	29 3/4	
1828	25,036	9,454	342,454	357,864	41,429 12 02	28	
1829	33,145	6,736	339,389	371,270	43,383 16 00	29	
1830	46,140	6,056	452,223	504,419	42,559 17 06	27 3/4	
1831	19,447	14,333	477,143	510,531	33,337 05 10	25 1/2	
1832	38,434	10,561	547,231	595,446	36,735 02 10	23	
		(1)		(2)			

(1) Ainsi, dans l'état actuel des choses, les navires français ne transportent que le quart des houilles que nous tirons d'Angleterre.

(2) Si à cette exportation de .... 355,000 tonneaux.
on ajoute celle qui se fait pour l'Irlande, ci. 800,000
et la consommation de l'Angleterre et de l'Écosse, comme elle est évaluée par M. Taylor. (V. Mr Culloch, page 189), ci. 14,800,000

on a, pour moyenne probable de la production annuelle des mines de houilles d'Angleterre, la quantité de .... 16,155,000 tonn. de mer
ou .... 160,000,000 quint. mér.

C'est-à-dire plus du décuple de la production française, comme elle était officiellement accusée pour 1830 (15,902,703 quintaux métriques). (V. le tableau fourni par M. Migneron, page 36).

Ce rapport même n'est pas exact; car le tonneau anglais plus 2012 kilogr. 235 milligr.

(3) Les chiffres de cette colonne n'expriment que la moyenne des droits perçus à la sortie dont la quotité varie, selon que l'exportation aura été par navires anglais ou étrangers, pour les colonies ou l'étranger. Le droit pour les exportations à destination de la France est de 4s. 1/2 cour. (Voir le tableau n° 8, page 19.)

(4) L'exportation pour les Pays-Bas (Hollande) a été, en 1829, que 2,495 tonneaux; elle s'est élevée, en 1832, à 123,042 tonneaux, par la même cause qui est indiquée à la note page 344, d'ail leur par suite de l'empêchement, mis par les Hollandais, à la descente des houilles belges, par la Meuse, pour Liége et ses environs.

OBSERVATIONS.

On peut juger, par le détail ci-après, qui se rapporte à l'année 1834, comment se répartissent les exportations d'Angleterre entre les pays autres que la France,

savoir :

	tonn.
Russie	29,552
Suède	7,702
Norwège	4,452
Danemarck	42,756
Prusse	27,561
Allemagne	52,142
Pays-Bas	123,042 (4)
Portugal, Açores et Madère	7,890
Espagne et îles Canaries	602
Gibraltar	10,161
Italie	4,552
Malte	3,412
Iles Ioniennes	1,180
Turquie et Grèce continentale	212
Cap de Bonne-Espérance	3,652
Autres parties d'Afrique	2,829
Indes-Orientales et Chine	5,268
Nouvelle-Galles du Sud et terre de Van Diemen	69
Colonies Anglaises, de l'Amérique du Nord	47,506
Indes-Occidentales Anglaises	42,986
Indes-Occident. étrangères	678
États-Unis	42,216
Colombie	32
Brésil	1,232
États du Rio de la Plata	787
Chili	96
Pérou	32
Guernesey, Jersey, Alderney et Man	56,074
Total	**547,231**

N° 8. *Houilles expédiées, par cabotage, de Dunkerque sur d'autres ports de France.*

(26)

DESTINATIONS.	ESPÈCES ET QUANTITÉS.							
	1829		1830		1831		1832	
	de Belgique.	d'Anzin.	de Belgique.	d'Anzin.	de Belgique.	d'Anzin.	de Belgique.	d'Anzin.
	M.	M.	M.	M.	M.	M.	M.	M.
De Dunkerque à la Seine. (Boulogne, Dieppe, etc.)..	2,813,866	/	1,789,553	/	1,888,913	/	3,541,818	/
Embouchure de la Seine. (Le Havre, Rouen, etc.)..	12,873,884	/	17,593,781	/	10,426,415	/	15,149,589	/
Basse Normandie, de Caen à Granville inclusivement.... — Cherbourg........	341,794	778,253	315,343	905,665	309,813	1,304,696	881,678	1,932,096
— autres ports........	1,438,135	/	1,681,487	/	2,134,713	/	9,410,613	/
Bretagne, de Redon à l'île de Rhé inclusivement........ — Brest.............	/	1,887,313	81,866	1,383,687	83,250	5,079,400	428,498	5,943,604
— Lorient...........	182,373	143,893	657,636	361,113	320,410	854,180	112,636	741,901
— autres ports........	11,316,729	184,130	16,500,878	260,345	10,761,801	465,981	9,410,610	895,600
De l'île de Rhé à Bayonne inclusivement................ — Rochefort.........	878,565	877,673	496,641	812,096	766,623	9,060,156	629,433	1,135,188
— Bordeaux, etc......	5,819,191	/	4,183,438	/	4,541,871	/	10,890,920	/
Méditerranée. (Expéditions accidentelles)...........	138,400	/	/	/	342,877	/	839,700	/
Total par espèces.........	44,337,462	4,074,183	40,713,343	3,793,348	39,313,968	8,191,643	43,786,183	7,645,813
Total général.........	49,031,965		49,369,691		49,505,608		51,433,130	

N° 9. *RÉSULTAT SOMMAIRE des expériences faites, à Brest, par l'administration de la marine, en 1827, pour constater la qualité relative de chaque espèce de houille employée en ce port.*

————

Le charbon de Mons *Grisœuil* est excellent pour la forge ; il donne de bons carcas au fourneau à réverbère ; on le convertit facilement en coke, et, dans cet état, il produit de bonne fonte au fourneau à manche, brûle complétement et chauffe beaucoup mieux que les autres. *(Mons Grisœuil.)*

Ces résultats, ainsi que son analyse chimique, prouvent la grande pureté de ce combustible, et, s'il est trop gras pour les fourneaux de machines à vapeur, on doit incontestablement le placer au premier rang pour tout autre emploi.

Le charbon de Mons *flénu*, annoncé seulement comme le plus convenable aux machines à vapeur, est effectivement très-bon ; il brûle plus complétement que ceux de Mousseille et de Liverpool, et, sous ce rapport, il mérite la préférence. *(Mons flénu.)*

Le charbon de Saint-Étienne est bon pour les machines à vapeur : il a paru convenable à la forge ; mais ses carcas fournissent du fer rouverin (meilleur cependant que celui des carcas d'Anzin), son coke donne de très-mauvaise fonte au fourneau à manche : on doit donc redouter son influence sur les qualités de fer à la forge. Cependant il passe pour le meilleur de France, et, avant de le classer après celui de Mons, on doit considérer que l'échantillon sur lequel on a opéré a été pris à Nantes, et qu'il peut bien, avant d'y arriver, avoir été mêlé avec d'autres charbons des rives de la Loire ou de l'Allier, sans qu'il ait été possible au commissaire général de la marine, à Nantes, de le reconnaître ; tandis que le charbon de Mons, pris à la mine même, et embarqué par les soins de l'administration de Dunkerque, est bien certainement arrivé, dans toute sa pureté, à Brest. *(Saint-Étienne.)*

Le charbon de Liverpool est trop maigre et laisse beaucoup de résidus, employé seul ; son effet est prompt, mais peu durable, ce qui exige qu'on en consomme beaucoup. Son mélange avec un charbon plus gras, celui d'Anzin, par exemple, serait probablement d'un bon usage. *(Liverpool.)*

Le charbon de Mousseille n'est point homogène ; certaines roches sont aussi maigres que le charbon de Liverpool, et contiennent encore plus de matières incombustibles, mais il a le grand avantage de ne contenir aucune substance nuisible au fer, ce qui le rend préférable à ceux d'Anzin et de Saint-Étienne, pour les fonderies. *(Mousseille.)*

Le charbon d'Anzin a, pour la forge, à peu près les mêmes qualités que celui de Saint-Étienne ; comme lui, il n'est pas bon pour la fonderie, parce qu'il a une mauvaise influence sur le fer mis en fusion ; il est moins propre aux machines à vapeur. Enfin, d'après l'expérience de toutes les directions qui en sont approvisionnées, depuis plusieurs années, on peut dire que le charbon d'Anzin présente, par fois, de très-mauvaises veines, qui proviennent ou d'un mélange fait à dessein, ou de la facilité que certaines portions de ce combustible ont à se détériorer à l'air. *(Anzin.)*

D'après ces indications, l'administration locale demandait qu'il y eût dans le port :

1° Un approvisionnement principal de charbon d'Anzin, pour la forge ;

2° Un approvisionnement de charbon de Mons *Grisœuil*, pour la fonte et pour sa conversion en coke ;

3° Du charbon de Mons *flénu*, pour les machines à vapeur ;

4° Du charbon de Mousseille, pour les fourneaux.

Aujourd'hui les arsenaux maritimes de la Manche et de l'Océan sont approvisionnés :

1° De charbon de Mons *flénu*, pour les machines à vapeur ;

2° De charbon de Mons *Grisœuil*, pour la confection du coke nécessaire aux fourneaux à réverbères ;

3° De menu charbon d'Anzin, pour les forges ;

4° De gros charbon d'Anzin, pour les cuisines des bâtiments de mer.

Le port de Toulon reçoit du charbon de Rive-de-Gier, pour les machines à vapeur, du menu charbon de la même origine ou de Saint-Étienne, pour la forge.

L'emploi de l'espèce de combustible la plus convenable à chaque destination a fait cesser ainsi les plaintes qui s'élevaient, lorsqu'on appliquait le charbon à tous les usages, sans égard à ses propriétés particulières.

Dans les ports de l'Océan, l'emploi, du charbon de Mons *flénu* au chauffage des machines à vapeur, et du charbon de Mons *Grisœuil* à la confection du coke, sera indispensable jusqu'à ce que l'on découvre, sur notre territoire, à proximité de ces ports, des houillères qui produisent du combustible de même nature.

Le charbon de différentes mines d'Angleterre remplacerait avantageusement celui de Mons, si l'on ne préférait recourir à ce dernier, parce qu'une partie des frais qui constituent son prix, aux lieux de destination, tourne au profit des bateliers, commissionnaires, journaliers et marins français.

N° 10. *Notice sur l'extraction de la houille aux États-Unis d'Amérique, adressée de Philadelphie, sous la date du 12 mars 1833.*

« On continue à regarder comme prochain le moment où le charbon anthracite, exploité avec succès dans plusieurs mines de l'état de Pensylvanie, pourra devenir, pour le port de Philadelphie un instrument important de commerce avec l'étranger, ainsi qu'il l'est déjà pour le commerce intérieur et la navigation de cabotage. Jusqu'à présent la consommation de ce combustible aux États-Unis s'est accrue dans une proportion si rapide qu'elle ne laisse pas d'excédant pour le commerce étranger. Le prix du marché, qui avait suivi une progression décroissante jusqu'en 1831, a remonté en 1832, et n'est pas encore retombé au prix de 1831.

« On estimait à 47,000 tonneaux la quantité de charbon qui a descendu la Schuylkill en 1828. En 1831, cette quantité était déjà de 81,000. Elle est de 209,271, en 1832. Le produit total des mines de l'état de Pensylvanie a été, pour la même année, de 373,871 tonneaux. La ville de Philadelphie en a consommé environ 120,000. Le prix a été, pendant l'hiver de 1832, de 8 à 9 dollars, par tonneau de 2,240 livres, pris à Philadelphie : il est retombé entre 5 dollars 1/2 et 6 dollars 1/2, pendant la belle saison, et est actuellement à peu près au même taux. En 1831, on pouvait l'avoir à 5 dollars; on estime à 500,000 tonneaux les exploitations de 1833, ce qui permettra probablement de tenter des exportations à l'étranger.

« On ne se dissimule pas que l'impossibilité de brûler ce charbon dans les grilles dont on se sert en Europe pour la houille, ne soit un obstacle à son débit, dans les premiers temps. Cette difficulté avait bien longtemps fait regarder, dans ce pays même, comme inutile, une production dont on a déjà retiré et dont on se promet pour la suite tant d'avantages. On a envoyé, l'année dernière, en Hollande, des grilles et des poëles tels que ceux dont on se sert à Philadelphie et à New-Yorck. Je ne serais pas surpris qu'on en envoyât aussi au Havre.

« Jusqu'à présent le charbon anthracite américain n'a servi qu'à des usages domestiques. Tout préjugé d'habitude à part, je crois que c'est le meilleur combustible qui existe pour ces usages. Il paraît malheureusement se refuser à servir les machines à vapeur et à fondre le fer. La difficulté de l'allumer, de le remuer, sans l'éteindre, et, encore plus, de régler l'intensité de sa chaleur, semble jusqu'aujourd'hui insurmontable. Au moins les nombreux essais, qui ont été tentés et même encouragés par des primes, en ce qui concerne la fonte du fer, n'ont produit que des résultats tout-à-fait insignifiants. »

ENQUÊTE

SUR LES HOUILLES.

PREMIÈRE QUESTION.

*A quelle époque et à quelle cause peut-on attribuer le développement
de l'extraction des houilles en France?*

1.

Beaucoup d'efforts ont été faits inutilement, sous l'ancienne monarchie, pour donner aux houillères françaises le développement dout elles étaient susceptibles. Henri IV et Louis XIV firent, à cet égard, un vain appel aux propriétaires du sol en leur abandonnant les gîtes houillers que leurs terrains pouvaient recéler, et en leur faisant remise entière du droit *régalien*, c'est-à-dire du dixième que, de temps immémorial, la couronne percevait sur le produit des mines. Les édits de 1601, 1604 et 1698, qui témoignent des louables intentions de ces deux princes, restèrent sans effet, ou plutôt n'en eurent que de désastreux, parce qu'ils livrèrent les mines de houilles à de mesquines entreprises, et qu'ils en subordonnèrent l'aménagement aux divisions territoriales avec lesquelles on ne peut que rarement le coordonner.

En 1789, toutes les houillères du royaume ne produisirent que 2,500,000 quintaux métriques de houille.

La loi du 21 avril 1810 est le véritable point de départ du développement de l'exploitation des mines, en France, et particulièrement des mines de houille. C'est depuis cette époque seulement, que la propriété souterraine devint distincte de la propriété superficielle; qu'elle eut ses conditions propres, son régime particulier; qu'elle reçut enfin les garanties de durée et d'inviolabilité qui pouvaient déterminer les capitalistes à la prendre pour base de leurs spéculations.

L'un des premiers récolements qui furent faits du produit des mines, après la publication de cette loi, fit connaître que, pendant l'année 1812, les houillères, comprises dans le territoire de la France actuelle, avaient livré au commerce 8,200,000 quintaux métriques de houille, au prix moyen de 1 fr. 20 cent. le quintal métrique : ainsi, dans l'intervalle de 1789 à 1812, la production s'était augmentée dans le rapport de 25 à 82.

On peut suivre, dans le tableau que nous donnons ici, le progrès de cette production et l'abaissement successif des prix, depuis 1819 jusques et y compris 1830. On y verra aussi, pour chaque année de la même période, les quantités de houille que nous avons exportées, celles que nous avons reçues de l'étranger et celles enfin que nous avons consommées. Les prix portés à la troisième colonne sont le résultat de la comparaison de la quantité des produits avec leur valeur; ils expriment conséquemment les prix moyens de la houille, sur le carreau des mines considérées, dans leur ensemble.

ANNÉES.	PRODUCTION.	PRIX MOYEN par quintal métriq.		EXPORTATION.	IMPORTATION.	CONSOMMATION.
	q. m.	fr.	c.	q. m.	q. m.	q. m.
1819	8,263,457	1	052	233,789	2,373,664	10,403,332
1820	8,374,130	1	034	933,200	2,889,200	11,945,130
1821	9,736,096	1	073	701,230	3,205,945	12,230,512
1822	10,230,673	1	041	25,772	3,372,502	13,577,406
1823	10,245,151	1	053	11,099	3,262,931	12,497,396
1824	11,263,136	1	016	5,167	4,615,645	15,973,634
1825	12,732,270	1	017	10,494	5,069,282	17,842,058
1826	13,238,201	1	045	5,203	5,028,670	18,231,605
1827	14,740,609	1	025	1,336	5,388,584	20,126,081
1828	15,206,341	0	996	2,570	5,786,858	20,990,662
1829	14,827,575	0	970	1,014	3,474,584	20,401,145
1830	15,863,703	0	975	1,073	6,309,234	22,272,362

Des indications qui sont consignées dans ce tableau, ainsi que de celles qui le précèdent, il résulte :

1° Que, de 1812 à 1830, la production de la houille, en France, s'est accrue sensiblement dans le rapport de 1 à 1,95 ;

2° Que le prix moyen, pendant le même temps, en a été abaissé dans le rapport de 1,200 à 975 ;

3° Que l'exportation, dont le terme moyen était, antérieurement à 1821, de 256,000 quintaux métriques environ, a baissé subitement, à partir de 1822, et est ensuite devenue presque nulle. Cette suppression, à peu près totale de notre exportation, résultait du droit excessif que nos houilles devaient payer à leur entrée sur le territoire des Pays-Bas, droit qui devint, en 1822, une véritable prohibition, puisqu'il fut porté à 7 florins les 100 livres ou à 2 fr. 96 cent. le quintal métrique.

Parmi les houillères qui ont pris le plus de part aux progrès dont la mesure est donnée par les résultats de l'année 1830, on doit particulièrement citer celles du Nord, du Calvados, de la Loire-Inférieure, de la Haute-Saone, de Saone-et-Loire, de la Loire, de la Haute-Loire, de l'Aveyron, du Gard, de l'Hérault et des Bouches-du-Rhône. Les autres sont restées plus ou moins en arrière du mouvement, parce qu'elles manquaient de moyens économiques de transport.

(D. G. DES MINES.)

2e

La production française n'était, en 1812, que de 7 millions d'hecto-litres : elle dépasse aujourd'hui 20 millions.

Elle peut encore recevoir d'immenses accroissements.

Les mines de Saint-Étienne (avec lesquelles on a confondu mal à propos celles de Rives-de-Gier, assises, il est vrai, sur le même banc, mais que leur position, sur le versant du Rhône, range dans la catégorie du midi), les mines de Saint-Étienne pourraient suffire à la totalité de la consommation ; il ne leur manque pour cela que des moyens d'exportation.

Les autres mines du centre également, à peine effleurées, sont susceptibles de recevoir de très-grands développements. Dans une semblable

situation, qui oserait conseiller le sacrifice des exploitations du sol, ce
de l'avenir qu'elles nous offrent, pour s'abandonner sans réserve aux
fournitures de l'étranger?

(Cons. gén. des Man.)

3.

Sans pouvoir fournir des détails, en raison de notre peu de relations
directes avec les extractions françaises, nous affirmons que c'est de
1814 que date le développement de la production qui, depuis lors, a
toujours augmenté et augmente encore.

(Rouen B.)

4.

Les mines de houille du nord de la France, dont la découverte remonte à 1717, n'ont commencé à se développer que vers 1780; à cette
époque; les charbons de terre étrangers étaient frappés d'un droit de
30 sols tournois, le baril, équivalant à l'hectolitre bien comble; avant
cette époque, les houilles belges se vendaient, en France, 3 fr. la manne,
soit l'hectolitre.

De 1800 à 1816, le développement des houillères du Nord a été peu
encourageant pour leurs propriétaires. Il en a été autrement depuis 1816 :
alors, à l'abri du droit de 30 cent. l'hectolitre, on a pu y consacrer, avec
sécurité (croyait-on !), des capitaux très-considérables, et ce développement s'est accru au point qu'on peut, tant que le droit sera maintenu,
lutter avec les houilles belges introduites en France.

(Anzin.)

5.

Le développement des exploitations de houille a dû suivre celui de
l'industrie dont le charbon est un des principaux aliments.

C'est surtout depuis 1812 que la compagnie d'Anzin a multiplié ses
fosses, et que ses produits se sont accrus dans une progression très-
rapide.

Le produit approximatif des extractions de cette compagnie a été :

En 1813, de 2,000,000 quintaux métriques;

1820, de 2,800,000;

1825, de 3,000,000;

1830, de 3,600,000.

L'importation de houille étrangère et l'extraction française se sont accrues dans une proportion à peu près égale.

(LILLE D.)

6.

Le plus grand développement obtenu pour les exploitations d'Anzin ne date guère que de 1822.

(DUNKERQUE.)

7.

L'éloignement des houillères et des canaux qui en portent les produits nous a longtemps réduits à l'emploi de la tourbe pour alimenter nos usines. Ce n'est guère que depuis 1828, époque à laquelle notre canal, qui à Saint-Simon communique avec Saint-Quentin et les canaux de la Belgique, a été livré à la navigation, que nous avons pu nous servir de houille en quantité notable, et il n'est peut-être pas inutile ici d'indiquer dans quelles proportions croissantes va cet emploi :

Ont été soumis au droit d'octroi à Amiens,

En 1828,   28,656 hectolitres;

1829,   48,300;

1830,. . . 80,382;

1831,   . 56,000.

(AMIENS.)

8.

Il n'existe dans le département du Pas-de-Calais qu'une mine de charbon située à Hardinghen. La quantité extraite est peu importante et la qualité très-inférieure. Le produit en est presqu'en totalité consommé sur les lieux par une verrerie, par les fours à chaux et par les briqueteries. Ce charbon n'entre dans la consommation domestique que pour une portion extrêmement minime.

(CALAIS.)

9.

Les principales causes du développement de nos houillères doivent être attribuées,

1° A l'accroissement de la consommation par suite du mouvement industriel qui se manifesta pendant la paix après la restauration ; au renchérissement progressif des bois, qui obligea de substituer la houille aux combustibles végétaux, et surtout à la multiplication des machines à vapeur et des nouvelles usines à fer à l'anglaise ;

2° A la division du bassin houiller de l'arrondissement de Saint-Étienne en cinquante-sept concessions dont la propriété fut désormais assurée, et qui attira vers cet emploi de grands capitaux qui jusque-là s'en étaient éloignés ;

3° A l'établissement de nouvelles communications, canaux et chemins de fer qui promettaient d'ouvrir à nos exploitations des débouchés avantageux, et enfin à la confiance que la législation protectrice du travail national serait maintenue.

Ces espérances ayant été en grande partie déçues, et les exploitants continuant à extraire d'immenses quantités de combustible, il en résulta un engorgement général dont l'influence désastreuse est aujourd'hui plus sensible que jamais. Les grands travaux entrepris et les dépenses faites pour le matériel nécessitant une exploitation considérable et non interrompue, le prix de la houille s'est détérioré successivement, et a fini par rendre à un taux ruineux, puisqu'on offre maintenant à 15 c., et même à 10 cent. l'hectol. les charbons menus de qualité inférieure. Voilà ce qui explique pourquoi, avec un grand développement de travail, nos mines sont, dans une situation extrêmement fâcheuse. Les charbons menus, qui forment les trois quarts de l'extraction totale, manquent de débouchés, et si le marché de la capitale leur est fermé, il est certain que beaucoup d'exploitations seront abandonnées.

Les houilles extraites pendant les deux dernières années n'ont pas été vendues aux prix que MM. les ingénieurs ont cru devoir leur assigner à l'époque de leurs évaluations, comme l'attestent les immenses dépôts qui existent sur les mines.

(SAINT-ÉTIENNE.)

1re Question.

10.

Le plus grand développement de l'exploitation des mines de houilles françaises ne date que d'une vingtaine d'années.

Celles de Decize, qui occupaient déjà à cette époque un certain rang parmi les mines de ce genre, n'avaient pas moins une extraction très-bornée, comparativement à ce qu'elle est devenue depuis que la paix générale, en favorisant les progrès de l'industrie nationale, a placé la houille au nombre des agents les plus fertiles de reproduction.

(DECIZE.)

Decize.

11.

L'exploitation des mines du Creuzot s'est développée successivement depuis son origine. Ses produits s'élèvent aujourd'hui à 1 million d'hectolitres par année, et sont susceptibles de s'accroître encore.

Les mines de Montchanin, sur le canal du centre, qui appartiennent à la même société, n'ont encore que des travaux préparatoires dans une veine dont la puissance est prodigieuse.

On n'extrait que 200,000 hectolitres par an. L'exploitation sera portée, d'ici à peu d'années, à 1 million d'hectolitres.

(CREUZOT.)

Creuzot.

12.

L'exploitation des mines de Blanzy, situées sur le canal du centre, est assise sur un bassin houiller d'une grande richesse. Elle doit son importance à l'ouverture du canal du centre : depuis, son développement s'est

Blanzy.

1ʳᵉ Question.

accru successivement et a suivi les progrès de l'industrie; aujourd'hui elle extrait annuellement de 6 à 800,000 hectolitres, et l'extraction annuelle pourrait être portée de 1,000,000 à 1,200,000 hectolitres.

(BLANZY.)

13.

Auvergne.

Les houillères d'Auvergne ont reçu leur plus grand accroissement de 1824 à 1828.

(CLERMONT.)

14.

Il en est de même des mines de Grosmesnil, de la Taupe, Charbonnier et des mines dites *de feu*.

(BLANZY.)

15.

Creuse.

Le département de la Creuse renferme les exploitations d'Ahun, formant deux concessions (celle du Nord et celle du Sud), et l'exploitation de Bosmoreau. Les mines d'Ahun sont exploitées depuis un temps immémorial, sans interruption; avant l'année 1810, elles fournissaient de 12 à 15,000 quintaux métriques de houille par an; le débit a toujours suivi une marche légèrement progressive, et elles versent aujourd'hui de 15 à 16,000 quintaux métriques.

Les mines de Bosmoreau, poursuivies avec des chances diverses de succès, ont été reprises en vertu d'un titre régulier, en 1825. La houille qu'elles ont produite annuellement a varié de 600 à 1,500 quintaux métriques. On ne peut guère considérer jusqu'à ce jour les travaux que comme des recherches.

(CREUSE A.)

16.

Nous placerons ici quelques détails sur le bassin houiller de la Creuse. Il s'étend, entre Aubusson et Ahun, sur une longeur de 15,000 mètres et une largeur de 500 à 2,000 mètres.

Le nombre des couches reconnues est considérable, et il y en a qui présentent une puissance de plusieurs mètres ; situées dans un vallon presque horizontal, elles n'offrent pas, au-delà d'une faible profondeur, de moyen naturel d'écoulement.

L'exploitation se fait par puits verticaux ou inclinés d'une profondeur de 15 à 20 mètres. Le bas prix de la houille ne permet pas l'emploi de remblais autres que ceux fournis par l'extraction. Les seules machines en usage sont les traits à manivelle pour épuiser les eaux et élever la houille au jour, et les brouettes et paniers pour charrier la houille dans les galeries.

La houille que fournissent les mines de la Creuse, quoique légèrement pyriteuse, est applicable à tous les besoins. La grosse est assez flamboyante pour être employée sous les chaudières ; la menue triée sert pour les forges, et la menue grossière est employée pour les tuileries et briqueteries.

La première se vend 1 fr. 15 cent. le quintal métrique.

La deuxième 1 fr.

La troisième 85 cent.

Ce qui donne, pour moyenne, 1 franc le quintal métrique ou 1 décime le myriagramme, prix qu'elle avait avant que les concessions de 1817 fussent accordées.

On peut décomposer, comme il suit, le prix de *revient* de la houille sur le carreau,

1° Aux ouvriers, pour tous frais d'extraction proprement dite, savoir, abattage de la houille, transport au jour, fourniture d'outils et d'huile, par quintal métrique... 00ᶠ 40ᶜ

2° Frais de percement de puits et d'épuisement des eaux, par quintal métrique.. 00 35

3° Intérêt des fonds d'avance des actionnaires, et bénéfice par quintal métrique.. 00 15

Total...(*) 1 00

Les frais de transport d'un quintal métrique de houille sont de 90 cent. pour Aubusson, de 1 franc 20 cent. pour Guéret, de 3 francs pour Limoges, et suivant le rapport des distances pour les autres lieux de consommation.

Le rayon dans lequel les houillères d'Ahun versent leur produit ne s'étend pas à plus de 7 myriamètres; au sud et à l'ouest la houille d'Ahun est en concurrence avec celle de la Pleau, qui approvisionne Limoges en grande partie; à l'est, elle est en concurrence avec celle qui arrive de Comentry (Allier) par terre, et de Saint-Étienne par la rive de la Loire.

L'amélioration des routes et principalement de celle d'Aubusson à Guéret, et la création de nouveaux ateliers de consommation du combustible fossile, seraient les seuls moyens de faire sortir les mines d'Ahun de l'état de langueur dans lequel elles sont restées depuis l'époque de leur découverte. Il y a tout lieu de penser que l'achèvement de la route dont on vient de parler ferait baisser considérablement les frais de transport de la houille et permettrait de l'employer dans les foyers domestiques, que l'on trouve plus économique d'alimenter au bois.

La houille d'Ahun est employée dans les ateliers de teinture, de chapellerie, de brasserie, dans les bains publics, les forges de maréchaux, de serruriers, de cloutiers, dans les tuileries et les briqueteries, et dans un seul foyer domestique.

BASSIN HOUILLER DU TAURIOU.

Le bassin du Taurion offre quelques exploitations qui n'ont pas encore reçu un grand développement. La qualité de la houille qui se rapproche de l'anthracite et le manque de débouchés n'ont pas permis d'élever le débit annuel au-delà de 1,500 quintaux. On se propose d'en former des entrepôts à Limoges, Châteauroux, Saint-Gauthier, et on attend pour cela le résultat des essais auxquels divers usiniers (*) de ces localités ont dû se livrer.

(*) M. Bouillon, mécanicien distingué de Limoges, a fait usage récemment, dans les forges à fer, de mélange, par portions égales, du charbon de Bosmoreau (Creuse) et de celui de la Pleau (Corrèze); il a été satisfait des résultats obtenus et y a trouvé une économie de temps.

Quoi qu'il en soit, les houillères de ce département, placées dans une contrée dépourvue de grands établissements industriels, environnées d'exploitations de même nature et éloignées des canaux-rivières navigables, ne peuvent, de longtemps, jouer un grand rôle dans la balance commerciale. D'après cela, on est porté à croire qu'un tarif plus ou moins avantageux pour les houilles françaises n'influera que faiblement sur la prospérité des mines de houille que la Creuse possède.

(CREUSE A.)

17.

Les deux concessions du bassin houiller de la Vendée datent du 1er février 1831 ; car on ne parle pas de la concession faite à M. Roblet de Granville de la mine de Chahtonnay, encore non exploitée, qui est un peu antérieure. Aussi ces exploitations, encore bien nouvelles, sont loin d'être au point de prospérité où elles doivent arriver plus tard.

(VENDÉE).

18.

Les mines de Languin, telles qu'elles existent aujourd'hui, ne sont ouvertes que depuis deux ans. Elles formaient il y a cent ans une exploitation importante qui fournissait une grande quantité de combustible ; mais elles furent abandonnées, et ce n'est que depuis la fin de 1830 qu'elles ont été reprises.

Jusqu'à présent notre extraction n'a pas dépassé 14 à 15,000 hectol. par année. Mais elle n'est qu'à son début, et ce n'est pas ce que nous produisons réellement, mais ce que nous nous sommes mis en mesure de produire que nous devons vous faire connaître. Nous n'avons que quatre puits d'ouverts, et encore ne sont-ils creusés qu'à une profondeur de 200 à 560 pieds. Mais, vu l'importance de notre concession, qui a quatre lieues d'étendue, nous espérons avoir extrait vers la fin de l'année prochaine 240,000 hectolitres de houille, et d'ici à un an et demi, nos extractions doivent s'élever à 4 et 500,000 hectolitres par année.

(LANGUIN.)

19.

La société anonyme des mines de Montrelais, arrondissement d'Ancenis, possède deux centres d'exploitation, l'un à Montrelais dont elle porte le nom, l'autre à Mouzeil.

Celui de Montrelais d'où l'on extrait du charbon de forges de première qualité, et que les forgerons estiment à l'égal de celui de Newcastle, a fourni en

1828 première année de la société	55,937 hectol.
1829	75,081
1830	123,223
1831	96,474
	350,715
MOYENNE	87,679

Ainsi le plus grand développement de cette exploitation a eu lieu en 1830 ; mais comme les ventes ne suivaient pas la même progression que les extractions, force a été de ralentir celles-ci en 1831, en même temps qu'on a baissé les prix.

Dans les trois premières années, le charbon de forges rendu à Nantes s'y est vendu 2 francs 90 centimes. En 1831, on l'a donné à 2 francs 80 centimes, quoique la qualité se fût améliorée.

Le centre de Mouzeil a produit en

1828	179,983 hectol.
1829	110,313
1830	114,953
1831	162,024
	567,273
MOYENNE	141,418

Là, comme à Montrelais, les ventes sont toujours beaucoup en arrière des extractions; et si ces dernières ont repris de l'activité en 1831, cela tient à des causes particulières et non à un plus grand débit. La société en commandite qui a précédé la société anonyme a laissé un puits, en quelque sorte décharné, dont l'extraction était extrémement dispendieuse, et qu'on veut se hâter de dépouiller pour en être débarrassé le plus tôt possible.

Si la société ne consultait que son intérêt présent, elle abandonnerait sur-le-champ l'exploitation de Mouzeil; car ce centre donne de la perte et absorbe tous les bénéfices de Montrelais.

La qualité de la houille y est moins bonne et les frais y sont plus considérables à cause de la grande quantité et de la dimension des bois que les travaux souterrains exigent.

Quoique le charbon de Mouzeil se présente en grandes masses, il n'arrive en grande partie au jour que réduit en poussière parce qu'il est très-friable; en sorte qu'il n'est bon que pour les fours à chaux auxquels il s'est vendu sur place, en 1831, 95 centimes l'hectolitre, ce qui fait une baisse de 15 centimes sur les prix de 1828, lesquels étaient de 1 franc 10 centimes. On en retire cependant environ un septième de gros charbon en roche qui s'est vendu à Nantes, en 1831, 2 francs 60 centimes, après y avoir valu en 1828, 2 francs 80 centimes. On en vend aussi à Nantes, au prix de 1 franc 65 centimes, une troisième espèce dite de verrerie, de laquelle on n'extrait que les plus gros morceaux de roche, tandis que dans celui de fourneau on n'en laisse pas même de petits. C'est particulièrement la verrerie de Coueron qui fait usage de cette troisième espèce.

(Montrelais.)

20.

Pour les mines de l'Aveyron, la plus grande exploitation date de l'époque où des mines, pour la production de la fonte et la fabrication du fer, ont été établies, c'est-à-dire de 1829.

(Aveyron.)

6

21.

Sous la protection des droits actuels, les mines d'Alais prennent un vaste développement d'exploitation. Un chemin de fer va s'établir, qui transportera des mines au Rhône, moyennant 10 cent. par 1,00 0 kiog. et par 1,000 mètres. L'économie qui en résultera dans les transports permettra une exportation d'un million de quintaux métriques. Les mines d'Alais sont assez riches pour y suffire pendant des siècles. L'exploitation y est assez facile pour que les produits soutiennent la concurrence actuelle sur tous les marchés du midi. Une diminution dans les droits d'importation changerait totalement l'état des choses. Les exportations de Saint-Étienne sur la Loire, sur Paris et sur la Saone, celles de Rive de Gier sur cette rivière diminueraient considérablement, et les produits de ces deux bassins houillers reflueraient sur le midi par la descente du Rhône. Elles feraient ainsi une concurrence nouvelle et très-fâcheuse aux mines d'Alais qui n'y comptaient pas. La spéculation du chemin de fer d'Alais à Nîmes serait compromise et ne s'exécuterait pas. Les forges d'Alais, qui doivent profiter de ce chemin pour le transport de leurs fers, souffriraient un grand dommage.

(ALAIS.)

22.

Indications générales sur le cours de la consommation.

L'extraction de la houille s'accroît depuis l'établissement successif des usines et manufactures mues par les mécaniques à vapeur.

(CALAIS).

23.

C'est depuis la paix, à dater de l'année 1814, que les industries françaises ont pris un essor progressif, pour arriver au point où elles sont aujourd'hui. Mais elles ne peuvent pas plus rester stationnaires, qu'elles ne pouvaient l'être à l'époque précitée, parce qu'il est impossible de poser des bornes aux efforts du génie et à la persévérance des travailleurs.

Des documents authentiques viennent à l'appui de cette assertion.

Les produits des mines de houille françaises, en général, se sont élevés,

en 1812,	1825,	1830,
à 6,683,000	11,719,000	15,034,500 quintaux métr.

A ces quantités il faut ajouter celles des importations, qui ont atteint,

SAVOIR :	en 1812,	1825,	1830,	
houilles prussiennes	500,000	869,000	1,199,000	quintaux métr.
belges	2,500,000	3,800,000	4,597,000	"
anglaises	"	400,000	513,000	"

D'après ce résultat, l'époque à laquelle les exploitations françaises auraient acquis leur plus grand développement devrait donc être celle de 1830, ou bien celle de 1831, suivant les documents cités dans la série des questions posées par le ministère, où l'on porte les produits officiels des houillères, pour 1831, au chiffre de 15,991,000 hectolitres.

(ROUEN A.)

24.

L'étendue de l'exploitation est dans une dépendance nécessaire de l'activité de la demande. L'établissement d'un assez grand nombre d'usines nouvelles, l'extension de l'usage des machines à vapeur, la substitution progressive de l'emploi de la houille à celui du bois pour les préparations métallurgiques ont, depuis quelques années, augmenté la demande et provoqué une plus grande exploitation qui n'a été réellement sensible que depuis environ six ans. La houille n'est nulle part dans le Midi employée aux usages domestiques. Beaucoup de machines à vapeur, et notamment celles qu'on emploie à la navigation, chauffent encore au bois, ce qui accuse sans doute un défaut d'industrie, mais doit faire penser pourtant qu'il n'y a pas encore une économie très-sensible à faire usage du premier de ces combustibles. On va voir que la cause en est dans l'élévation de son prix, pour toutes les localités du Midi éloignées des lieux d'extraction; élévation dont le motif est pour les houilles indigènes dans l'imperfection des communications, pour les houilles étrangères dans le tarif.

(BORDEAUX A.)

DEUXIÈME QUESTION.

La production française suffit-elle en quantité et qualité?

Les houilles produites par les extractions françaises (*) peuvent-elles subvenir à l'entière consommation du royaume, tant pour les foyers domestiques, que pour les forges et la formation de la vapeur dans les fabriques?
En d'autres termes, la France possède-t-elle, en qualité et quantité, toutes les houilles dont elle peut faire emploi?

25.

Réponses absolument affirmatives.

Oui, sans doute.

(CLERMONT.)

26.

Il y a lieu de s'étonner de cette question; l'affirmative ne peut pas être révoquée en doute. Si quelques exploitations ne fournissent pas les qualités satisfaisantes, c'est qu'on n'a attaqué encore que les couches supérieures qui partout ne donnent que des qualités inférieures.

(BORDEAUX A.)

27.

La consommation annuelle de charbon de terre est d'environ 24 millions d'hectolitres, dont 18 millions proviennent des établissements français, et 6 millions des houillères étrangères.

On est porté à croire que les mines françaises dont le nombre excède 230 pourraient suffire à l'entière consommation du royaume.

Il faut aujourd'hui annuellement pour les besoins de Paris 1,000,000 d'hectolitres, dont 50,000 pour alimenter les foyers domestiques.

(PARIS B.)

(*) Les relevés officiels de 1831 portent le nombre des mines concédées à 211, et les répartissent entre 35 départements.

28.

L'affirmative est incontestable, même pour le double de la consommation du royaume, mais avec la création de moyens de transport, tels
que canaux et chemins de fer.

(GROSMESNIL.)

29.

Les houilles produites par les extractions françaises pourraient subvenir à l'entière consommation du royaume.

(CREUSE A.)

30.

Cette question générale doit être résolue d'une manière affirmative.
On répondra d'abord : Oui, la France, d'après l'abondance de ses mines,
a suffisamment de houilles pour subvenir à la consommation actuelle
et même à une consommation plus forte résultant de l'essor donné à
l'industrie ; oui, encore, la France, d'après les qualités des houilles qu'elle
fournit, possède toutes les variétés de combustible qui sont nécessaires à
ses propres besoins.

La maison Dobrée, de Nantes, concessionnaire avec M. Mollet de
Chassenon d'une partie du bassin des houilles de la Vendée, s'exprime
ainsi sur ce point relativement à la ville de Nantes : « Il n'est pas douteux
« qu'on pourrait fort bien se passer de houille étrangère, c'est-à-dire de
« houille de Belgique, car pour la houille anglaise, on s'en passe déjà, et
« celle qui arrive accidentellement est même d'un placement difficile,
« parce qu'elle est menue et dès-lors impropre pour la grille et trop
« chère pour la forge. Ce sont les houilles de Decize et de Saint-Étienne
« qui remplaceraient celles de la Belgique, si on les payait un peu plus
« cher. Plus tard nos houilles de la Vendée rempliraient le même but. »

(VENDÉE.)

31.

L'extension de l'industrie minérale pendant ces dernières années ne
donne pas une mesure exacte de la puissance productive de nos mines, qui
pourraient facilement doubler et tripler leurs extractions actuelles. Le bassin
de l'arrondissement de Sᵗ-Étienne seul, sans un accroissement notable du
capital engagé, fournirait 25 à 30 millions de quintaux métriques, et la

France possède plusieurs autres bassins houillers d'une grande richesse. Dans celui de la Loire, on trouve toutes les qualités de houilles désirables, et les ateliers de tous genres qu'elles alimentent prouvent la justesse de cette assertion. Où voit-on, en effet, plus de fabriques de produits chimiques, de verreries, de fours à chaux et à plâtre, de briqueteries, de filatures de soie, de teintureries, d'aciéries, de hauts fourneaux, de grandes et petites forges, de machines à vapeur, &c., que dans l'arrondissement de Saint-Étienne et les départements environnants? Les charbons belges, à cause de l'infériorité de leurs prix sur le marché de Paris, sont employés de préférence aux nôtres dans beaucoup d'ateliers, notamment pour l'éclairage au gaz. Des expériences comparatives faites avec le plus grand soin, en 1831, à l'école des mineurs de Saint-Étienne par MM. les ingénieurs des mines, dans un but d'utilité générale, ont cependant démontré la supériorité de nos houilles pour cet usage, tant par la quantité de coke et de gaz produits, que par l'intensité de la lumière, et ces résultats ont trouvé leur confirmation dans les usines à gaz établies à Lyon.

TABLEAU des Expériences faites au laboratoire de l'école des mineurs en 1831.

DÉSIGNATION DE LA HOUILLE par exploitations.	poids du dégagement.	quantité de gaz par 100 kilog. de houille (litres).	dépense d'un bec à l'heure (litres).	intensité absolue de la lumière.	intensité de la lumière, la dépense d'un bec étant constante.	quantité de coke par 100 kilog. de houille.	quantité de cendres par 100 kilog. de houille.	OBSERVATIONS.
Houille de Mons (Sens)............	3 heures.	lit. 34,000	206	9,45	9,45	68,81	4,14	La houille de Mons est prise pour terme de comparaison.
Idem de Firminy...... { Moyenne de Lorette et la Malafolie. }	2 3/4	34,725	214	10,12	8,53	68,47	7,61	
Idem de la Bérardière. { Moyenne de Lardoret et Bayon, Chomier, Lacombe et compagnie. }	2 1/2	33,087	229	13,23	11,01	65,35	4,34	
Idem du Bois Monzil................	2 1/2	35,972	223	12,55	8,72	72,16	4,44	
Idem du Treuil (Moyenne).........	2 1/2	34,272	220	11,12	8,80	70,11	4,82	
Idem du Soleil (Bérardière)........	2 1/2	36,860	186	9,63	10,32	68,70	5,71	
Idem de la Grand-Croix (Rive-de-Gier)	2 1/2	34,844	206	9,30	9,30	72,33	4,82	
Idem des Verchères (Rive-de-Gier)..	3	34,000	240	10,13	8,68	72,53	6,96	

(SAINT-ÉTIENNE.)

32.

La France possède, en qualités variées, toutes les houilles dont elle peut faire l'emploi, tant pour les usages domestiques que pour les forges et la formation de la vapeur. Relativement à la quantité, nous ne craignons pas de dire que ses richesses connues jusqu'à ce jour dépassent tout ce qu'on peut désirer. Il suffit de citer les principaux bassins.

Valenciennes,
Commentry,
L'Auvergne,
L'Aveyron,
Alais,
Saint-Étienne et Rive de Gier,
Le canal du Centre,
Decize.
Épinac, &c., &c.

(Creuzot.)

33.

Oui, la France possède, en quantité et qualité, toutes les houilles dont elle peut faire emploi, tant pour les foyers domestiques que pour les forges et la formation de la vapeur dans les fabriques. Cette réponse peut être faite hardiment; car, puisque dans l'état actuel de l'exploitation des houillères françaises, la consommation ne tire de l'étranger qu'environ cinq millions d'hectolitres de charbon, il est hors de doute que, si les houillères françaises, libres de la concurrence étrangère qui entrave leur développement, n'avaient qu'à suppléer à ces cinq millions d'hectolitres, la consommation ne serait pas longtemps au dépourvu de cette fraction ($1/5^e$) de ses besoins, puisque les usines du département du Nord pourraient, à elles seules, et promptement, en remplacer plus de trois millions d'hectolitres.

(Anzin.)

34.

Je crois que l'extraction des houilles est absolument gouvernée par la demande, et la demande par le prix payé par le consommateur; il suit de là que si le prix était diminué l'extraction serait augmentée, et il est très-probable que la quantité de mines de houille qui existe en France suffirait pour la consommation de tout genre, si elles étaient convenablement exploitées.

Les couches supérieures des houilles, ou le plus près de la surface de la terre, sont toujours exploitées les premières, étant les moins coûteuses, tandis que les couches inférieures sont presque toujours d'une qualité supérieure ; il suit de là que plus on extrait, plus la qualité devient meilleure.

La qualité des houilles françaises les rend toutes propres aux usages domestiques et à la formation de la vapeur dans les fabriques, avec plus ou moins d'économie, selon la qualité ; mais le charbon d'Angleterre est infiniment supérieur pour les forges, et il est aussi exploité depuis bien plus longtemps.

(Bordeaux B.)

35.

La France est aussi riche en charbon minéral que l'Angleterre et la Belgique ; nos bassins ne sont pas moins étendus ni moins diversifiés en qualité que les leurs ; il en est même dont les couches, quant à leurs masses, sont bien supérieures à celles des plus riches localités anglaises. Les exploitations françaises peuvent donc suffire, en quantité et en qualité, à tous les besoins.

(Blanzy.)

36.

Depuis vingt ans un grand nombre de concessions a été accordé par le Gouvernement ; et, grâce à la protection dont il a fait jouir l'exploitation des mines de houilles, la France a pu trouver dans son sein de quoi suffire, et au-delà, à tous les besoins de sa consommation industrielle et domestique.

En effet, on peut évaluer à 25,000,000 hectolitres les quantités de houilles nécessaires aux besoins de sa consommation ; et la production indigène, malgré la concurrence étrangère, s'élève annuellement à près de

7

 20,000,000 hectolitres. Elle pourrait doubler ce chiffre sans le moindre effort, tant sa richesse minérale est immense.

Aux mines de Decize, par exemple, où l'extraction ordinaire est de 500,000 hectolitres par an, le matériel est monté pour en extraire 1,000,000, et, si les débouchés lui en étaient donnés, elles pourraient en produire deux. Toutes les usines sont dans ce cas-là.

Quant à la qualité de la houille indigène, elle rivalise avec la houille étrangère et lui est même supérieure pour quelques emplois.

(Dᴇᴄɪᴢᴇ.)

37.

Nos houilles sont grasses, collantes et propres à tous les genres d'industrie, aux forges, aux chaufourneries. Moi-même, qui possède un de ces établissements, je les emploie avec succès à son entretien.

Elles ne sont pas très-flambantes ; mais, en revanche, une fois qu'elles sont en activité, elles produisent une chaleur plus forte et plus concentrée. Les capitaines des bateaux à vapeur les emploient volontiers ; nous en fournissons beaucoup à des raffineries de sucre de betteraves, et jamais on ne s'est plaint de ce qu'elles endommageaient les vaisseaux évaporatoires soumis à leur action.

On en tire d'excellent coke pour les hauts-fourneaux ; nous en livrons des parties considérables à M. Geoffroy.

(Lᴀɴɢᴜɪɴ.)

38.

Nous répondrons, en ce qui concerne la partie inférieure du bassin de la Loire, que notre position nous appelle naturellement à alimenter : nos excellents charbons de forge remontent jusqu'à Tours et à Laval, et nul doute qu'avec le secours de ceux de Saint-Étienne, ils ne suffisent à l'entière consommation de cette partie de la France, pour la manipulation du fer. Le charbon de forge qu'on tire de Newcastle est totalement consommé à Nantes, ou dans les campagnes environnantes, en concurrence avec le nôtre ; et nous le remplacerions facilement, puisqu'il n'en est importé, année commune, que 15,000 hectolitres, qu'il en reste ordinairement trois fois autant sur nos chantiers à la fin de chaque année, et que, comme nous l'avons fait, en 1830, nous pourrions donner des développements plus considérables à nos extractions.

Quant au charbon de fourneau, il n'en vient pas du tout de l'étranger.

Il n'en est pas de même du gros charbon, pour la formation de la vapeur; le nôtre ne pourrait suffire à la consommation, quoiqu'en poussant nos puits à une plus grande profondeur nous ayons l'espoir de trouver à Mouzeil du charbon plus compact.

(Montrelais.)

39.

Les houilles de l'Aveyron paraissent propres à tous les emplois. La quantité que l'on peut exploiter est considérable; elle pourrait certainement suffire, non-seulement aux usines, dans leur plus grand développement, mais même à la consommation de plusieurs départements voisins.

(Aveyron.)

40.

Les houilles du bassin d'Alais peuvent fournir à tous les usages.

(Alais.)

41.

L'entière consommation du royaume, dans son expression la plus élevée, a été de 22,273,862 quintaux métriques.

L'étranger y a contribué pour 6,309,234.

La question, en ce qui concerne la quantité, se réduit donc à savoir si nos usines, qui fournissent annuellement 15,965,703 quintaux métriques, peuvent en outre fournir la seconde quantité ci-dessus; c'est-à-dire si leurs produits peuvent s'accroître de deux cinquièmes environ.

Les mines du Nord renferment quarante-deux puits d'extraction.

Chaque puits donne, dans un espace de temps de 10 à 12 heures, 75 paniers: c'est ce que l'on nomme *la coupe*.

Le panier contenant 5 quintaux métriques représente la coupe, 375 quintaux métriques.

7.

1ʳᵉ Question.

Un puits ne faisant que simple coupe produit donc, par année de 300 jours, 112,500 quintaux métriques.

Mais si l'on y faisait double coupe, c'est-à-dire si l'on y occupait un poste de nuit et un poste de jour, il produirait 225,000 quintaux métriques, et les 42 puits ensemble 9,450,000 quintaux métriques.

En 1830, les mines dont il s'agit n'ont produit que 4,238,380 quintaux métriques.

Elles peuvent donc, non-seulement augmenter leur extraction de deux cinquièmes, mais la doubler et au-delà.

Remarquons en passant que, dans la quantité totale de l'importation, la houille belge ne figure que pour 5,107,495 quintaux métriques, et que la différence entre la production effective des mines du Nord et leur production possible est de 5,211,620 quintaux métriques.

D'où il suit que ces mines pourraient, dans leur état actuel, faire face à la partie de la consommation à laquelle satisfait la houille belge.

Remarquons encore que, si, dans lesdites mines, le nombre des puits d'extraction était seulement augmenté de six, elles pourraient suppléer à la totalité de l'importation.

La question n'est pas ici de rechercher si le résultat que j'indique est désirable, et si le bassin houiller du Nord suffirait pendant de longues années à une extraction annuelle de plus de 9,000,000 quintaux métriques; il s'agit seulement de constater un fait : c'est qu'un seul de nos centres d'exploitation pourrait, s'il en était besoin, compléter l'excédant de la consommation sur la production.

Nos mines de houille sont réparties dans quarante-trois départements. Si nous les examinions toutes en particulier, nous pourrions facilement démontrer qu'il n'en est presque aucune qui ne permît, comme les mines du Nord, un très-grand développement de travaux ; mais dans le nombre il en est beaucoup que leur situation isolée condamne à n'approvisionner que des localités peu étendues, et dont il serait conséquemment inutile d'accroître en ce moment l'importance. Bornons-nous donc à considérer celles qui, à raison des débouchés dont elles jouissent, ou dont elles pourront prochainement jouir, sont susceptibles d'expédier leurs produits sur les points où les houilles étrangères sont elles-mêmes apportées. Telles sont les mines des départements de Saone-et-Loire, de la

Nièvre, de l'Allier, de la Loire, de la Haute-Loire, de l'Aveyron, du Tarn et de la Vendée.

Les mines de Saone-et-Loire n'ont produit, en 1830, que 1,107,797 quintaux métriques de houilles. Elles sont ouvertes sur des gîtes dont la richesse est telle que les travaux de l'exploitation peuvent y être développés sur l'échelle la plus étendue. Ce développement commence à s'opérer; si rien ne l'entrave il sera rapide et fécond en heureux résultats.

Les mines de la Nièvre et de l'Allier n'ont livré à la consommation pendant l'année 1830, que nous prenons toujours pour terme de comparaison, que 212,213 quintaux métriques de houilles, extraction presque insignifiante, eu égard à l'importance réelle de ces mines.

Il s'en faut de beaucoup que le produit des mines de la Loire ait été jusqu'ici dans une juste proportion avec l'étendue et la fécondité des gîtes sur lesquels elles sont ouvertes, et même avec le nombre et la force des machines qui y sont actuellement établies.

Ce produit n'est que de 6,384,995 quintaux métriques.

L'ensemble des forces motrices, à l'aide desquelles on l'extrait des puits, est de 2,026 chevaux.

Ce qui ne donne, par cheval, que 3,370 quintaux métriques environ.

Ce résultat prouve que le moteur est souvent inactif. S'il fonctionnait vingt heures par jour, le produit par cheval serait annuellement de 6,000 quintaux métriques au moins, et le produit total serait de 12,156,000 quintaux métriques.

Le département de la Loire pourrait donc encore, à lui seul, remplir le vide qui résulterait de l'absence des houilles étrangères sur nos marchés, si des circonstances quelconques venaient à nous priver de ces houilles.

Je suis loin de prétendre que, dans le cas où de telles circonstances se présenteraient, il fût plus avantageux aux exploitants de la Loire de forcer l'emploi de leurs moteurs actuels que d'augmenter l'intensité de ces moteurs. On voudra bien se rappeler qu'il ne s'agit ici que d'examiner s'il y a *possibilité* d'accroître la quantité de l'extraction : or, cette possibilité ne peut résulter que de deux causes; la fécondité des gîtes et la force motrice dont l'exploitant dispose. Ici la fécondité des gîtes ne peut être mise en doute, puisque dans leur ensemble ces gîtes embrassent une étendue

2ᵉ QUESTION. superficielle de 206 kilomètres carrés, 95 hectares. Quant à la force motrice, elle suffirait même actuellement au doublement du produit si elle était mise à profit tout entière; ce qui ne veut pas dire que, sous le rapport économique, on ne dût pas l'augmenter afin de multiplier les points d'action.

Les mines pour ainsi dire inépuisables de l'Aveyron, celles du Tarn, déjà depuis longtemps célèbres, suffiraient seules à l'approvisionnement du bassin de la Garonne et d'une partie du littoral de l'Océan. Le produit actuel n'en est que de 506,490 quintaux métriques.

Quelques perfectionnements apportés à la navigation, des chemins de fer d'une faible longueur procurant l'arrivage facile au Lot et au Tarn, élèveraient en peu de temps ce produit au niveau de la consommation.

Enfin, les mines de Faymoreau, ouvertes depuis peu de temps dans la Vendée, à quelque distance seulement de la rivière de ce nom, promettent à nos ports de l'Océan un approvisionnement durable en combustible; elles peuvent suffire à tous les besoins de la navigation à vapeur sur cette partie du littoral.

Relativement à la qualité des houilles françaises, nous disons,

1° Que pour la forge, celles de Saint-Étienne sont les houilles par excellence;

2° Que pour le travail des métaux, ces houilles sont également très-bonnes; ce qui le prouve, c'est le succès des établissements métallurgiques qui, depuis plusieurs années, ont été créés dans le département de la Loire;

3° Que les houilles d'Anzin et celles de Raismes sont également très-propres à ce genre de travail. On sait que depuis longtemps elles sont employées dans plusieurs arsenaux, notamment dans celui de la Fère;

4° Que pour la calcination de la chaux, on ne connaît point jusqu'ici de houille qui soit préférable à celle que produisent les mines de Fresne et de Vieux-Condé;

5° Que pour la grille, pour la production de la vapeur et pour le foyer domestique, toutes les houilles que nous venons de citer sont susceptibles d'être employées avec avantage.

Nous ajouterons que des mélanges convenablement opérés entre ces diverses sortes de houilles donnent souvent des résultats très-satisfaisants.

C'est ainsi qu'une houille *grasse*, collant au feu lorsqu'elle est mêlée dans une certaine proportion avec une houille sèche et même avec un liquide, produit un effet plus considérable que celui qui résulterait de la somme des effets des deux combustibles s'ils étaient employés séparément. C'est à l'industrie à rechercher les combinaisons variées que les bornes dans lesquelles je dois me renfermer ne me permettent pas d'indiquer ici avec plus de détails.

Cette courte revue suffit, je pense, pour prouver que la France peut puiser dans ses propres mines tout le combustible minéral qu'elle consomme ou qu'elle est susceptible de consommer.

(D. G. Mines.)

42.

Il est reconnu par tout le monde que la France renferme dans son sein la quantité nécessaire pour subvenir, non-seulement à toute la consommation actuelle, mais à une consommation aussi grande qu'on peut la prévoir.

En effet, sans parler des nouvelles découvertes probables, des concessions obtenues et non encore exploitées ; sans parler des mines de l'est et du midi, en dehors du débat, il existe, vers le centre ; aux environs de Saint-Étienne, Brassac, Fins, Comentry, Decize, le Creuzot, Blanzy, Épinac, de vastes gisements houillers à peine effleurés, qui pourraient, sans crainte d'un épuisement prochain, fournir à *tous les besoins présents et futurs.*

Vers le nord, Anzin, Aniche, Auberchicour, Hardinghen, quoique moins riches, renferment d'immenses trésors ; et, dans l'ouest, Litry, Guignes et Leplessis, offrent plus que des espérances.

(Cons. gén. des Manuf.)

43.

La vente du bois est finie, tandis que la vente de la houille est indéterminée et sera toujours croissante. L'extraction houillère n'aurait pas non plus de limite dans certain bassin, si des obstacles ne se trouvaient dans la viabilité.

1ᵉ Question.

—

et à la possibilité d'épandre sur toute la surface du royaume le produit de l'extraction française.

La France possède en quantité toutes les houilles ; mais, sous le rapport de la qualité, les charbons belges sont préférés dans les arts, surtout celui appelé *flénu* qui donne une flamme rapide et une chaleur égale et constante, et qui, dans quelques fabriques, est toujours préféré. On le recherche à Lille, à Rouen, à Elbeuf et dans beaucoup d'autres villes manufacturières.

(Paris D.)

44.

Si l'on applique cette question à nos bassins houillers actuellement découverts, il paraît probable que le sol de la France présente assez de ressources pour satisfaire à tous ses besoins, au moins sous le rapport de la quantité ; mais telle n'est pas la question. Il s'agit plutôt d'apprécier si les exploitations actuelles, considérées au point de développement qu'elles sont susceptibles de prendre dans un terme assez rapproché, répondent à nos besoins. C'est demander si les houilles françaises pourraient supporter la concurrence étrangère. En effet, nos besoins se mesurant eux-mêmes en grande partie sur le prix de la houille, il faut tenir compte de cette donnée. Il est évident que si toutes les portions du territoire, qui sont placées de manière à recevoir des houilles étrangères à un prix inférieur à celui des houilles françaises, pouvaient librement recevoir ces houilles, la consommation y prendrait un développement considérable auquel elle n'atteindra pas sous le régime actuel ; dans ce sens, on peut dire que la France ne possède pas actuellement, en quantité, les houilles dont elle peut faire usage.

En qualité, nos houillères manquent de plusieurs espèces qui nous sont fournies par les houillères belges, notamment des charbons de forge.

(Lille A.)

45.

L'importation de houille qui se fait par différents points du royaume, malgré les droits onéreux perçus à son entrée, indique suffisamment qu'il est des localités où l'emploi du charbon étranger est préféré, soit à cause de sa qualité, soit à cause d'un prix moins élevé. L'on ne saurait toutefois révoquer en doute que les extractions françaises, activées sur certains points, pourraient fournir longtemps encore toute la masse de charbon nécessaire à la consommation entière du royaume. Certes, nos nombreux bassins houillers pourraient fournir plus de charbon que nos besoins n'en réclament : les houillères des environs d'Aubin, situées au milieu des montagnes de l'Aveyron, pourraient à elles seules approvisionner de houille la France entière, et cependant leur extraction se borne à 10 ou 15,000 quintaux. Cette production si limitée est facile à comprendre : c'est qu'il ne suffit pas d'avoir des houillères, il faut que, par leur position topographique, les facilités du transport et la qualité du produit, elles puissent offrir à l'extracteur quelques chances de succès : il faut la réunion de certaines conditions qui changent avec les localités, qui, favorables sur un point, cessent de l'être à une certaine distance. Le prix de *revient* à la mine, la facilité du transport, la proximité plus ou moins grande de la mine la plus rapprochée, enfin la qualité de la houille, tels sont les éléments qui concourent à désigner à chaque houillère l'importance pour laquelle elle doit participer à la production générale. Aussi, tout en admettant que, sous le rapport de la quantité, les extractions françaises puissent au besoin suffire à la consommation, sommes-nous conduits à penser que la houille, si son extraction était exclusivement abandonnée aux exploitations françaises, ne jouerait de longtemps encore, pour une grande partie du royaume, le rôle important qu'elle est destinée à jouer dans le développement de l'industrie. L'usage de la houille ne deviendrait pas de sitôt populaire en France ; les prix de ce combustible resteraient trop élevés dans beaucoup de contrées, soit à cause de la difficulté que présente l'exploitation de certaines mines ; soit à cause des frais onéreux de transport que nécessiterait la répartition peu uniforme des bassins houillers.

Il est des qualités de houille que ne possède pas la France ; ce sont les charbons dits *flénu*, qui proviennent des hauteurs de Jemmapes, d'Hornu, etc. C'est la houille légère qui se rapproche du *canal-coal* anglais et qui diffère essentiellement des houilles de France, par sa nature bitumineuse, par la grande quantité d'hydrogène qui entre dans sa composition et qui lui donne la propriété de s'allumer facilement et de brûler avec une flamme brillante et volumineuse.

Il est vrai de dire que les houillères de Saint-Étienne et de Rive-de-Gier fournissent quelquefois une qualité de houille qui a quelque rapport avec les houilles de Mons; mais c'est en quantité très-petite et qui est loin de suffire aux besoins.

(LILLE D.)

46.

Nous ne croyons pas que la France possède, en *qualité supérieure*, les quantités de houille dont elle a besoin et dont elle pourrait faire l'emploi.

(DIEPPE.)

47.

Si l'extraction française suffit à tous les besoins du pays, quant à la quantité, ce n'est qu'avec des frais trop grands pour le consommateur, frais dont l'élévation paralyse dans certains départements une partie de nos fabriques, et les force d'avoir recours à des charbons étrangers : celles qui sont situées au bord de la mer sont en général dans ce cas.

Les charbons s'établissent à une petite différence sur le carreau de la mine, soit en Angleterre, soit en France, soit en Belgique. En voici la preuve.

Le Newcastle, avec les frais que lui fait supporter le gouvernement anglais, revient, *à bord*, à 1 franc 50 centimes l'hectolitre.

Pour mon usage habituel j'aime autant le charbon anglais que celui de Mons; je ne fais point de différence dans leur qualité et je les emploie même indistinctement.

Anzin trouve, outre la protection du droit de 33 centimes, une grande différence dans ses frais qui sont bien moindres que ceux des extractions belges. Ainsi ses charbons n'ont que 15 à 20 centimes de frais d'extraction, tandis que ceux de Mons ont jusqu'à 73 centimes par hec-

tolitre, ce qui constitue pour Anzin un avantage de 50 centimes par
hectolitre.

Le but du Gouvernement, en établissant le droit de 30 centimes, n'était pas d'être injuste envers une partie de son territoire; il ne voulait que défendre l'invasion étrangère au bénéfice de ses propres extractions, mais il n'a pas entendu accorder cette protection à ses mines au détriment des autres industries, et c'est ce qui arrive pour nous qui, par notre position topographique, ne pouvant recevoir de charbons français que d'Anzin, sommes obligés d'avoir recours aux charbons étrangers, malgré le droit qui les frappe, car ceux d'Anzin ne conviennent pas pour la chaudière.

En définitive, s'il est difficile de dire jusqu'à quel point l'exploitation des houilles françaises peut suffire aux besoins du pays, on peut cependant assurer qu'il y a manque pour les qualités.

(LE HAVRE B.)

48.

La France ne possède pas en *quantité* et moins encore en *qualité* toutes les houilles dont elle peut faire emploi : le charbon de Mons, dit *flénu*, ne peut être bien remplacé par aucune autre espèce, pour les machines à vapeur, et, en général, pour les usines à chaudières qui demandent un feu vif et flamboyant.

(DUNKERQUE.)

49.

Les charbons belges sont les seuls qui conviennent au plus grand nombre de nos ateliers; en effet, les fabriques de sucre indigène, les brasseries, teintures, fabriques de produits chimiques exigent un charbon flamboyant sous les chaudières; il y en a même qui n'emploient que le coke qui ne peut être fait qu'avec cette sorte de houille, qui ne

se trouve pas dans nos houillères d'Anzin, Aniche, &c. S'y trouvât-
elle en petite quantité dans certains filons, elle serait mélangée avec le
reste pour la bonification du tout, et le résultat serait toujours un charbon inférieur à celui que l'on trouve facilement en Belgique dans de
petits établissements, où le soin que l'on prend de trier les qualités et les
espèces mérite toute préférence.

(AMIENS.)

50.

D'après les documents à notre connaissance, la réponse à la première
partie de cette question est facile, et la négative découle de ces mêmes
documents, puisque les 20,000,000 hectolitres de houille que produit
l'extraction française se trouvent absorbés dans les circonscriptions relatives
de chaque point d'extraction, et que, pour satifaire à la consommation des
points les plus éloignés, les 5,732,536 hectolitres de houilles étrangères
viennent pourvoir à leurs besoins, sans laisser de superflu à chaque époque
de l'année réservée pour la réparation des canaux.

Sans aucun doute la consommation domestique, dans les départements, exigera une plus grande quantité de cette matière, soit des extractions françaises, soit des mines étrangères; car son emploi emporte une
économie des 2/3 sur celui du bois, économie qui est particulièrement
recherchée dans les grands établissements publics, tels que hôpitaux, tri-
bunaux, préfectures et mairies, &c., où la dépense en chauffage est très-
importante.

Les extractions françaises sont donc, quant à présent, dans l'impossibilité
de satisfaire aux besoins de la consommation générale de la France; leurs
moyens deviendront plus impuissants encore lorsqu'il s'agira d'alimenter
les machines qui devront servir sur les chemins de fer dont l'établissement est projeté : c'est alors que l'indispensable nécessité du secours des
houilles étrangères sera appréciée.

La question dont nous nous occupons, considérée sous le point de vue
posé dans le second paragraphe, entraîne la solution suivante:

Non-seulement les extractions françaises ne peuvent subvenir à l'entière consommation du royaume sous le rapport de la quantité, mais encore elles ne peuvent fournir, à certains genres de consommation, la qualité dont ils ont un besoin spécial.

C'est ainsi, par exemple, que les teintureries, blanchisseries, fonderies à four à réverbère, fabriques de soudes artificielles, pour le service desquelles la houille flambante est d'une impérieuse nécessité, ne peuvent se pourvoir aux extractions françaises, car un fort petit nombre de celles-ci met à jour cette qualité, et encore elles sont si éloignées du lieu de consommation, que les frais de transport en augmenteraient le prix à un taux tel, qu'ils en rendraient l'emploi impossible.

Il est donc vrai de dire que la France ne possède, ni en quantité, ni en qualité, toutes les houilles dont elle peut faire emploi.

(ROUEN A.)

51.

La France ne produit ni en quantité, ni en qualité, les houilles nécessaires à sa consommation; en quantité, puisque, outre les 20,000,000 hectolitres qu'elle fournit, 6,000,000 hectolitres viennent de l'étranger, et que ces deux quantités réunies se trouvent absorbées par les besoins, sans qu'il reste jamais de superflu; en qualité, car les houilles flambantes, consommées dans le nord, l'ouest et une partie de l'est de la France, viennent de l'étranger, et que le peu de houille de cette nature, produite par quelques extractions, se trouve absorbée dans leur circonscription.

(ROUEN B.)

52.

Le produit des extractions françaises est tel, que si les charbons étrangers étaient prohibés, il n'y aurait en France manque absolu de houille sur aucun point du territoire ; mais, sauf dans un cercle très-restreint autour des houillères, le prix élevé du combustible forcerait toute industrie qui emploie la vapeur à renoncer à travailler pour l'exportation, et la mettrait même dans l'impossibilité de soutenir à l'intérieur la concurrence étrangère à moins d'être protégée par des prohibitions.

Pour suivre les progrès de l'industrie et se créer des débouchés au dehors, la France ne possède pas toutes les houilles qu'elle peut employer. Elle ne les aurait que si les charbons indigènes se trouvaient, sur tous les points du territoire, aux prix auxquels peuvent être livrées les houilles étrangères. Car, tel devient consommateur de houille à 2 fr. l'hectolitre, qui doit renoncer à en faire usage si elle coûte 3 fr. En un mot, plus il y aura de points où le combustible sera à bon marché, plus il y aura développement d'industrie et par suite extension de consommation.

Il ne nous paraît pas utile, après avoir présenté ces considérations, d'établir des calculs étendus pour comparer l'importance de la production des houilles avec celle de la consommation. Ces calculs ne changeraient rien à l'exactitude des faits que nous venons d'indiquer, ces faits prouvant suffisamment que la France industrielle n'a pas en quantité, qualité et prix, toutes les houilles dont elle peut faire emploi.

(LILLE C.)

53.

Le Calvados ne possède que la mine de Litry dont les produits ne conviennent qu'à la fabrication de la chaux et ne peuvent alimenter les fourneaux que dans un rayon de six à huit lieues. Les produits, fussent-ils à bien plus bas prix qu'ils ne sont, ne seraient pas propres à d'autres usages.

(CAEN.)

TROISIÈME QUESTION.

Dans le cas où l'on reconnaîtrait que la production française, vue dans son ensemble, est équivalente à tous les besoins, n'y a-t-il pas certaines parties du territoire qui, par leur position relative, ne peuvent s'approvisionner utilement qu'avec des houilles étrangères ; quelles sont ces localités et à combien estime-t-on les quantités de houilles qu'elles peuvent avoir à tirer du dehors ?

54.

C'est une simple question de prix.

(CLERMONT.)

55.

Sur tous les points de la France où les houilles étrangères sont dirigées, ces houilles peuvent être remplacées par les produits des exploitations françaises.

Ainsi tous les ports de la Manche et de l'Océan seraient alimentés par les chargements effectués à Dunkerque, et par les expéditions du midi qui descendraient la Loire.

(PARIS B.)

56.

Il n'est pas un point de la France qui ne puisse être approvisionné par nos exploitations aussi avantageusement que par les étrangers. Au nord, se trouvent des mines qui peuvent fournir à tous les besoins de la consommation du nord et de l'est de la France ; et au midi il en existe d'autres qui produisent bien au-delà des besoins de la consommation du midi et de l'ouest.

Les côtes de l'Océan et de la Méditerranée peuvent être approvisionnées par les mines françaises aussi facilement et plus avantageusement que par les étrangers, puisque, soit au midi, soit au nord, les expéditions peuvent se faire par la voie maritime, qui est celle employée par eux, et que les distances à parcourir sont moins longues pour nous.

(Decize.)

57.

La nature a réparti ses trésors sur la France de manière à satisfaire tous les besoins. L'ouest peut être approvisionné par le. riches bassins houillers du Cantal, de la Creuse et de l'Aveyron ; le midi, par Saint-Étienne et les Cévennes ; l'est, par les Vosges et le Haut-Rhin ; le nord, par Anzin et autres ; le centre, par Saint-Étienne, Decize et tant d'autres.

Les mines du centre étant les plus nombreuses, les plus riches, et celles où le prix de *revient* est le plus faible, pourraient diriger leurs produits sur toutes les parties du territoire français ; mais il faudrait pour cela que les droits de navigation fussent supprimés, ce qui permettrait de livrer à bas prix. On est obligé de recourir aux charbons étrangers, parce que les houilles françaises, dont les qualités sont généralement plus estimées, sont chères ; et leur haut prix résulte des droits de navigation.

(Grosmesnil.)

58.

Toutes les parties du territoire où le charbon étranger, dégagé de droits, peut arriver à prix plus bas que le charbon français, ne peuvent s'approvisionner *utilement* qu'avec des houilles étrangères.

Préciser quelles sont les localités et la quantité de houilles qu'elles peuvent avoir à tirer du dehors est chose impossible : tel centre d'industrie a intérêt aujourd'hui à tirer des charbons étrangers, qui, dans un mois, emploiera des charbons français parce qu'une modification dans le prix du fret en aura changé le prix de *revient*.

Quoique la France renferme dans son territoire de quoi subvenir à tous ses besoins en combustible, cependant nous reconnaissons qu'avec

les voies de communication actuellement existantes certains départements frontières, peuvent avoir recours aux houillères étrangères avec
lesquelles ils communiquent par des canaux; aussi ne réclame-t-on pas
l'exclusion de ces houilles; on demande seulement le maintien d'un droit
protecteur, qui ne leur permette pas de venir jusque dans l'intérieur de la
France faire une concurrence ruineuse aux produits nationaux, tant que
nos moyens de transport ne seront point achevés et améliorés.

(Lille C.)

59.

Il est certain que, le droit n'existant plus, les consommateurs
français n'obtiendraient pas tous les avantages qu'ils espèrent de cette
suppression, parce que les exploitants et négociants étrangers ne baisse-
raient leurs prix de vente qu'autant qu'il le faudrait pour écarter nos
charbons que nous vendons sans bénéfice sur plusieurs marchés dans
l'espérance d'un meilleur avenir, et on subirait bientôt toutes les conséquences d'un monopole exclusif de la part des grandes associations qui
exploitent les mines de la Belgique.

(Saint-Étienne.)

60.

Quoique la production française, vue dans son ensemble, soit équivalente à tous les besoins, il est cependant des parties du territoire qui
peuvent s'approvisionner plus avantageusement avec des houilles étrangères; au nombre de ces localités, je citerai les ports de mer et les salines
de l'Est.

(Creuse A.)

61.

Si l'on ne peut nier que, dans l'état actuel, il existe encore quelques
parties du territoire français telles que la frontière du Nord, le littoral
de l'Océan et quelques localités de notre frontière de l'Est qui ont plus

d'avantage à tirer la houille dont elles ont besoin de l'étranger, cela tient à deux causes principales. La première, à l'insuffisance des moyens de communication; la seconde, aux droits énormes dont est surchargée la navigation intérieure de la France. Que le Gouvernement, par un dégrèvement bien entendu sur les droits de navigation, et en favorisant l'ouverture de nouvelles voies de communication, fasse disparaître ces deux causes qui sont la plaie radicale de toute notre industrie, et bientôt les houillères françaises pourront porter leurs produits sur tous les points de la France. Elles acquerront alors un nouveau développement qui tournera au profit des consommateurs, en permettant aux extracteurs de baisser leurs prix de ventes; ainsi Anzin suffira aux besoins des départements frontières du Nord, et les mines du centre pourront approvisionner tout le littoral de l'Océan, et les localités de nos frontières de l'Est qui tirent une partie de leurs charbons les mines de Sarrebruck.

(BLANZY.)

62.

Il est évident qu'avec les misérables moyens de communication qui existent en France, certaines parties de son territoire achètent les houilles étrangères à meilleur prix que les houilles indigènes. Mais si la France, livrée à elle-même, ne pouvait consommer que ses houilles, les moyens de communication seraient bientôt établis; elle suffirait à ses besoins, en ce genre, sur la presque totalité de son territoire. Les départements de la frontière du Nord et une partie du littoral de l'Océan auraient seuls de l'avantage à se pourvoir au-dehors.

(CREUZOT.)

63.

A raison des distances moins grandes, ou des transports plus faciles, certaines parties du territoire, et principalement les ports et les départements frontières, trouvent de l'avantage à s'approvisionner avec des houilles étrangères. Aussi n'est-ce point l'exclusion de ces houilles qu'on réclame, mais un droit protecteur, qui ne leur permette pas de venir,

« jusque dans l'intérieur de la France, faire une concurrence ruineuse
« aux produits nationaux. »

L'état actuel de nos communications intérieures est on ne peut plus
déplorable. Nos routes sont mauvaises, nos canaux, nos chemins de
fer n'existent, pour la plupart, qu'en projets; nos rivières offrent de
grandes difficultés à la navigation, qui est, en outre, grevée des droits
les plus onéreux. Ces droits s'élèvent à environ 2,800,000 francs par
an; ils affectent sensiblement la houille, matière lourde et de peu de
valeur.

Vainement les frais d'extraction, et les bénéfices des extracteurs, sont
dans toutes nos mines (celles du Nord exceptées) très-inférieurs aux
frais d'extraction et aux bénéfices des extracteurs étrangers, comme cela
est démontré par le tableau ci-après des prix de ventes, à l'orifice des
puits, pour des qualités à peu près analogues et pour un hectolitre
comble.

ANGLETERRE.	MONS.	SAINT-ÉTIENNE.	AUVERGNE.	LE CREUZOT-BLANZY.	ANZIN-ANICHE.
80 à 90ᶜ	80 à 85ᶜ	20 à 40ᶜ	40 à 50ᶜ	50 à 60ᶜ	100 à 110ᶜ

Ce précieux avantage est détruit par la difficulté des communications,
dont l'influence est telle, que la houille qui coûte sur la mine

A Saint-Étienne............	20 à 40ᶜ	} l'hectolitre comble,
En Auvergne............	40 à 50	
En Bourgogne............	50 à 60	
A Anzin............	100 à 110	

revient aux consommateurs,

A Paris, de............	2ᶠ 50 à 4ᶠ 00ᶜ	} l'hectolitre ma.
Rouen............	4 50 à 5 00	
Nantes............	3 25 à 3 50	
Mulhouse............	4 00 à 12 25	

Ainsi les frais de transport sont aux prix de la matière comme 8 est
à 1; ils renchérissent les houilles indigènes à ce point, qu'ils forcent
une foule de consommateurs à leur préférer les houilles de la Belgique
et de l'Angleterre.

(Cons. gén. des Man.)

9.

64.

Les parties du territoire qui ne peuvent s'approvisionner encore utilement qu'avec les houilles étrangères sont comprises dans les régions du
Nord, Nord-Est et quelques départements du Nord-Ouest.

(Paris D.)

65.

Bassin
de la Seine.

Indépendamment de l'infériorité des houilles françaises, relativement
à certains usages, il faut reconnaître que la répartition des bancs de ce
fossile entre les diverses parties du territoire laisse tout le bassin de la
Seine dans un dénuement absolu. Dans le périmètre entier de ce bassin,
on n'a rencontré nulle part le moindre vestige de formation houillère.

Tout ce qui a été découvert jusqu'à ce jour, en France, est groupé sur
les versants de la Méditerranée, vers les sources de la Loire, de la Saone
et de l'Allier, ou dans les régions moyennes de l'Escaut, de la Meuse et
de la Sarre, quelque peu dans l'Orne et vers les affluents inférieurs de la
Loire. On connaît aussi un gîte houiller vers les sources de la Deuxe
(Manche), un autre vers Brest, mais ces derniers sont peu importants.
Ainsi, les ateliers des départements arrosés par la Seine, la Somme et
leurs affluents, dans la condition actuelle de l'industrie, doivent chercher
à s'approvisionner là où ils peuvent trouver le plus d'avantages économiques, selon la diversité de leurs besoins. Les usines à fer de ces contrées
ont trouvé dans les houilles du centre et d'Anzin un utile et puissant
agent de travail. Les usines à chaudières ont recherché avec empresse-
ment les charbons de Mons, comme l'emportant, de beaucoup, sur les
autres, bien plus par la perfection des fabrications qu'ils procurent que
par l'économie de prix, puisque diverses mines du centre et celles d'Anzin
vendent à meilleur marché. Le même besoin se fait sentir dans le Nord
aux lieux mêmes où le voisinage des fosses d'Anzin semblerait devoir
exclure cette concurrence. Cette masse de besoins des houilles de Mons
n'est pas moindre que 4,000,000 hectolitres par an pour les dix départements situés au nord de la *Sambre*, de l'*Oise* et de la *Seine*.

66.

Il est certaines parties du territoire qui, par leur position relative, ne peuvent s'approvisionner utilement qu'avec des houilles étrangères. Sans entrer dans l'examen des localités qui, dans l'Ouest de la France, auraient un intérêt puissant à l'admission plus facile des houilles anglaises, nous voyons que la Belgique et la Prusse sont en possession de fournir exclusivement aux besoins des rives de l'Escaut et de la Meuse, et que tout le Nord de la France, jusqu'à Paris et Rouen inclusivement, ne saurait s'approvisionner ailleurs de charbons légers et flambants. Le charbon de Mons, qui présente un si grand avantage pour le service des bateaux à vapeur, est expédié jusque dans le Midi de la France : de fréquents envois ont lieu sur Angers, La Rochelle, Brest et Bordeaux ; des certificats d'origine sont quelquefois même demandés pour justifier la vente de ces charbons à des prix plus élevés que ceux des charbons du pays. Ces besoins augmenteront par l'extension que peut prendre notre navigation à la vapeur.

Les quantités de houille que diverses localités sont dans une nécessité absolue de tirer du dehors ne sauraient être facilement appréciées. Le chiffre de la consommation actuelle ne peut servir à les déterminer, parce que cette consommation peut augmenter et qu'il est nécessaire d'avoir égard, dans cette appréciation, aux différences de prix. On emploie actuellement dans le Nord de la France beaucoup de charbons belges à des opérations pour lesquelles on pourrait au besoin se servir de charbon d'Anzin, de même que dans quelques localités on emploie du charbon d'Anzin qui pourrait être remplacé par du Mons, si le prix de ce dernier venait à subir seul une diminution notable.

(Lille D.)

67.

Toute la côte de l'Océan, depuis le Havre jusqu'à Bordeaux, semble devoir s'approvisionner à plus bas prix en charbons anglais qu'en charbons français du Nord ou de la Belgique. Nous manquons de données statistiques pour calculer les quantités de charbon étranger que ces loca-

Xᵉ Question.

lités demanderaient, si elles pouvaient le faire librement. On conçoit,
d'ailleurs, que les qualités sont elles-mêmes variables suivant la proportion
de prix que la concurrence établirait. Un système de canalisation intérieure
qui apporterait de grandes économies dans le transport des charbons
vers la côte changerait encore les résultats.

(LILLE A.)

68.

Tout le littoral de l'Océan peut entre autres s'approvisionner plus
avantageusement de houilles étrangères, tant pour la qualité que pour
le prix, malgré l'énormité du droit par mer.

(LE HAVRE B.)

69.

Les départements de la Seine-Inférieure, du Calvados, de la Manche,
des Côtes-du-Nord, du Finistère, du Morbihan et de la Gironde, s'approvisionnent de préférence de houilles anglaises de *bonne qualité,* ce
qui est indispensable aux forges.

(DIEPPE.)

70.

Le pays de Caux, la Bretagne et Bordeaux reçoivent beaucoup de
charbons anglais, faute de pouvoir se procurer des charbons belges à
des prix raisonnables. Ces parties du territoire tirent continuellement
d'Angleterre environ 4 à 500,000 hectolitres de charbon, dont les
4/5 charbon menu criblé pour les forges, les verreries et raffineries ;
Bordeaux seul est bien, dans cette quantité, pour 150,000 à 200,000 hectolitres.

(DUNKERQUE.)

71.

Bordeaux.

Bordeaux est évidemment du nombre des localités qui ne peuvent
s'approvisionner utilement qu'avec des houilles étrangères. Dans l'état
actuel des choses, les houilles du Tarn et de l'Aveyron y reviennent, en
raison de la cherté du transport, à peu près au même prix que les houilles
étrangères, droits acquittés. Il y a donc à Bordeaux, entre la valeur intrin-

sèque des unes et des autres, la différence de toute la quotité du droit. Cette différence pourrait sans doute être réduite par la création de voies de communication qui rendraient moins dispendieux les frais de transport des houilles indigènes; mais les lieux d'extraction les plus voisins étant les mines du Tarn, et celles de Meymac et des Landes dans la Corrèze, et ensuite celles de l'Aveyron, tous à distance de plus de 60 lieues, le transport serait encore, même après la création de canaux ou de chemins de fer, assez coûteux pour qu'il fût plus économique de consommer des houilles étrangères, introduites par mer et sans droits ou sous un faible droit.

(BORDEAUX A.)

72.

Bordeaux est certainement un des lieux où le prix exorbitant du transport des houilles qui nous viennent de l'intérieur et l'impossibilité de les obtenir à aucun prix pendant deux tiers de l'année rendent l'usage des houilles étrangères indispensable. Par conséquent le droit d'importation sur les houilles étrangères est une véritable imposition restrictive pour les établissements industriels à Bordeaux; aussi il n'y en a presque pas; plusieurs ont été commencés pour disparaître aussitôt, et quelques-uns qui restent encore languissent et ne se soutiennent que par des capitaux que l'on continue à compromettre dans un faux espoir de réussir.

Il n'est pas possible de faire un calcul, même approximatif, des quantités qui auraient été importées, si les droits d'entrée n'eussent été que nominaux. Dans ce cas les fabriques de tout genre auraient pu s'établir avec un espoir raisonnable de prospérer, et le Gouvernement aurait gagné alors plus qu'il ne gagne maintenant par le droit élevé et la quantité minime qui est entrée.

(BORDEAUX B.)

73.

Bordeaux, par le fait, s'approvisionne en grande partie de houilles étrangères; cependant plusieurs mines de France pourraient, en facilitant

3ᵉ Quᴇꜱᴛɪᴏɴ.

les transports, suffire à son approvisionnement. Celles de l'Aveyron sont particulièrement dans ce cas.

(Aᴠᴇʏʀᴏɴ.)

74.

Vᴇɴᴅᴇᴇ.

Il est douteux qu'il y ait des localités particulières en France où, vu la position relative, on ne puisse s'approvisionner utilement qu'avec des houilles étrangères. Toujours est-il que ces localités n'existent pas dans l'Ouest. Là les houilles de la Flandre française arrivent à petit fret, celles de Saint-Étienne et de l'Auvergne voyagent par la Loire, et au bas de ce fleuve sont les mines de Montrelais et de l'Anjou, qui fournissent les qualités propres aux usages ordinaires et surtout à la cuisson de la chaux, article d'une consommation prodigieuse depuis l'emploi de cette matière pour l'agriculture. Enfin les mines de la Vendée ont de bons charbons de forge, et surtout de la houille de roche ou en gros morceaux, propre aux machines à vapeur. D'après les ordres du Ministre de la marine, il vient d'être fait une demande considérable pour le port de Rochefort, relativement à cette qualité : il en faudra par an environ 600,000 kilogrammes, et la consommation du port, en houille ordinaire, va jusqu'à 30,000 hectolitres.

(Vᴇɴᴅᴇ́ᴇ.)

75.

Lᴏɪʀᴇ-Iɴꜰᴇ́ʀɪᴇᴜʀᴇ.

Nul doute que la production française, vue dans son ensemble, surtout en supposant que le charbon de Saint-Étienne puisse arriver partout, ne soit équivalente à tous les besoins; mais comme il sort très-peu de houilles françaises par la Loire, je crois, en ce qui nous concerne, que les départements au midi de la Charente-Inférieure et au nord du Morbihan ne peuvent guère s'approvisionner utilement que par l'importation étrangère.

(Mᴏɴᴛʀᴇʟᴀɪꜱ.)

76.

Cᴀʟᴠᴀᴅᴏꜱ.

Le Calvados est une des localités qui ont un besoin indispensable des houilles étrangères.

Caen et Honfleur, pour leurs usines et leurs réexpéditions à l'intérieur,
importent annuellement, savoir :

Caen, 40 à 45,000 hectolitres de houille anglaise pour forge à maréchal, et 25 à 30,000 hectolitres de houille dite *mélange* pour fourneaux, venant de Mons par Dunkerque;

Honfleur, 50,000 hectolitres de houille anglaise, et 12 à 15,000 hectolitres de charbon de Mons pour fourneaux venant par Dunkerque.

(Caen.)

77.

Indépendamment de ce que la production française n'est pas équivalente à tous les besoins, il existe aussi des parties du territoire qui, par leur position relative, ne peuvent s'approvisionner utilement qu'avec des houilles étrangères.

C'est dans cette catégorie que se trouve placée la consommation riveraine de la Basse-Seine, à partir de l'embranchement de la rivière d'Oise avec la Seine jusqu'à Rouen.

Le nombre et la variété des industries qui se sont élevées dans cette circonscription en ont fait un point de consommation très-important, en même temps qu'il est spécial pour la qualité de houille propre à l'exigence de ces industries; car, à l'exception de quelques fonderies de fonte de fer, le reste se compose de blanchisseries, filatures menées par des machines à vapeur à haute pression, fabriques de soudes artificielles, fonderies de cuivre, comme à Romilly, teintureries, raffineries, etc. ; machines à bord des bateaux remorqueurs, indienneries, fabriques de produits chimiques, toutes industries qui, par la nature de leurs produits, sans en excepter aucune, exigent la spécialité de la houille flambante.

L'importance de la consommation de ces industries, estimée à 1 million d'hectolitres, est assez élevée pour attirer sur elles l'attention du Gouvernement, et leur faire accorder une protection dont leur existence dépend. En effet, s'il arrivait que, pour conserver l'intérêt particulier de quelques houillères, on les forçât de s'approvisionner à la production française qui n'a pu, jusqu'à ce jour, mettre en concurrence aucun de ses

3e Question.

produits avec les houilles belges et anglaises, parce que, d'une part, le chiffre du fret y a toujours apporté un obstacle insurmontable, et que, de l'autre, la spécialité de la houille flambante en a fait subsister continuellement un second, on concevra facilement que ce serait donner naissance à une perturbation de nature à causer la ruine et l'anéantissement de toutes ou presque toutes ces industries.

La consommation *annuelle* des points qui s'approvisionnent par la Basse-Seine est évaluée à 1,000,000 hectolitres, au minimum.

(ROUEN A.)

78.

Nous venons de dire que très-peu d'extractions françaises produisaient la houille flambante ; nous pouvons ajouter qu'elles sont presque dans l'impossibilité de la faire arriver jusqu'à notre circonscription. Cependant il n'y a peut-être pas de province en France où la houille flambante soit plus nécessaire que dans celle-ci. Toutes les industries qui se rattachent à la manutention du coton, les fabriques de produits chimiques, les machines à vapeur, soit à terre, soit employées à la navigation, en ont le plus pressant besoin ; et ne serait-ce pas vouloir paralyser ces industries, où les mettre hors d'état de soutenir la concurrence de l'Angleterre, que de continuer à grever d'un droit si exorbitant cet auxiliaire si nécessaire? Nous n'hésitons pas à dire que la quantité de cette espèce, consommée annuellement dans la Seine-Inférieure, s'élève à 12 ou 1,500,000 hectolitres.

(ROUEN B.)

79.

Pas-de-Calais.

Dans le département du Pas-de-Calais les extractions sont considérablement au-dessous des besoins.

(CALAIS.)

80.

L'arrondissement de Boulogne est dans ce cas. Il n'existe dans les environs que les mines d'Hardinghen, peu abondantes, d'une exploitation coûteuse, et dont le charbon de qualité inférieure ne peut satisfaire les besoins du pays; aussi est-on obligé de tirer des charbons d'Angleterre, de la Belgique et des mines françaises situées près des frontières belges.

Je ne puis fournir de renseignements sur la quantité de charbon consommée dans l'arrondissement de Boulogne; mais il s'en consomme annuellement dans cette ville, 35 à 40,000 hectolitres, indépendamment de 6 à 8,000 hectolitres à Capécure, hameau situé sur la rive ouest du port, et qu'on peut considérer comme une dépendance de Boulogne par les établissements que ses habitants y ont formés.

(BOULOGNE.)

81.

3e Question.

Il n'est pas possible que les départements du nord de la France, qui ont à s'approvisionner soit par le canal de Saint-Quentin, soit par les rivières de l'Escaut, de l'Oise ou de la Somme, reçoivent des charbons du centre de la France sans que le prix n'en soit pour eux exorbitant, comparativement aux charbons de Mons ou d'Anzin.

Ainsi les charbons de Mons reviennent, rendus à Creil, à 3 francs 30 cent. l'hectolitre comble, tandis que la mesure de charbon du centre reviendrait à plus de 4 francs 25 cent. Bien entendu que ce calcul rapproche le prix des qualités supérieures des deux origines en qualités analogues.

(OISE.)

82.

Pour ce qui regarde spécialement notre localité, nous pouvons dire d'une manière générale que les industriels de l'arrondissement de Lille, après avoir presque tous comparé à l'emploi les charbons belges et français, tirent de l'étranger les 4/5es au moins des charbons qu'ils consomment, et que spécialement on ne fait usage dans nos machines à vapeur que des charbons de la Belgique.

(LILLE. C.)

10.

83.

Dans l'approvisionnement de la ville de Lille, qui consomme annuellement près de 700,000 hectolitres, le charbon d'Anzin n'entre que pour un dixième environ ; dans la consommation de l'arrondissement de Lille il entre à peu près pour un cinquième, à cause des nombreux fours à chaux et briqueteries qui y font un usage exclusif des charbons d'extraction française.

On sait que l'importation annuelle des charbons de Belgique, malgré les droits dont ils sont grevés aujourd'hui, s'élève au-delà de 4,000,000 de quintaux.

(LILLE D.)

84.

La presque totalité de l'arrondissement d'Avesnes est plus rapprochée des houillères de Mons et de Charleroi que de celles d'Anzin et autres placées sur la rive gauche de l'Escaut. On peut en dire autant de plusieurs arrondissements du département de l'Aisne. C'est donc dans les premières houillères que ces localités peuvent s'approvisionner utilement.

Les charbons de Mons sont importés par terre ; ceux de Charleroi, expédiés par la Sambre, sont entreposés à Maubeuge et à Landrecies.

Nous n'avons pas de documents pour déterminer les quantités de houilles importées de la Belgique tant pour les usines que pour les foyers domestiques ; mais elles doivent être très-considérables, attendu le grand nombre d'usines que cet arrondissement renferme et auxquelles les houilles sont indispensables. La population est de 127,748 âmes.

(AVESNES.)

85.

Les contrées que traversent la Moselle et la Meuse ne pourraient que difficilement recevoir des houilles françaises. Une seule mine, celle de Schoenecken, existe dans ces contrées, et elle ne donne encore que des espérances.

Nous tirons du pays de Sarrebruck (Prusse) 529,458 quintaux mé- 3ᵉ Question:
triques de houille, qui est toute consommée dans cette partie du
royaume.

Le droit de douane étant de 10 centimes (ou de 11 centimes, décime
pour franc compris), par quintal métrique, le produit total de l'importation est de 65,169 francs 50 centimes.

Le droit dont il s'agit est calculé sur les besoins et les intérêts des consommateurs, au nombre desquels figurent particulièrement nos forges et
nos salines de l'Est. Le commerce ne trouverait pas un grand avantage à
ce qu'il fût supprimé ; le maintenir, c'est encourager les efforts que font
les concessionnaires de Schoenecken pour fonder une exploitation importante.

(D. G. Mines.)

86.

La loi du 28 avril 1816, qui a modifié les droits d'entrée établis jusqu'alors sur les houilles, et les lois du 21 avril 1818 et du 7 juin 1820,
ont réduit les droits en faveur des départements de la Meuse, de la Moselle et des Ardennes, parce que, privés de moyens faciles de communications par eau, le législateur a voulu opérer une compensation en faveur
des consommateurs de ces départements. Mais depuis que, par l'achèvement du canal des Ardennes, par la canalisation de la Meuse et de la
Sambre, ces localités sont rentrées ou vont successivement rentrer dans
la position ordinaire des départements voisins, il semble naturel de les
faire sortir de cet état d'exception, afin d'accorder aux houillères françaises, d'où ils peuvent tirer leurs approvisionnements en charbons de
terre, la protection entière du droit de 30 centimes qui est nécessaire
pour que ces houillères prospèrent.

(Anzin.)

QUATRIÈME QUESTION.

Quel est le prix moyen des extractions françaises qui se trouvent, par un point quelconque, passibles de la concurrence étrangère, et de combien ce prix est-il au-dessus ou au-dessous des prix des charbons importés du dehors ?

87.

Le prix moyen sur le carreau des mines est de 40 à 50 centimes.

(CLERMONT).

88.

Tous les charbons de la région du centre ont à lutter contre la concurrence étrangère.

(PARIS D).

89.

La concurrence des houilles étrangères se fait ressentir sur presque toutes les houillères de France, mais plus particulièrement sur celles du centre ; la principale consommation de houille a lieu sur la Loire et sur la Seine où l'industrie est plus avancée, et ce sont précisément les localités qui avoisinent l'embouchure de ces deux rivières, telles que Rouen et Nantes, qui sont le mieux placées pour recevoir les houilles d'Angleterre et de Mons.

On ne peut pas préciser la différence qui existe entre le prix d'extraction des houilles françaises et celui des houilles étrangères, mais il est certain que si, dans quelques exploitations françaises, il est encore plus élevé qu'en Angleterre et en Belgique, c'est que le développement de nos houillères n'a pas encore dépassé le chiffre de 20,000,000 hectolitres par an, tandis qu'en Angleterre seule il s'est élevé à 200,000,000.

Dans ce résultat réside toute la cause des avantages que les houillères étrangères peuvent avoir encore sur quelques-unes des nôtres, et non pas, comme longtemps on s'est plu à le croire, à la richesse et aux avantages des dispositions locales ; les obstacles à vaincre sont aussi nombreux à Newcastle qu'à Anzin ou à Rive-de-Gier ; l'exploitation aussi facile dans les mines du centre que dans le pays de Galles ; mais les débouchés, et, par suite, la consommation ne sont pas les mêmes. Que le Gouvernement facilite donc, nous le répétons, le développement de nos houillères par la suppression des droits de navigation intérieure, et bientôt elles n'auront plus à redouter la concurrence des exploitations étrangères.

(BLANZY).

90.

Nous savons qu'en Belgique la houille revient sur la fosse, de 60 à 65 centimes l'hectolitre, tandis qu'en France elle varie suivant les localités de 85 centimes à 1 franc 25 centimes ; mais aussi, il faut dire qu'en Belgique on exploite presque à ciel ouvert dans quelques localités ; que la main-d'œuvre y est en général à plus bas prix qu'en France, tandis que nous allons chercher la houille à douze et quinze cents pieds sous terre, et que les frais d'extraction nous coûtent plus cher qu'ils ne reviennent généralement aux Belges.

C'est donc ici le cas de faire la part des accidents de localités, des efforts des extracteurs pour enrichir la France d'une production qui l'affranchisse du monopole que l'étranger exercerait sans cela sur son industrie ; et, enfin, tenir compte des sacrifices de tous les genres qu'il a fallu faire pour atteindre ce but.

Aux mines de Decize, où l'exploitation est très-accidentée, et, par conséquent, pleine de difficultés, nous allons chercher la houille de huit à douze cents pieds de profondeur, et nous sommes obligés de lui faire parcourir sur des tombereaux plus de six mille mètres de route pour la porter à son lieu d'expédition.

Nous avons dépensé près de 3,000,000 francs pour placer notre usine au premier rang des exploitations françaises. C'est ainsi que nous avons sucressivement ouvert vingt puits, dont douze sont en état de fournir un million d'hectolitres par an ; que nous avons monté huit machines à vapeur, créé des ateliers de tous les genres, établi à nos frais une route dont l'entretien nous coûte 6,000 francs par an et dont l'existence a doublé la valeur des propriétés qu'elle traverse ; que nous avons formé un village où nous avons construit trois à quatre cents maisons d'ouvriers ; que nous donnons l'existence à une population de mille cinq cents âmes, et que notre établissement est le point central de consommation de tous les produits agricoles des communes qui l'avoisinent. Tout cela n'est-il donc rien pour mériter la reconnaissance publique et la bienveillance du Gouvernement contre les prétentions des producteurs étrangers ?

(DECIZE.)

91.

La plupart des houillères françaises souffrent de la concurrence étrangère. La principale consommation se fait sur la Loire et dans les départements, au nord de cette rivière, parce que l'industrie y est plus avancée ; et ce sont précisément ces départements qui sont les mieux placés pour recevoir les houilles d'Angleterre, de Mons et de Sarrebruck.

Le prix moyen de l'extraction en France est aussi bas que sur aucune mine étrangère. La difficulté de transporter est le seul obstacle à la vente des houilles indigènes ; mais cet obstacle est invincible dans l'état actuel des choses, et réduit nos houillères dans une véritable inaction quand elles ne peuvent pas consommer sur place, ainsi que cela se pratique dans l'Aveyron, à Alais, à Saint-Étienne et au Creuzot.

(CREUZOT.)

92.

Le prix d'extraction des mines du centre, en Auvergne notamment, est de 40 centimes en charbon de toute nature ; et celui des houilles étrangères n'est pas moindre que 54 à 58 centimes. La différence du prix aux lieux de consommation ne provient donc que des frais d'expédition.

(GROSMESNIL.)

93.

Les houilles du Tarn et de l'Aveyron coûtent sur les lieux environ 75 centimes l'hectolitre, et se vendent à Bordeaux, avec peu de bénéfice pour l'introducteur, de 2 francs 75 centimes à 3 francs l'hectolitre.

Celles d'Angleterre reviennent, tous frais et droits compris, à 3 francs 50 centimes environ.

Celles de Belgique, à environ 3 francs.

La création de canaux ou de chemins de fer qui rendrait plus économique le transport des houilles du Tarn et de l'Aveyron ainsi que de la Corrèze, écarterait tout-à-fait la concurrence étrangère, le droit étant maintenu; et plus tard on pourrait, sans nuire à nos exploitations, abaisser le droit étranger proportionnellement à ce dont auraient été réduits les frais de transport aujourd'hui plus que doubles de la valeur du combustible au lieu d'extraction.

Ainsi des houilles de l'Aveyron coûtent, rendues à Bordeaux. 2ᶠ 75ᶜ
Elles ne coûtent au lieu d'extraction que................. 0 75

Les frais de transport et autres sont donc de.............. 2 00

Supposez ces frais de transport réduits à 1 franc, la houille de l'Aveyron ne coûtera plus à Bordeaux que............... 1 75

Les houilles d'Angleterre coûtent à Bordeaux.............. 3 50
Le droit est de.................................... 1 10

Le prix d'achat, fret, assurance et frais s'élèvent à......... 2 40

En supposant la suppression complète du droit, les houilles d'Angleterre reviendraient donc encore à 40 centimes l'hectolitre de plus que les houilles indigènes.

La réduction à moitié des frais de transport des houilles indigènes serait le résultat immédiat et infaillible de la création des chemins de fer pour le transport de la mine au lieu le plus voisin d'embarquement dans l'Aveyron et le Tarn, de la canalisation de la Corrèze et de la Vézère, et de l'amélioration du cours de la Garonne et de la Dordogne.

(Bordeaux A.)

94.

Si mon information est correcte, les houilles qui nous viennent de l'intérieur à Bordeaux sont extraites à Galliac, département de l'Aveyron, et à Cahors, département du Lot, et ne coûtent que 75 centimes par hectolitre, sur les lieux, les frais d'extraction compris. Elles coûtent à Bordeaux, *9 francs*. Le transport par conséquent coûte trois fois plus que le prix sur les lieux d'extraction qui ne sont distants cependant que d'environ cinquante lieues.

Pour diminuer les frais de transport et nous procurer une quantité de houilles suffisante et régulière pour la consommation, on propose d'améliorer la navigation de la Garonne, soit en creusant des passages étroits et plus profonds dans les endroits où l'eau est dispersée, ou d'encaisser la rivière par des digues élevées sur ses bords. Le premier moyen est le seul qui pourrait améliorer la navigation ; le second n'est propre qu'à empêcher les débordements qui ont lieu plusieurs fois dans l'année, et à garantir les propriétés voisines de la rivière. Quelques rochers qui rendent la navigation dangereuse en tous temps pourront être utilement enlevés, mais quant au projet de creuser la rivière, ce serait un travail à renouveler chaque fois qu'il y aurait la moindre crue d'eau, car la grave et le sable mouvant ne manqueraient pas de la remplir, peut être avant que l'on eût le temps d'achever. Je ne pourrais recommander un projet semblable. Il est possible néanmoins de donner un cours permanent à une rivière par des travaux bien étudiés et exécutés sur une longue distance ; mais tous ces travaux sont assujettis à de fortes dépenses pour les entretenir, et ne rempliraient jamais le but d'une navigation économique et sûre. Il est à remarquer que les endroits les plus navigables sont souvent interrompus ou rendus dangereux par des moulins flottants.

Il reste néanmoins deux autres moyens pour diminuer les frais de transport, ce serait par un canal ou par un chemin de fer latéral à la Garonne. Le canal pourrait avoir ses avantages spéciaux pour l'irrigation dans certains terrains, et dans d'autres pour le desséchement des lieux marécageux ; mais, pour la célérité et l'économie du transport, il n'y a rien qui puisse lutter avec les chemins en fer qui, d'ailleurs, pour-

raient être établis avec environ le quart du capital nécessaire pour creuser 4e Question.
un canal.

La proximité d'un nombre considérable de forges et de fourneaux pour faire de la fonte de fer offre tous les moyens nécessaires pour l'exécution du chemin de fer, qui, étant continué jusqu'à Toulouse pour joindre le canal du midi, serait une jonction facile entre les deux-mers, et assurerait pour les entrepreneurs du chemin de fer une circulation qui ne manquerait pas de donner une rémunération suffisante pour le capital dépensé, et procurerait pour Bordeaux de la houille à bon marché. C'est alors que Bordeaux, entouré d'un pays riche en agriculture et en minéral productif, n'aurait rien à envier au Havre, sa rivale hautaine.

Les fabriques de tout autre genre inviteraient les navires étrangers à entrer dans notre port, ce qu'ils préféreront toujours, étant presque assurés d'un fret de retour en vin, eau-de-vie et fruits, et de plus le produit des nouvelles fabriques qui pourraient s'y établir si les droits sur les houilles étrangères étaient réduits à un droit nominal, en attendant l'accomplissement des projets de canaux et de chemins de fer. Encore par ce moyen de transport, l'économie sur l'entretien des routes royales serait considérable, et donnerait au Gouvernement les moyens d'améliorer les ports et d'autres travaux publics sans augmenter le budget de ce département.

(Bordeaux B.)

95.

Les charbons anglais se vendent à Bordeaux plus cher que ceux de l'Aveyron, et ceux-ci pourraient s'y vendre à meilleur marché, de 1 à 1 fr. 50 cent. l'hectolitre, si la navigation du Lot était convenablement améliorée. En ce cas, Bordeaux ne consommerait que des houilles de l'Aveyron, bien qu'il y ait dans certaines houilles anglaises qui arrivent à Bordeaux, de la supériorité dans la qualité. Mines du midi.

(Aveyron.)

96.

La houille d'Alais sera livrée à 1 fr. 20 cent. l'hectolitre.

Avis que nous partageons.

Le tableau ci-après confirme cette assertion.

4e Question.

ACHATS DES CHARBONS pour la consommation du moulin à vapeur à moudre le blé, établi à Bordeaux.

	CHARBON ANGLAIS.			CHARBON DE L'AVEYRON.			CHARBON BELGE.		
	HECTOLITRES.	PRIX.	TOTAL.	HECTOLITRES.	PRIX.	TOTAL.	HECTOLITRES.	PRIX.	TOTAL.
	hect.	fr.	fr.	hect.	fr.	fr.	hect.	fr.	fr.
1830. 7 juin.	500	360	360	»	»	»	»	»	»
7 juill.	300	330	990	»	»	»	»	»	»
1831. 15 mai.	»	»	»	325	170	1,065 12	»	»	»
21 idem.	»	»	»	471	265	1,248 65	»	»	»
»	»	»	»	163	260	429 00	»	»	»
30 idem.	»	»	»	415	255	1,055 25	»	»	»
22 sept.	900	810	620	»	»	»	»	»	»
1832. 15 avril.	1,020	325	2,315	»	»	»	»	»	»
22 mai.	»	»	»	»	»	»	730	270	1,971 00
17 juin.	»	»	»	»	»	»	404	270	1,091 50
24 juill.	»	»	»	»	»	»	1,307	280	3,659 60
		Prix moyen.			Prix moyen.			Prix moyen.	
	1,820	3f 22c l'hect.	3,285	1,447	2f 62c	3,801 10	2,441	2f 73c l'hect.	6,722 10
Frais de débarquement...	0 22			0 12			0,22		

97.

La houille d'Alais sera livrée à 1 franc 50 centimes l'hectolitre à Arles, que nous prenons ici pour un point central. Si les produits de

Saint-Étienne et de Rive-de-Gier affluent par suite de la réduction des
droits, ce prix diminuera jusques à 1 franc, et Alais sera paralysé.

(ALAIS.)

98.

Les houilles de la Vendée se trouvent, à raison de leur proximité de
l'embouchure de la Charente et de Rochefort, éprouver la concurrence
la plus fâcheuse, dans l'arrivée des houilles anglaises menues et dites
Giels, de peu de valeur au lieu de la production. Ces houilles arrivent
comme lest ou au plus petit fret, particulièrement sur les navires anglais
qui viennent charger des eaux-de-vie à Rochefort ou à Tonnay-Charente.
Tous les ans, pour ces deux ports, les navires anglais sont au nombre
de vingt-cinq à trente-cinq, et chaque chargement est de 90 à 160 tonneaux, ce qui donne une masse d'environ 72,000 hectolitres de houille.
Venu de cette manière, le charbon anglais se livre à peu de centimes de
plus qu'au lieu de l'expédition. Il est même arrivé que des négociants,
en achetant de ces cargaisons les ont eues à un prix inférieur à celui
qu'on leur cotait pour Newcastle et Sunderland. A présent le charbon
anglais fine forge ne vaut, l'hectolitre ras, rendu à Rochefort que 2 fr.
68 centimes, et la houille de roche que 3 francs 64 centimes les 100 kilogrammes ou hectolitre un quart.

A La Rochelle, les importations de houille anglaise sont également très-
considérables, parce qu'on charge aussi des eaux-de-vie dans ce port. En
1830, elles ont été faites uniquement par navires anglais, et elles se sont
élevées à 271,763 kilogrammes; en 1831, à 421,415 kilogrammes,
savoir : 235,800 kilogrammes par navires français, et 185,609 kilogr.
par navires anglais. Enfin elles tendent à augmenter beaucoup, car dans
les dix premiers mois de cette année, elles ont été jusqu'à 1,248,374 kilogrammes, savoir : 238,870 kilogr. par navires français, et 1,009,504 kilogrammes par navires anglais. On voit dès-lors que le tarif actuel est
loin d'être une prohibition pour l'importation, soit par navires français,
soit même par navires étrangers.

Il arrive en outre dans les deux ports de l'embouchure de la Charente
et à La Rochelle, une masse énorme de charbons belges ou flamands

de QUERTION.

Réponses
se rapportant
plus spécialement
aux
mines des côtes
de l'Ouest.

Vendée.

expédiés par Dunkerque. Cette marchandise étant considérée comme française, ou l'étant effectivement, ne paye pas de droits, et on ne peut pas dès-lors l'évaluer au juste. On doit approcher néanmoins de la vérité, en la portant au double des charbons étrangers.

Du reste, voici les prix habituels des houilles anglaises à La Rochelle :

En gros morceaux, l'hectolitre..	4ᶠ 25ᶜ
Moyennes pour distillerie et forge..	3 25
Menues..	3 00

Pour les houilles de Belgique et de Flandre, venues par Dunkerque ;

En gros morceaux, l'hectolitre...	3ᶠ 50ᶜ
Moyennes..	3 00
Menues..	2 50

Les houilles du bas de la Loire coûteraient encore moins, mais leur qualité inférieure fait qu'on ne les emploie pas.

Actuellement pour compléter le tableau du prix des houilles du littoral s'étendant de la Charente à l'embouchure de la Loire, ce qui fera connaître la véritable position des mines de la Vendée, on va donner le tarif des prix actuels de Nantes.

Houilles du bas de la Loire qui ne conviennent que pour la forge et les fours à chaux, et non pour la grille, Montrelais, Mouzeil, Montjean, Languin, etc. 3ᶠ 00ᶜ à	2ᶠ 50ᶜ	l'hect. ras.
Decize..	3 30	....
Saint-Étienne..	4 00	
Anglaises..	3 25	
Belges...	3 25	

En regard de ces données, et pour faire connaître d'autant plus le résultat de la concurrence étrangère, pour les houilles de la Vendée, nous allons donner le prix du *revient* et accessoires de ces derniers charbons.

La houille de la Vendée coûte actuellement, pour son exploitation plus de 1 franc l'hectolitre ; mais plus tard, quand une galerie d'écoulement commencée, desséchera les travaux, à plus de 100 pieds, elle reviendra au plus à... 0ᶠ 75ᶜ

Report . . . . 0ᶠ 75ᶜ   4ᵉ Qᴜᴇsᴛɪᴏɴ.

Transport par terre de la mine à Rœsse, premier port de la
Vendée, quatre lieues. — On paye actuellement 90 cent. à cause
des mauvais chemins. Les réparations faites réduiront à 0 50

Transport par eau de Rœsse à Marans, port à l'embouchure
dans la mer de la Vendée et de la Sèvre-Niortaise réunies 0 25

Tᴏᴛᴀʟ des frais obligés et sans bénéfice 1 50

Si l'on veut arriver à Rochefort, fournir à la marine royale, et se
placer entièrement en concurrence avec les houilles étrangères, on a le
résultat suivant, pour les houilles de roche, espèce qui offre pourtant
le plus d'avantage.

La houille de roche, exploitée et triée, étant une qualité plus rare, ne
peut pas être portée en frais d'extraction seulement à moins de 1ᶠ

Transport par terre de la mine à Niort, six lieues, à cause des mauvais chemins. — On donne à présent 1 fr. 25 cent., mais on réduit à . . 1

Transport par terre de Niort à Rochefort, quinze lieues au moins . 1

Tᴏᴛᴀʟ 3

Cependant le ministre de la marine ne paye à présent le quintal métrique de houille de roche, que 3 fr. 64 cent., et un quintal métrique
fait à peu près un hectolitre un quart. On ne parle pas ici d'autres frais,
comme ceux de déchargement, et il n'y a rien pour le bénéfice. On ne
pense pas que la voie de Marans pût offrir beaucoup d'avantages, à
cause de trois déchargements obligés. Les transports par terre, de Rœsse
à Niort, sont excessivement chers, à raison du mauvais état des chemins,
et c'est à l'administration à parer à ce grave inconvénient. Quelle différence énorme ! combien peu de protection pour les produits houillers
de l'Ouest, quand on voit que le transport de l'hectolitre de houille à
Paris ne coûte que 3 fr. à 3 fr. 50 cent. en partant de Saint-Étienne, et
seulement 2 fr. à 2 fr. 10 cent. à partir de la Belgique ou d'Anzin !

Toujours est-il qu'on a suffisamment prouvé combien les mines de la
Vendée ont à souffrir de la concurrence avec les produits étrangers, et
que la suppression ou même la modération du droit porterait un coup

mortel à une industrie naissante, si digne d'encouragement ; il y a là un autre parti à prendre, et on l'indiquera.

(VENDÉE).

99.

Nous n'avons de concurrence étrangère qu'à Nantes, où le charbon de Newcastle revient à quelques centimes de plus que nous n'y vendons le nôtre, et où il n'arriverait guère si les navires anglais n'en apportaient quelquefois comme lest. Notre charbon de forge nous revient à Nantes à 2 francs 40 centimes, et comme nous l'y vendons 2 francs 50 centimes, on pourrait supposer qu'il nous reste encore de beaux bénéfices ; mais il ne faut pas isoler cette branche de notre exploitation des autres. Comme nous l'avons déja dit, et comme nous allons le prouver, ces bénéfices sont absorbés par les pertes sur nos extractions de Mouzeil.

Là, en effet, le charbon de fourneau, qui forme les 6/7mes de la production, nous revient à 1 franc 75 centimes, et nous ne le vendons que 95 centimes ; cette perte énorme n'est aucunement compensée par des bénéfices sur le 1/7e restant, qui, sans tenir compte d'une petite fraction de verrerie, se compose de charbon dit *de roche*, puisqu'il nous revient à 2 francs 60 centimes rendu à Nantes, et que c'est à ce prix-là que la concurrence nous force de le vendre.

Les charbons de Mons reviennent à Nantes, tous frais compris, à 2 francs 20 centimes l'hectolitre (*). S'ils acquittaient le droit de 1 fr. les 100 kilogrammes, imposé sur les importations par mer, cela en porterait le prix à 2 francs 55 centimes, parce qu'il y aurait à ajouter 35 centimes par hectolitre du poids d'environ 80 kilogrammes, pour la différence qui existe entre le droit de 1 franc et celui de 60 centimes qu'ils payent à Dunkerque ; d'où on les expédie à Nantes.

Le tarif est donc établi tout juste pour nous permettre de végéter, et, si nos pertes sont si considérables, sous l'empire de ce tarif, il n'est pas douteux que nous ne soyons enfin obligés d'abandonner notre exploita-

---

(*) Le charbon de Mons se vend, droit d'octroi compris :
Roche................................ 3f 10c l'hectolitre ras.
Gailletaux........................... 3 60

tion, dans le cas où le droit d'entrée sur le charbon étranger serait di-4e Quartier.
minué.

(MONTRELAIS.)

100.

Les départements situés sur les frontières de la Belgique, les rives duSaint-Étienne. Rhin et les côtes de l'Océan, reçoivent une partie de leurs approvisionnements en houilles étrangères, mais aussitôt que le système de nos communications intérieures aura reçu toutes les améliorations dont il est susceptible, nous pourrons les alimenter avec avantage. En août 1832, les charbons belges se vendaient à Nantes 3 francs 25 centimes l'hectolitre, et ceux de Saint-Étienne y avaient la préférence à 3 francs 40 centimes, et même 3 francs 50 centimes, prix qui n'offrent pas de bénéfice aux expéditeurs. La houille anglaise s'y vendait 3 francs 20 centimes. Plusieurs places que nous fournissions autrefois s'approvisionnent à l'étranger : Bordeaux, le Havre et même Marseille sont dans ce cas, parce que le charbon, étant embarqué comme lest, ne supporte presque point de frais de transport. A Marseille, nous vendons la grosse houille 3 francs 10 centimes, la houille menue 1 franc 60 centimes l'hectolitre. A Mulhouse, par de bonnes eaux, nous pouvons livrer à 4 francs et 4 francs 15 centimes, en concurrence avec Sarrebruck. Nous ne cesserons de le répéter, la seule chose qui nous manque, c'est un meilleur système de communications, qui fasse jouir la consommation du bon marché de notre extraction, et de la qualité supérieure de nos houilles.

(SAINT-ÉTIENNE.)

101.

Le charbon de Languin se vend sur le carreau de laLanguin.

mine..	1ᶠ	25ᶜ	l'hectolitre.
Transport à Nort..	0	20	
Mise à bord...	0	5	
Transport à Nantes......................................	0	15	
Déchargement...	0	5	
Entrée..	0	20	
A reporter...............	1	90	

4e Question.

Report	1f	90c l'hectolitre.
Mesurage	0	5
Frais de magasinage	0	25
TOTAL	2	20
Droits de navigation sur l'Erdre, à partir de l'an prochain	0	14
TOTAL	2	34
Se vend à Nantes	2	40
Bénéfice de l'exploitant	0	6
Les charbons anglais reviennent à Nantes :		
Newport	2	55
Newcastle	3	25

(LANGUIN.)

102.

Litry.

Les charbons de Litry, ne convenant qu'à la fabrication de la chaux, ne peuvent, ni à Caen, ni à Honfleur, entrer en concurrence avec les houilles étrangères.

(CAEN.)

103.

Lille.

Les charbons, soit belges, soit français, varient dans leurs prix, selon leur qualité et surtout selon leur grosseur. Il nous paraîtrait difficile d'indiquer deux espèces de houilles assez parfaitement semblables pour servir de terme à la comparaison que l'on désire établir. Mais, en se reportant aux divers mémoires fournis par le commerce de Lille, on obtiendra des données générales suffisantes sur les prix comparés des charbons belges et français, et l'on reconnaîtra que, pour ce qui regarde notre marché, la suppression totale des droits ne ferait que rétablir une utile concurrence sans nuire aux débouchés des houillères d'Anzin.

(LILLE C.)

104.

Le prix moyen ne saurait être indiqué d'une manière précise : il est

variable dans certaines limites, comme le sont les effots de la concurrence.
Pour apprécier le prix du charbon au-dessous duquel les mines d'Anzin,
par exemple, ne pourraient plus produire, il faudrait, avant tout, apprécier à quel taux l'intérêt des actions pourrait être abaissé, sans faire abandonner les exploitations. Cette question ne serait la même pour aucune
des fosses ouvertes, puisqu'elles sont d'une exploitation plus ou moins
avantageuse. Ces considérations viennent encore se compliquer de la
question des transports, si on les applique à telle ou telle portion du territoire.

Ainsi le prix du charbon d'Anzin, à bord du bateau, est de 1 franc
37 centimes 1/2 l'hectolitre.

Celui de Mons, à la même mesure, est d'environ 90 centimes pour
Lille.

Cette différence est souvent rachetée par le prix du transport ; les
charbons de Mons à Lille reviennent aussi cher que ceux d'Anzin.

(Lille A.)

105.

Les charbons d'Anzin, dans leur spécialité d'emploi, n'ont pas à redouter une concurrence bien sérieuse des charbons belges ; mais comme il est
des cas où on peut les remplacer les uns par les autres, je donnerai plus
tard (27ᵉ Question) le rapport des prix moyens des charbons belges et
des charbons d'extraction française sur la place de Lille.

(Lille D.)

106.

Notre localité s'approvisionne à Mons en grande partie. La consom-
mation de Calais à Saint-Pierre peut être évaluée à 60,000 hectolitres par année. On y consomme beaucoup de bois et de tourbes. Les
charbons de Mons et d'Anzin reviennent, rendus à Calais, au même prix.

(Calais.)

107.

A Dieppe, la concurrence entre les houilles françaises et étrangères existe. La qualité supérieure des houilles étrangères fait qu'on les paye 1 franc de plus par hectolitre.

(DIEPPE.)

108.

Dunkerque.

Le charbon gailleteux, dit moyen d'Anzin, qui coûte à la mine 1 fr. 37 cent. 1/2 l'hectolitre, revient, en ce moment, au Havre à 2 fr. 75 cent. La même mesure sous vergues et le charbon gailleteux anglais y revient à 3 fr. 75 cent. l'hectolitre, fret et droit d'entrée compris.

(DUNKERQUE.)

109.

Le prix du gros charbon de terre aux établissements d'Anzin est de 2 fr. 15 cent. l'hectolitre mis en bateau : le charbon moyen également mis en bateau coûte 1 fr. 37 cent. 1/2.

A Mons, le gros charbon, aussi chargé en bateau, vaut 2 fr. l'hectolitre, et le moyen 1 fr.

Le fret de Mons coûte 15 à 30 cent. de plus par hectolitre que celui d'Anzin, ce qui établit parité dans le prix, attendu la différence en plus qui existe entre le mesurage qui se fait à Mons, à la manne plate, et celui qui a lieu à Anzin à l'hectolitre.

(PARIS B.)

110.

Marché de Rouen et de la basse Seine.

Jusqu'à présent aucune des productions du centre, de l'est, du midi ou de l'ouest de la France, n'est venue sur le marché qui alimente les consommations riveraines de la basse Seine. La compagnie d'Anzin seule est parvenue à l'écoulement de huit à dix bateaux par an; encore n'est-ce que pour la qualité de houille propre aux chaufourniers et à quelques établissements qui n'outrepassent pas l'effet simple et rigoureux de leurs machines à vapeur; car il est bien constaté que, toutes les fois que l'on veut atteindre l'effet possible de ces machines, la houille d'Anzin est impuissante : ce qui le prouve d'une manière évidente, c'est que, sur le nombre de plus de cinquante machines de ce genre, on n'en compte 4e Question. que trois à quatre qui soient alimentées par la houille d'Anzin.

Cependant, il suffit que ces houilles se présentent sur le marché, pour qu'il faille démontrer qu'elles ne contribuent en rien à l'avantage de la consommation de la basse Seine. Or, la houille belge, avant d'être arrivée à la hauteur du marché d'Anzin, est déjà chargée des frais de douane, de péages et de transport dont la houille de ces extractions est exempte; de telle sorte que le quintal de houille belge rendue à Anzin revient au consommateur de Rouen ou des environs de cette ville, à 1 fr. 50 cent., non compris les droits d'entrée; tandis que la même quantité, entre les mains du propriétaire d'Anzin, ne coûte que 65 centimes.

Ainsi, Anzin n'aurait pas à redouter la concurrence des Belges quand même tous les droits seraient supprimés, car il aurait toujours l'avantage de la localité, qui lui garantit la différence des frais de transport du rivage de Mons à Anzin, laquelle compte pour 26 à 27 c. par hectolitre.

Cette différence constitue un bénéfice très-raisonnable, et pourrait seule faire accueillir les justes réclamations des consommateurs exposés au monopole d'Anzin.

D'un autre côté, la spécialité de qualité des unes et des autres productions les met hors de concurrence sur tout marché possible, par la raison que ce n'est pas le prix auquel est fixée telle houille, par rapport à telle autre, qui en détermine l'emploi, mais bien la qualité propre à tel genre d'expédition, à tel ou tel genre de travail.

(ROUEN A.)

111.

Chez nous, aucune espèce de houille française n'a à redouter la concurrence étrangère; car, soit que les dernières viennent d'Angleterre ou de Belgique, elles ont à supporter des frais de transport bien plus considérables que celles d'Anzin, les seules qui, par leur position, pourraient alimenter notre place, si leur qualité était en rapport avec nos besoins.

(ROUEN B.)

112.

Le prix moyen des houilles est à peu près le même dans les principaux lieux de production, même lorsqu'elles sont mises à bord sur le
point de premier embarquement :

       Newcastle, gros charbon, l'hectolitre comble...... 1ᶠ 50ᶜ
       Mons, bon mélange......................... 1 75
       Saint-Étienne, *idem*...................... 1 50
       Anzin, *idem*............................. 1 60

(Le Havre B.)

113.

Le prix moyen des extractions françaises peut être fixé comme suit :

Pour Saint-Étienne....................... 40ᶜ à   50ᶜ l'hect.
      Auvergne........................... 60 à   65
      Loire, Nièvre, etc................. 85 à   95
      Nord............................... 85 à 1ᶠ 25

On ignore le *revient* réel des extractions de houillères d'Alais, de l'A-
veyron, du Vigan et autres du midi.

Les prix de *revient* des houillères étrangères peuvent être fixés comme
suit :

Belgique.. {Mons.................... 60ᶜ à 65ᶜ l'hectolitre.
            {Charleroi............... 50 à 55
Angleterre. {Newcastle............... 30 à 40
            {Wales................... 25 à 30

On doit observer sur ce qui précède, que les prix de *revient* pour les
exploitations de Saint-Étienne, d'Auvergne, de la Loire, sont ceux admis
par les extracteurs et même par les mémoires des concurrents belges;
quant au *revient* des houilles du nord, que l'on s'est plu dans ces

4ᵉ Question.

mémoires à indiquer comme étant au-dessous de ceux de toutes les autres exploitations françaises et même au-dessous du prix de *revient* en Belgique, la compagnie des mines d'Anzin, contre laquelle toutes ces déclamations ont été dirigées, peut prouver par ses livres que, malgré les sacrifices énormes qu'elle a faits depuis tant d'années pour améliorer et rendre moins coûteux son système d'exploitation, tout ce qu'elle a pu faire pour ces usines de houilles grasse et flamboyante, a été d'obtenir un prix de *revient* qui a varié de 88 1/2 centimes à 1 franc 18 centimes, et dont la moyenne des derniers quinze semestres a été de 1 franc 03 1/2 centimes par hectolitre. Voilà ce qui peut être prouvé d'une manière qui n'admet aucun doute ; voilà ce que la compagnie d'Anzin peut opposer à des allégations faites au hasard et dans un but hostile au développement, non-seulement des exploitations du nord, mais de toute la France.

Quant au prix de *revient* de l'extraction de la compagnie des mines d'Aniche qui, après la compagnie d'Anzin, possède les plus grandes exploitations du nord, il est de 1 franc 15 centimes à 1 franc 45 centimes ; en moyenne il a été vérifié être de 1 franc 25 centimes par hectolitre ; cette vérification a été faite par MM. Clère et Boudousquiée, ingénieurs au corps royal des mines, et elle a été admise par le comité de taxation pour la redevance proportionnelle.

On peut donc regarder comme chose certaine que les exploitations du nord ont forcément une extraction plus coûteuse que celle d'aucune des houillères qui subviennent à la consommation générale de la France.

Pour ce qui est des prix de *revient* des exploitations belges et anglaises, on s'est borné, pour les premières, à croire sur parole les extracteurs eux-mêmes, qui, dans tous leurs Mémoires, ont annoncé le chiffre que j'ai mentionné. Pour les charbons anglais, les prix cités ne sont que trop réels ; ils peuvent être aisément vérifiés, et prouvent à quel danger les houillères françaises seraient exposées, si le Gouvernement, adoptant les théories séduisantes des économistes, levait ou atténuait les droits protecteurs portés au tarif actuel, avant que le développement des exploitations françaises ne se soit accru au point de pouvoir continuer, même sans protection, en présence de la concurrence étrangère.

4ᵉ Qᴜᴇsᴛɪᴏɴ. Un fait que la commission d'enquête *ignore* sans doute, parce que nos concurrents étrangers se sont bien gardés de le porter à la connaissance du public français, c'est qu'il y a beaucoup d'exploitations de houillères belges qui établissent leurs prix de *revient* au-dessous de 60 centimes l'hectolitre : ce sont celles des mines du pays de Mons et aussi du bassin de Charleroi, qui sont exploitées par ce qu'on appelle des *forfaiteurs*. Cette espèce d'exploitants sont de simples ouvriers mineurs qui se réunissent en société temporaire pour travailler, à leur propre compte, à l'extraction du charbon d'une mine dont ils ne sont pas propriétaires, mais pour laquelle ils payent à celui qui l'est une redevance en nature, du 10ᵉ, 15ᵉ ou seulement du 20ᵉ tonneau de charbon tiré au jour. Ces exploitants travaillant de leurs mains, aidés de leurs enfants, n'ayant ainsi point de frais de gestion, ni d'intérêts de capital qui grèvent le coût de leur extraction, peuvent livrer le charbon au-dessous de 40 centimes l'hectolitre et y trouver encore leur compte, car s'ils ne tirent pas 6 francs de leurs journées de travail, ils se contenteront de 5 francs, de 4 francs, de 3 francs, puisque ce sera toujours plus que ce qu'ils gagneraient en travaillant dans les houillères pour le compte d'autrui. Ces *forfaiteurs*, n'ayant aucune ressource pécuniaire, sont forcés de vendre au *comptant* leur extraction *journalière*, afin de pouvoir, chaque samedi, s'en partager le produit, qui doit les mettre à même de payer ce qu'ils ont consommé pour eux et pour leurs familles pendant la semaine. Un pareil système a nécessairement pour résultat que les travaux d'exploitation sont en général peu soignés; ils ne sont pas conduits avec prévision de l'avenir, on arrache toujours ce qu'il y a de mieux et de plus à portée; enfin les prix de vente des charbons sont continuellement avilis par le besoin qui talonne sans cesse ces ouvriers. Grâce à Dieu, il n'existe rien de pareil parmi les exploitations des houillères françaises; mais il était nécessaire, je crois, de faire connaître ce qui, quoiqu'un mal chez nos voisins, les met cependant toujours plus en position de pouvoir établir une concurrence sérieuse contre les exploitations françaises.

(Aɴᴢɪɴ.)

114.

4e Question.

Résumé général de tout ce qui se rapporte à la 4e question.

État et condition de l'exploitation française , prix nécessaire de ses produits.

Rapport de ces diverses circonstances avec celles de l'extraction étrangère.

Les houilles du Nord sont *passibles* de la concurrence des houilles belges dans le bassin de l'Escaut, dans celui de la Somme et dans celui de la Seine; sur le littoral, à partir de Dunkerque, elles sont passibles à la fois de la concurrence des houilles belges et de celle des houilles anglaises.

Les houilles du centre, c'est-à-dire celles de Saone-et-Loire, de la Nièvre, de l'Allier, de la Loire et de la Haute-Loire, sont passibles de la concurrence des houilles anglaises sur une partie du cours de la Loire et du littoral de l'Océan. Dans le bassin de la Seine, elles ont à lutter contre les houilles belges.

Quelques houilles du Midi enfin, particulièrement celles du Tarn et de l'Aveyron, sont passibles, à Bordeaux, de la concurrence anglaise.

Les effets de la lutte qui s'établit entre toutes ces houilles sur les points de notre territoire où elles se rencontrent, ne peuvent être bien saisis qu'à l'aide de développements assez étendus. L'importance du sujet me fera pardonner, je l'espère, la longueur des détails dans lesquels je suis forcé d'entrer.

DES HOUILLES BELGES ET DES HOUILLES FRANÇAISES, CONSIDÉRÉES SUR LA FRONTIÈRE DU NORD.

Les houilles belges sont de qualités très-diverses, et chaque qualité est prisée en raison du volume sous lequel les fragments en sont versés dans le commerce.

On la classe, quant à la grosseur, en huit sortes diverses; mais ces huit sortes peuvent être, en dernier résultat, ramenées aux trois sortes que l'on distingue aux mines d'Anzin, savoir: la grosse, la moyenne et la menue.

Le prix de chaque sorte est,

Pour la grosse.....	sur le carreau des mines..........................	1f 90c
	sur le canal de Mons............................	2 00
Pour la moyenne...	sur le carreau des mines..........................	0 77
	sur le canal....................................	0 67
Pour la menue.....	sur le carreau des mines..........................	0 35
	sur le canal....................................	0 45

Communément, les proportions sont telles, entre les trois sortes, que le prix moyen de leur mélange est,

Sur le carreau des mines...................... 0ᶠ 71ᶜ

Sur le canal de Mons......................... 0 81
Le droit d'importation, étant.................. 0 33

Le dernier prix ressort à..................... 1 14

Sous le nom de houillères du Nord, nous comprenons uniquement ici les mines de Fresne, de Vieux-Condé, d'Anzin et de Raismes, qui appartiennent à la compagnie d'Anzin, et que, par ce motif, nous désignerons souvent par le nom de *mines d'Anzin*.

Nous nous abstiendrons de parler des mines de Denain et de celles d'Aniche, parce que les premières n'étaient point en produit à l'époque que nous nous bornons à considérer, et parce que les autres ayant un débouché presque entièrement local, ne sont, quant à présent, affectées que fort peu par la concurrence belge.

Les houilles d'Anzin valent :

La grosse........ { sur le carreau des mines...................... 1ᶠ 73ᶜ
                  { sur l'Escaut.............................. 1 85

La moyenne..... { sur le carreau des mines...................... 1 00
                { sur l'Escaut.............................. 1 12

La menue........ { sur le carreau des mines...................... 0 89
                 { sur l'Escaut.............................. 1 01

Le prix moyen des trois sortes, eu égard à la proportion dans laquelle l'exploitation les fournit, est,

Sur le carreau des mines...................... 1ᶠ 09ᶜ
Sur l'Escaut................................. 1 21

La différence de 7 centimes qui se remarque entre ce prix et celui des houilles belges chargé du droit d'importation, est, à peu de chose près, compensée par le coût du fret, depuis le lieu d'em. rquement sur le canal jusqu'à l'Escaut.

Anzin peut-il abaisser ses prix ?

Peut-il livrer sur ses fosses, comme les Belges sur les leurs, à 71 cent. ?

Sur l'Escaut, comme les Belges sur le canal, à 81 centimes ?

Est-il au contraire forcé, par une loi impérieuse, de tenir ses prix à un taux tel, qu'ils soient à ceux des Belges comme 109 est à 71, ou

comme 121 est à 81, c'est-à-dire sensiblement comme 3 est à 2 ? C'est _{4e Question.}
en définitive à cela que se réduit la question.

Vingt-quatre couches ayant une épaisseur moyenne de 50 centimètres sont connues à Anzin.

On y opère l'extraction et l'épuisement à une profondeur de 440 mètres.

L'épaisseur des *terrains morts*, c'est-à-dire des terrains inondés par les eaux, que l'on est obligé de traverser pour arriver au terrain houiller, est communément de 90 mètres.

Dans le bassin de Mons, le nombre des couches est de 114.

L'épaisseur moyenne en est de 0 " 75 centimètres.

L'extraction et l'épuisement se font, la plupart du temps, à une profondeur de 300 mètres.

Souvent il ne s'y trouve pas de *terrain mort*, et, lorsqu'il s'en rencontre, l'épaisseur ne dépasse pas 60 mètres.

En Belgique la richesse des veines est donc de 3, tandis qu'elle n'est à Anzin que de 2.

La profondeur de l'extraction et de l'épuisement y est exprimée par 2 lorsqu'à Anzin elle est exprimée par 3.

Enfin l'épaisseur des *terrains morts*, d'où résulte la plus grande difficulté que le mineur ait à vaincre, n'y est que de 2, dans son expression la plus élevée, tandis qu'à Anzin elle est communément de 3.

Ce parallèle fait voir que les prix d'Anzin doivent être nécessairement à ceux de Mons dans la proportion de 3 à 2.

Mais les prix de Mons sont certainement les moindres possibles, car ils sont déterminés par la concurrence que se font entre eux plusieurs centaines de vendeurs. Donc les prix d'Anzin qui sont à ceux de Mons, rigoureusement, dans le rapport inverse de la richesse des gîtes et dans le rapport direct des difficultés de l'exploitation, ne semblent pas eux-mêmes susceptibles d'être réduits.

Mais, dira-t-on, Anzin a lutté autrefois corps à corps avec les exploitations belges ; il n'est protégé par un droit de douane que depuis la séparation des deux pays : pourquoi la concurrence lui serait-elle aujourd'hui si fatale ?

Antérieurement à 1814, les mines de Mons étaient toutes taillées sur de petits patrons; l'extraction y était coûteuse, la houille s'y vendait sur les fosses mêmes 1 fr. 48 cent. le quintal métrique.

Anzin, dont l'administration était tout aussi économique qu'elle l'est aujourd'hui, profitait de l'inexpérience de ses rivaux; il rachetait la pauvreté de ses gîtes par l'emploi des machines perfectionnées et par une bonne distribution de travail.

Aujourd'hui l'exploitant belge n'est plus en arrière dans la carrière des progrès; il s'est approprié tout ce qui faisait la supériorité de l'exploitant français, et si notre frontière lui est librement ouverte, il se présentera sur le marché commun, sans que rien puisse balancer les avantages dont la nature a été prodigue envers lui.

IMPORTATION EN BELGIQUE DE LA HOUILLE DE FRESNE.

C'est ici le lieu d'examiner pourquoi, malgré leur pauvreté relative, les mines du Nord ont cependant toujours livré à la Belgique une partie de leurs produits; pourquoi cette exportation reçoit actuellement de l'accroissement, et jusqu'où elle est susceptible de s'étendre.

La houille que nous envoyons en Belgique est tirée des mines de Fresne et de Vieux-Condé. C'est une houille sèche, qui renferme peu de bitume et qui par ce motif est éminemment propre à la calcination de la chaux.

Les mines de la Belgique ne produisent pas de houille de cette sorte: aussi les chaufourniers de Tournay, dont la chaux est très-recherchée dans le commerce, eu égard à sa blancheur, étaient-ils, de temps immémorial, accoutumés à venir puiser à Fresne leurs approvisionnements.

Jusqu'à l'année 1820, l'exportation dont il s'agit était communément de 250,000 quintaux métriques environ. (Voir le tableau inséré à la 1ʳᵉ question.) En 1821, époque où l'on prévoyait un changement dans le régime des douanes, elle fut de 701,330 quintaux métriques.

En 1822, le Gouvernement belge porta subitement son tarif à 7 florins pour 1,000 livres ou 2 fr. 90 cent. le quintal métrique (*).

___

(*) Voir la note placée au bas de la page suivante.

L'exportation diminua au point d'être presque insensible; elle n'était 4e Question. plus, en 1830, que de 1,075 quintaux métriques.

L'acte du congrès belge en date du 29 juin 1831, ayant abaissé le tarif à 1 flor. 56 cent. (3 fr. 30 cent.) les 1,000 livres (5 quintaux métriques), c'est-à-dire, 66 cent. le quintal métrique (*); l'exportation a repris de nouveau de l'importance. Elle a été de 9,980 quintaux métriques pendant le second semestre de cette même année 1831, et de 82,735 quintaux métriques pendant le premier semestre de l'année 1832.

Il est permis d'espérer que si le tarif ne subit pas de nouveaux changements, l'exportation redeviendra ce qu'elle a été antérieurement à 1822; mais ce serait se bercer d'une espérance frivole que de penser qu'elle peut aller au-delà, puisqu'il ne s'agira jamais que de fournir à la consommation d'une seule ville et d'une seule industrie.

IMPORTANCE DES HOUILLÈRES DU NORD. — OUVRIERS QU'ELLES FONT VIVRE.

Les prix de vente actuels ne peuvent pas être abaissés, au moins d'une manière bien sensible, dans les houillères du Nord : cela résulte des considérations qui précèdent.

La suppression du droit d'importation, suppression qui ferait baisser de 33 cent. le prix du quintal métrique de houille rendu dans l'Escaut, aurait donc pour effet *nécessaire* l'anéantissement des établissements dont il s'agit.

Voyons quelle serait la perte qui en résulterait.

Les établissements d'Anzin et d'Aniche (**) renferment 61 puits, tant d'extraction que d'épuisement et d'*airage*.

(*) M. le déposant a été induit en erreur par le tarif belge qui porte 1 florin 56 cent. par 1000 livres, sans avertir que c'est de la livre métrique ou du kilogramme qu'il s'agit. Ainsi, le droit ne s'est réellement par hectolitre que de 33 centimes. A cet égard, il ne peut y avoir de doute, car l'acte du congrès belge, en date du 29 juin 1831, porte que, « pour parvenir à un système de réciprocité plus étendu en matière de douanes entre la Belgique et la France, il importe de réduire le « droit existant au taux de 1 florin 56 cent. (3 francs 30 centimes) par 1000 kilogrammes auquel la « houille belge peut être introduite en France. » (Note de la commission d'enquête.)

(**) Les mines d'Aniche, que nous n'avons point comprises dans la comparaison que nous avons faite entre le prix de la houille du Nord et celui de la houille belge, ressentiraient certainement les effets de la suppression du tarif. Nous devons donc les mentionner ici. (Note du déposant.)

59 de ces puits sont pourvus de machines à vapeur dont la force totale est de 1,259 chevaux.

Chaque puits muni de sa machine, en tenant compte de l'attirail des pompes, des échelles et planches, ainsi que des bâtiments, magasins et *haldes*, ne peut pas être estimé au-dessous de 400,000 fr.

Pour les autres, la dépense a dû être la moitié de cette somme environ.

La valeur totale de ces puits peut donc être évaluée à 24,000,000 fr.

Tel est le capital que la suppression du droit de douane frappera tout à coup de stérilité.

Les capitalistes dont la fortune se trouvera par là compromise ne seront pas les seuls à plaindre; à côté d'eux est une population nombreuse, qui n'existe que par le travail des mines et dont le malheur sera sans compensation.

Cette population que je puis nommer souterraine, car elle jouit rarement de la lumière du soleil, comprend 5,154 ouvriers; c'est-à-dire, 5,154 familles ou 20,616 personnes au moins : on sait que dans la classe ouvrière une famille est rarement bornée à quatre personnes.

Sur ce nombre 4,446 familles ou 17,784 personnes, sont groupées dans un petit espace, aux environs de Valenciennes et de Condé. Or, l'arrondissement entier de Valenciennes ne renferme que 124,860 habitants; c'est donc à peu près la septième partie de la population totale de l'arrondissement qui se trouvera sans moyens d'existence.

DES HOUILLES BELGES ET DES HOUILLES FRANÇAISES, CONSIDÉRÉES DANS L'INTÉRIEUR DU ROYAUME ET PARTICULIÈREMENT À PARIS.

La consommation de la houille à Paris a suivi une marche presque toujours ascendante depuis l'année 1820, jusques et y compris l'année 1830. (*)

(*) Voir le tableau qui se trouve à la page 10 et qui ne donne encore que les quantités amenées à l'octroi, c'est-à-dire qui laisse en dehors la consommation des faubourgs. En somme, en admettant que Paris emploie maintenant un million d'hectolitres, ce qui est déjà le double de la consommation de 1820. Voir la note, page 7.

Des houilles de trois provenances alimentent le marché de la capitale 4e Question. et luttent entre elles pour l'approvisionner exclusivement.

Dans la première provenance nous comprenons les houilles belges (forges gailleteuses ou moyennes), lesquelles, tous frais faits, coûtent au consommateur, par voie de 15 hectolitres ras (*) ou de 12 quintaux métriques, 48 fr. 5 cent., c'est-à-dire, 4 fr. environ par quintal métrique;

Dans la seconde, les houilles du département du Nord qui, pour la même sorte, reviennent à 3 fr. 80 cent;

Dans la troisième, les houilles du centre.

Pour ces dernières, les houilles françaises du Nord et les houilles belges devaient être des rivales également redoutables puisqu'elles sont offertes à l'acheteur sous des conditions de prix à peu près égales.

Les houilles du Nord cependant ne figurent sur le marché de Paris qu'avec un désavantage bien marqué; on leur préfère les houilles belges, parce que celles-ci sont plus propres au chauffage domestique.

La lutte n'est donc sérieuse à Paris qu'entre les houilles belges et celles du centre.

Parmi les dernières, les houilles de Saint-Étienne (Loire) sont celles qui jouissent de plus de faveur; ce sont celles aussi que nous nous bornerons à considérer.

Elles sont divisées en deux sortes, eu égard à la grosseur de leurs fragments, savoir:

Le *pérat*, qui est la grosse de Mons, et dont le prix varie de 1 franc 40 centimes à 1 franc 60 centimes le quintal métrique.

La *menue*, dont le prix n'excède pas 45 centimes.

Le prix moyen de ces deux sortes, en les supposant mélangées, est d'environ 70 centimes.

La houille menue est à peu près la seule que l'on expédie à Paris.

Prise à Andrezieux, port d'embarquement, elle coûte 77 centimes.

____

(*) L'hectolitre ras pèse environ 80 kilogrammes.

Rendue à destination, elle revient à 4 francs 36 centimes.

Cette houille, on le voit, coûte 36 centimes de plus que la houille moyenne de la Belgique.

La différence ne doit être imputée ni à l'exploitant, ni à la pauvreté des gîtes, puisque, sur les fosses, la houille du Forez est beaucoup moins chère que la houille belge à laquelle nous la comparons; elle ne résulte que de la disparité des positions. C'est ce qu'une courte explication fera sentir.

La première houille a une distance de 552 kilomètres à parcourir; elle subit dans le trajet d'Andrezieux à Roanne, qui est de 70 kilomètres, toutes les chances d'une navigation périlleuse et intermittente.

La seconde ne parcourt qu'une distance de 340 kilomètres, par un système de canaux et de rivières sur lesquels nul obstacle n'en interrompt ou n'en arrête les expéditions.

Cette fâcheuse différence de prix empêche les exploitants du centre de profiter de l'accroissement que la consommation de la houille reçoit à Paris. Leurs expéditions, depuis plusieurs années, sont dans une proportion toujours moins grande, comparativement aux expéditions des exploitants belges. Les registres de l'octroi peuvent, au besoin, confirmer cette assertion.

Si, déjà, et malgré la protection du droit de douane, ces exploitants ont le dessous dans la lutte qu'ils soutiennent contre les Belges, il est évident que la suppression de ce droit les bannira entièrement de l'arène. Voyons, dans cette supposition, jusqu'où s'étendront les conquêtes de leurs rivaux.

Rappelons-nous qu'au port d'Andrezieux la houille menue coûte 77 centimes, et que sur le canal de Mons la houille moyenne vaut 87 centimes.

Admettons, ce qui n'est pas, que la légère différence de prix, qui est de 10 centimes, compense pour le consommateur la différence entre l'effet d'une houille menue et celui d'une houille moyenne, que la facilité du parcours soit la même de part et d'autre, il est évident que chacune des deux sortes de houilles que nous considérons dominera exclusivement sur la moitié qui lui correspond de la ligne suivant laquelle la communication est ouverte entre les deux points de départ.

Si Paris était situé au milieu de cette ligne de communication, les deux sortes de houilles s'y présenteraient avec des chances égales de succès.

Mais la ligne de navigation est, pour les houilles du
centre, de . . . . 552 kilomètres,

Pour les houilles belges elle est de 340

Total 892

dout la moitié est de 446

Ce ne serait donc qu'à la distance de 106 kilomètres à l'est et au sud-est de Paris que l'équilibre pourrait exister entre les deux combustibles ; c'est-à-dire qu'ils se présenteraient ensemble au même acheteur sous des conditions identiques.

Mais si nous tenons compte des deux différences que nous avons négligées, nous reconnaîtrons que le point d'équilibre ne saurait être le point milieu ; ne craignons pas d'exagérer en disant que la houille belge se répandra par la navigation jusqu'à 150 kilomètres au-delà de Paris, qu'elle arrivera par la Marne à Châlons, par l'Yonne à Auxerre, par la Seine et les canaux à Briare. C'est sur ce dernier point que la lutte s'établira de nouveau entre cette houille et celle du centre, parce que c'est là seulement qu'il y aura parité dans les prix de *revient*.

On objectera peut-être que, dans le parallèle que nous venons de tracer, nous avons supposé que la houille française viendrait toute des bassins houillers de la Loire ou de la Haute-Loire, mais qu'il n'en serait sans doute pas ainsi, puisque, à des distances beaucoup moins grandes, se trouvent d'autres bassins houillers, tels par exemple que ceux des départements de Saone-et-Loire, de la Nièvre et de l'Allier.

A l'égard du premier bassin (Saone-et-Loire), qui renferme les mines de Blanzy, du Creuzot et d'Épinac, nous répondrons que l'exploitation y est encore dans l'enfance, quant à l'économie des procédés ; ce qui le prouve c'est l'élévation du prix de la houille sur le carreau des mines (ce prix est de 1 franc 18 centimes le quintal métrique). Pour que cette houille exerce une véritable influence sur le commerce, il faut que le principal centre d'exploitation, le Creuzot, adopte un procédé d'exploitation moins coûteux que celui dont il a jusqu'ici fait usage, et qu'il organise à l'aide d'un chemin de fer un système de transport qui lui permette de conduire à peu de frais ses produits sur le canal du centre.

Relativement au second bassin, nous dirons que les mines de Decize (Nièvre) ne produisent que 172,800 quintaux métriques au prix moyen de 1 franc 24 centimes; qu'elles sont à 6 kilomètres de la Loire, et que là elles coûtent 1 franc 90 centimes.

Enfin, relativement aux mines de Fins et de Commentry (Allier), que comprend le troisième bassin, nous dirons que ces mines ne donnent que 39,000 quintaux métriques de houille; qu'à la vérité le prix de cette houille n'est que de 71 centimes sur le carreau des mines; mais que la cherté du transport, jusqu'à Moulins sur l'Allier (20 kilomètres de distance), l'empêche d'entrer en concurrence avec la houille de Saint-Étienne.

Les perfectionnements que ces mines attendent ne seront entrepris qu'autant que le grand marché de la capitale offrira aux concessionnaires un écoulement avantageux de leurs produits. Si ce marché leur est fermé par la houille belge, si tout le littoral auquel ils parviennent par la Loire est envahi par la houille anglaise, les mines dont il s'agit resteront dans l'état précaire où elles sont en ce moment, et d'où il est cependant si désirable de les voir sortir.

DES HOUILLES FRANÇAISES, DES HOUILLES BELGES ET DES HOUILLES ANGLAISES CONSIDÉRÉES SUR LES PORTS FRANÇAIS DE LA MANCHE ET DE L'OCÉAN.

Les houilles françaises du Nord parviennent à Dunkerque par l'Escaut, par les canaux de Bruges, d'Ostende, de Niewport, en transitant sur le territoire belge.

Rendues dans ce port elles coûtent :

La grosse d'Anzin,...................... 2ᶠ 80ᶜ le quint. mét.
La moyenne id....................... 2.

De là elles se répandent sur nos autres ports où elles ont à lutter,

1° Contre les houilles belges, lesquelles sont expédiées soit de Dunkerque même, soit d'Ostende, soit du Havre où elles arrivent par l'Oise et par la Seine;

2° Contre les houilles anglaises expédiées directement de Newcastle et de Sunderland.

D'autres houilles françaises prennent part, sur différents points, à cette lutte commerciale. Telles sont celles de Littry (Calvados), des départements du centre, de la Loire-Inférieure, de la Vendée et du Tarn.

A Caen, la houille vaut :

Celle de Littry (moyenne)....................... 2ᶠ 01ᵉ le quintal métrique;

    du Nord 3 90

    de Mons............................. 3 90

    de Newcastle qui n'arrive qu'en petite quantité 4 67 (*).

A Nantes, les houilles valent :

Celles de Mouzeil et de Montrelais (Loire-Inférieure), de Montjean et de Saint-George (Maine-et-Loire)....................... 3 06

    de Decize (Nièvre)..................... 4 37

    de Saint-Étienne...................... 5 00

    de Mons.............................. 4 06

    d'Angleterre......................... 4 06

A la Rochelle, les houilles valent,

Celles du Nord { la grosse...................... 4 37

    { la moyenne..................... 3 75

    { la menue...................... 3 12

    de Faymoreau (grosse)............... 4 50

de Newcastle { la grosse.................... 5 30

    { la moyenne............... 4 06

    { la menue................. 3 12

A Rochefort et à Tonnay (Charente), les houilles anglaises approvisionnent seules le marché. Elles s'y vendent le même prix qu'à la Rochelle.

____

(*) La rareté des expéditions explique la cherté du produit.

A Bordeaux, le marché est servi par les houilles de Carmeaux (Tarn) et par les houilles anglaises.

Les premières ne paraissent maintenant qu'en petite quantité. Elles se vendent à l'état de *moyenne* 4 fr. 00 cent.

Les autres à des prix qui diffèrent peu de ceux que nous avons indiqués ci-dessus.

La quotité de l'importation belge, tant par la voie e dterre que par la voie de mer, est de 5,107,495 quintaux métriques (*).

Celle de l'importation anglaise est de 511,289 quintaux métriques.

J'ai dit plus haut les causes qui rendent actuellement la première importation inévitable et qui tendent à l'accroître.

La seconde ne peut pas être évitée non plus, car elle est favorisée par deux circonstances importantes.

La houille de première qualité ne vaut à Newcastle que 70 centimes le quintal métrique.

Elle est apportée par des navires qui, s'ils ne s'en chargeaient pas, arriveraient souvent sur leur lest dans nos ports.

Nos exploitants, on ne doit pas en douter, auraient, s'ils l'eussent pu, banni depuis longtemps les Belges et les Anglais de tous les marchés du littoral. S'ils ne l'ont pas fait, c'est une preuve sans réplique que le droit d'importation qui les favorise ne compense qu'en partie les désavantages de leur position. Une diminution, même légère, dans la quotité du droit serait fatale pour plusieurs d'entre eux ; tous infailliblement seraient exclus du concours si le droit était supprimé en totalité.

Les conséquences de cette mesure seraient tellement graves, que je ne dois pas hésiter à les faire connaître.

EFFETS INÉVITABLES DE LA SUPPRESSION DU TARIF.

Nos départements du nord-est étant livrés, comme le veut au reste la nature des choses, à l'importation de la houille de Prusse ;

(*) Ce n'est qu'en 1830 que l'importation de la Belgique s'est élevée au chiffre indiqué par M. le déposant. La moyenne des cinq dernières années (1828 à 1832 inclus) n'a été que de 4,791,457 hectolitres, ainsi que le montre le tableau placé à la page 11. (*Note de la commission d'enquête.*)

Le littoral de la Manche et de l'Océan étant livré aux importations de l'Angleterre et de la Belgique ;

La houille belge enfin s'avançant jusqu'à Briare et Auxerre, nos mines auront tout au plus une moitié du pays à fournir.

Or, cette moitié est celle évidemment où l'on consomme le moins de houille, car c'est là que les hivers sont le moins rigoureux et que l'industrie manufacturière a pris le moins de développement.

Si nous portons la consommation de cette partie de la France à un quart de la consommation totale, nous serons bien certainement encore au-dessus du chiffre réel.

C'est donc à environ 5,500,000 quintaux métriques que nos mines seront forcées de réduire la quotité de leur extraction.

Un tel résultat ne peut manquer de porter le découragement parmi nos exploitants, et d'amener, à une époque très-prochaine, la ruine complète de leur industrie.

Voyons ce que cette industrie est réellement dans son ensemble.

Le nombre de nos mines de charbon de terre en exploitation est de 273.

Les machines à vapeur qu'elles renferment sont au nombre de 190, présentant une force totale de 4,193 chevaux.

Elles occupent 15,589 ouvriers.

Conséquemment elles font exister 62,356 individus.

Le capital qui y est directement engagé est :

Dans le département du Nord, seulement, ainsi qu'on l'a vu ci-dessus............................ 24,000,000 fr.

Dans le reste de la France,

Pour 131 puits pourvus de machines à vapeur à raison de 150,000 fr. l'un.......................... 19,650,000

Pour 71 puits pourvus de machines à mollettes, à 60,000 fr. l'un.................................. 4,260,000.

Total............... 47,910,000

4e Question.

En négligeant comme peu importantes les mines qui ne sont pas pourvues de machines, le capital qui s'y trouve indirectement engagé est :

1° Pour le chemin de fer de Saint-Étienne à Andrezieux .... 1,800,000 fr.
2° Pour le chemin de fer d'Andrezieux à Roanne 6,000,000
3° Pour le canal de Roanne à Digoin............. 7,000,000
4° Pour le canal latéral à la Loire 25,000,000

TOTAL..................... 39,800,000

TOTAL général des capitaux engagés directement ou indirectement dans les mines de houille........... 87,710,000 (*)

Pendant plusieurs siècles, nos rois se sont efforcés de créer en France l'industrie minérale. Ils n'ont pu y parvenir. Les capitaux, les hommes capables manquaient en même temps à la chose. Aujourd'hui les capitaux abondent, les hommes capables ne manquent plus : craignons que la chose ne fasse défaut à son tour.

(D. G. MINES.)

(*) A cette somme il faudrait encore ajouter la valeur du chemin de fer de Saint-Étienne à Lyon et celle du canal de Givors. Je ne les ai pas portées, faute d'en connaître avec exactitude le montant ; mais je crois que réunies elles doivent s'élever à près de 19,000,000 francs. (*Note du déposant.*)

CINQUIÈME QUESTION.

Le rapport qui s'est établi sous l'empire du tarif actuel entre l'importation qui monte à 5,732,536 hectolitres de houilles étrangères, et l'extraction française qui est à peu près de 20,000,000 hectolitres, serait-il détruit dans le cas où ce tarif viendrait à être changé?

L'extraction française serait-elle troublée par l'abaissement du tarif.

115.

Non, ce rapport ne serait pas changé : une modification de tarif n'empêcherait pas nos extractions d'arriver à un développement plus grand, parce que beaucoup d'industries n'attendent pour prendre leur essor qu'un changement de droit qui leur permettrait d'appliquer à leurs besoins le charbon, en remplacement du bois qui se trouverait alors moins économique. Un abaissement de droit sur les houilles serait pour l'industrie des fontes, par exemple, le signal d'un immense développement qu'elle ne peut atteindre aujourd'hui à cause de la cherté des combustibles. Ainsi, on pourrait établir dans les vallées de la Normandie une branche très-considérable d'industrie de fer, avec des houilles étrangères et des fers étrangers qui nous procureraient ensuite à l'exportation des avantages bien autrement grands que ceux qui peuvent résulter de la soi-disant protection accordée à nos concessions houillères. On verrait la grosse quincaillerie prendre de l'accroissement et fournir à nos exportations des aliments que lui refusent presque toutes les fabriques un peu éloignées de la mer.

Sous le rapport du transport, le charbon ne peut arriver à Paris que par la Seine et la terre : un chemin de fer qui permettrait l'emploi des voitures à vapeur produirait d'immenses avantages dans le département de la Seine-Inférieure. Mais ces avantages, on ne les obtiendra que par

Réponses tendant à établir que le tarif des droits de douaner n'est pas la cause de l'accroissement des produits français, et que la suppression de ce tarif ne changerait pas l'état de choses, on le modifierait au profit de tous.

le bon marché du charbon de terre, et le droit entre pour près d'un tiers dans le prix de ce combustible. Ainsi, le charbon anglais, qui nous coûte 2 fr. 90 cent. l'hectolitre, paye 1 fr. de droit d'entrée : il est cependant précieux pour notre industrie à cause de sa qualité flamboyante. J'ai fait des essais sur les diverses espèces de charbons, et j'ai remarqué que le Flénus et le Newcastle étaient parfaitement semblables quant à l'effet et la vivacité du calorique. Ainsi deux chaudières cuisant en même temps avec les deux espèces de charbon entrent au même moment en ébullition.

Il faut remarquer ici que les charbons du Midi qui nous coûteraient au Havre 4 fr. l'hectolitre, reviendraient plus cher que les charbons anglais ayant déjà payé les droits ; et pour Paris, les charbons qui nous coûtent 3 fr. 25 cent., payant 24 fr. pour 1,000 hectolitres par la navigation de la Seine, reviendraient à Paris à 5 francs 25 centimes l'hectolitre.

La crainte de créer une concurrence aux mines d'Anzin fait payer aux nationaux des sommes immenses qui les empêchent de pourvoir à tous leurs besoins ; et j'ajouterai que, s'il est un endroit en France qui ait besoin d'avoir le combustible à bon marché, c'est la ville du Havre où le développement de la navigation à vapeur crée chaque jour de nouveaux besoins, qui, s'ils étaient satisfaits, seraient le germe d'une prospérité nouvelle dans tout le bassin de la Seine.

(LE HAVRE B.)

116.

Le rapport entre l'importation, qui s'élève à 5,732,536 hectolitres de houille étrangère, et le développement des extractions françaises, qui produisent maintenant 20,000,000 hectolitres, quoiqu'il se soit établi sous l'empire du tarif actuel, ne peut être considéré comme ayant été la conséquence immédiate de l'influence de ce même tarif en faveur des productions françaises.

Cet accroissement a été une suite forcée de celui qu'ont dû prendre, en général, tous les besoins industriels qui se sont créés depuis la paix,

qui a ouvert de nouvelles voies à l'industrie et a considérablement aug- 3e QUESTION.
menté l'emploi du moteur indispensable à toute production, en telle sorte
que la houille française n'aurait même pu subvenir à toutes les exigences,
s'il n'avoit point existé de spécialité de consommation propre à une foule
nombreuse d'industries.

Ainsi, force a été d'avoir recours à des matériaux étrangers pour satisfaire à tous les besoins, malgré des tarifs ruineux qui restreignent la
possibilité de vendre au dehors les produits de l'industrie française, et assurent des avantages si marqués aux produits étrangers.

Une vérité incontestable c'est que, depuis 1812 jusqu'à ce moment,
aucun encombrement de produits français ne s'est manifesté, et que ces
produits se consomment à mesure qu'ils sont mis au jour.

La suppression ou le changement des tarifs n'aurait donc point l'effet
de changer le rapport qui s'est établi entre l'importation et la production
française; il adviendrait, pour résultat pur et simple, que l'équilibre
entre le prix de *revient* des produits industriels français et celui des produits de l'industrie étrangère s'établirait nécessairement.

(ROUEN A.)

117.

Le rapport qui existe entre l'importation et l'extraction sera modifié,
nous le pensons, par l'abaissement du tarif, mais dans ce sens seulement,
que l'importation prendra plus de développement, et que l'extraction,
sans se ralentir, s'accroîtra à la vérité moins activement que sous l'empire
du droit.

Pour rendre notre pensée plus claire, nous citerons le résultat probable
de la suppression des droits sur la consommation de l'arrondissement de
Lille. Le droit supprimé, la baisse des charbons belges permettra d'employer la vapeur comme moteur, d'une manière plus générale. Il y aura
développement d'industrie et accroissement d'importation en charbons

de basse qualité convenables pour les machines à vapeur , charbons qu'Anzin ne fournit pas aux consommateurs.

On ne peut pas supposer que le débouché des charbons français puisse augmenter dans une proportion semblable : mais les houillères du nord de la France soutiendront facilement leur extraction au taux auquel elle a monté dans les dernières années, parce que,

1° Leurs frais d'extraction ne sont pas plus considérables que ceux des houillères belges ;

2° Elles sont, par rapport au consommateur français , dans une position plus centrale que ces dernières, et ont ainsi sur elles une prime importante ;

3° Leurs charbons , repoussés de la plupart des usines, à cause de leur peu d'activité, ont cependant un emploi spécial pour certaines industries, et conviennent pour les foyers domestiques ;

4° Le mouvement imprimé à l'industrie par la baisse des charbons d'origine étrangère, en réagissant sur la production des objets dont la fabrication exige l'emploi des houilles françaises, augmentera la consommation de ces dernières.

(Lille C.)

118.

En changeant le tarif pour l'introduction des charbons belges, le rapport entre l'importation des houilles étrangères et l'extraction française en sera fort peu affecté , vu que la concurrence nuira principalement aux charbons anglais, sur la côte, depuis Dunkerque jusqu'à Bayonne inclusivement.

(Dunkerque.)

119.

La diminution du droit d'entrée par terre ne changerait rien à la consommation actuelle, parce que l'emploi du charbon de Mons est presque une nécessité. On le préfère au charbon d'Anzin ; mais la diminution du tarif est désirable dans l'intérêt de l'industrie, surtout pour les houilles anglaises arrivant par mer, dont le droit est en quelque sorte prohibitif.

(CALAIS.)

120.

L'effet unique de la suppression des droits sur les houilles belges serait d'augmenter la consommation de ce combustible. Depuis 1825, malgré quelques variations survenues dans les prix de la houille en Belgique, le rapport entre l'extraction française et l'importation a été le même. Ce rapport resterait le même, si, ce qui ne saurait être douteux, la compagnie d'Anzin diminuait le prix de ses charbons de toute l'importance des droits dont les charbons belges seraient dégrevés. Si les prix des extractions françaises restaient les mêmes, ce rapport serait évidemment changé, mais sans que les extractions françaises fussent réduites à un état stationnaire, sans empêcher la plupart de ces extractions de se maintenir dans un état de progrès. Si les droits qui pèsent à l'entrée des houilles étrangères étaient supprimés, le prix des charbons français restant le même, l'importation des houilles atteindrait bientôt un chiffre au moins égal à celui des extractions françaises, mais non au détriment de celles-ci, qui trouveront toujours sur les houilles étrangères un avantage marqué dans la qualité spéciale de leur charbon ou dans leur plus grand rapprochement des points de consommation.

La suppression, ou du moins une diminution considérable des droits d'entrée des houilles, sans arrêter les progrès des extractions françaises, augmenterait donc, dans tous les cas, les forces productives et industrielles de la France, et nous permettrait de lutter avec des armes plus égales contre les nations rivales.

Lors de leur séparation de la France et de l'établissement des droits, les houillères de Mons semblaient menacées d'une ruine certaine : la Belgique seule était loin de suffire à la consommation des houilles belges, et la proximité des houillères prussiennes limitait leur débouché au Nord et à l'Est. Malgré cet état de choses, les établissements de charbonnage de Mons ont presque doublé leur exploitation depuis 1816. Le tableau des expéditions annuelles nous mettra à même d'apprécier la marche

15.

5e QUESTION.

de cet accroissement (*). C'est dans des circonstances si peu favorables que s'est élevée à un si haut point d'extension la houillère du Grand-Hornu (Belgique), qui, en 1810, sous le régime français, se trouvait dans un grand état de délabrement, et a été achetée par M. Degorges 430,000 francs. Ce n'est qu'en 1815, après cinq ans de persévérance et de sacrifices, que son exploitation commença à devenir favorable. L'économie dans la gestion, une direction heureuse dans le travail, l'ont enfin rendue le plus bel établissement de charbonnage de la Belgique. Il entre pour environ un sixième dans la somme des produits du bassin houiller au couchant de Mons; son extraction, pendant les onze premiers mois de 1832, a été de 1,016,356 hectolitres, et sa valeur actuelle est d'au moins 3,500,000 fr.

Ce résultat, obtenu en moins de vingt-deux ans, n'est pas dû à des tarifs de protection, comme en réclament nos extracteurs français : il est dû à une grande persévérance d'efforts; c'est le fruit de la concurrence.

(Lille D.)

121.

Si l'on considère le développement immense que les progrès de l'industrie promettent à la consommation du charbon, il ne paraît pas pro-

(*) Le voici tel qu'il a été donné par le déposant :

Tableau des Expéditions des Houillères de Mons depuis 1815 jusqu'en 1831.

	Vers Condé.	Vers Antoing.	Bateaux.	Hectol. comb'.
1816			3,267	4,733,280
1817			3,560	4,932,400
1818			3,673	5,262,120
1819			3,739	5,364,160
1820			3,940	5,673,600
1821			3,226	5,757,220
1822			3,948	5,676,450
1823			4,052	5,854,560
1824			4,551	7,018,640
1825			4,370	7,732,800
1826			5,430	7,812,260
1827	3,246	2,198	5,444	7,832,360
1828	3,614	2,372	6,902	6,796,460
1829	3,232	2,323	5,635	8,114,400
1830	3,812	2,730	5,942	8,235,450
1831	3,710	2,532	5,272	7,447,680

bable que la liberté d'importer des charbons étrangers de toute provenance, sous un droit modéré, empêche la production indigène de s'accroître. On pourrait supposer, au contraire, que la baisse de prix qui
en résulterait aurait pour effet de donner un nouveau développement à
cette industrie, parce que l'augmentation de la consommation dépasserait
les limites des importations. Ainsi nos houillères ne fourniraient plus au
même degré les départements du Nord et le littoral de l'Océan ; mais la
consommation intérieure leur ferait des demandes plus étendues. L'application générale de moteurs à vapeur doit amener ce résultat.

(LILLE A.)

122.

L'abaissement général du prix de la houille, résultat pour l'extraction
indigène de l'amélioration des communications, et, pour l'importation
étrangère, de la réduction du droit, aurait pour effet nécessaire l'accroissement de la consommation. Le rapport dépendrait alors, et du
nouveau taux des frais de transport, et de la nouvelle quotité du droit.

(BORDEAUX A.)

123.

En diminuant les frais de transport, les houilles de l'intérieur pourraient lutter avantageusement avec celles de l'étranger, et l'augmentation
dans la consommation qui en résulterait, donnerait lieu à une grande
extraction (*voir* la réponse à la 2ᵉ question) et à l'amélioration des
qualités.

(BORDEAUX B.)

124.

On est persuadé qu'en changeant le tarif actuel on porterait atteinte
au rapport qui s'est établi entre l'extraction française et l'importation du
dehors.

(CREUSE A.)

3ᵉ Question.

Réponses ten-
dant à établir que
la réduction du
tarif des houilles
arrêterait le dé-
veloppement de

3.ᵉ Question.

toutes les exploi-
tations françaises
et en ruinerait un
grand nombre.

125.

L'importation étrangère augmenterait nécessairement.

(Clermont.)

126.

Il y aurait une diminution sensible dans les produits d'un grand nombre de houillères françaises, si l'on supprimait le droit qui pèse sur les houilles étrangères, et l'on verrait tourner au profit des exploitants étrangers une grande partie du droit dont on sollicite la suppression.

(Paris B.)

127.

Sans aucun doute, la réduction du tarif d'entrée augmenterait l'importation des houilles étrangères; et la baisse de prix qui en résulterait, donnerait incontestablement à ces marchés une plus grande étendue, qui pourrait même faire baisser le chiffre absolu de l'exploitation française.

(Aveyron.)

128.

La diminution des droits sur la houille changerait évidemment le rapport entre l'importation et la production intérieure. Par exemple, si le droit d'entrée par le bureau de Rouen était assimilé à celui par les canaux de l'Escaut et de Saint-Quentin, le port de Rouen recevrait seul plusieurs millions d'hectolitres au grand détriment de Saint-Étienne, qui doit pouvoir étendre jusque-là ses expéditions.

(Alais.)

129.

La concurrence détruirait tout le commerce du midi dans le cas où le droit viendrait à être abaissé; la réduction ne serait supportable qu'autant qu'elle ne dépasserait pas celle qui pourrait en même temps être accordée sur les droits de navigation dont nos houilles du midi sont passibles pour arriver sur le marché de Paris.

(Paris C.)

130.

On ne peut mettre en doute que si le tarif actuel des droits d'entrée était modifié, le rapport qui s'est établi entre les importations et les extractions françaises ne vînt à changer : Paris est là pour le prouver. La suppression ou même l'abaissement du droit de 33 centimes nous enlèverait à jamais ce débouché nécessaire à nos menus charbons.

(Saint-Étienne.)

131.

Cette réduction en faveur des étrangers serait le signal de la décadence d'une foule d'établissements français, à commencer par les nôtres. Dans ce cas, nous serions cruellement punis d'avoir employé ce qui nous restait de capitaux à monter des machines à vapeur, à creuser de nouveaux puits dans les plus grandes profondeurs, et à introduire dans nos ateliers et nos travaux tant d'innovations et d'améliorations qui, seules, peuvent nous permettre de soutenir la concurrence, en trouvant dans un accroissement de produits les faibles avantages auxquels nous nous restreignons.

(Grosménil.)

132.

Si nous avions comme les exploitants belges des voies de communication toujours praticables et aussi avantageuses, nous n'aurions plus à craindre leur concurrence et à redouter la suppression du droit de 33 centimes comme un arrêt de mort pour nos exploitations.

Ce ne sont pas les moyens de produire à aussi bon marché que les Belges qui nous manquent ; car nous possédons d'immenses capitaux :

notre matériel est monté sur le système d'exploitation le plus perfectionné ; notre bassin houiller est de la plus grande richesse, et les bras abondent pour le travail. Ce qui nous manque, ce sont les voies de transport et de communication pour le débouché de nos produits.

Ainsi, lorsque les Belges peuvent charger des bateaux en tout temps et les diriger sur Paris par le canal de Saint-Quentin et de la Sensée, qu'un seul bateau transporte 2,000 hectolitres, et que le fret ne leur coûte que 1 franc 50 centimes à 2 francs par hectolitre, nous, nous ne pouvons charger que 600 hectolitres au plus par bateau ; nous avons à courir toutes les chances de la navigation périlleuse de la Loire, qui, dans les années les plus favorables, ne peut encore avoir lieu que deux fois par an, à l'époque ordinaire des crues, et nous payons 2 francs de fret par hectolitre, sans compter la perte d'intérêt sur nos capitaux pour le temps qui s'écoule entre le chargement et l'arrivée des bateaux à leurs points de destination, temps qui, le plus souvent, embrasse un espace de plus de six mois.

Eh quoi ! n'est-ce donc pas assez pour les Belges que d'être si heureusement favorisés pour leurs exploitations et leurs moyens de transport, sans qu'ils aient encore la prétention d'être affranchis du droit de 33 centimes qui pèse sur l'entrée de leur houille en France, et qui est encore insuffisant pour équilibrer entre nous les chances de la concurrence ?

Nous le répétons, nous pouvons produire à aussi bon marché que les Belges, mais nous manquons chez nous de voies de communication, ou, si nous en avons, les droits auxquels elles nous assujettissent, nous mettent hors d'état de soutenir nos exploitations contre leur concurrence.

Aussi nous ne balançons pas à dire que, si le droit de 33 centimes était réduit ou supprimé sur les charbons belges à leur entrée en France, il n'y aurait plus d'exploitation possible chez nous, car les Belges pourraient vendre alors à un tel prix, que, dussions-nous ne compter pour rien nos dépenses d'extraction, nous ne pourrions encore leur faire concurrence, par cela seul que les frais de transport uniquement nous feraient revenir l'hectolitre plus cher qu'ils ne le vendraient eux-mêmes.

Sous l'Empire, et avant l'ouverture du canal Saint-Quentin, les houilles françaises du Midi et du Centre pouvaient soutenir la concurrence belge avec avantage, tandis que les changements survenus dans cet état de

choses n'ont été qu'une cause de dépérissement et de ruine pour notre
industrie.

Sous l'Empire, et jusqu'à la confection du canal de Saint-Quentin, les Belges mettaient depuis 3 jusqu'à 10 mois pour venir à Paris, et il leur en coûtait 3 francs 50 centimes de fret par hectolitre.

Depuis l'ouverture du canal de Saint-Quentin, ils peuvent venir en 25 jours, et il ne leur en coûte que de 1 fr. 50 cent. à 2 francs de fret. Leur position s'est donc extraordinairement améliorée, et la taxe de 33 centimes n'est donc rien pour eux, puisqu'ils ont bonifié de 1 franc 50 centimes à 2 francs sur le prix du fret.

Si nous avions des canaux qui favorisassent nos débouchés, nous éprouverions nécessairement une réduction dans le prix du fret qui nous écrase, et, alors, nous pourrions soutenir la lutte; mais nous n'en possédons pas, ou, si nous en avons un à 27 lieues de nous, nous avons mille obstacles à vaincre, mille chances à courir pour y arriver; et, quand nous y sommes, nous devons subir la taxe d'un tarif qui est hors de toute proportion avec la charge de nos bateaux et la valeur de nos produits.

Dans cet état de choses, et jusqu'à ce que le Gouvernement, en favorisant l'ouverture et la pratique des voies de communication, l'ait fait changer, nous persistons à dire, et cela est du reste assez clairement démontré, que la réduction ou la suppression du droit de 33 cent. sur les charbons belges et de 1 fr. 10 cent. sur les charbons anglais serait une mesure désastreuse.

(Decize.)

133.

Il n'y a pas de doute que tout équilibre serait rompu, à notre grand préjudice, si l'on en venait, nous ne disons pas à anéantir, mais seulement à diminuer le droit qui pèse sur les houilles étrangères à leur importation par mer. Beaucoup d'exploitants seraient obligés de cesser d'extraire, et les charbons étrangers seraient ceux dont la consommation deviendrait la plus grande. Ainsi on créerait une sorte de tribut que nous payerions, et bien volontairement, à l'Angleterre et à la Belgique. Notez que ce sont aussi les souverains et les ministres de ces deux États qui demandent la suppression ou la diminution du droit. Au lieu de réduire ce même droit il faudrait au contraire l'augmenter de moitié en sus. Alors les exploitations houillères de France prendraient un très-grand développement. Sous le point de vue le plus élevé, les douanes sont instituées pour protéger l'industrie du pays qui les établit, contre l'industrie étrangère, et ce serait précisément le cas de faire l'application de ce principe.

(VENDÉE.)

134.

Nous venons de démontrer que, si le tarif était réduit, nous serions obligés, à l'instant même, d'abandonner nos exploitations. Nul doute, alors, que la proportion serait détruite entre l'importation et l'extraction française; car indépendamment de ce que le marché de Nantes serait exclusivement livré aux charbons étrangers, ils remonteraient jusqu'à Angers, et se vendraient, sur tout le cours de la Mayenne, en concurrence avec les autres charbons français.

(MONTRELAIS.)

135.

Ceci est pour nous une question de vie et de mort: diminuer le droit, quelque minime que soit la quotité de la diminution, c'est fermer nos mines et ruiner nos entreprises; et il nous serait peut-être permis d'accuser d'injustice le Gouvernement qui porterait un coup mortel à nos exploitations en diminuant le droit sous la protection duquel elles s'étaient établies, pleines de confiance dans sa durée.

(LANGUIN.)

136.

En admettant que l'extraction française s'élève à 20,000,000 hectolitres, que l'importation soit de 5,000,000 hectolitres, ce qui établirait une consommation annuelle de 25,000,000 hectolitres, et que l'on puisse induire que ce rapport soit le résultat du tarif actuel, il n'y a au-

cun doute que ce rapport serait détruit si le tarif était changé en faveur de
l'étranger, tandis qu'au contraire il est incontestable que le chiffre de
l'importation diminuerait, et que celui de l'extraction française augmenterait, si, le tarif des douanes étant maintenu, on diminuait les droits de
navigation intérieure. Par ce moyen le Gouvernement aurait résolu un
grand problème, celui de concilier les intérêts des consommateurs avec
ceux des extracteurs, sans nuire à ceux de l'État; car les extracteurs
trouveraient dans le développement de leur industrie les moyens de
livrer aux consommateurs le combustible à meilleur marché, et dès
lors, la consommation augmentant, le Gouvernement retrouverait, dans
l'augmentation du transport, plus que la compensation de la diminution
des droits.

(BLANZY.)

137.

Nous croyons qu'il y a exagération dans le chiffre qui porte à 20 millions d'hectolitres les produits de l'exploitation française, et c'est plutôt
au chiffre de l'importation qu'il eût été juste d'ajouter par supputation.
Les acheteurs à l'étranger ont un bien plus grand intérêt que les producteurs indigènes à donner de fausses déclarations, et, dans la fixation des
tarifs, on devrait toujours faire la part de la fraude.

Quoi qu'il en soit, les droits d'entrée sur la houille ne sont pas assez
protecteurs de l'industrie des mines pour leur faire honneur du développement que cette dernière a pu prendre : nos réponses subséquentes
prouvent ce fait.

(CREUZOT.)

138.

Si le tarif actuel était changé, c'est-à-dire, si l'on baissait les droits
d'entrée, plusieurs exploitations de houillères françaises, même les plus
développées et les mieux conduites, en souffriraient beaucoup; d'autres ne
se soutiendraient quelque temps qu'en déclinant, les nouvelles concessions accordées resteraient non exploitées, et leurs gîtes houillers seraient
perdus pour l'accroissement du capital national. Le chiffre de l'importa-

16.

tion des houilles étrangères, qui actuellement paraît être de 1/5ᵉ à 1/4 de celui de la consommation générale de la France, augmenterait rapidement, et le prix de la houille tendrait à s'élever de façon à devenir bientôt onéreux à nos consommateurs. Le maintien du tarif actuel ne peut que produire des effets contraires ; car, protégé par les droits en vigueur, le mouvement de développement progressif imprimé aux exploitations des houillères françaises ne peut que devenir de plus en plus rapide ; on extraira chaque jour davantage; le chiffre de l'importation tendra plus tôt à devenir moindre, et la concurrence intérieure continuant à augmenter, continuera aussi à provoquer la baisse successive des prix de la houille.

(ANZIN.)

139.

J'ai indiqué d'une manière précise (1ʳᵉ question) la quotité de l'importation et celle de l'extraction française ; je ne reviendrai pas sur cet objet.

J'ai fait voir aussi (4ᵉ question) que la suppression du tarif réduirait notre extraction qui, d'après les états officiels, a été en 1830

de............................... 15,965,703 quint. mét.

à............................... 5,500,000

Si le tarif, au lieu d'être supprimé, n'était que diminué, la réduction ne s'élèverait pas au total que j'indique. Il va sans dire que le *mal* sera proportionné à la cause du *mal*.

(D. GÉN. DES M.)

SIXIÈME QUESTION.

*Est-ce uniquement aux nouveaux besoins créés par l'emploi de la
vapeur, ou, en partie, au droit qui atténue les effets de la concurrence étrangère, qu'il faut attribuer le développement des extractions
françaises, qui, en 1789, ne produisaient que 2,800,000 quintaux;
en 1812, que 6,683,000; et qui maintenant produisent 20,000,000
hectolitres?*

140.

Le développement extraordinaire de la consommation est dû, en
très-grande partie, aux nouveaux besoins créés par l'emploi de la vapeur,
mais aussi au changement survenu dans les habitudes des consommateurs,
sur tous les points où de nouveaux canaux ont donné accès aux charbons
fossiles.

(LILLE A.)

141.

Je crois que l'augmentation des extractions de houilles françaises
est causée par les nouveaux besoins qu'ont créés l'emploi de la vapeur aussi
bien que l'emploi des houilles dans les usines pour la fabrication des
fers; l'usage domestique augmenterait en raison de la diminution du
prix : tous les préjugés s'évanouiraient devant l'intérêt.

(BORDEAUX B.)

142.

Il faut attribuer ce résultat à l'établissement d'une foule d'usines et
manufactures mues par la vapeur, et aux facilités des transports par eau,

qui ont accru la con..ommation de ce combustible, lequel a remplacé, dans beaucoup de localités, l'usage du bois.

(CALAIS.)

143.

Nous attribuons le développement des extractions françaises à l'augmentation considérable de nouvelles usines.

(DIEPPE.)

144.

Cette progression est nécessairement due, en majeure partie, à l'emploi de la vapeur; mais la rareté et la cherté du bois y ont aussi puissamment contribué, non-seulement pour certaines branches d'industrie, mais encore pour le chauffage domestique.

(GROSMÉNIL.)

145.

L'emploi de la vapeur est un premier motif; mais le développement de l'industrie, la fabrication plus étendue du fer et autres métaux, et l'usage même domestique, motivent cette augmentation de consommation, qui ne dépasse pas les progressions de la population, et surtout du nombre des patentables.

(PARIS D.)

146.

C'est bien à toutes ces causes qu'il faut attribuer la plus grande extraction de la houille en France; mais j'insiste sur ce qui se rapporte au chauffage domestique.

(CLERMONT.)

147.

Le développement de l'extraction française doit être attribué,

1° A l'introduction des procédés anglais pour la fabrication du fer, à l'aide de la houille;

2° Au perfectionnement de toutes les industries en général, et au plus grand emploi de la vapeur qui en a été une conséquence ;

3° A l'augmentation du prix des bois de chauffage qui a fait remplacer ce combustible par la houille dans beaucoup de localités ;

4° L'éclairage par le gaz peut aussi être compté au nombre des grandes consommations de la houille ;

5° Enfin, le puissant motif du développement de cette industrie a été le mauvais état du canal de Saint-Quentin jusqu'en 1828. La navigation y était fort coûteuse ; les dépenses dont elle chargeait les houilles étrangères étaient, pour nos houilles, une protection bien autrement efficace que les droits de douane.

(Creuzot.)

148.

Il n'est pas douteux que l'accroissement des extractions françaises ne soit dû à l'emploi de la vapeur et à la substitution, dans beaucoup d'usines, du charbon de terre au charbon de bois, et même au bois, plutôt qu'au droit qui atténue les effets de la concurrence étrangère.

(Caen.)

149.

Le développement des extractions françaises est dû, pour la plus grande part, à l'écoulement rapide qu'ont éprouvé les houilles, au fur et à mesure qu'elles sont sorties du fond, la nécessité pour les extracteurs de satisfaire aux commandes de la consommation s'augmentant en progression directe de l'essor qu'a pris la fabrication, et de la création d'un nombre considérable de nouveaux établissements industriels.

Quant au droit qu'on imagine avoir été établi pour atténuer les effets de la concurrence étrangère, ce droit n'a eu d'autre effet que de donner moyen aux extracteurs français d'accumuler, à leur profit, des bénéfices plus considérables. Ceci est si évident, que des qualités de houille se vendent, par exemple sur le rivage de Mons, 10 francs le tonneau, tandis que la même espèce se vend à Anzin 14 francs la mesure d'un

6e Question.

...loppement de l'extraction houillère et nient formellement que l'effet du tarif sur les houilles étrangères doive être compris au nombre de ces causes.

douzième plus faible ; d'où il suit que ce n'est point à l'influence du droit d'entrée (3 francs 30 centimes par tonneau) qu'il faut attribuer le développement des extractions françaises, puisque, cette somme déduite, le tonneau de houilles françaises serait encore vendu à un prix plus élevé de 70 centimes que celles belges, et que si l'on ajoute à cela l'avantage de la localité, les premières profiteront encore de 2 fr. 65 cent. par tonneau, avantage de localité tout au profit des productions d'Anzin.

(ROUEN A.)

150.

C'est, sans contredit, aux besoins de l'industrie créés par l'emploi de la vapeur, et non aux droits de douane, que sont dus les développements des extractions françaises : ce droit n'a tourné qu'à leur profit, car les houilles françaises se vendent aujourd'hui plus cher qu'avant l'établissement de ces droits, et certes les perfectionnements apportés dans toutes les industries auraient dû plutôt les faire diminuer. Nous regardons en conséquence les droits de douane comme une prime accordée aux extracteurs français, laquelle est prélevée sur l'industrie en général.

(ROUEN B.)

151.

C'est uniquement aux besoins nouveaux et aux nouveaux emplois de la houille qu'il faut attribuer le développement de l'extraction française, puisque, par exemple, le droit le plus élevé est celui par mer. Malgré cela, il ne peut arriver sur le littoral de l'Océan que peu ou point de houilles françaises, à moins de prendre des qualités d'Anzin, dont l'emploi n'est pas général.

(LE HAVRE B.)

152.

D'après les documents que nous avons à notre disposition, et qui ne remontent qu'à 1819, nous trouvons :

Que l'importation des charbons belges par la direction de Valenciennes, était, à cette dernière époque, de...... 1,600,000 hectolitres ;

Qu'elle s'est élevée... { en 1829, à.. 3,800,000
{ en 1831, à.. 5,500,000

On voit que si les extractions françaises ont, comme on l'énonce par la question même, pris un développement considérable sous l'empire du tarif, l'importation des charbons étrangers a suivi également une progression ascendante. Ce n'est donc pas à l'absence ou à la rareté des charbons étrangers sur nos marchés qu'il faut attribuer l'accroissement immense qu'ont pris les extractions françaises. Le droit n'a point diminué sensiblement les effets de la concurrence étrangère, mais il y a eu développement d'industrie et nouveaux besoins créés par l'emploi de la vapeur.

(LILLE C.)

153.

Pour les chiffres que comprend la question, je renvoie à ce que j'ai dit sur la première. (*Page* 30.)

Le développement de nos exploitations tient à quatre causes.

La première est l'*immuabilité* acquise à la propriété minérale ;

La seconde est la diminution du prix de la houille, diminution qui est telle que le prix de 1812 est à celui de 1830 comme 1200 est à 975 ;

La troisième est l'augmentation de la consommation, augmentation qui, elle-même, résulte de la diminution du prix de la matière ;

La quatrième enfin est la protection accordée à nos exploitations par le tarif. Quant à la nécessité de cette protection, je crois l'avoir démontrée surabondamment par tout ce que j'ai dit dans la quatrième question. (*Page* 109.)

(D. G. DES MINES.)

154.

L'accroissement provient en grande partie du développement de l'indus-

6.e Question.
———

trie, et sans doute encore de la protection accordée par le Gouvernement qui a établi un droit sur les houilles importées.

Les nouveaux besoins créés par l'emploi de la vapeur ne peuvent qu'augmenter, et favoriser davantage encore le développement des extractions françaises.

(Paris B.)

155.

Le développement de nos exploitations de houille est dû aux causes détaillées dans notre réponse à la première question, et encore à la protection des tarifs de douanes, qui atténuent les effets de la concurrence étrangère. Ainsi que nous l'avons démontré les tarifs, loin d'être trop élevés, sont trop faibles pour nous protéger avec efficacité, et le Gouvernement ne pourra songer à les réduire que lorsque nos moyens de transport seront perfectionnés.

La multiplication des machines à vapeur a contribué à accroître notre consommation en combustible. Selon les calculs les plus probables, il existe en France une force de 20,000 chevaux-vapeur qui, à 300 hectolitres par an, pour chacun, exigent 6,000,000 hectolitres. Le travail de la fonte et du fer en absorbe à peu près autant, d'après les données annuelles de l'administration sur les produits et consommations des mines, en sorte que c'est réellement aux progrès de l'industrie que se rattache la prospérité des houillères nationales dont la marche ascendante n'a point été aussi rapide qu'il était permis de l'espérer, à cause de la concurrence des mines étrangères auxquelles l'accroissement de notre consommation a été principalement avantageux.

(Saint-Étienne.)

156.

C'est à diverses causes qu'il faut attribuer le développement des exploitations françaises, mais le droit d'importation sur les charbons étrangers a été pour beaucoup dans l'accroissement des produits. Autrement il aurait été, dans un grand nombre de localités ou même presque partout, impossible de soutenir la concurrence.

(Vendée.)

157.

Le développement des extractions françaises est dû, tant aux nouveaux besoins créés par l'emploi de la vapeur, par l'éclairage au gaz, par le traitement du minerai de fer, d'après les procédés anglais, et par les progrès de l'industrie, qu'au droit d'importation qui atténue les effets de la concurrence étrangère.

(Creuse A.)

158.

La consommation totale des houilles en France est sans doute beaucoup plus grande maintenant qu'en 1789 : si l'on donnait le chiffre de l'importation pour cette époque, on en verrait la preuve. Cette augmentation totale dans la consommation résulte principalement de deux causes :

1° Des mines découvertes en France, et des perfectionnements apportés dans l'exploitation ;

2° De l'immense développement de l'industrie et des besoins de combustibles très-variés et sans cesse croissants qu'il a créés. Le droit d'entrée, en limitant la concurrence, a sans doute contribué à augmenter la proportion de l'exploitation française, ainsi que je l'ai expliqué en répondant à la précédente question.

(Aveyron.)

159.

Les deux motifs ont contribué au développement de nos exploitations intérieures. Elles s'accroîtront dans une proportion plus forte encore à mesure qu'on établira des voies de communication économiques. Pour le comprendre, il suffit de voir ce qui se passe à Saint-Étienne, depuis l'ouverture du chemin de fer. Le même fait va se renouveler à Épinac, ensuite à Alais, à Commentry, quand le canal du Cher sera navigable, sur tout le canal du Centre, lorsque le canal latéral de la Loire sera ouvert. Nos richesses houillères sont immenses, notre indus-

trie exploitante est égale à celle des mineurs étrangers les plus habiles, la
disposition naturelle de nos couches se prête admirablement à une exploitation économique; il nous manque des voies de communication.

(ALAIS.)

160.

Les besoins créés par l'emploi de la vapeur, et le droit protecteur, ont
tous les deux contribué au développement de l'extraction des houilles
françaises.

Les premiers ont assuré les débouchés; le second a donné la sécurité nécessaire pour attirer des capitaux suffisants dans cette branche de
l'industrie française; à l'aide de ces capitaux, on est parvenu à presque
décupler, depuis quarante ans, le chiffre des produits que l'exploitation
des houillères met annuellement en circulation. Retirez le droit protecteur, et la chance la plus favorable pour les exploitations françaises serait
de rester stationnaires à leur point de développement actuel; les besoins
de charbon terre, au contraire, continueront à augmenter. Qui rem-
plira cet excédant de la consommation sur la production nationale? Qui
en profitera? L'étranger!

(ANZIN.)

161.

L'augmentation de l'exploitation des houilles en France vient sans
doute de l'emploi plus étendu qui se fait de ce combustible, mais surtout
de la protection que le tarif actuel accorde aux exploitants français : le développement de l'extraction aurait été cependant plus considérable encore
sans les droits de navigation qui empêchent d'atteindre avec économie
les principaux marchés de France, surtout celui de Paris.

(PARIS C.)

162.

Les nouveaux besoins créés par l'emploi de la vapeur ont incontestablement contribué au développement des extractions françaises ; mais il

est certain, aussi, que le droit mis sur les produits étrangers entre pour une grande part dans ce développement, comme notre propre situation le prouve.

(MONTRELAIS.)

163.

Si l'exploitation des houilles françaises a pris un si grand développement depuis vingt ans, c'est parce que cette industrie, offrant des avantages certains, avait attiré à elle d'immenses capitaux. Les nouveaux besoins créés par l'emploi de la vapeur ont contribué aussi à ce développement ; mais combien il aurait été lent et borné, si les Belges, au lieu d'avoir à supporter des frais de navigation et des droits en proportion de ceux supportés par les extracteurs français, avaient été libres de toutes charges comme ils le sont en quelque sorte, aujourd'hui, comparativement à celles qui pèsent toujours sur nous ! Ce développement, dont on se fait un argument sans examiner sa véritable cause, ne se serait fait que peu sentir, et la France n'aurait pas à placer aujourd'hui, au rang de ses plus grandes richesses industrielles, l'exploitation des mines de houilles, si la législation n'y avait aidé.

(DECIZE.)

164.

Le besoin devenu de plus en plus général de recourir à la production de la vapeur pour augmenter notre puissance mécanique ; la substitution de la houille au bois ou au charbon de bois pour les travaux métallurgiques et pour le service des verreries ; l'emploi du charbon de terre pour la fabrication du gaz ; enfin la rareté toujours croissante du bois, sont les motifs principaux du développement rapide des houillères en France. Dans une grande partie du royaume ce sont même les motifs uniques. On ne saurait, toutefois, disconvenir que la faveur accordée aux extractions du Nord, en grevant d'un droit exorbitant l'entrée des houilles belges, a été pour ces extractions un puissant motif d'agrandissement.

Si, avec le tarif actuel, la consommation annuelle de charbon s'est élevée à environ 25,000,000 quintaux, il ne saurait être douteux que si ces droits n'avaient pas été imposés, le chiffre de cette consommation eût été beaucoup plus élevé, et que l'usage de la houille fût devenu plus général. Les houillères françaises, qu'aucun motif bien puissant ne forçait à favoriser d'une manière aussi préjudiciable aux intérêts généraux de la France, eussent certainement été comprises dans cette consommation pour toute leur extraction actuelle : leurs avantages étaient assez grands avec la libre concurrence, et leurs travaux eussent acquis plus de perfection.

(Lille D.)

165.

C'est à l'extension de la consommation jointe à l'usage des machines à vapour, ou plutôt au progrès général de l'industrie, qu'est dû le développement de l'extraction. La réduction des frais de transport par le perfectionnement des communications, en abaissant dans une forte proportion le prix du combustible, augmenterait encore ce développement. Le droit a sans doute eu pour effet d'éloigner l'importation et de rejeter en entier sur l'extraction les résultats de l'augmentation de la consommation ; mais il a aussi l'inconvénient qui s'attache à toutes les protections exagérées, celui de ralentir les progrès de l'industrie. Si le droit eût été moins élevé, et la concurrence de l'importation plus pressante, nos exploitants eussent fait des efforts pour extraire et transporter à meilleur marché. Ce sont là les véritables et les plus utiles moyens de progrès.

(Bordeaux A.)

166.

Le développement des exploitations françaises a suivi naturellement les progrès de l'industrie ; mais il est certain que, sans les tarifs, ce développement n'aurait pas été aussi sensible. Les houillères étrangères auraient profité en partie de l'augmentation de consommation qui est résultée de ces progrès.

(Blanzy.)

167.

Un tarif protecteur est toujours favorable au développement d'une industrie ; mais c'est sacrifier d'autres industries à celle-ci.

(CLERMONT.)

168.

L'emploi de la vapeur a peu contribué au développement des extractions françaises, attendu que les charbons français conviennent très-peu aux machines à vapeur et qu'elles n'en consomment que là où l'on ne peut se procurer ni charbons belges, ni charbons anglais. Ce développement doit être attribué aux progrès de l'industrie dans les lieux éloignés des frontières de la Belgique et de l'Océan. Le droit de douane a peu aidé au développement de l'extraction française.

(DUNKERQUE.)

SEPTIÈME QUESTION.

*Si le droit de douane a pu aider au développement de l'extraction,
est-il toujours nécessaire qu'il soit maintenu et au taux de 33 centimes
pour les importations de la frontière du Nord, et de 1 franc pour les
importations par mer, afin que toutes choses soient égales entre les
exploitants français et les exploitants étrangers ?*

169.

C'est bien moins le droit de douane que l'augmentation de la consommation qui a contribué au développement de l'extraction : le droit de
douane, réduit à la proportion convenable pour faire supporter à l'importation des houilles étrangères sa part contributive dans les besoins de
l'état, laisserait aux exploitations indigènes un champ assez vaste pour
au moins conserver et même pour augmenter leur activité.

(LILLE A.)

170.

Nous avons déjà dit :

Que ce n'est pas le droit de douane qui a aidé au développement de
l'extraction ;

Que l'existence du droit n'a point diminué la masse des importations ;

Que ces dernières ont au contraire, et malgré l'élévation du tarif,
suivi, comme l'extraction, une progression croissante.

Si, en présence de ces faits, on persistait à attribuer à l'établissement
du droit la prospérité de nos houillères, on n'en serait pas moins forcé de
reconnaître qu'il n'est plus nécessaire, pour soutenir cette prospérité, de
maintenir celui de 33 centimes sur les importations faites par la frontière
du Nord. La compagnie d'Anzin s'est chargée de prouver jusqu'à l'évidence l'exactitude de cette assertion.

Depuis le commencement de 1832, elle accorde une prime de 15 centimes par hectolitre comble, sur ses charbons dont l'exportation en Belgique est dûment constatée. Pourrait-elle avec raison se plaindre, lors même que la suppression des droits la forcerait à se borner, dans ses transactions avec le consommateur français, au bénéfice qu'elle regarde comme suffisant dans ses rapports avec la consommation étrangère?

(LILLE C.)

171.

Nous venons de dire que, suivant notre opinion, ce n'est pas à la protection du droit qu'est dû l'accroissement des extractions françaises; nous pensons donc que ce droit devrait être, sinon détruit, au moins réduit aussi bas que possible.

(ROUEN B.)

172.

Il est évident que si les extractions françaises qui, en 1812, ne produisaient que 6,683,000 quintaux, en produisent maintenant 20,000,000, le droit de 33 centimes sur les importations de la frontière du Nord n'est plus nécessaire pour aider à leur développement; il est évident que ce droit ne servirait qu'à charger indûment les départements septentrionaux et à augmenter outre mesure les bénéfices de la compagnie d'Anzin.

(AVESNES.)

173.

Il n'est pas rigoureusement exact de dire que le maintien du droit actuel soit nécessaire pour soutenir l'extraction française; car elle doit son accroissement plutôt au développement de l'industrie qu'à l'élévation du droit: et, pour le Calvados, l'un des départements les plus industrieux du royaume, où la houille est d'une nécessité toujours croissante, il serait à désirer que le droit pût être entièrement aboli, ou au moins réduit à 20 centimes seulement, aussi bien sur les houilles anglaises que sur celles de la Belgique, venant par Dunkerque.

Cette suppression ou cet abaissement du droit aurait pour conséquence immédiate de protéger les établissements déjà créés, et de favoriser le développement de beaucoup d'autres, en faisant pénétrer plus
avant dans l'intérieur, et en rendant plus général l'emploi de la houille.

Ce serait encore une nouvelle cause d'activité pour la navigation et
le roulage, et, par suite, une augmentation de travail et d'aisance pour la
classe laborieuse.

(Caen.)

174.

Non, le droit n'est plus nécessaire.

J'ai indiqué les prix auxquels reviennent les houilles de différentes
extractions, rendues les unes et les autres à bord.

A présent je dirai que les houilles coûteraient au Havre, l'hectolitre
comble, d'après les prix indiqués ci-contre :

    Anzin .... $2^f 75^c$ à $2^f 90^c$
    Mons .... 3 40 à 3 50
    Newcastle .... 3 75 à 3 90

Je ne parlerai du Saint-Étienne que pour mémoire, car cette qualité ne pourrait s'établir sur nos côtes à moins de 5 francs l'hectolitre.
Elle est par conséquent désintéressée dans la question. En effet, malgré
le droit de 1 franc 10 centimes, la houille anglaise revient encore à plus
de 1 franc au-dessous, et celle de Mons à plus de 1 franc 50 centimes.
Or, si l'on supprimait en totalité le droit de 1 franc 10 centimes, le charbon anglais ne pourrait s'établir, à Paris, à moins de 4 francs 75 cent. à
5 francs, tandis que le prix moyen y est de trois francs à 3 fr. 25 cent.
l'hectolitre.

Ce que je dis du Saint-Étienne peut, et à plus forte raison encore,
s'appliquer aux autres extractions françaises.

(Le Havre B.)

175.

Il est notoire que ce ne peut être l'influence du droit, soit de 33 centimes par les frontières du Nord, soit de 1 franc 10 centimes

pour les importations par mer, qui a aidé au développement de
l'extraction française, puisque, dans le nord, l'avantage de la position
mettra toujours les extractions françaises à l'abri de toute concurrence,
quand ce ne sera plus que le prix de la matière, et non la qualité, qui di-
rigera la consommation ; mais ce qui, par rapport à l'importation par mer,
au droit de 1 franc 10 centimes, protége les extractions françaises contre
toute concurrence, sans avoir égard aussi à la spécialité de la qualité,
c'est que les houilles des provenances assujetties à ce droit ne peuvent
outrepasser le port de Rouen, et que le fret, du lieu de production à
celui de consommation, est si élevé, à cause de la difficulté de la navigation de la Basse-Seine, que le prix de *revient* de l'une et de l'autre
production se balancerait encore après la suppression totale du droit
actuel.

Sous le rapport des qualités spéciales à un genre particulier de consommation, des fonderies de fonte de fer, par exemple, il y aurait, il est vrai,
une concurrence à l'avantage des importations au droit de 1 fr. 10 c.

En voici la raison.

La houille de Saint-Étienne est particulièrement propre à ce genre
de travaux, et elle ne peut arriver sur le marché de Rouen que chargée
des frais de transport de Saint-Étienne sur Paris, qui sont les plus
élevés de tous ceux que l'on a à payer pour arriver à ce centre commun.
De Paris, ces houilles doivent supporter un nouveau fret jusqu'à Rouen,
où elles n'arrivent que sous les conditions les plus onéreuses.

Au contraire, les houilles anglaises équivalentes à celle de Saint-
Étienne peuvent, avec des avantages réels, y arriver au fret de 24 francs
le tonneau et 10 pour 100, et être livrées à 4 francs, y compris le
droit de 1 franc 10 centimes, tandis que le prix du charbon de Saint-
Étienne s'élève à 4 fr. 50 cent. l'hectolitre.

Si du prix de 4 francs on distrait 1 franc 10 centimes pour droit de
douane, il reste 2 fr. 90 cent. ; de là un avantage de 1 fr. 60 cent. sur
les houilles de Saint-Étienne.

Mais supposez qu'il y ait concurrence avec la production française,
pour ce qui regarde la consommation des fonderies de fonte de fer doux,
situées dans la circonscription de la Basse-Seine ; faudra-t-il, par cette

18.

raison, que ce genre d'industrie périclite éternellement, parce que les lieux d'extraction française seront défavorablement placés? Faudra-t-il que l'exploitation du principal moteur de l'industrie serve exclusivement à la fortune de quelques individus, sans rejaillir sur la prospérité générale? D'un autre côté, le tarif des fontes étrangères est assez onéreux pour affranchir les nôtres de toute concurrence et forcer l'emploi de nos houilles.

Il n'y a donc aucun motif plausible de maintenir dans son entier, soit le droit de 33 centimes, soit celui de 1 franc 10 cent., dans la vue de mettre en équilibre les exploitants français et les exploitants étrangers. La position relative des consommations permet au contraire de le supprimer entiè-rement.

(Rouen A.)

176.

Je crois que l'importation du charbon, dont l'emploi est si utile à une foule d'établissements industriels, loin d'être restreinte par des droits élevés, devrait être encouragée par la suppression de tous droits. Les mines françaises trouveraient encore un avantage immense dans leur position relativement aux mines étrangères, qui auraient toujours à supporter des frais de transport considérables. Les mines de charbon n'exigent que des capitaux, tandis que les établissements industriels qui consomment ce combustible ont besoin, pour prospérer et soutenir la concurrence étrangère, d'obtenir la matière première et tout ce qui sert à leur fabrication, au plus bas prix possible. Entre deux industries, dont l'une se borne à extraire un produit naturel, et l'autre produit des objets variés à l'infini et qui exigent des procédés nouveaux et compliqués, il me semble qu'il n'y a pas à hésiter, et qu'il est juste de dégager cette dernière de toutes les entraves qui l'empêchent de lutter avec des concurrents redoutables.

Dans tous les cas, et quel que soit le droit qu'on fixera, je pense qu'il doit être le même pour les importations par mer que pour celles

par terre; et, s'il devait y avoir une préférence, elle devrait être en faveur des premières, d'abord en raison du fret que supportent les houilles
et qui est très-élevé, eu égard à leur valeur, et ensuite parce que ces
importations seraient un aliment de plus à notre navigation. Dans l'état
actuel des choses, il est impossible de tirer du charbon d'Angleterre, et
cependant il serait bien utile à nos navires d'y trouver de semblables re-
tours. Ce serait d'ailleurs un moyen de plus d'activer nos rapports avec
un pays qui paraît disposé à leur donner de l'extension.

(BOULOGNE.)

177.

Il n'est pas nécessaire de maintenir le droit de 33 centimes, par hectolitre, sur le charbon de Mons. La réduction des droits d'entrée ne saurait nuire aux extractions des départements du Nord et du Pas-de-Calais.
Il en est de même du droit de 1 franc 10 centimes qui se paye à la
frontière de mer.

(CALAIS.)

178.

En réduisant le taux de 33 centimes à 11 centimes pour les impor-
portations de la frontière du Nord, et laissant à 1 franc le taux pour
les importations par mer, les exploitants français ne seront que fort peu
lésés, et l'industrie y gagnera beaucoup. Ils le seraient davantage, si
on réduisait le taux de 1 franc pour les importations par mer; car le
charbon d'Angleterre remplacerait totalement les charbons français pour
forges, même dans les lieux éloignés des côtes.

(DUNKERQUE.)

179.

Il est très-possible que le droit de douane ait aidé au développement de l'extraction des houilles; mais ce développement a été chèrement

payé par les fabricants qui avaient besoin de ce combustible. Beaucoup
ont été ruinés et une barrière insurmontable a été posée contre la naissance et le développement d'un nombre infini d'autres. Il est vrai qu'il
est presque impossible de faire quelque chose pour le bien public, sans
nuire à l'intérêt particulier de quelques-uns ; mais il survient une question importante dans l'économie politique, et, dans bien des cas, difficile
à résoudre : L'état gagnerait-il plus à donner un développement forcé à une
branche d'industrie, en opprimant une autre branche, qu'à laisser chaque
industrie prendre naissance et se développer avec les besoins qui l'ont
créée ? La libre introduction des houilles étrangères favoriserait les établissements industriels qui créeraient de nouveaux besoins et produiraient de nouveaux établissements ; la consommation augmenterait, et
l'importation des houilles, maintenant peu considérable, deviendrait importante. S'il se trouve dans l'intérieur du pays des mines de houilles dont
la distance rend les frais de transport trop élevés, on ne peut, quoique
l'extraction n'en coûte presque rien, en tirer profit sur les lieux de consommation, bien qu'en général l'augmentation de consommation rende
l'exploitation des houilles avantageuse.

Deux moyens s'offrent pour la favoriser : l'un consiste à frapper les
houilles étrangères d'un droit d'importation assez fort pour couvrir les
frais d'extraction et de transport et un profit pour l'exploitation, n'importe qu'elle soit bien ou mal dirigée, l'objet étant de faire gagner le
marchand de houilles au préjudice du fabricant ; l'autre moyen serait de
diminuer, les frais de transport de l'intérieur jusqu'à ce que les prix
soient au pair ou au-dessous du prix des charbons étrangers. Dans ce
cas, les fabricants, dont l'industrie dépend en quelque sorte du prix du
combustible, profiteraient de la diminution et donneraient en conséquence un plus grand développement à leurs établissements, et la consommation augmenterait avec tous ses avantages pour les fournisseurs
de houilles et pour le commerce en général. Il résulte, par l'adoption
du principe prohibitif, que les profits du fabricant sont absorbés par le
prix élevé des houilles, que les établissements languissent et finissent par
périr. Tel est le sort de la plupart de ceux qui ont été tentés à Bordeaux,
et ceux qui ont survécu jusqu'à ce jour ne se soutiennent que par un
versement continuel de capitaux de leurs propriétaires, et finiront iné-

vitablement par cesser de travailler. Dans cet état de choses, où est l'encouragement que l'on croit donner à l'exploitation des houilles? Le marché n'existant plus, l'extraction cesse aussi. Il convient, en conséquence, pour encourager effectivement l'extraction des houilles, de faire diminuer le prix par la confection d'un chemin de fer, ou de canaux navigables latéralement à la Garonne ; l'augmentation du prix par le droit de douane ne pourrait avoir d'autres résultats que de diminuer l'extraction des houilles, d'anéantir les manufactures à Bordeaux , et d'accabler ce commerce qui languit depuis longtemps.

(BORDEAUX B.)

180.

Alors même que le tarif aurait été l'unique cause du développement de nos extractions de houille, ce tarif, frappant sur une matière indispensable à l'industrie, ne pouvait être que temporaire, et les intérêts généraux devaient reprendre leurs droits aussitôt que, par une faveur momentanée, dont je suis bien loin de me faire l'apologiste, les extractions françaises eurent atteint un état de prospérité suffisant et des moyens de production assez économiques pour pouvoir lutter avec avantage contre les extractions étrangères. Nos houillères d'Anzin , déjà dans un état prospère lors de la réunion de la Belgique et avec la libre concurrence, ne sauraient aujourd'hui réclamer avec justice le maintien des droits établis sur les houilles belges, si onéreux pour tout le nord de la France.

Le droit d'entrée de 33 centimes qui, pour nos départements du nord, pèse sur les houilles belges , enchérit d'autant les houilles d'Anzin dont le débouché est assuré. Cet état de choses fait supporter à chaque famille, dont la consommation annuelle est d'environ 30 quintaux, un impôt de 9 francs 90 centimes, et cause aux industriels qui font un usage fréquent de ce combustible des pertes incalculables, moins encore par les sacrifices pécuniaires auxquels ils sont astreints que par la limite étroite qu'il impose au développement de leur industrie.

(LILLE D.)

181.

S'il y avait réduction du droit, l'émulation française serait excitée sous le rapport de l'industrie et de la production ; mais la prime à l'entrée ne profitant pas à nos grandes houillères du Centre et du Midi, le maintien du droit n'est pas dans l'intérêt commercial, et surtout dans celui de nos fabriques.

(Paris D.)

182.

Le droit de douane n'aurait jamais dû être fixé au taux actuel, et, puisqu'on a fait la faute de l'y porter et de l'y laisser si longtemps, on ne saurait assez se hâter de la réparer en diminuant ce droit. Seulement, cette diminution, pour être complétement juste, doit être progressive, et s'accroître au fur et à mesure de la diminution que, par le perfectionnement des voies de communication, on parviendra à produire dans les frais de transport, et par conséquent dans les profits de l'extraction.

(Bordeaux A.)

183.

Nous ferons observer que le droit de 1 franc, sur les charbons étrangers introduits par les ports, devrait être diminué, ce combustible étant indispensable aux forges pour les armements de la marine royale et marchande.

Le droit, réduit à 5 francs, par tonneau de 1,000 kilogrammes, nous paraîtrait plus convenable, plus en rapport avec les vrais besoins ; car il faut remarquer que les ancres et chaînes-câbles employés dans la marine sont presque tous tirés de l'étranger, malgré le droit qu'ils payent.

(Dieppe.)

184.

Trop de branches agricoles et industrielles, dans les départements septentrionaux, souffrent de la surtaxe établie en faveur d'Anzin et d'Aniches pour que cette surtaxe puisse subsister encore. Elle n'est plus nécessaire à l'amélioration des houillères dont il s'agit ; car, depuis dix-huit ans qu'elles jouissent d'une espèce de monopole, elles ont fait des bénéfices énormes, et, malgré la réduction de la taxe, elles en obtiendront encore de très-considérables. Mais ces mines sont reconnues insuffisantes pour l'approvisionnement des nombreux départements appelés, par leur position, à y puiser. Il importe d'ailleurs de diminuer, dans ces départements comme dans ceux du Nord-Est, la consommation du bois et de suppléer à sa rareté. Les établissements à feu sont, proportion gardée, plus multipliés dans les premiers que dans les derniers; la culture enfin, spécialement dans l'arrondissement d'Avesnes, ne peut être améliorée que par l'emploi d'une grande quantité de chaux, et conséquemment que par la consommation d'une grande quantité de houille.

Qu'il nous soit permis de présenter quelques autres considérations.

Il importe au succès de la canalisation de la Sambre qui va s'opérer, et de l'exécution projetée du canal de jonction de la Sambre à l'Oise, qu'il puisse se faire, par ces nouvelles voies, des importations considérables de charbons belges. Il en résultera une augmentation dans les produits des droits de navigation, et la possibilité d'une réduction dans les péages et les concessions à déterminer pour la confection du canal.

La réduction de la taxe en amènera nécessairement une dans le prix des fers. Sans doute la dernière sera légère, mais l'une et l'autre tendront au soulagement des agriculteurs, et principalement des artisans qui se livrent à la fabrication des instruments et à la confection des autres ouvrages en fer nécessaires à l'économie rurale.

La réduction de la taxe permettra à tous les fabricants qui font usage de houille de livrer leurs produits à des conditions moins onéreuses aux consommateurs.

Enfin, tous les intérêts, toutes les classes demandent la réduction de la taxe; propriétaires, agriculteurs, manufacturiers, ouvriers, et surtout la

7e Question.

classe indigente, qui souffre tant de la rareté et du renchérissement des combustibles.

De toutes parts on proclame la nécessité du retour à l'ordre légal. Si les lois, si les charges doivent être les mêmes pour la généralité des Français, comment les départements septentrionaux continueraient-ils à supporter une taxe triple de celle imposée aux départements du Nord-Est, pour l'importation du même objet de consommation, plus nécessaire aux premiers qu'aux derniers? Sans doute l'administration actuelle ne voudra pas encourir le reproche d'une telle violation du principe de l'égalité.

On craint la réduction du produit des douanes et l'écoulement du numéraire dans l'étranger; mais que le droit soit réduit à 11 centimes pour la frontière du département du Nord, comme pour les Ardennes, la Meuse et la Moselle, et l'on verra bientôt l'importation s'accroître et les recettes de la douane atteindre le montant de la perception actuelle. S'il arrivait que cette source des revenus publics fût légèrement affaiblie par la réduction des droits sur les charbons, les autres s'accroîtraient par l'augmentation des transactions résultant de l'augmentation des produits du sol et de l'industrie; la multiplication des moyens d'échange rétablirait promptement le niveau dans la recette des douanes et ferait rentrer les fonds momentanément exportés. Mais quand même la balance resterait en faveur de l'étranger, la perte qui en résulterait pour nous serait amplement compensée par un accroissement de produits dû à l'importation d'une plus grande quantité de houille.

La suppression de la taxe serait extrêmement avantageuse à notre localité; mais, comme elle pourrait altérer d'une manière sensible les recettes publiques, on se borne, quant à présent, à demander que cette taxe soit réduite à 11 centimes pour les importations par la frontière du Nord, comme pour celles qui se font par la Meuse et la Moselle.

(Avesnes.)

185.

Réponses tendant à établir que la suppression du

Cette question ne peut pas être résolue d'une manière générale. Il serait nécessaire de comparer les facilités de l'importation aux moyens.

de transport et d'exportation, qui appartiennent aux différentes mines françaises. Il en résulterait probablement que le droit d'importation pourrait, avec avantage, être diminué pour certaines localités, tandis qu'il devrait essentiellement être maintenu pour d'autres.

(AVEYRON.)

186.

Si le Gouvernement se déterminait à supprimer ou à modifier seulement le droit de douane sur les charbons étrangers, il semblerait sage de laisser exister celui de 1 franc pour les importations par mer.

(PARIS B.)

187.

Il serait désirable, pour aider à la prospérité d'un grand nombre d'industries dans les départements du nord de la France qui s'approvisionnent par l'Escaut, l'Oise et la Somme, que le droit de 33 centimes sur les charbons de Mons fût supprimé ou du moins réduit; mais il faudrait que cette suppression ou cette réduction ne profitât pas aux contrées dans lesquelles les exploitations du centre peuvent verser leurs produits; car il en résulterait nécessairement un grand dommage pour ces exploitatinos, que le droit de 33 centimes protége, particulièrement pour les consommations de Paris.

Cela doit être facile à comprendre, car les prix que j'ai indiqués par ma réponse à la troisième question se produisent différemment à Paris.

Là, le charbon de Mons ne revient encore qu'à 3 francs 75 centimes, non compris les droits d'octroi, c'est-à-dire, en moyenne, de 45 à 50 centimes de plus que dans l'Oise, et, d'autre part, le charbon du centre qui à Creil, reviendrait à 4 francs 25 centimes, doit pouvoir se livrer également, toujours déduction faite de l'octroi, à 3 francs 75 centimes; d'où il faut conclure que, sur ce point, toute chance de vendre la houille française disparaîtrait, si le droit de douane était supprimé ou réduit.

(OISE.)

7e Question.

droit ne pourrait se faire, ni d'une manière générale, ni sans compensation pour les mines françaises.

188.

Il est nécessaire, indispensable même, que le droit sur l'importation par mer soit maintenu et même augmenté. Autrement, comme on l'a déjà dit, la plupart des exploitants des mines françaises seraient obligés de les abandonner.

(VENDÉE.)

189.

Si les droits sont modifiés, l'industrie particulière ne fera plus rien pour les voies de communication.

(ALAIS.)

190.

Oui, je crois que le droit, comme il est fixé, est toujours nécessaire ; nous ne pourrions, sans lui, soutenir la concurrence.

(CLERMONT. — PARIS C.)

191.

Notre réponse à la quatrième question a montré que le droit actuel est à peine suffisant pour nous permettre d'exploiter.

(MONTRELAIS.)

192.

Tant que les causes que nous avons signalées, qui s'opposent à tout le développement que réclament les exploitations françaises, subsisteront, il est indispensable de maintenir le droit de 33 centimes pour les importations de la frontière du Nord. Quant à celui de 1 franc pour les importations par mer, si l'on fait entrer en considération la situation relative des mines étrangères et françaises qui versent en concurrence leurs produits dans nos ports, on sera convaincu que ce droit devra non-seulement toujours être maintenu, mais encore qu'il serait juste de l'augmenter, pour que toutes choses soient égales entre les exploitants français et les exploitants étrangers; car les produits des houillères, soit belges, soit anglaises, peu éloignées de la mer, arrivent sur nos côtes à peu de frais, tandis que ceux des exploitations du centre de la France, pour arriver sur les mêmes points, sont obligés de parcourir une longue ligne de navigation intérieure, extrêmement coûteuse, à cause des droits énormes dont elle est surchargée.

(BLANZY).

193.

Le droit de douane dont il s'agit a exercé d'autant moins d'influence sur le développement de notre extraction, que c'est la modicité de ce droit, ajoutée aux droits de navigation, qui nous empêche de donner à nos produits l'extension que nos établissements sont prêts à recevoir; et cela est si vrai que nos marchands ont depuis longtemps déserté la capitale, dans l'impossibilité d'y lutter contre les charbons de la Belgique, et que, du côté de la Loire, les Anglais, maîtres de Nantes, remontent déjà jusqu'à Angers; d'où il est évident que, si l'on modifiait le droit de douane, nous serions, en peu de temps, réduits à n'approvisionner que nos seules localités, ou à fermer nos ateliers.

Supposez, au contraire, qu'on augmente les droits d'entrée, ou, qu'en maintenant le tarif actuel, on supprime en notre faveur les droits de navigation, alors nos établissements prendront un tel accroissement que nous pourrons non-seulement nous passer des étrangers, mais encore fournir, à notre tour, à une partie de leurs besoins.

(GROSMÉNIL).

194.

Les droits de douane, sans être encore assez efficaces pour nous garantir des effets de la concurrence des houilles belges favorisées par de meilleures communications, ont cependant contribué, ainsi que nous l'avons déjà indiqué, au développement de nos exploitations minérales; et ce qui prouve que ces droits imposent à nos consommateurs une

charge bien légère, c'est que les importations de houilles augmentent
d'année en année avec une rapidité extraordinaire. En 1822, les quantités introduites ne s'élevèrent qu'à 2,700,000 hectolitres, et, en 1831,
les droits ont été perçus sur 5,732,536 hectolitres. Une industrie qui
accroît ainsi ses débouchés est-elle en souffrance, et peut-elle réclamer de nouveaux encouragements? Nos mines, d'après les estimations
officielles, sont loin d'avoir suivi une semblable progression; sera-ce en
diminuant les droits qu'on rétablira l'équilibre?

(Saint-Étienne).

195.

Il faut bien le dire : les avantages consentis par le Gouvernement,
en faveur du commerce étranger, ont porté un coup funeste à nos exploitations qui, depuis l'ouverture du canal de Saint-Quentin, sont tombées
dans le plus déplorable état de langueur, et, si le droit illusoire de 33
centimes était encore réduit sur l'entrée en France des houilles belges,
il n'y aurait plus d'existence pour les mines du Midi.

Quant aux houilles anglaises arrivant par mer et sur lesquelles la
douane perçoit 1 franc 10 centimes par hectolitre, il est à remarquer
qu'elles forment le lest des navires et ne supportent ainsi aucun droit
de tonnage pour le transport; elles sont donc plus avantageusement
iéttraes que celles entrant par la frontière du Nord; et, loin de penser
à réduire ce droit de 1 franc 10 centimes *pour rendre toutes choses
égales entre les exploitants français et les exploitants étrangers,* il
faudrait au contraire augmenter ce droit de 50 centimes au moins, par
hectolitre, et porter celui de 33 centimes à 1 franc.

Des hommes, animés du meilleur esprit du bien public, se sont laissé
séduire par cette théorie d'économie politique, qui fait dépendre la prospérité industrielle et commerciale des nations, de la liberté générale
du commerce.

Sans doute, il y a du vrai dans cette pensée, mais l'application est-
elle possible chez nous à l'égard des étrangers? Lorsque, chez les uns,

des droits prohibitifs repoussent tous nos produits, et que, chez les autres, des lignes de douane obstruent tous les débouchés que nous pourrions trouver chez eux?

Du reste, cette abolition générale des douanes serait, dans l'état actuel de l'industrie française, la plus affreuse calamité qui pût frapper la fortune publique, et, jusqu'à ce que nos ressources industrielles et commerciales aient atteint le développement qu'elles pourront peut-être avoir un jour, à l'aide des droits protecteurs qui pèsent sur les produits étrangers, nous n'hésitons pas à dire que l'application de cette théorie n'aurait pour conséquence certaine que la ruine de la France.

L'intérêt du consommateur est d'obtenir toutes les marchandises, et le combustible, entre autres, au meilleur marché possible. Que lui importe l'origine des produits si, à qualité égale, il peut obtenir à 25 p. 100 au-dessous de nos produits indigènes? Cela est vrai ; mais ce calcul de l'intérêt privé est-il fondé en raison? et le pays, dont l'existence ne peut être précaire comme l'industrie d'un individu, peut-il adopter ce système, sans s'exposer aux plus graves dangers?

Et puis, il ne faut pas se faire illusion sur l'avantage qu'offrirait aux consommateurs la réduction à 11 centimes du droit de 33 perçu sur les charbons belges. Les calculs les plus minutieux et les plus exacts ont fait connaître que, sur toutes les fabrications à la houille, la réduction si ardemment demandée n'influerait que pour une fraction de centime presque insaisissable sur le prix auquel reviendrait chaque produit.

D'un autre côté, l'introduction en France des houilles étrangères coûte à la fortune publique plus de 10,000,000 francs qui sont perdus pour le pays ; et certes, si ces capitaux étaient répandus dans notre industrie nationale, il n'est pas de branche qu'ils n'en fertilisassent.

Puisque nous pourrions produire et vendre à aussi bon marché que l'étranger, si nous étions appelés à pourvoir exclusivement aux besoins de la consommation, et que nous irions au-delà, pourquoi, au lieu de nous mettre en contact avec la concurrence étrangère qui jouit de mille avantages sur nous, ne pas favoriser ce plus grand développement de notre industrie, en appliquant aux houilles étrangères la législation sur les céréales, et interdire l'importation de ce combustible lorsqu'il serait descendu sur nos marchés au minimum du prix que le Gouvernement pourrait fixer lui-même dans l'intérêt du consommateur ?

Une pareille mesure ranimerait les extracteurs, ferait jeter dans l'exploitation des mines de houilles des capitaux considérables qui profiteraient exclusivement au pays; chaque mine aurait bientôt atteint le maximum de sa production possible; il s'opérerait naturellement une grande diminution dans le prix auquel reviendrait la houille, comparativement à ce qu'elle coûte aujourd'hui, et toute l'industrie nationale profiterait bien plus efficacement de cette mesure que de l'affranchissement complet du droit de douane.

(DECIZE.)

196.

Le droit d'importation doit encore être maintenu pendant quelque temps par les motifs qui suivent :

1° Les Anglais peuvent livrer à bas prix la houille dans les ports français où elle arrive comme lest;

2° Les exploitations se font chez nos voisins beaucoup plus en grand qu'en France, avec des machines d'épuisement et de transport plus perfectionnées; les frais fixes sont moins considérables chez eux que chez nous; enfin la grande quantité de chemins de fer et de canaux que possède l'Angleterre lui donne sur la France un avantage marqué.

(CREUSE A.)

197.

Le droit de 33 centimes ne suffit pas pour compenser entièrement l'infériorité des mines d'Anzin comparées aux mines de Mons, eu égard à la qualité de la houille et aux difficultés de l'exploitation. La compensation est complétée par le coût du fret de Mons à Valenciennes. (V. 4ᵉ question.)

Le même droit ne suffit pas pour compenser, relativement aux houilles belges, le coût du transport sur 212 kilomètres qu'elles ont à parcourir, de plus que les houilles belges, pour arriver à Paris. (V. 4ᵉ question.)

Le droit de 1 franc, ou plutôt de 1 franc 10 centimes, qui est prélevé sur les importations par mer, n'empêche pas que les houilles anglaises, et même les houilles belges, ne soient préférées aux nôtres dans certains ports. (V. 4e question.)

La conséquence de tout ceci est que les droits de douane sont indispensables, si l'on veut que nos houilles se soutiennent sur la plupart des grands marchés, c'est-à-dire à Paris et dans les ports de la Manche et de l'Océan.

(D. G. Mines.)

198.

Pour toute personne impartiale, il ne saurait y avoir de doute sur l'urgente nécessité de maintenir intégralement le droit de 30 centimes pour les importations par la frontière du département du Nord, et celui de 1 franc pour les importations par mer. Les sérieuses considérations déduites par la réponse à la 5e question sont, à elles seules, assez graves pour décider de la nécessité absolue de maintenir les droits actuels; mais l'on peut avancer avec raison et sans aucune exagération, qu'il faudrait que ces droits fussent augmentés de moitié au moins pour rétablir l'équilibre de position entre les exploitants français et les exploitants étrangers. Cette assertion ne surprendra que ceux qui, n'ayant pas approfondi le sujet, ignorent que les exploitations houillères étrangères, par la multiplicité, la richesse de leurs couches, par leur facile extraction, ont un grand avantage sur la plupart des exploitations houillères françaises; que les exploitants étrangers ont encore un avantage très-important, qui résulte de la différence des prix auxquels ils payent les divers objets qui sont employés et consommés pour l'extraction du charbon de terre. Ainsi, par exemple:

La fonte en gueuse coûte à présent:

A l'exploitation	française du Nord		fr. 22 à 26 les 100 k.
	belge	de Mons	15 à 17
		de Charleroi	14 à 15
	anglaise	de Newcastle	11 à 12
		de Wales	9 à 10

7ᵉ Question.

La fonte en pièces moulées coûte à présent :

A l'exploitation,..
- française du Nord .... fr. 40 à 50 les 100 k.
- belge ...
  - de Mons ... . 24 à 28
  - de Charleroi .... 22 à 26
- anglaise .
  - de Newcastle .... 16 à 18
  - de Wales .... 13 à 15

Les prix des fers forgés sont, pour l'exploitant français du Nord, aussi élevés au-dessus de ceux payés par l'exploitant belge que le sont ceux pour les fontes. La proportion est encore plus au désavantage des Français, lorsque la comparaison porte sur les prix que l'exploitant anglais paye pour les fers forgés qu'il emploie.

L'exploitant français ne peut se pourvoir de machines à vapeur qu'à des prix très-élevés ; car, s'il les fait venir de l'étranger, outre les droits d'entrée qui sont de 33 1/3 p. o/o de la valeur, les frais de transport, d'assurances, de montage, elles lui reviennent aussi cher qu'en les achetant des constructeurs français ; s'il les tire des ateliers nationaux, comme la fonte et les fers y reviennent beaucoup plus cher que dans les ateliers belges ou anglais, on doit bien naturellement y exiger des prix beaucoup plus élevés pour les machines à vapeur qui en sortent. Ainsi, par exemple : une machine de 20 chevaux, pour extraction de houille, coûte :

Au *Français*, prise dans les ateliers de construction de Saint-Quentin et d'Arras .... fr. 28 à 32,000

Au *Belge*, prise dans ceux de Charleroi, Mons, Liége .... 18 à 20,000

A l'*Anglais*, prise dans les ateliers voisins de ses exploitations, car il y eu a partout ..... 12 à 15,000

L'exploitant français du Nord paye ses cordages, huiles, poudres de mines, etc., plus cher que ces objets de grande consommation ne coûtent à l'exploitant belge. Dans ce moment, c'est dans la proportion suivante :

	DÉPARTEMENT DU NORD.	BELGIQUE.
Cordes plates	1ᶠ 30ᶜ le kil.	1ᶠ 30ᶜ le kil.
rondes	1 70 idem.	1 20 idem.
Huile épurée	85 à 90 les 100 kil.	80 les 100 kil.
Poudre de mine	2 75 le kil.	2 30 le kil.

Sans vouloir pousser plus loin les rapprochements, il résulte bien clairement de ceux qui précèdent et qui reposent sur la notoriété, que les exploitants des houillères françaises, et notamment de celles du Nord, ont indispensablement besoin de la protection des droits actuels, surtout aussi longtemps qu'ils seront, sous tant de rapports, bien loin *d'être, pour toutes choses, à égalité avec les exploitants étrangers.*

(Anzin.)

7ᵉ Question.

199.

La différence des droits entre la houille importée par mer et celle importée par terre, et la différence entre les divers points d'importation ne sont pas suffisamment motivées.

Pourquoi le consommateur de Lille obtiendra-t-il pour 33 cent., et celui de Metz pour 8 ou 12 cent. ce que celui de Nantes payera 1 franc? Est-ce parce que ceux de Lille et de Metz ont à leur portée les houilles de Mons et de Sarrebruck, tandis que celui de Nantes ne peut les recevoir qu'après un long trajet par mer?

Si on voulait véritablement rendre toutes choses égales entre les exploitants français et étrangers, il faudrait admettre franchement,

1° Qu'on ne peut exiger de l'exploitant français autre chose que de produire sa houille sur le carreau de la mine à prix égal à celui de la houille étrangère au même point;

2° Considérer Paris comme un grand marché central et régulateur de tous les autres; comparer les dépenses de transport à subir par les houilles françaises et étrangères pour y arriver, et porter le droit d'importation à toute la différence qui existe entre la moyenne de ces frais sur la houille française, et la moyenne des mêmes frais sur la houille étrangère.

Ainsi, en supposant que les houilles dépensent, pour venir à Paris :

Étrangères................................ 1ᶠ 10ᶜ par hect.
Françaises................................ 2 50

Le droit d'importation devrait être de toute la différence, c'est-à-dire de................................ 1 40

7e Quartus.

Alors, et seulement alors, on pourra dire qu'on a rendu toutes choses égales entre le producteur français et le producteur étranger.

(CREUZOT.)

200.

Le maintien de la balance entre les charbons belges et les nôtres, voilà pour nous la véritable question. Les houilles de la Loire sont aujourd'hui descendues à l'extrême limite au-dessous de laquelle le commerce serait arrêté. On a, cette année (1832), vendu à Paris des charbons de la Loire à 40 francs la voie : ce prix ne peut s'expliquer que par les besoins irrésistibles qui ont forcé les négociants à la vente. Il y a une grande différence entre les conditions du commerce du Midi et celles du commerce du Nord. Dans le Nord, le canal de Saint-Quentin a été ouvert; l'État y a dépensé 14 millions, puis il a fait l'abandon gratuit du canal à la compagnie Honoré, qui s'est chargée d'y faire environ pour 3 millions de travaux et de l'entretenir. Cela équivaut à une prime de 14 millions donnée au commerce du Nord. Les travaux d'amélioration du cours de l'Oise, poussés avec activité, seront bientôt terminés, et ajouteront de nouvelles facilités aux importations de l'Escaut dans le bassin de la Seine. Du côté du Midi, au contraire, bien qu'une somme de 40 à 50 millions s'engage dans l'amélioration des communications, on ne peut prévoir encore l'époque où ces améliorations seront réalisées; et, quand elles le seront, il sera interdit au commerce d'en profiter; particulièrement sur le canal latéral à la Loire, si l'on n'y réduit pas les péages au moins au taux de celui de Saint-Quentin. En effet, le tonneau de houille paye :

Sur le canal de Saint-Quentin, pour un trajet de 93,000 mètres, à raison de moins de 2 centimes par kilomètre, 1 franc 80 centimes.

Sur le canal latéral à la Loire, dont l'étendue est de 190 mètres, à raison de 5 centimes par kilomètre, 9 francs 50 centimes.

En attendant l'achèvement des canaux, le commerce est assujetti à toutes les incertitudes et à toutes les dépenses d'une navigation intermittente, et à une charge de droits de navigation, impôt aussi réel que les 33 centimes imposés aux charbons belges, et qui reviennent, suivant le chargement des bateaux, à 15 ou 16 centimes par hectolitre.

A cela, il faut ajouter que la contribution sur les mines est en France de 5 p. o/o du produit, tandis qu'elle est presque nulle en Belgique.

Si donc on compare, d'une part le droit de 33 centimes imposé aux charbons belges, compensé en grande partie par les avantages qui résultent pour eux de l'abandon des 14 millions engagés par l'État dans le canal de Saint-Quentin; de l'autre, l'état de la Loire, les droits de navigation et autres perçus sur les charbons français, on reconnaîtra, à ne considérer que l'effet des mesures prises par le Gouvernement, que la condition des charbons belges, pour arriver sur le marché de Paris, est de beaucoup préférable à celle des charbons de la Loire.

On se méprendrait grandement si l'on croyait que la suppression du droit de 33 centimes fût, pour les consommateurs de Paris, un avantage sans inconvénient. La concurrence des charbons du Midi, si onéreuse qu'elle soit à ceux qui la font, tend à maintenir dans de certaines limites les prix des charbons de terre, et c'est un avantage dont il ne faut pas se priver.

(Loire B.)

201.

Les mines françaises sont sujettes à une redevance de 5 p. o/o; les mines belges ne payent que 2 1/2 p. o/o.

Nos mines du Nord, plus profondes et dans un terrain moins propice que les mines de Mons, sont plus coûteuses à exploiter. Malgré les efforts d'associations colossales, le prix de *revient* d'un hectolitre y est constamment 10 à 15 centimes plus cher qu'en Belgique.

Nos mines de l'intérieur produisent à moitié meilleur marché, mais l'énormité des frais de transport leur permet à peine d'entrer en lice sur plusieurs marchés qu'elles alimentaient exclusivement autrefois.

Il n'est donc point exact de dire que les mines françaises peuvent se passer de protection.

Celle qu'on leur accorde, il faut en convenir, est éminemment favorable à la compagnie d'Anzin; mais la position géographique des établissements de cette compagnie, l'excellence et surtout l'*unité* de son administration sont les causes premières de sa haute prospérité.

On ne saurait admettre, au surplus, ces exagérations reproduites dans plusieurs écrits, qui évaluent à 3,000,000 francs le bénéfice net, sur une extraction de 3,600,000 hectolitres, dont tout le monde connaît la valeur. Il faut aussi le constater, la prospérité d'Anzin n'est malheureusement pas commune aux autres exploitations, et les succès d'une compagnie ne doivent pas rendre insensible aux souffrances du plus grand nombre.

(CONS. GÉN. DES MAN.)

HUITIÈME QUESTION.

En résumé, quel est le rapport des frais d'extraction que l'on peut considérer comme inévitables entre les houillères

Étrangères.... { *d'Angleterre.*
{ *de Mons.*

Françaises.... { *du département du Nord.*
{ *de Saint-Étienne et autres mines du centre*
{ *et du midi ?*

202.

Les frais d'extraction sont sensiblement les mêmes partout.

(CLERMONT.)

203.

Les frais d'extraction ne sont presque rien dans le prix de la houille française. Ceux de transport sont tout. La valeur moyenne de la houille sur les puits est, en France, d'environ 50 centimes l'hectolitre; on en achète souvent à 15 centimes.

(ALAIS.)

204.

Les frais d'extraction proprement dits sont à peu près les mêmes en France et à l'étranger, sauf quelques circonstances locales, et le producteur français n'a rien à envier à ses concurrents sous ce rapport.

Il est même fondé à espérer une grande économie dans ses dépenses, quand son industrie, réellement protégée, trouvera des débouchés plus importants. Alors il lui sera permis de travailler sur une plus grande échelle et d'appliquer à ses travaux des moyens plus puissants et par conséquent plus économiques.

Mais si, par frais d'extraction, on entend aussi les frais de transport, le producteur français est bien loin de jouir des mêmes avantages que le producteur étranger.

Nous désirons que l'enquête porte surtout sur ce point. Il lui sera facile de s'éclairer sur les frais réels du transport de la houille. Nous pouvons seulement dire ici qu'il en a coûté moyennement 1 franc 90 centimes, par hectolitre, pour rendre des houilles du canal du Centre à Paris.

(CREUZOT.)

205.

Les frais d'extraction varient selon les localités et dépendent du gisement des houilles, de la profondeur des puits, du plus ou moins de difficultés du roulement, de l'épuisement, etc.

Voici les prix qui sont à notre connaissance pour les localités suivantes, par 100 kilogrammes :

A Newcastle...	grosse, au lieu d'embarquement.......	50 à 55ᶜ
	menue *idem*	25 à 30
A Mons........	gaillette *idem*....................	1ᶠ 50ᶜ à 1ᶠ 75ᶜ
	forge gailleteuse..................	90 à 1 10
A Anzin.......	grosse............................	1ᶠ 90ᶜ à 2ᶠ
	forge gailleteuse..................	1ᶠ 20ᶜ à 1ᶠ 30ᶜ

Les autres exploitations françaises nous sont étrangères.

(ROUEN B.)

206.

Chaque exploitation de mines de houille a ses moyens particuliers d'extraction ; ils sont subordonnés à des circonstances variées qui influent singulièrement sur la simplification ou la difficulté des travaux, tels que, par exemple, le voisinage ou l'éloignement des lieux d'embarquement, la nécessité de pourvoir de travail une plus ou moins grande population, qui, dans ce dernier cas, met obstacle au développement du système mécanique propre à remplacer la force de l'homme, la facilité que possèdent certaines localités de s'approvisionner avec moins de frais des objets nécessaires aux travaux intérieurs, tels que bois, fer, etc.

Ces diverses circonstances constituent le secret à la connaissance duquel il est difficile de parvenir, parce que de l'influence plus ou moins marquée de l'une d'elles dépend le plus ou le moins d'avantages que possède une extraction sur ses concurrents.

Cependant on peut arriver à la connaissance de la perfection de telle extraction sur telle autre, abstraction faite de la richesse de la mine, par les documents suivants.

100 kil. de houille coûtent :

En Angleterre,	grosse, sur le lieu d'embarquement........	1f 00e
	menue...............................	0 52
En Belgique,	gaillette.............................	1 80
	forge gailleteuse......................	1 00
A Anzin,	grosse..............................	2f 25e à 2 50
	forge gailleteuse.....................	1 37 à 1 50

Pour les extractions du centre, de l'est, de l'ouest et du midi, elles sont si éloignées du point de la consommation de la Basse-Seine, et si fortement empêchées d'y arriver, quant à présent, qu'il est inutile d'en parler.

(Rouen A.)

207.

Les frais d'*extraction* ne sont jamais bien connus que de l'exploitant : c'est là son secret. Je pourrais, sans trop de présomption, prétendre à en donner une estimation approchant de la vérité, car j'ai passé une partie notable de ma vie sur les principales houillères du Nord et de la Belgique. Mais mes propres observations n'auraient point le cachet d'authenticité dont il importe que soient revêtus tous les documents sur lesquels la commission d'enquête doit elle-même se former un avis.

Ce qu'il faut discuter à l'égard de toute matière commerciale, ce n'est pas le prix de *revient*, c'est le prix de *vente*. Ce dernier prix est-il réglé par la concurrence? Nul doute qu'il ne soit dans un juste rapport avec les premiers.

Or il y a certainement concurrence sur le canal de Mons, puisque plusieurs centaines d'exploitants y apportent leurs produits.

Il y a concurrence entre tous ces exploitants, considérés comme n'en faisant qu'un seul, et les exploitants d'Anzin, parce que ceux-ci sont favorisés par le droit de douane et par un moindre éloignement de la capitale. Si cette double prime n'existait pas, Anzin serait anéanti. C'est alors qu'il n'y aurait plus concurrence, et que nous serions, pour les arrivages du nord, exposés au monopole de la Belgique.

La double prime dont nous parlons n'est point trop forte, puisqu'elle n'empêche pas l'importation de la houille belge, laquelle a été de 5,107,495 quintaux métriques en 1830.

La prime de 1 fr. 10 c. offerte à nos houilles sur les ports de mer n'est point trop forte non plus, puisqu'elle ne fait pas obstacle à l'arrivage de la houille anglaise, arrivage qui, pendant l'année ci-dessus, a été de 511,259 quintaux métriques.

(*Voir*, au surplus, les prix respectifs des diverses houilles qui alimentent nos ports de la Manche et de l'Océan. 4ᵉ Question.)

(D. G. MINES.)

208.

Le rapport des frais d'extraction entre les houillères existe, dans ce moment, comme suit, par hectolitre :

En Angleterre	25 à	35ᶜ
En Belgique	50 à	55
En France. { Saint-Étienne	40 à	50
Centre	65 à	85
Nord	95 à	100

Que le développement successif des exploitations françaises continue à être protégé, l'extraction devant naturellement continuer à s'accroître d'année en année, ainsi que cela a eu lieu depuis qu'elle est protégée par le tarif actuel, on verra le chiffre du *revient* de l'extraction diminuer graduellement, et arriver à l'époque où, *toutes choses étant égales entre les exploitants français et les exploitants étrangers*, le Gouvernement pourra, sans danger, ouvrir une carrière illimitée à la concurrence étrangère; mais, en attendant ce moment désirable sans doute, il est indispensable d'éviter toutes mesures qui tendraient à diminuer l'activité de la concurrence intérieure; elle sera, pendant plusieurs années encore, si on n'arrête pas son essor, la seule véritablement profitable au pays, parce que ce n'est que par son moyen que s'opérera la mise en œuvre et en circulation des immenses ressources qu'offrent les bassins houillers français.

(ANZIN.)

8e QUESTION.

209.

Je manque de documents nécessaires pour établir ce rapport; je ferai cependant remarquer que, dans l'établissement du prix de *revient* des houilles, on doit s'abstenir de considérer l'intérêt de la valeur actuelle des actions comme devant être servi en totalité. En voici la raison : le prix de monopole auquel les charbons ont été portés, par l'absence de concurrence étrangère, a donné un bénéfice extraordinaire qui s'est capitalisé dans la valeur des actions.

(LILLE A.)

210.

Dans les questions à résoudre par l'enquête, une pensée prédomine. Il semble que l'importation étrangère doive être l'objet d'une plus grande faveur que celle dont elle jouit déjà; car toutes les questions tendent pour ainsi dire à connaître, non pas ce qu'on peut faire pour favoriser le plus grand développement de l'industrie nationale, mais bien comment on pourrait augmenter encore les avantages de cette concurrence.

Dans l'état actuel des exploitations françaises, les frais d'extraction ne sont nullement en rapport avec la production, parce que la concurrence étrangère immensément favorisée, l'oblige à se restreindre plutôt qu'à s'agrandir, et que les frais généraux d'exploitation étant répartis sur une moindre quantité que celle qui devrait être produite dans un

Indications relatives aux mines du centre, de l'ouest et du midi.

21.

roulement régulier, les frais deviennent plus lourds, et grèvent nécessairement le *revient* de l'hectolitre d'un excédant de prix sur celui auquel il s'établirait si le roulement avait lieu sur une échelle plus étendue.

Il s'ensuit donc que, plus les extractions seront restreintes, et plus la houille coûtera cher aux extracteurs, comme aussi plus elles seront étendues, et plus elle *reviendra* et pourra se vendre bon marché.

Ce n'est donc pas dans l'état actuel de souffrance où se trouvent les mines de Decize qu'on peut établir une comparaison avec les frais d'extraction des houilles étrangères; mais que des débouchés lui soient ouverts, que les voies de communication lui soient faciles, et les frais, réduits à leurs justes limites, mettront cette usine en état de fournir à la consommation au-dessous du prix des houilles étrangères.

(DECIZE.)

211.

Les frais d'extraction des houillères étrangères doivent être supérieurs aux nôtres. Il est notoire que ces frais sont, moyennement, à Saint-Étienne et à Rive-de-Gier, de 45 centimes par hectolitre, et, pendant les deux années qui viennent de s'écouler, le prix moyen des ventes sur le carreau des mines n'a pas dépassé 35 à 45 centimes. Le *maximum* a été de 50 à 60 centimes par quintal métrique, comme l'attestent les estimations élevées de MM. les ingénieurs. Ces Messieurs portent, il est vrai, à 344,000 francs les bénéfices nets imposables de l'année 1831; mais on doit se rappeler que les pertes éprouvées dans beaucoup d'exploitations ne sont pas désignées par eux, et elles balancent ce bénéfice. On le croira aisément en remarquant que, sur cinquante-sept concessions, dix-huit seulement ont paru devoir être imposées. Ajoutons encore que plusieurs concessionnaires payent la redevance proportionnelle par abonnement, ce qui les oblige de l'acquitter dans tous les cas; et que ce bénéfice de 344,000 francs, alors même qu'il ne serait pas compensé par des pertes équivalentes, est loin de présenter l'intérêt des sommes énormes enfouies dans nos mines.

Nous avons dit que les prix de vente étaient, en 1822, sur les mines de Mons, de 90 cent. l'hectolitre, et de 54 à Saint-Étienne. À la même

époque, d'après les données exactes de MM. les ingénieurs des mines
de France, recueillies en Angleterre, la houille employée aux usines à
fer du pays de Galles se vendait 60 cent. le quintal métrique, et 90 cent.
dans le Staffordshire; d'après cela, il est probable que les houillères
étrangères ont des dépenses d'exploitation plus considérables, que les
nôtres, à moins de leur supposer d'immenses bénéfices. Nos mines,
malgré leur profondeur, qui va jusqu'à 400 mètres, sont donc conduites
avec autant d'art et d'économie que partout ailleurs.

(SAINT-ÉTIENNE.)

212.

Étrangères... {	d'Angleterre.........................	54ᶜ
	de Mons.............................	58
Françaises... {	du département du Nord...............	00
	de Saint-Étienne et autres mines du centre..	40

(GROSMÉNIL.)

213.

Nous manquons de documents sur ce point, et nous devons nous
référer, pour nos propres frais d'extraction, à notre réponse à la 4ᵉ question. Les frais que nous indiquons peuvent être justifiés par nos livres.

(MONTRELAIS. — BLANZY.)

214.

Je n'ai pas de documents pour répondre bien catégoriquement à cette
question, quant aux extractions du centre et du midi de la France et à
celles de l'Angleterre.

Les frais d'extraction de la compagnie d'Anzin, d'après les renseignements nombreux que j'ai recueillis, peuvent s'élever de 60 à 65 centimes par
hect.; ceux des compagnies rivales dans les environs de Mons varient de 55 à

65 centimes. Ces frais pour l'établissement du Grand-Hornu, qui entre pour un sixième dans la production des charbons dits de Mons, sont de 63 centimes 1/2. Il est à remarquer que, si les travaux d'extraction sont plus coûteux pour quelques anciennes fosses de la compagnie d'Anzin que pour certaines houillères de Mons, cette différence, peu considérable dans tous les cas, et qui est loin d'être applicable à toutes les fosses de la compagnie française, est amplement compensée par l'avantage qui résulte, pour cette compagnie, de la proximité de ses fosses du rivage. Cet avantage est très-grand, car les frais de transport de la fosse au rivage sont tels, pour un grand nombre de houillères belges, que les extracteurs vendent aux fosses cinq mannes de charbon pour le prix de quatre mannes rendues à bord de bateau.

Le transport de la mine au rivage ne coûte pas 10 centimes par hectolitre à la compagnie d'Anzin. Dans les houillères de Mons, ces frais varient de 20 à 24 centimes, selon l'éloignement du canal. Dans l'exploitation d'Hornu, près Mons, ces frais ont été diminués par l'établissement de chemins de fer de la fosse au rivage.

Une journée d'ouvrier mineur est payée, à Anzin, à raison de 1 franc 50 centimes; en Belgique, l'ouvrier gagne 2 francs à 2 francs 25 centimes.

Le bois n'est plus d'une valeur beaucoup plus élevée en Belgique, depuis que les propriétaires de Maubeuge et d'Avesnes ont obtenu, il y a trois à quatre ans, de faire entrer sans droits les perches à étançonner nécessaires aux travaux d'extraction.

Les mines d'Aniche (Nord) sont d'une importance très-secondaire; leurs frais d'extraction ne diffèrent pas beaucoup de ceux d'Anzin. La qualité de leur charbon est peu favorable et d'un emploi fort limité.

(LILLE D.)

215.

Aux renseignements donnés ci-après (Loire C) sur les prix respectifs des charbons de Valenciennes et de Mons, il faut ajouter que la suppression du droit de 33 centimes n'entraînerait pas une réduction équivalente sur les prix des charbons belges. En effet, la réduction ne peut jamais consister que dans la différence entre le prix de *revient* de l'exploitation belge et colui de l'exploitation française; et si elle n'était que de 20 centimes, par exemple, l'abaissement de prix n'irait pas au-delà.

Quoi qu'il en soit, nous conviendrons que nous ne défendrions pas avec tant de ténacité les mines de Valenciennes, si le droit qui les protége n'était pas aussi ce qui rend le marché de Paris accessible aux houilles du midi. C'est ce que nous avons montré en répondant à la 7ᵉ question. 8ᵉ Question.

(Loire B.)

216.

Puisque le commerce de Lille a cru devoir analyser avec quelque détail la situation des mines de la Loire, pour établir qu'elles sont désintéressées dans la question qui s'élève sur le droit de 33 centimes imposé aux houilles belges, il doit être permis d'exprimer quelques doutes sur l'étendue de l'influence que ce droit de 33 centimes exerce sur l'industrie dans le département du Nord.

La comparaison entre le prix des charbons de Mons et d'Anzin aurait dû porter sur des qualités analogues. Celui qui se vend 1 franc 20 centimes à Anzin est fort différent, pour l'usage, de celui qui se vend 37 centimes à Mons. Les *braisettes dégaillotées* sont une qualité inférieure dont les exploitants se défont au-dessous du prix moyen d'extraction, sauf à se dédommager sur les charbons du commerce. En second lieu, des charbons de même apparence dégagent souvent, à poids ou à volume égal, des quantités de calorique fort différentes : c'est pour cela que, dans un même bassin, les prix du combustible varient suivant les couches dont il provient. A Newcastle, par exemple, les houilles de la mine de Walls-end se vendent à un prix double des charbons voisins, et l'effet utile des charbons d'Anzin est supérieur à celui des charbons de Mons.

(Loire C.)

217.

L'extraction des houilles dans les mines de Mons est plus facile et, par conséquent, moins dispendieuse que dans celles des établissements d'Anzin, les premières étant moins profondes et moins tourmentées par les eaux; les couches y ont aussi plus d'épaisseur.

On doit aussi faire remarquer que les quantités de gros charbons que l'on tire des mines de Mons sont plus considérables que dans toutes les exploitations françaises, et personne n'ignore que c'est le gros charbon qui donne les produits les plus avantageux.

(PARIS B.)

218.

Voici le rapprochement que nous pouvons faire entre le prix des houilles des principales origines :

1° Houilles d'Angleterre venant de Newcastle :

	GROS CHARBON pour machines à vapeur	CHARBON CRIBLÉ, 1ʳᵉ qualité, pour forges.
Achat, droit de sortie et menus frais...........	1f 50c	0f 80c
Fret, droit de tonnage, assurances, etc..........	1 70	1 70
Droit d'entrée : 1f 10c par 100 k. (66 k. faisant 1 hect.)	0 95	0 90
Prix par hectolitre...........	4 15	3 40

2° Houilles de Mons :

	GAILLETTES.	MÉLANGE.	FORGES gailletrues.
Prix.....	1f 60c	1f 34c	0f 88c
Droit et commission....	0 35	0 35	0 35
Fret de Mons à Dunkerque....	0 75	0 75	0 75
Fret de Dunkerque au Havre....	0 60	0 60	0 60
Frais à Dunkerque....	0 20	0 20	0 20
Prix par hectolitre....	3 50	3 24	2 75

3ᵉ Houilles de la compagnie d'Anzin :

	GROS CHARBON.	MOYEN.
Prix..	2ᶠ 25ᶜ	1ᶠ 45ᶜ
Fret d'Anzin à Dunkerque......................	0 70	0 70
Frais à Dunkerque................................	0 20	0 20
Fret de Dunkerque au Havre..................	0 60	0 60
Prix par hectolitre..........	3ᶠ 75	2 95

Les houilles provenant des extractions françaises d'Anzin sont les seules pour lesquelles je puisse établir les frais, pour les comparer à celles de la Belgique : vous remarquerez que ces premières nous reviennent à des prix plus élevés que celles de Mons.

Les forges gailleteuses peuvent être comparées à peu près au charbon moyen d'Anzin, pour la qualité et la grosseur, et sont propres au même usage.

Les gros charbons d'Anzin nous reviennent plus cher que les gaillettes de Mons, et sont moins propres aux machines à vapeur, aux raffineries, etc. Je n'en reçois qu'à défaut de charbons de Mons. A prix égal, et même à 25 centimes au-dessous de ceux de Mons, ils ne se vendraient pas au Hâvre.

Je reçois beaucoup de gros charbons anglais ; ils sont très-vifs et conviennent bien au chauffage des machines à vapeur ; mais la différence de prix de ce charbon et de celui de Mons fait donner la préférence à ce dernier.

Les charbons anglais de Newcastle, pour forges, sont les seuls sur lesquels la concurrence des charbons de Mons et d'Anzin ne peut avoir d'influence ; ils sont aussi les seuls qui se consomment dans notre pays pour les forges, quoique ceux d'Anzin et de Mons puissent être livrés à 50 centimes, par hectolitre, au-dessous.

Ainsi, les charbons anglais et belges, malgré les droits dont ils sont frappés, sont les seuls qui approvisionnent tous les établissements de nos départements.

(LE HAVRE A.)

NEUVIÈME QUESTION.

L'intérêt du capital employé à l'administration et au matériel d'une exploitation formant un des éléments du prix de revient, ne doit-on pas croire que les mines françaises qui ont considérablement augmenté leurs produits de houille ont vu décroître, en proportion, la quotité contributive que chaque mesure de charbon avait à supporter, et que, par conséquent, les prix doivent avoir baissé dans l'intérieur, de manière à ce que le droit d'entrée sur les houilles étrangères ne réponde plus au besoin qui l'avait fait établir?

219.

La réponse à cette question se trouve dans les termes mêmes qui ont servi à la poser.

En augmentant considérablement leurs produits, les mines françaises ont dû voir décroître en proportion la quantité contributive de frais que chaque mesure de charbon avait à supporter dans le prix de *revient*, ou il y a eu mauvaise gestion de la part des actionnaires de ces mines.

Si les prix n'ont pas baissé dans l'intérieur en proportion du décroissement des frais d'extraction, c'est uniquement parce que les extracteurs français ont profité de l'existence du droit pour augmenter outre mesure leurs bénéfices aux dépens des consommateurs.

Le droit ne sert plus désormais qu'à maintenir cette augmentation de bénéfices; il est devenu sans objet relativement au besoin qui l'avait fait établir.

(LILLE C.)

220.

La remarque qui motive la question est certainement correcte; un établissement industriel quelconque est proportionnellement moins dispen-

dieux, établi en grand, qu'il ne le serait étant établi sur de moindres
proportions.

(Bordeaux B.)

221.

Il y a, dans l'extraction, des frais généraux qui sont les mêmes, ou à
très-peu de chose près, pour une grande quantité que pour une moindre,
tels que les frais d'administration, de comptabilité, d'établissement des
puits et des machines servant à l'extraction.

(Dunkerque.)

222.

Les prix d'extraction des houilles françaises ont incontestablement dû
baisser, en raison de l'augmentation considérable des produits; mais les
prix de vente, favorisés par le droit d'entrée sur les houilles étrangères,
sont restés très élevés, au détriment des consommateurs.

On pourrait avec raison contester la réalité du besoin qui avait fait établir ce droit; on se bornera à dire qu'il est clairement démontré aujour-
d'hui qu'il devient inutile de le maintenir.

(Avesnes.)

223.

La prospérité toujours croissante des exploitations françaises prouve
qu'elles n'ont plus besoin d'être protégées par des droits qui, en définitive, retombent sur les établissements industriels du pays.

(Calais.)

224.

Il est bien vrai que, sous les rapports indiqués, le prix de *revient* des
houilles françaises a dû baisser. Cependant cet abaissement des frais n'a
pas eu pour résultat de faire baisser le prix de vente. C'est la concurrence, bien plus que le prix de *revient*, qui favorise le consommateur.
Pourquoi nos exploiteurs de houille abandonneraient-ils bénévolement
un bénéfice qu'ils peuvent conserver? Cela n'est pas dans la nature des
choses.

(Lille A.)
22.

225.

En établissant les droits dont, depuis 1814, on a frappé les charbons
étrangers, on avait en vue de mettre nos houillères en état de prendre
un accroissement suffisant pour subvenir aux besoins de la France entière, et d'éloigner de nos marchés toute concurrence étrangère, sans
égard au besoin où se trouvent différentes parties du royaume d'avoir
recours, de toute nécessité, à certaines qualités de charbon étranger. Pendant dix-huit ans on a maintenu un privilége en faveur de quelques établissements contre les intérêts de toute la France. On a voulu l'enrichir,
et on a appauvri la plus grande partie de ses habitants au profit
de quelques capitalistes, ou, en d'autres termes, on a enté la prospérité
d'une industrie isolée sur le malaise de toutes les autres. Aujourd'hui, au
moins, le motif d'une faveur si dangereuse pour les intérêts généraux
n'existe plus, car nos extracteurs de houille ne sauraient plus avoir rien à
redouter de la concurrence ; plus riches, plus expérimentés, ils obtiennent
leurs produits à des prix d'autant moins élevés que leur exploitation est
plus importante?

Le capital employé au matériel d'exploitation de la compagnie d'Anzin
ayant été plus que réalisé, il ne reste à cette compagnie que les frais d'administration, qui, réduits comme ils pourraient l'être, en vue des frais
des autres compagnies houillères, n'augmenteraient pas d'une manière
bien sensible le prix de *revient* de la houille : aussi le droit d'entrée sur
les houilles étrangères ne répond certainement plus, surtout quant à
Anzin, au besoin qui a pu le faire établir.

(Lille D.)

226.

Il est incontestable que, puisque les extractions françaises ont augmenté
leurs produits, l'intérêt du capital et les frais généraux, répartis sur une
plus grande extraction, doivent être moindres pour chaque partie de celle-ci.
Cette circonstance aurait dû avoir pour résultat la baisse du prix ; mais
le contraire a eu lieu, car personne n'ignore que les houilles d'Anzin,
par exemple, coûtent aujourd'hui, sur les lieux, 15 à 20 cent. par hectolitre de plus qu'il y a 20 ans.

Il y a tout lieu de croire que le droit d'entrée, établi pour soutenir les extractions françaises, ne leur est aujourd'hui aucunement indispensable.

9ᵉ Question.

(Rouen B.)

227.

L'intérêt des capitaux employés à l'administration et au matériel de toute exploitation doit être, ainsi que toutes dépenses journalières, compris au chapitre des frais généraux, et, par cela même, constituer un des éléments du prix de *revient;* chaque parcelle de la production doit en supporter l'influence, en raison directe de la quotité du produit; mais, de ce que les extractions françaises ont considérablement augmenté leurs produits de houille, il ne s'en suit pas qu'elles aient fait disparaître du prix de *revient* le chiffre attribué à l'intérêt du capital matériel.

Cela sera d'autant mieux apprécié, qu'il s'agit ici de la production d'une matière première anéantie, pour ainsi dire, au fur et à mesure qu'elle se présente à la consommation, ne laissant derrière elle aucun superflu, et dont les propriétaires peuvent fixer la valeur suivant leur volonté, puisqu'ils sont préservés de toute concurrence à laquelle le défaut de placement les exposerait, si la production dépassait la consommation.

Cette quantité prodigieuse de production aurait dû amener naturellement une baisse dans les prix de la houille; eh bien! le contraire a eu lieu, car les prix d'Anzin, qui, de 1810 à 1812, étaient de 1 franc 45 centimes à 2 francs 40 centimes l'hectolitre, se sont élevés, de 1818 jusqu'à ce jour, de 1 franc 55 centimes à 2 francs 50 centimes.

On n'a donc pas dû établir les droits d'entrée sur les charbons étrangers dans la vue de donner aux extractions françaises les moyens de recouvrer avec plus de facilité l'intérêt du capital matériel.

Leur plus belle prérogative consistait à être maîtres du marché, et de le diriger à leur gré.

Il n'est plus besoin de conserver le droit d'entrée sur les houilles étrangères, puisqu'il est prouvé aujourd'hui que la production française ne répond point à la consommation, et qu'au lieu de fléchir, les prix des produits se sont toujours maintenus à l'avantage des producteurs.

(Rouen.)

228.

Évidemment il en est ainsi.

(Le Havre B.)

229.

Sans doute, l'intérêt du capital employé à l'administration et au matériel d'une exploitation forme un des éléments du *revient* de l'hectolitre ; et, s'il est vrai que l'augmentation considérable du produit des mines a fait décroître la quantité contributive que chaque mesure de charbon avait à supporter originairement, de telle sorte que les prix en aient baissé dans l'intérieur, ce serait une grave erreur de croire que ces résultats, fruits de vingt ans d'études, de travaux et de sacrifices, aient placé nos houilles dans un tel état de prospérité qu'elles puissent n'avoir plus d'intérêt aujourd'hui à ce que le droit d'entrée sur les houilles étrangères soit maintenu.

Et d'abord, il faut bien remarquer que ce développement a été favorisé par ce droit protecteur et par les frais de transport que les Belges avaient à supporter pour venir vendre chez nous ; que tous les efforts des exploitants français ont eu lieu dans la perspective d'une augmentation plutôt que d'une réduction de ce droit, lorsque le canal de Saint-Quentin ouvrirait aux Belges une voie de communication sûre et économique, et les mettrait dans la possibilité de descendre leur prix originaire de 66 p. o/o, comme ils l'ont fait depuis l'ouverture et le rétablissement de ce canal.

Ainsi donc, quelque considérables que soient les améliorations que nous avons pu faire dans le roulement de notre usine, les avantages immenses que les Belges ont obtenus dans leurs frais et dépenses d'expédition par le canal Saint-Quentin, ont été pour nous une cause de réduction dans notre extraction, et, par conséquent, une circonstance funeste à la prospérité de notre établissement, puisque nous n'avons pu profiter d'aucune compensation au tort que nous a occasionné la baisse

des houilles étrangères sur le marché où nous leur faisions auparavant
concurrence à chances égales.

(Decize.)

230.

Les frais d'administration pour les exploitations ne peuvent réagir sur
le prix de la marchandise que pour une somme très-minime. Quant au
capital nominal, il augmente ou diminue selon que l'exploitation souffre
ou prospère.

(Paris B.)

231.

Sans doute l'intérêt du capital qui, depuis le développement de l'extraction, a dû décroître en raison du nombre de quintaux de houille
extraite, influe sur le prix de *revient;* mais on ne pense pas que la diminution soit assez importante pour qu'il y ait lieu de baisser le prix du
tarif.

(Creuse A.)

232.

Les mines de houilles françaises se sont accrues en nombre plutôt
qu'elles n'ont développé leurs exploitations. Cependant les deux circonstances ont eu lieu; et, dans le dernier cas, il est certain que le prix de
l'hectolitre produit a diminué; mais ces diminutions et le prix d'extraction lui-même sont le moindre élément du prix de *revient* de la houille
rendue sur les marchés. Encore une fois, ce sont les frais de transport
qui sont l'élément principal; c'est à eux qu'il faut s'attacher; et bien apprécier leur influence. En un mot, la question n'est pas sur les frais
d'extraction proprement dits, mais sur ceux de transport. Ainsi, la
houille menue de Saint-Étienne s'obtient à 15 ou 20 centimes sur les
puits et donne de la perte lorsqu'elle ne se vend à Paris que 3 francs l'hectolitre.

(Creuzot.)

233.

La question posée serait vraie dans ses conséquences, si le nombre des exploitations nouvelles n'avait pas suivi l'accroissement de la consommation. Ce n'est qu'aux effets de la concurrence de ces mines entre elles, que l'on doit attribuer l'abaissement des prix de vente, et il a fallu des efforts incroyables pour parvenir à ce résultat, au milieu des circonstances désavantageuses dans lesquelles se trouvent nos extracteurs. On ne peut donc pas en conclure qu'elles peuvent se passer du droit sur les importations étrangères; mais puisqu'il est vrai que du chiffre de l'extraction dépend le prix de *revient* de chaque mesure de charbon, ce n'est qu'en continuant à favoriser le développement des houillères indigènes, que le Gouvernement peut arriver au résultat qu'il désire, et nous persistons à cet égard dans l'emploi des moyens que nous avons indiqués.

(Blanzy.)

234.

Si les exploitations françaises se sont appliquées à produire davantage pour pouvoir vendre à des prix plus modérés, ce résultat n'a pu s'obtenir que par des dépenses considérables en matériel, machines à vapeur, enfoncement de puits, etc. La houille ne coûtant chez nous, d'extraction, que 40 centimes l'hectolitre, *revient* de beaucoup inférieur à celui des extractions étrangères, il n'existe au monde aucun moyen d'arriver à le diminuer de 33 centimes, pas plus que de la moitié de cette somme.

Il est aussi à remarquer que l'abolition des droits de navigation, si elle avait jamais lieu, ne tournerait nullement au profit des exploitants qui ne pourraient rien changer à leur prix, mais qui en retireraient cependant l'avantage d'extraire et d'écouler des masses de charbon, dès que les négociants seraient en position d'entrer en concurrence avec les Belges sur les marchés de Paris.

(Grosménil.)

235.

Si le bassin houiller de Saint-Étienne a, depuis quelques années, augmenté ses produits, il ne faut pas en conclure que l'intérêt du capital
engagé a été stationnaire, et, par cette raison, le prix de *revient* moindre; l'intérêt des fonds s'est au contraire accru dans une proportion plus
forte que l'extraction, parce que les grandes espérances conçues en
1824 et 1825 ne se sont pas réalisées. Une partie de ce matériel énorme
est donc resté improductive, et, des masses de combustible s'entassant à
l'orifice des puits, force a été de réduire l'extraction, et d'écouler, à tous
prix, les charbons qui se détérioraient chaque jour. De là cette déprécia-
tion inouïe qui, de 50 cent. les 100 kilogrammes, a fait tomber à 15 et
même à 10 cent. la houille menue, excepté dans quelques exploitations
privilégiées.

(SAINT-ÉTIENNE.)

236.

A mesure que, à l'abri du droit protecteur, et à force d'efforts et de
perfectionnements coûteux, les exploitants français sont parvenus à augmenter le chiffre de la quantité de charbons extraits, que, par là ils ont
effectivement diminué la quotité contributive que chaque mesure de
charbon avait à supporter, ces exploitants ont aussi baissé les prix de
vente, et le consommateur a ainsi profité de la persévérante industrie
de l'exploitant; mais on est bien loin encore de pouvoir dire qu'en
France les houillères peuvent se passer de protection, ou même seulement de voir réduire celle qu'ils obtiennent du tarif actuel.

(ANZIN.)

237.

L'avantage qui résulte de l'accroissement des extractions françaises,
pour l'abaissement successif du prix de la houille, cesserait d'exister si
on enlevait les débouchés à ces extractions.

(CLERMONT.)

238.

Les houillères étrangères ont, encore plus que les houillères françaises, amélioré leur position, sous le rapport envisagé par la question.

(Montrelais.)

239.

Outre l'intérêt du capital employé dans les exploitations de houilles, il
y a les frais obligés. Ils sont tels, en proportion des produits, eu égard
à ceux des exploitants anglais et belges, bien plus favorisés par une
foule de circonstances qu'il serait trop long d'énumérer, que cette question du droit serait une question de vie et de mort pour la plupart des
exploitations françaises. Elle aurait à coup sûr ce caractère pour les mines
de la Vendée.

(Vendée.)

240.

J'ai déjà dit les motifs qui me portent à ne point parler du prix de
revient de la houille, et à ne m'occuper que du prix auquel elle est
vendue. Les exploitants ne sont pas plus les maîtres de régler ce dernier prix que les fermiers cultivateurs ne le sont de régler le prix du
blé sur un marché. Il ne dépend donc point de la proportion qui peut
exister entre le capital originairement engagé dans les houillères, et
la portion de ce capital que les profits de l'entreprise ont déjà fait
rentrer dans les coffres de l'exploitant.

(D. G. Mines.)

241.

A moins d'accidents ou de changement de condition, il est très-vrai
qu'en augmentant le produit dans une exploitation on diminue la portion
du prix de *revient* qui résulte de l'intérêt du capital primitif; mais l'on
doit considérer que si la totalité de l'exploitation s'est accrue considérablement en France, ce n'est pas seulement parce que les mines ouvertes ont

produit davantage, mais aussi, et surtout, parce que le nombre des mines exploitées est devenu beaucoup plus grand. Les capitaux engagés pour ouvrir et mettre en produit ces exploitations sont nécessairement plus considérables, et par conséquent l'intérêt de ces capitaux qui pèse sur la production totale a augmenté dans la même proportion.

(Aveyron.)

242.

Les intérêts du capital employé à l'établissement sont loin d'être amortis : ce capital s'accroît tous les jours, et s'accroîtra longtemps. Ce genre d'industrie est en travail à Épinac, à Alais, sur le canal du centre, à Saint-Étienne, à Rive-de-Gier; partout ses efforts se portent surtout aux moyens de créer des communications.

(Alais.)

DIXIÈME QUESTION.

Peut-on dire que les établissements français qui, pendant vingt-deux ans, ont supporté la libre concurrence des houilles belges, ne peuvent avoir aujourd'hui aucun nouveau motif de réclamer une protection dont le fait a prouvé qu'ils pouvaient se passer?

243.

L'affirmative ne peut pas être douteuse.

(BORDEAUX A.)

244.

Il est hors de doute que les établissements français, et spécialement ceux du département du Nord qui, pendant vingt-deux ans, ont supporté la libre concurrence des houilles belges ne peuvent avoir aujourd'hui aucun nouveau motif de réclamer une protection dont le fait a prouvé qu'ils pouvaient très-bien se passer.

(AVESNES.)

245.

Ce qui a eu lieu lorsque la Belgique était française prouve évidemment que la protection accordée aux houilles de France par l'établissement du droit d'importation était inutile. L'augmentation de consommation est due à l'emploi de ce combustible dans le grand nombre d'établissements mus par la vapeur, et cette consommation ne pouvant qu'augmenter par la suppression ou la réduction du droit, les mines françaises trouveront, dans des débouchés plus étendus, un dédommagement de la réduction des prix. Au reste, lors même qu'il n'en serait pas ainsi, je répète qu'il y va de la prospérité d'une foule de fabriques créées et à

créer, et qu'il ne serait pas juste de les sacrifier au désir de maintenir
des prix élevés aux extracteurs d'un produit naturel dont l'exploitation
n'exige que des capitaux.

(BOULOGNE.)

246.

Les vingt-deux ans de réunion de la Belgique à la France ont prouvé
que nos houillères n'ont pas besoin d'un droit protecteur.

(LILLE A.)

247.

Les exploitations françaises peuvent se passer de protection maintenant
qu'elles sont en bon train et quelles ont profité, sous l'empire du tarif actuel,
de tous les perfectionnements possibles.

(DUNKERQUE.)

248.

Les progrès faits par les Belges dans les moyens d'extraction ne sauraient être restés étrangers aux extractions françaises.

D'autre part, la production des houillères françaises qui, pendant la
réunion de la Belgique à la France, n'avait pas dépassé 6,700,000 hectolitres, s'élève maintenant à 20,000,000 hectolitres.

L'importation monte en outre à 5,700,000 hectolitres.

Le total de la consommation actuelle peut ainsi être évalué à
25,700,000 hectolitres.

Les houillères françaises ont soutenu la concurrence des houillères belges pendant vingt-deux années, et lorsqu'elle n'avaient à exploiter qu'un marché de 6,700,000 hectolitres. Elles ont, à plus forte
raison, la possibilité de soutenir cette même concurrence, maintenant
qu'elles ont pour débouché un marché de 25 à 26,000,000 hectolitres,
et elles ne peuvent avoir aucun nouveau motif de réclamer une protection dont le fait a prouvé qu'elles pouvaient se passer.

(LILLE C.)

249.

Il est notoire que la cherté des charbons diminuerait de beaucoup si l'on abaissait les droits d'entrée sur ce combustible. Cette cherté a mis bien des entraves au développement que nos établissements industriels tendaient à prendre, et qui aurait, à son tour, favorisé celui des établissements houillers.

Au reste, je me réfère à ce que j'ai dit sur la 7e question.

(Le Havre B.)

250.

Il est bien prouvé aujourd'hui que la production française ne peut répondre à la consommation, et qu'indépendamment du besoin de couvrir le déficit, il y a nécessité absolue, pour un grand nombre d'industries, d'être alimentées des houilles belges et anglaises.

Il est aussi bien établi que la suppression du droit d'entrée ne peut avoir d'influence sur la production française, puisque, par la localité, la production étrangère est frappée d'un autre droit presque équivalent, par les frais de transport et péages qu'elle est obligée d'acquitter avant d'être en contact avec les houilles françaises qui ont le plus à redouter sa présence. En effet, les frais et péages, à partir du rivage de Mons à Valenciennes, s'élèvent de 27 à 30 centimes par hectolitre.

Les producteurs français n'ont, sous aucun rapport, motif de réclamer une protection dont il est démontré qu'ils peuvent se passer aujourd'hui.

(Rouen A.)

251.

Comment la compagnie houillère d'Anzin prétendrait-elle réclamer le maintien du droit de 33 centimes, lorsqu'elle fournit à la Belgique elle-même une partie des produits de ses fosses et qu'elle accorde une prime de 15 centimes, par hectolitre comble, pour les charbons exportés. Tel est donc le résultat [de ce droit qu'on appelle protecteur : nos extracteurs offrent à l'étranger une partie du bénéfice que leur procure un droit imposé sur notre bien-être et sur la force productive qui doit vivifier notre industrie.

(Lille D.)

252.

La protection en faveur des houillères françaises paraît avoir été assez longue, les demandes de réductions de droits assez anciennes et assez multipliées, pour entrer dans la voie des tarifs décroissants, sans secousse trop brusque.

(Paris D.)

253.

Nous venons de dire que, dans notre opinion, les exploitants français n'avaient aucun motif de demander le maintien du droit d'entrée sur les houilles étrangères. Nous ajouterons que les frais de transport et autres qui sont indispensables, avant que ces houilles arrivent en concurrence avec les nôtres, nous paraissent une protection suffisante.

(Rouen B.)

254.

On ne peut alléguer comme un fait, que les *exploitations de houillères françaises ont supporté, sans souffrir, la libre concurrence des houilles belges pendant la réunion des deux pays.* Il est, au contraire, de notoriété que les établissements du nord de la France seraient aujourd'hui tributaires forcés des exploitations belges ; ils payeraient certes leur charbon de terre un tout autre prix que celui auquel il leur est livré par les exploitations françaises. Le fait de la langueur des exploitations du département du Nord, pendant la réunion, est bien clairement prouvé par la position de celles des mines à charbon gras et maigre d'Anzin.

10e QUESTION.

...nuait le tarif d'en-
trée, car alors:

1° Il n'y avait
pas la double con-
currence des char-
bons anglais;

2° Les houilles
belges n'avaient
pas les voies qui
ont été pratiquées
depuis pour les
amener au canal
de l'Escaut, ni le
canal de Saint-
Quentin pour les
amener à Paris.

3° Et cependant
il y avait stagna-
tion et souffrance
dans nos exploita-
tions.

Aujourd'hui,
il existe un grand
nombre d'exploi-
tations nouvelles
qui ne se sont éta-
blies que depuis
que le tarif a pro-
tégé.

Les Belges ont
amélioré leur ex-
ploitation et l'ont
rendue plus éco-
nomique; ils ont,
dans le canal de St-
Quentin, mis en
bon état par la
comp[agnie] Honoré,
un véhicule qui
leur permet déjà
de dominer la pro-
duction française.

En 1800, il y avait 12 fosses en extraction,
   1814   13
   1820   16
   1825   19
   1830   27
   1832   33

Ce grand et utile développement est dû en majeure partie à l'existence du droit actuel. On peut dire avec raison que ce grand développement de l'extraction à Anzin a été utile au pays, puisqu'il a eu pour résultat de faire successivement réduire le prix du charbon de terre, de 1 fr. 70 centimes, l'hectolitre, qu'il était en 1800, à 1 franc 10 centimes qu'il est payé, en 1832, par les grands consommateurs.

(ANZIN.)

255.

Les établissements français n'ont pas soutenu la concurrence étrangère. Quelques-uns ont gagné; le plus grand nombre a végété; d'autres se sont ruinés, et à nos portes le bassin de Mons a multiplié ses produits à l'infini avec bénéfice. Pour lui, comme pour nous, les voies de communication ont seules décidé la bonne ou mauvaise issue des entreprises.

(ALAIS.)

256.

Il n'est pas exact de dire que les établissements français ont supporté pendant vingt-deux ans la libre concurrence des houilles étrangères.

1° La mer n'est libre que depuis dix-huit ans, et, par conséquent, ce n'est qu'à dater de cette époque que les houilles belges et anglaises ont été introduites dans nos ports;

2° Antérieurement à 1815, la Belgique et Sarrebruck faisaient partie de la France, et il n'était alors question ni de droit sur les houilles de ces contrées, ni de concurrence avec elles;

3° Depuis 1814 jusqu'en 1827 ou 1828, époque à laquelle le canal de Saint-Quentin a été livré à une compagnie, la navigation de ce canal était difficile et très-coûteuse : l'hectolitre de houille dépensait, pour venir de Mons à Paris, environ........................ 2ᶠ 50ᶜ

10ᵉ Question.

Depuis 1828, la dépense s'est réduite à environ....... 1 10

Par ce seul fait les houilles de Mons ont reçu une prime à l'importation de.................................. 1 40

Les intentions du législateur qui a établi le tarif actuel ont ainsi été totalement méconnues. En fixant le droit on avait eu égard sans doute aux autres frais d'importation : ces frais, par événement, se réduisent de 1 franc 40 centimes, et on ne change rien au droit.

Il y a là un fait sur lequel on ne saurait trop appeler l'attention de l'enquête : il est aisé à vérifier. La conclusion naturelle qu'on doit en tirer est une augmentation du droit, surtout si on considère que, depuis l'événement, bon nombre de houillères dans le Bourbonnais, l'Auvergne, le Nivernais, le Forez, ont été abandonnées ou se trouvent dans un état déplorable.

(CREUZOT.)

257.

On ne peut pas dire que les exploitations françaises aient soutenu la libre concurrence avec les houilles belges pendant les vingt-deux ans que la Belgique a fait partie intégrante de l'empire français; car, jusqu'à l'époque de l'ouverture du canal de Saint-Quentin (1807), les houilles belges ne pouvaient pas pénétrer dans l'intérieur de la France, et, jusqu'en 1814, la mer n'étant pas libre, ces exploitations ne pouvaient pas verser leurs produits sur nos côtes. C'est donc seulement de l'époque de l'ouverture du canal de Saint-Quentin, que date cette concurrence; mais alors l'imperfection et les difficultés de la navigation de ce canal maintenaient largement l'équilibre entre les mines du nord et celles du centre de la France.

(BLANZY.)

24

258.

Les vingt-deux années qu'on invoque ici contre nous se coupent en deux périodes qu'on ne peut confondre sans commettre une grave erreur. La première comprend tout le temps pendant lequel le canal de Saint-Quentin a été entravé dans sa navigation, et le trajet difficile et coûteux. La seconde part de l'époque à laquelle MM. Honoré sont devenus adjudicataires des réparations à faire à ce canal, moyennant l'abandon qui leur a été fait des droits de perception pour dix-huit ans. Pendant la première période, les marchandises restaient cinq, sept, et jusqu'à dix mois en route, et le coût se trouvait augmenté d'autant. Sous l'administration de MM. Honoré frères, le trajet s'exécute en moins de six semaines; aussi le frêt qui était de 2 francs 90 centimes à 3 francs 20 centimes, l'hectolitre, se trouve-t-il réduit aujourd'hui à 2 francs 25 centimes, et même à 2 francs, par hectolitre comble.

(Grosménil.)

259.

À l'époque où la Belgique faisait partie de l'empire français, les houillères de ce pays ne possédaient pas les voies de transport à la fois promptes et économiques dont elles jouissent à présent. Avant 1814, les charbons de Mons étaient à peu près inconnus à Paris où ils arrivaient en grande partie par terre. Depuis la séparation, notre infériorité relative a toujours été en croissant, comme on peut le voir par le tableau des quantités de houilles soumises à l'octroi de Paris depuis 1818. (Page 18.)

Il résulte de ce tableau que la consommation des charbons du Nord a quintuplé à Paris depuis quatorze ans, tandis que nos ventes ont été stationnaires.

Si, en 1816, un droit de 33 centimes, par quintal métrique, a été jugé nécessaire, à une époque où la houille belge arrivait à Paris en très-petite quantité, combien ce droit n'est-il pas plus indispensable aujourd'hui que les frais de transport ont été réduits de 1 franc 50 centimes, par hectolitre, entre Mons et Paris, c'est-à-dire d'une somme quintuple du droit lui-même.

Confiants dans une législation protectrice, nos exploitants ont établi un grand nombre de machines à vapeur susceptibles de produire deux ou trois fois plus de charbon que l'emploi des chevaux ; des chemins de fer ont été construits à grands frais dans les mines ; les excavations souterraines ont été aménagées pour recevoir des chevaux dont la force motrice a été substituée à celle des hommes ; enfin tout a été préparé pour imprimer à la production houillère une impulsion remarquable. Le moment est-il bien choisi pour aggraver l'état déjà si fâcheux des mines de Saint-Étienne ?

(SAINT-ÉTIENNE.)

260.

Malgré la réduction dans le prix du *revient* de l'hectolitre chez nous, la concurrence des Belges nous est encore funeste ; car, encore une fois, ce n'est pas le prix auquel ils produisent qui nous empêche de lutter contre eux, mais bien la différence énorme qui existe entre les frais qu'ils supportent par les voies de communication dont ils se servent pour venir vendre chez nous, et ceux qui nous accablent dans celles dont nous pouvons nous servir pour arriver sur les mêmes marchés.

(DECIZE.)

261.

La facilité des communications avec la Belgique rend plus nécessaire que jamais la protection du Gouvernement.

(CLERMONT.)

262.

Les exploitations belges ont acquis, depuis dix-huit ans, un accroissement

24.

si considérable que les houilles françaises ne pourraient soutenir la concurrence sans être aidées par le droit établi sur les charbons étrangers;
et si les établissements français ont supporté la concurrence des charbons
belges pendant vingt-deux ans, ceux-ci en ont retiré tous les profits, au
grand dommage des établissements de l'ancienne France qui ont langui.
pendant cet état de choses.

(Pᴀʀɪꜱ B.)

263.

Depuis que la Belgique est séparée de la France, beaucoup de mines
nouvelles ont été ouvertes, protégées qu'elles étaient par le droit d'entrée;
des houillères abandonnées ont été reprises, et, comme elles sont situées
dans des contrées moins favorisées, sous le rapport des routes et des
débouchés, que la plupart des houillères de Belgique, tous ces nouveaux
établissements se trouveraient frappés au cœur par la concurrence indéfinie
des houilles des Pays-Bas.

(Cʀᴇᴜꜱᴇ A.)

264.

Notre établissement n'a pris de développement que postérieurement à
l'époque indiquée ; même Montrelais, la seule exploitation qui existât
avant 1814 !

(Mᴏɴᴛʀᴇʟᴀɪꜱ.)

265.

Cette question paraît mal posée : elle implique une fausse donnée, au
moins pour les mines de houille de la Vendée.

On se reporte à vingt-deux ans, et, par conséquent, au temps de la guerre
maritime. A cette époque, les mines de houille du Poitou n'étaient pas encore exploitées. Mais on va les supposer un moment dans l'état où elles sont
actuellement : or, ceux qui les auraient alors exploitées se seraient trouvés
faire des bénéfices énormes ; car, à raison de ce que la mer n'était pas libre,
les houilles, dans l'Ouest, valaient un prix excessif. Cette position de

choses s'apppliquait plus particulièrement à certaines localités. A Rochefort, à Tonnay-Charente et à la Rochelle, par exemple, on ne pouvait plus avoir de houilles anglaises et belges à cause des difficultés de la navigation. Alors on tirait des houilles de Saint-Étienne, par la Loire, et des houilles de Gaillac par Bordeaux; et ces charbons, jusqu'en 1814 et même 1815, se vendaient 6 fr. et jusqu'à 6 fr. 50 cent. l'hectolitre ras, et par conséquent plus du double du prix actuel des meilleures qualités.

Qu'on ne considère donc pas l'état de paix comme favorable à toutes les houillères françaises surtout pour celles de l'Ouest, qui ne peuvent servir qu'à la consommation du pays, et dont le secours serait d'une utilité absolue, si la navigation était interrompue de nouveau.

Ainsi, pendant l'état de paix, maintenez le droit d'importation, augmentez même celui qui existe déjà et qui est reconnu insuffisant. Autrement, on cessera d'exploiter plusieurs mines, celles de la Vendée par exemple. Alors, ces houillères fermées, quand la guerre maritime viendra (un État ne peut pas toujours être en paix), les étrangers vous feront payer leurs houilles deux à trois fois le prix qu'elles valent actuellement. Vous serez à leur merci, et qu'on adviendrait-il, surtout pour la navigation à la vapeur de la marine royale qui a besoin de houille de roche qu'on ne trouve pas partout de bonne qualité? Maintenez donc ce droit, augmentez-le même, et les mines de la Vendée fourniront toujours cette espèce de combustible au port de Rochefort, et, un peu plus tard, à celui de Brest. Vous aurez toujours sous la main, sans les difficultés et les risques d'une navigation qui en augmente le coût, une marchandise devenue si nécessaire dans notre état de civilisation et d'industrie.

(Vendée.)

266.

Quand la France d'aujourd'hui supportait la libre concurrence des houilles belges, les houilles belges étaient françaises. Ce que l'on trouvait chez soi, bien situé, bien établi, on ne se donnait pas la peine de le créer ou de le développer à grands frais sur d'autres points.

(Aveyron.)

267.

Cette question concerne particulièrement les mines du Nord. J'ai dit ailleurs (4ᵉ question) comment ces mines ont résisté, dans un temps, à la concurrence des mines belges, et j'ai fait voir à quel point elles en seraient maintenant affectées.

(D. G. Mines.)

ONZIÈME QUESTION.

Les exploitations du Centre et du Midi ont-elles quelque chose à re-douter de la concurrence des houilles qui arrivent par les ports, au droit de 1 franc par hectolitre ?

268.

La réponse à cette question résulte encore de ce qui a été dit à la qua-trième.

(D. G. Mines.)

269.

Oui, sans aucun doute, cela résulte déjà de nos réponses aux ques-tions 5 et 6.

(Aveyron et Bordeaux A.)

270.

Les exploitations du Centre et du Midi ont beaucoup à redouter de la concurrence des houilles étrangères qui arrivent par les ports de France, et cela, par les raisons exposées. (7e question.)

(Creuse A.)

271.

Déjà les houilles étrangères remontent la Loire jusqu'à Angers.

(Clermont.)

272.

On a dit, à la question n° 7, que les charbons anglais, remontant déjà jusqu'à Angers. Il ne nous reste donc plus que la ligne de la Loire jusqu'à Saumur. La suppression du droit de 1 franc, en faveur des étrangers, leur permettrait encore d'envahir Saumur, Chinon, Tours, Blois, et peut-être même Orléans. Au contraire, la suppression des droits de navigation sur l'Allier et la Loire nous donnerait la possibilité d'aller jusqu'à Nantes.

(GROSMÉNIL.)

273.

Le charbon de Languin semblerait avoir un avantage de 85 centimes sur celui de Newcastle, et de 15 centimes sur celui de Newport; mais cet avantage apparent est grandement compensé par la supériorité des charbons anglais sur les nôtres, qui, sortant de la mine fort menus, en rognons et très-humides, ont besoin d'être consommés en plus grande quantité pour donner la même masse de calorique que les charbons anglais.

La concurrence étrangère est tellement onéreuse pour nous, que le droit modique de 1 franc nous réduit au faible bénéfice de 6 centimes par hectolitre, bénéfice qui ne donne qu'un rapport d'environ 15,000 fr. à une entreprise dans laquelle est engagé 1,000,000 de capital.

(LANGUIN.)

274.

Nous avons répondu à cette question en répondant à la question n° 4 ; mais ce qui nous porte-surtout préjudice, c'est que notre concurrent le plus redoutable, le charbon de Mons, ne paye que 60 centimes, quoiqu'il arrive par mer à Nantes, en sorte que la protection de 1 franc est véritablement nulle pour nous.

(MONTRELAIS.)

275.

On a aussi établi que les exploitations de l'Ouest (la question ne parle pas de celles du Centre et du Midi) ont encore beaucoup trop à redouter de l'arrivée par mer des houilles étrangères avec le droit actuel. On ne peut cesser de le répéter, il faut élever le tarif.

(VENDÉE.)

276.

Saint-Étienne, expédiant une partie de ses produits sur différents ports de mer, doit craindre la suppression du droit de 1 fr., par hectolitre, qui pèse sur les houilles importées par mer; car, par sa position dans l'intérieur des terres, il lui serait impossible de soutenir la concurrence des charbons anglais.

(PARIS B.)

277.

L'introduction par mer des charbons étrangers étant de 36,612 tonneaux (*), le droit de 1 franc dont ils sont frappés, en entrant par cette voie, paraît à peine suffisant; il est de toute nécessité que ce droit soit maintenu. Nous avons fait voir qu'à Nantes on livrait les houilles anglaises à 30 centimes, et les houilles belges à 25 centimes au-dessous des nôtres. La moindre réduction aurait donc pour nous le plus funeste résultat.

(SAINT-ÉTIENNE.)

278.

La concurrence des charbons belges n'est pas la seule qui nuise à la prospérité des houilles du Midi; celle qu'elles rencontrent dans les charbons anglais importés en France par la voie maritime ne leur est pas moins funeste; et, lorsqu'on argue du peu d'influence qu'a eu cette concurrence sur le développement de l'exploitation des houilles françaises, sous l'empire, on oublie que l'état de guerre contre l'Angleterre, dans lequel on vivait alors, rendait toute importation de ce genre impossible, et que, par conséquent, les lieux de consommation alimentés aujourd'hui par ces houilles l'étaient exclusivement par les nôtres.

Ceci s'applique également aux houilles belges qui auraient pu entrer en France par le cabotage des côtes de l'Océan.

(DECIZE.)

(*) D'après le relevé exact des droits perçus. (*Note du déposant.*)

279.

Les houilles anglaises peuvent arriver dans les ports français, au Havre, par exemple, à bas fret, quelquefois même sans en payer du tout, puisqu'elles sont expédiées en guise de lest. Arrivées dans un port qui communique avec les points de grande consommation, par la voie des rivières ou des canaux français, ces houilles, voyageant ainsi aux mêmes frais que celles des exploitations françaises, feraient, si elles n'étaient plus atteintes par le droit de 1 franc, par hectolitre, une concurrence ruineuse pour toutes les houillères, tant du Nord que du Centre; elles finiraient par en expulser les produits, surtout du bassin de la Seine et de toutes les côtes de l'Océan.

(Anzin.)

280.

Notre réponse à la question n° 7, sur le droit d'importation par mer, en démontrant la nécessité de l'augmentation de ce droit, pour que toutes choses soient égales entre les exploitants français et les exploitants étrangers, résout ces deux questions.

(Blanzy.)

281.

Le droit de 1 fr., par hectolitre, n'est pas même une protection suffisante, ainsi qu'on pourra s'en convaincre par la comparaison du prix de *revient* de la houille de Newcastle ou de Mons avec celles du Midi, dans les ports principaux de l'Océan, Bordeaux, Nantes et le Havre.

Nous ne pouvons préciser à cet égard que le chiffre de *revient* de notre houille; il s'élèverait à :

Nantes............. 3 francs l'hectolitre ,
Bordeaux et le Havre.. 4.

Mais ce ne sont pas les houilles arrivant par mer qui font le plus de mal; celles qu'on introduit par terre sont beaucoup plus favorisées.

(Creuzot.)

282.

Lu suppression du droit de 33 centimes dont il est parlé à la 7ᵉ question entraînerait nécessairement la suppression de celui de 1 franc 10 centimes qui pèse sur les arrivages par mer, et ce serait fermer tout à fait à nos mines de l'intérieur, non-seulement le bassin de la Seine, mais celui de la Loire inférieure; car les houilles étrangères, au lieu de s'arrêter à Nantes, remonteraient bientôt jusqu'à Angers, et peut-être au-dessus.

Que deviendraient alors nos mines?

Évidemment elles seraient abandonnées, comme plusieurs le sont eu ce moment dans l'Auvergne et le Nivernais.

(Cons. gén. des Man^{es}.)

283.

Non, les exploitations françaises n'ont rien à redouter de la houille arrivant par mer, c'est-à-dire d'Angleterre; car elle ne pourrait s'établir, par exemple, à Marseille, au-dessous de 5 francs l'hectolitre, tandis que celle de Saint-Étienne ne vaut que 3 francs environ sur le même point.

(Le Havre B.)

284.

Les mines du Centre n'ont rien à redouter de la concurrence, attendu la supériorité des houilles de Saint-Étienne, et les frais de transport que ne peut supporter une matière de peu de valeur.

(Calais.)

285.

Les exploitations du Centre ou du Midi n'ont rien à redouter de la concurrence des houilles qui arrivent dans les ports, au droit de 1 fr. par hectolitre.

(Dieppe.)

286.

Les exploitations du Midi et du Centre n'ont à redouter la concurrence des houilles, arrivant par mer au droit de 1 fr. par hectolitre, qu'à Nantes et à Bordeaux ; plus particulièrement dans ce dernier port.

(Dunkerque.)

287.

Le raisonnement qui a été fait pour répondre à la 7º question est applicable ici.

(Bordeaux B.)

288.

La consommation qui s'alimente par le canal de la Basse-Seine doit prendre une part très-active à la solution de cette question, sous plusieurs rapports.

D'abord, les exploitations du Centre et du Midi n'ont rien à redouter de la concurrence des houilles qui arrivent au droit de 1 fr. 10 cent. ; car, ainsi que nous l'avons déjà fait remarquer, les navires qui apportent d'Angleterre, et dans certaines circonstances seulement, les houilles, ne peuvent pas remonter le bassin du port de Rouen, par la raison qu'ils ne trouveraient plus, au-delà, l'eau nécessaire à leur tirant, et que, d'un autre côté, il ne leur serait pas possible de franchir le pont de pierre nouvellement construit. Dès-lors, en supposant que leur cargaison ait une destination plus éloignée, ils seraient obligés de transborder, opération dont les frais sont assez considérables, et augmenteraient d'autant la valeur de la houille ; mais la totalité des houilles anglaises qui sont arrivées par la Basse-Seine n'a jamais servi qu'à la consommation de la ville et des vallées environnantes ; de sorte que le port de Rouen a toujours été le terme du voyage.

La présence de ces houilles peut-elle préjudicier à celles du Centre et du Midi? Non, assurément ; parce qu'elles ont une spécialité que les dernières ne possèdent pas, c'est-à-dire qu'elles brûlent avec flamme, et sont plus particulièrement propres au service des établissements industriels que nous avons énumérés ailleurs. Ce serait en vain que les houilles du Centre et du Midi se présenteraient à la consommation de la Basse-Seine, elles y seraient délaissées totalement. Cela est si vrai, qu'on ne pourrait citer un exemple de tentative faite à ce sujet, particulièrement sur les places de Rouen, Elbeuf, Louviers, Pont-de-l'Arche,

Gisors, Caudebec, etc. Ces exploitations ont donc elles-mêmes reconnu leur incapacité absolue de pourvoir à ces besoins spéciaux; de sorte que, sous ce point de vue, le droit de 1 franc 10 centimes imposé sur les houilles anglaises ne peut influer en rien sur la prospérité ou la décadence des exploitations du Centre, pas plus que sa suppression justement réclamée par les consommations de la Basse-Seine, puisqu'elles sont placées dans une sphère inaccessible à toute espère d'action de la part des houilles anglaises.

Ensuite, il faut considérer que si, indépendamment des houilles de qualité spéciale dont nous venons de parler, l'Angleterre peut en fournir aussi de même qualité que les nôtres et propres aux mêmes usages, ce ne peut être que par d'autres voies que la Basse-Seine. En arrivant par la Seine, ces houilles ne peuvent porter à nos extractions un préjudice tel qu'on doive en défendre l'usage aux nombreuses industries nationales qui ont à lutter avec celles du pays d'outre-mer.

En fait, les houilles anglaises, de quelque nature qu'elles soient, introduites franches de tous droits onéreux, ne peuvent nuire aux exploitations du Centre et du Midi,

1° Parce que ces exploitations ont acquis un maximum de production dont elles trouvent la consommation dans leur circonscription respective;

2° Parce que, nonobstant le retrait du droit de 1 fr. 10 cent., les houilles anglaises, introduites par la Seine jusqu'à Rouen, ne pourraient concourir avec les nôtres sur aucun point au-delà de cette limite, les frais nouveaux auxquels elles seraient exposées absorbant et bien au-delà le droit de 1 franc 10 centimes, imposé comme sauvegarde de cette concurrence. Ainsi, par exemple, s'il s'agissait de mettre sur le marché de Paris les houilles anglaises en concurrence avec celles du Centre et du Midi, il faudrait ajouter à leur prix de *revient* à Rouen (4 francs l'hectolitre), celui de 1 franc 50 centimes à 2 francs, pour fret de cette ville sur Paris. Il est clair que les extractions françaises du Centre et du Midi jouiraient encore, défalcation faite du droit de 1 franc 10 cent., d'une latitude de 40 cent. à 90 cent. l'hectolitre.

Il est du plus grand intérêt, pour la consommation riveraine de la Basse-Seine, d'attirer l'attention du Gouvernement sur la nullité de l'influence que les houilles anglaises, seules sujettes au droit de 1 franc

10 cent., sont capables d'exercer, par leur qualité spéciale, ou commune avec les nôtres, sur les exploitations du Centre et du Midi : car, s'il était reconnu que, par toute autre voie, l'importation étrangère est dommageable, on ne devrait pas moins la favoriser par la Seine, puisque, par ce canal, elle n'a que des avantages.

(ROUEN A.)

289.

Pour notre localité, cette concurrence est illusoire ; car il est constant qu'excepté quelques bateaux de charbon de Saint-Étienne, qui viennent ici pour l'usage des fonderies de fer, les exploitations du Centre et du Midi n'ont aucun débouché de leurs produits dans la Seine-Inférieure ; et, en outre, les frais de transport, en remontant la rivière, s'opposent à ce que les charbons anglais viennent en concurrence à Paris avec les houilles des exploitations du Centre et du Midi.

(ROUEN B.)

290.

Si les houillères d'Anzin peuvent supporter la suppression des droits sur les charbons belges, à bien plus forte raison les établissements du Centre et du Midi n'ont-ils rien à redouter de la concurrence de ces derniers, lors même que ces houilles, embarquées à Anvers ou à Dunkerque, pourraient entrer, sans droits, dans nos ports.

Quant aux charbons anglais, leur importation, en maintenant le droit de 1 franc par hectolitre, ne peut pas acquérir de grand développement.

En 1814, lorsque ce droit a été établi, l'Angleterre accordait sur ce produit une prime de sortie.

En 1825, non-seulement cette prime a été supprimée, mais la sortie des charbons a été frappée d'un droit de 5 à 10 schellings ; encore n'y avait-il que le charbon passé à la claie qui pût jouir du privilége de l'exportation.

Dans la session du parlement de 1831, cette facilité d'exportation a été étendue à toutes les qualités de charbon, et les taxes de sortie ont été modifiées de la manière suivante :

Pour le charbon menu passé au crible, 2 schellings par tonneau ;
Pour les autres qualités, 3 schellings 4 d.

Ainsi, malgré la réduction de la taxe de sortie accordée en 1831, le quintal métrique de charbon anglais est encore passible du droit de 25 centimes, pour le charbon passé à la claie, et de 42 centimes, pour les autres qualités. Si à cela nous ajoutons la commission, le fret et les chances maritimes, il devient difficile d'admettre qu'avec le maintien du droit de 1 franc 10 centimes par hectolitre (décime compris), l'importation du charbon anglais, malgré son bas prix aux fosses, puisse jamais être redoutée par nos exploitations du Centre et du Midi.

Nous confirmerons ces diverses données par les documents ci-après :

Factures simulées de charbon de terre expédié par navire anglais ou français de Newcastle sur Tyne (Octobre 1832) [*].

```
10 keels ou 80 chalders ( charbon gros à 20ˢ).............        80ˡ  0ˢ  0ᵈ
Spoutage à 6ᵈ par chalder.............        2ˡ  0ˢ  0ᵈ
Droits à 3ˢ 4ᵈ par tonneau.............       35   7   0
Dito de ville, à 2ᵈ par chalder...........        0  13   4
Ports de lettres, timbre, etc.............        0  18   6
                                             ___________
                                                                 38  18  10
                                                                ___________
                                                                118  18  10
Commission, 2 p. 0/0.....................                         2   7   7
                                                                ___________
                 TOTAL....................                      121   6   5

Soit, franc à bord.. { par keel...............  12ˡ  2ˢ  2ᵈ
                     { par hectolitre...........      1ᶠ 36ᶜ

10 keels ou 80 chalders ( charbon criblé à 12ˢ) ............        48   0ˢ 0ᵈ
Spoutage à 6ᵈ par chalder............. liv. st.  2  0ˢ  0ᵈ
Droits à 2ˢ par tonneau................       21   4   0
Dito de ville à 2ᵈ par chalder...........        0  13   4
Ports de lettres, timbre, etc.............        0  18   6
                                             ___________
                                                              (**) 22  15  10
                                                                ___________
                                                                 70  15  10
Commission, 2 p. 0/0.....................                         1   8   4
                                                                ___________
                 TOTAL....................                       72   4   2

Soit, franc à bord.. { par keel...............  7ˡ  4ˢ  0ᵈ
                     { par hectolitre...........     0ᶠ 80ᶜ
```

(*) La livre sterling est admise dans ces évaluations pour 25 francs 68 centimes. — Le keel, pour 225 hectolitres. — Le chalder est 1/10ᵉ de keel. (*Note du déposant.*)

(**) Ce total est de 2 sch. trop faible, et, par suite, les chiffres subséquents doivent être inexacts.
(Note de la Commission d'enquête.)

Fret par keel (1ᵉʳ octobre 1832)

Bordeaux............. (et 10 p. 0/0 en sus).	14ᶠ à 15ᶠ	358ᶠ 40ᶜ à 384ᶠ 00ᶜ
Caen................. (et 15 *idem*).......	14 à 15	358 40 à 384 00
Charente et Rochefort.... (et 10 *idem*).......	10 à 11	256 00 à 281 60
Nantes...............................	15 à 16	384 00 à 409 60
Bayonne...............................	14 à 16	358 40 à 409 60
Brest................................	14 à 16	358 40 à 409 60
Rouen...............................	19 à 20	486 40 à 512 00
Caudebec............................	18 à 20	460 80 à 512 00
Saint-Malo...........................	15 à 16	384 08 à 409 60
La Rochelle..........................	11 à 12	281 60 à 307 20
Dunkerque..... (et 2 — 3 frais de port en sus).	11 à 12	281 60 à 307 20
Dieppe, Boulogne, Fécamp, Eu, Honfleur, le Havre et Tréport. } (et 2 — 3 frais de port en sus).	10 à 11	256 00 à 281 60

D'après ces données, l'hectolitre de charbon revient aux prix suivants :

LIEUX DE VENTE.		PRIX à Newcastle, franc à bord.	FRET (*) et accessoires.	DROIT d'importation en France.	COMMISSION de réception et assurance.	TOTAL.
Bordeaux.........	le gros.	1ᶠ 35ᶜ	1ᶠ 77ᶜ	1ᶠ 10ᶜ	10ᶜ	4ᶠ 32ᶜ
	le fin..	0 80	1 77	1 10	10	3 77
Nantes..........	le gros.	1 35	1 90	1 10	10	4 45
	le fin..	0 80	1 90	1 10	10	3 90
Brest...........	le gros.	1 35	1 83	1 10	10	4 38
	le fin..	0 80	1 83	1 10	10	3 83
Rouen..........	le gros.	1 35	2 38	1 10	10	4 93
	le fin..	0 80	2 38	1 10	10	4 38
Havre..........	le gros.	1 35	1 20	1 10	10	3 75
	le fin..	0 80	1 20	1 10	10	3 20
Dunkerque.......	le gros.	1 35	1 32	1 10	10	3 87
	le fin..	0 80	1 32	1 10	10	3 32

(LILLE D.)

291.

Je pense que le droit actuel dépasse, par sa quotité, la somme de protection que l'on a dû vouloir consentir, et qu'on pourrait l'abaisser sans nuire essentiellement à l'extraction française prise dans son ensemble.

(PARIS D.)

(*) Pour déterminer le prix du fret, on a pris la moyenne des limites ci-dessus. (*Note du déposant.*)

DOUZIÈME QUESTION.

De combien le droit sur les houilles importées par mer pourrait-il être abaissé, sans qu'aucun des marchés actuellement ouverts aux houilles de France cessât de leur être accessible?

292.

La réponse à cette question sera donnée par la différence du prix des charbons d'extraction française avec celui auquel reviendrait le charbon anglais dans les différents ports de France. Toute réduction de droits qui pourrait établir un équilibre de prix et une concurrence entre les charbons français et les charbons anglais, serait favorable à la consommation générale et particulièrement à l'industrie de nos provinces de l'Ouest : elle donnerait aussi plus d'activité à notre navigation. En tenant en éveil nos compagnies du centre et du midi, la concurrence les forcerait à donner à leur travail toute l'activité et la perfection possibles ; elle les porterait à améliorer les voies de communication pour lutter avec plus d'avantage. Sans concurrence, pas de perfectionnement dans les procédés industriels. Du reste, faudrait-il balancer entre la prospérité industrielle d'une grande partie de nos provinces et l'existence de quelques mines dont l'exploitation serait trop coûteuse pour entrer en concurrence, ou dont les produits seraient d'une trop mauvaise qualité. Les houillères méritent, de la part du Gouvernement, une protection spéciale, en tant qu'elles répandent l'aisance autour d'elles ; mais lorsqu'au contraire elles paralysent, par leur existence même et la faveur qui y est attachée, le développement de l'industrie des provinces où elles se trouvent placées, elles blessent au vif les intérêts de la France, elles tarissent les sources de richesse, et enlèvent au commerce un moyen de s'étendre et de rivaliser avec les contrées voisines.

Si, jusqu'ici, le commerce de charbon a été d'une ressource à peu près nulle pour la navigation, il n'est pas douteux que si les droits étaient assis sur des bases telles que l'arrivée de la houille anglaise fût possible sur un grand nombre de nos marchés , la navigation française en profiterait beaucoup.

D'après le tableau général du commerce de la France, publié par l'administration des douanes, l'importation de houille par mer a été, en 1830, de 545,236 quintaux, dont 205,866 par navires français, et 339,370 par navires étrangers.

En 1831, cette importation n'a été, malgré la diminution survenue dans les droits de sortie de l'Angleterre, que de 366,120 quintaux, dont 158,346 par navires français et 207,774 par navires étrangers.

D'après ces documents, le chiffre 35,900 de la 14ᵉ question, ne saurait être exact.

(LILLE D.)

293.

Soit que nous envisagions les houilles étrangères en général et le précieux avantage qu'elles possèdent seules de donner beaucoup de flamme et une chaleur intense; soit que nous envisagions dans les houilles anglaises seulement ce qu'elles ont de commun avec les houilles du Nord, du Centre et du Midi de la France, nous trouvons qu'elles ne peuvent se présenter sur tous les marchés actuellement ouverts, qu'aux conditions les plus défavorables, c'est-à-dire grevées de droits de douane, de péages, de canaux et de navigation, de frets que leur localité entraîne, ou que la difficulté de la navigation de certains fleuves, et notamment de la Seine, fait constamment maintenir à un taux élevé de 2 fr. 50 cent. l'hectolitre, rendu à Rouen.

Aussi nous parait-il que l'entière suppression des droits devrait être concédée, pour que les marchés actuellement ouverts aux houilles françaises fussent accessibles aux houilles étrangères à parité de condition.

Il n'est pas inutile de faire remarquer que le taux du fret sus-mentionné est celui obtenu sous les meilleures conditions; qu'une foule de circonstances, auxquelles la navigation intérieure n'est point sujette, peuvent le faire élever : telles sont les avaries de la mer, la nécessité de se servir, au passage de Quillebeuf, du remorquage, dont les moindres frais sont de 15 c. l'hectolitre; ce qui, en définitive, fixe positivement le fret possible des houilles étrangères, par mer, dans la proportion de 2 fr. 50 cent. à 2 fr. 65 c. l'hectolitre.

(Rouen A.)

294.

Le fret, l'assurance et les autres frais de la navigation maritime sont déjà une protection suffisante, dans notre localité, contre les houilles anglaises et en faveur des houilles françaises; car ces frais, pour les houilles de Newcastle les plus communément importées sur notre littoral, se montent à 2 fr. 75 l'hectolitre au moins. En conséquence, en abaissant le droit actuel à 10 ou 15 c. l'hectolitre, les houilles françaises auraient à nos yeux un protection plus que suffisante.

(Rouen B.)

295.

Nous estimons que le droit de 1 fr. pourrait être abaissé de moitié au moins, sans qu'aucun des marchés actuellement ouverts aux houilles de France cessât de leur être accessible.

Cet abaissement du droit dans la proportion que nous venons d'indiquer aurait particulièrement l'avantage de diminuer les frais de navigation à vapeur, et les prix des ateliers de la côte. Nous ne pensons pas d'ailleurs que les ateliers, les forges, les chaufourneries et toutes les usines des départements maritimes, doivent être grevés d'un droit trois fois plus considérable que les établissements de même genre sur les frontières.

(Dieppe.)

296.

Il serait à désirer que les houilles étrangères fussent reçues en franchise ou à un droit très-minime, comme matière première nécessaire aux usines et établissements industriels mus par la vapeur; cela pourrait avoir lieu

26.

sans que les marchés ouverts aux houilles de France leur fussent fermés.

(Calais.)

297.

C'est la totalité du droit qu'il convient de supprimer, sans qu'on ait à craindre que la concurrence des houilles étrangères chasse des marchés qui leur sont actuellement accessibles, les houilles françaises. Si cela est vrai pour les ports, comme je n'en doute pas, à plus forte raison est-ce exact pour les marchés de l'intérieur de la France.

(Le Havre B.)

298.

Les droits ne devraient être que nominaux. 10 centimes par hectolitre suffiraient.

(Bordeaux B.)

299.

Le droit pourrait, dès ce moment, être réduit de moitié, et, quand les communications seront établies, être totalement supprimé sans qu'il en résultât aucun préjudice durable pour les exploitations françaises. Nul ne tire tout le parti possible de son travail, s'il n'est stimulé par la nécessité; l'industrie comme toute autre opération de l'esprit a besoin d'une combinaison d'obstacles et de facilités; trop de protection la tue par l'atonie. La réduction du droit à moitié et sa suppression totale, après la création de moyens plus économiques de transport, accroîtraient d'ailleurs la consommation assez pour que les exploitations françaises trouvassent, dans une plus grande étendue de leur vente, la compensation de la réduction du prix.

(Bordeaux A.)

300.

Le droit sur les houilles anglaises pourrait être abaissé de 50 p. 0/0, à condition qu'elles ne seraient introduites en France que sur la ligne de côtes de Cherbourg à Dunkerque.

L'usage du charbon se répandrait au centre de notre industrie, et y 12ᵉ Question. créerait une habitude réelle, qui plus tard profiterait à nos houillères du Centre et du Midi si les *artères ferrées* justifiaient alors la concurrence locale.

(Paris D.)

301.

Le droit par mer pourrait être annulé sans dommage pour les extractions françaises, puisque les seules houilles françaises qui puissent venir sur le littoral, celles d'Anzin, ne reviennent, au Havre, qu'à 2ᶠ 75ᶜ à 2ᶠ 90ᶜ tandis que les houilles étrangères coûtent :

Celles de Newcastle.................... 3 75 à 3 90
       de Mons..................... 3 40 à 6 03

Encore l'une ne fait-elle concurrence à l'autre qu'à cause de l'emploi différent; de plus, il faut remarquer que l'exploitation est bien moins coûteuse; car, pour rendre la houille de la mine au rivage, les frais sont :

A Anzin de   15 à 30ᶜ suivant la fosse.
A Mons de   75 à 80
A Newcastle de   45 à 00 (Droits de sortie compris.)

(Lille B.)

302.

J'ai la conviction que si les prix des charbons baissaient, les compagnies concessionnaires qui réclament le plus en faveur du maintien du droit feraient d'immenses bénéfices en profitant de l'accroissement de consommation qui se manifesterait à l'instant même, et se retireraient encore d'une manière plus que brillante sur la quantité.

J'ajouterai que le bon marché du combustible en France aurait une influence directe sur l'industrie, en facilitant le travail qui est essentiellement lié à la condition du chauffage.

(Le Havre B.)

Réponses ten-
dant à établir que
le droit de 1 franc,
par mer, ne saurait
être ni supprimé,
ni même réduit,
sans causer la
ruine de beau-
coup d'exploita-
tions françaises.

303.

On ne pense pas qu'il y ait lieu de modifier le tarif actuel.

(CREUSE A.)

304.

Toute diminution sur ce droit étendrait, au profit de l'étranger, les marchés sur lesquels s'exerce aujourd'hui la concurrence.

(AVEYRON.)

305.

Le droit pour les importations par mer doit être maintenu, sinon augmenté.

(CLERMONT.)

306.

S'il était supprimé, ou même modifié, on verrait les charbons français cesser d'approvisionner les marchés voisins des ports de mer.

(PARIS B.)

307.

Toute diminution, si faible qu'elle soit, doit avoir pour conséquence immédiate, relativement aux exploitations d'Auvergne, de nous faire perdre une partie des débouchés qui nous restent, et qui ne sont déjà pas trop nombreux, puisque nos marchands ont renoncé depuis long-temps à venir à Paris.

(GROSMÉNIL.)

308.

Un abaissement quelconque du droit accélérerait la ruine de nos houillères qui ne consomment pas sur place. Cette industrie ne peut pas se soutenir avec les droits de douane et les moyens de transport intérieur actuellement existants. Il faut une augmentation de droits jusqu'au moment où le canal latéral à la Loire sera navigable.

Tous ces faits jailliront de l'enquête, si les extracteurs des divers points de la France sont entendus.

(Creuzot.)

309.

Pour peu que le droit soit abaissé, notre ruine est complète.

(Montrelais.)

310.

L'abaissement du droit à 1 franc nuirait à tous les marchés situés sur la côte, et qui utilisent notre navigation de cabotage. Il serait donc impolitique d'abaisser ce droit.

(Dunkerque.)

311.

Ce que nous avons à opposer à l'idée de réduire le droit sur les importations par mer, nous l'avons déjà dit en répondant à la précédente question.

(Vendée.)

312.

Dans l'état actuel des choses, les houilles du Nord et celles du Centre ne vont guère au-delà de La Rochelle. Rochefort est presque entièrement livré aux houilles anglaises.

Si le droit, qui est en réalité de 1 franc 10 centimes, était réduit de 31 centimes seulement, la houille moyenne anglaise, qui vaut à La Rochelle. 4ᶠ 06ᶜ
ne vaudrait plus que. 3 75

Elle serait donc au même prix que la houille moyenne d'Anzin, et, comme elle est préférable à celle-ci pour l'usage, elle resterait seule en possession du marché.

Dans l'état actuel des choses, les prix respectifs correspondent à peu près exactement aux qualités, et l'on ne saurait en altérer la proportion sans détruire l'équilibre entre les produits, c'est-à-dire sans refouler les nôtres vers leurs points de départ.

(D. G Mines.)

313.

Le droit actuel de 1 fr., sur les houilles anglaises, ne peut être réduit sans qu'il en résulte les plus graves inconvéniens pour toutes les houillères françaises en général ; car si, dans l'état actuel des choses, les charbons de terre français ont déjà beaucoup de peine à soutenir la concurrence dans les marchés où les houilles anglaises peuvent parvenir à bas fret, les premières ne pourraient plus y paraître si l'on baissait le taux de la protection qui le leur permet actuellement.

(Anzin.)

314.

Aujourd'hui les houilles anglaises qui viennent par mer sont chargées comme lest sur les bâtimens, et ne coûtent par conséquent rien de transport. Le droit de 1 franc 10 centimes qu'elles payent à l'entrée est le seul qui en grève le prix de vente, et ce droit devient, pour ainsi dire, illusoire, comparativement à ce que nous payons pour écouler nos produits sur les mêmes points. Ce serait donc précipiter la ruine si avancée des extracteurs français que d'abaisser ce droit déjà insuffisant pour rendre leur concurrence effective.

(Decize.)

TREIZIÈME QUESTION.

Quel avantage particulier l'abaissement du tarif aurait-il pour les ports de mer, pour les ateliers de la côte, et pour la navigation à la vapeur qui tend à s'agrandir?

315.

Le droit, quel qu'il soit, est toujours une charge pour la consommation.

(Paris B.)

Réponses établissant que la suppression ou l'abaissement du tarif aurait de grands avantages pour les ports et les ateliers de la côte.

316.

Les avantages qui résulteraient de l'abaissement du droit sur la houille sont de deux espèces : les uns, particuliers au pays, se rattachent à l'économie qui en résulterait pour tous les habitants; les autres intéressent la France entière : c'est le parti qu'en tireraient l'industrie, et la navigation à vapeur. Les principaux motifs qui font adopter, par les étrangers, la navigation de la Seine, de préférence à celle du Rhin, sont la célérité et les bas prix auxquels ont lieu, par cette voie, les transports, qui prendraient plus d'importance sans le droit élevé sur la houille, égal à près de moitié de sa valeur. Sous le rapport de l'industrie, on connaît l'immensité des établissements de tout genre qui existent dans le département de la Seine-Inférieure. Mais un genre d'industrie serait surtout favorisé par le bas prix de la houille se combinant avec un système plus étendu de remboursement de droit : je veux parler de la fabrication des matières premières étrangères, repoussées de notre consommation par la protection accordée aux analogues de notre sol; par exemple, les fontes. Si on les admettait sous réserve du remboursement intégral du droit lors de la réexportation des produits fabriqués, on créerait sur le littoral des établissements qui n'auraient d'autre objet que de revendre à l'étranger; il n'en résulterait aucun inconvénient pour le pays, la France, au contraire, aurait pour elle la main-d'œuvre, nos navires un fret, nos armateurs des moyens d'échange, qu'ils ne peuvent demander à notre propre production. La nécessité de ce système, sur lequel je reviendrai plus tard, dépend de quelques conditions, parmi lesquelles figure, en première ligne, le bon marché du combustible.

(Le Havre B.)

317.

La diminution du droit ou l'admission en franchise favorisera les ports de mer et la navigation à vapeur. Ce fait est incontestable ; les ateliers qui avoisinent les côtes en retireront un précieux avantage.

(Calais.)

318.

On ne peut révoquer en doute que toute économie apportée dans l'un des éléments constitutifs du prix de *revient* d'une industrie n'amène à sa suite une diminution du prix de ses produits, et, par conséquent, un plus grand développement de fabrication, sollicité par l'écoulement rapide dû au meilleur marché.

Les ateliers de la côte se ressentiraient plus encore de l'abaissement du tarif que ceux de l'intérieur; car le fret, pour les ports de mer, est moins élevé de moitié que pour les endroits où il y a difficulté de navigation, comme pour le port de Rouen, par exemple, où toute espèce de marchandises ne parvient qu'avec une surcharge de frais dont ces difficultés sont la cause. Ainsi, par exemple, quand le fret est à 20 livres sterling de Newcastle pour Rouen, il n'est qu'à 9 livres pour le Havre.

La navigation à vapeur, si nécessaire au remorquage des bâtiments qui ont à parcourir des fleuves difficiles et dangereux, comme la Basse-Seine, cette navigation, jusqu'à ce jour si onéreuse, trouverait dans

la suppression des droits de douane (1 fr. 10 c. l'hect.) l'accomplissement de la première condition de son succès. Sans cette condition, elle
n'est plus secourable, mais onéreuse à l'industrie.

Par la suppression des droits de douane, le taux auquel cette navigation impose chaque tonneau de marchandise pourrait être amoindri du
tiers, ou au moins du quart; ainsi de 3 fr., à 2 fr. et 2 fr. 25 cent.
Réduit à ce chiffre, le remorquage serait accessible à toute espèce de
cargaison, avantage qu'il n'a pu atteindre encore, par la raison que ses
frais déterminant une élévation de prix de 10 à 12 1/2 p. 100 que
doivent supporter certaines productions, telles que les houilles ellesmêmes, les sels et autres objets de minime valeur, il est impossible de se
servir de ce moyen de salut.

(ROUEN A.)

319.

De la suppression ou de l'abaissement du droit résulteraient pour notre
localité des avantages immenses. Avant toutelle pourrait se procurer
constamment des charbons, si précieux pour la production de la vapeur
indispensable à l'industrie et à la navigation fluviale, et pour la fabrication
du coke, nécessaire à toutes les usines, surtout aux fonderies, etc. En
outre, il existe en Angleterre des charbons que l'énormité du droit actuel
repousse, et qui seraient très-avantageux pour les briqueteries, fours à
chaux et à plâtre, etc., pour les fabriques de produits chimiques. Tous ces
établissements, puissants auxiliaires de l'industrie, pourraient, grâce à l'usage de ces charbons, diminuer de beaucoup le prix de leurs produits.

(ROUEN B.)

320.

La suppression ou la réduction des droits aurait, pour les ports du
Nord, l'excellent résultat d'encourager les fabriques existantes, de permettre d'en créer de nouvelles, ainsi qu'une foule d'établissements ayant
la vapeur pour moteur, de procurer à plusieurs villes les moyens

27.

d'éclairage par le gaz, de donner à nos navires des frets nombreux, et d'augmenter le nombre de bateaux à vapeur en diminuant les frais qu'ils ont à supporter.

(BOULOGNE.)

321.

Le changement de tarif pour les importations par les frontières du Nord procurerait un grand avantage, 1° à notre navigation de cabotage qui prendrait de l'extension; 2° aux ateliers de construction de petits navires; 3° aux manufactures dont les produits, ressortant moins cher, s'écouleraient plus facilement sur les marchés étrangers; 4° aux forges à laminoirs, qui n'ont pu se soutenir sur la côte à cause du haut prix où revient le charbon belge qui leur est indispensable; 5° enfin, à la navigation à la vapeur, qui s'agrandirait sans nul doute de beaucoup et promptement.

(DUNKERQUE.)

322.

Il aurait l'avantage de favoriser l'établissement d'un grand nombre d'usines, de diminuer les frais de la navigation, de faciliter la navigation à la vapeur, d'abaisser le prix de tous les objets quelconques à la fabrication desquels l'action du feu est nécessaire ou applicable, en un mot, de donner au travail une des plus puissantes impulsions qu'il lui soit possible de recevoir.

(BORDEAUX A.)

323.

On réduirait difficilement en chiffres l'avantage immense qu'il y aurait, pour le littoral, à posséder la houille à bas prix. Comment apprécier, dès aujourd'hui, le développement que la navigation à la vapeur pourrait donner au cabotage? A quoi tient-il que nous n'ayons pas une correspondance suivie entre Dunkerque, le Havre, Nantes, Bordeaux, Bayonne, se liant, d'un côté, avec les ports d'Espagne, et, de l'autre, avec ceux de la Hollande et de l'Angleterre? Ne doit-on pas l'attribuer, en grande partie, à la cherté du combustible?

(Lille A.)

324.

Les avantages qui résulteraient de l'abaissement du tarif seraient incalculables.

(Bordeaux B. — Paris D.)

325.

L'avantage que les ports et les ateliers de la côte trouveraient à la diminution du tarif serait évidemment proportionné à cette diminution.

Cet avantage serait-il durable? Là est toute la question.

Un avantage n'est réel qu'autant qu'il doit être durable ou qu'il ne doit pas avoir de suite fâcheuse.

Au premier coup de canon tiré dans la Manche ou dans l'Océan, l'arrivage de la houille cessera pour nous, ou sera frappé d'un droit exorbitant. Nos houillères alors seront fermées et envahies par les eaux. L'industrie manquera donc de son principal aliment, ou ne le recevra qu'à des conditions onéreuses. Malheur au peuple qui, pour un objet de première nécessité, se met dans la dépendance de ses voisins!

(D. G. Mines.)

326.

Pour apprécier les effets dont on parle, il faudrait d'abord déterminer la consommation des ports de mer, des ateliers de la côte et de la navigation à la vapeur, et pouvoir évaluer numériquement et fort exactement l'avantage qui résulterait, pour ces localités, d'une diminution donnée sur le tarif actuel.

(Aveyron.)

327.

Avantage, mais qui ne serait peut-être que momentané pour ces localités.

(CLERMONT.)

328.

L'avantage existerait tant que nous serions sur pied et qu'on nous craindrait; mais, comme déjà notre industrie est aux abois, pour peu que notre situation s'aggrave encore, nous serons bien obligés, de gré ou de force, de fermer nos ateliers; et, dans ce cas, il est douteux qu'une fois maîtres des débouchés sans concurrence, les étrangers poussent le désintéressement au point de négliger leurs intérêts.

(GROSMÉNIL.)

329.

Il est certain que les ports de mer et la navigation par bateaux à vapeur pourraient trouver un avantage momentané dans la libre entrée des houilles; mais cet avantage ne serait pas de longue durée. Une fois la concurrence des charbons indigènes anéantie, le prix du combustible ne tarderait pas à subir une hausse considérable; et qu'on ne dise pas que le concours des exploitants étrangers dans les mêmes ports amènerait un nivellement et un cours régulier de prix : qui nous garantira que les grandes compagnies de l'Angleterre ou de la Belgique ne pourront pas se coaliser? D'ailleurs, l'état de guerre interromprait nécessairement les arrivages, et les houilles françaises retourneraient difficilement aux points qu'elles auraient cessé d'alimenter.

(SAINT-ÉTIENNE.)

330.

La diminution du droit, en nuisant extrêmement aux exploitations françaises, ne produirait pas d'avantage marqué et continu pour les consommateurs : dans les premiers temps, les houilles étrangères diminueraient un peu de prix; mais les choses se passeraient à peu près, qu'on me permette la comparaison, comme quand une entreprise de diligences de Paris baisse les prix pour ruiner et faire tomber une entreprise de province. Dès que cette entreprise est tombée, l'entreprise de Paris revient à ses premiers prix et fait la loi aux voyageurs.

Dans cette nouvelle position de choses, la navigation à la vapeur, qui tend à s'étendre, aurait surtout de la difficulté pour avoir la houille en gros morceaux qui lui est nécessaire, et les fournisseurs étrangers lui feraient payer cet article à un prix très-élevé. On sait que la houille de roche, appelée *perat* en certains pays, a été longtemps prohibée à la sortie d'Angleterre, ou qu'au moins cette espèce, assez rare dans certaines mines, payait des droits très-élevés et équivalents à peu près à une prohibition.

(Vendée.)

331.

L'avantage passager qui en résulterait pour les ateliers de la côte et pour la navigation à la vapeur ne pourrait être acheté qu'au prix de la ruine des établissements actuels, qu'il importe de soutenir et d'encourager.

(Creuzot A.)

332.

Le seul avantage particulier qu'une baisse dans le tarif aurait pour les ports de mer serait le produit des commissions de consignation et de vente que toucheraient quelques maisons de commerce.

Les ateliers de la côte n'y trouveraient qu'un bien faible encouragement; car, pour la plupart des usines, une différence de 20 à 30 centimes, par hectolitre, dans le prix du charbon, ne représente pas 10 sous par 1,000 francs de marchandises fabriquées. Au reste, cet avantage, tout minime qu'il est, aurait bientôt disparu, ainsi que celui entrevu pour la navigation à la vapeur; car les exploitants anglais, ne redoutant plus la concurrence française, tarderaient peu à trouver absurde de se priver, en faveur des consommateurs français, des bénéfices que cet état de choses leur permettrait de garder pour eux-mêmes, et les prix de la houille ne resteraient pas longtemps en baisse. Si au contraire on continue à proté.

ger les houilles françaises, en laissant subsister le tarif des droits actuels, les concessions nouvelles accordées en Bretagne, dans l'Aveyron et dans tout le midi, seront exploitées avec activité ; celles sur la Loire et ses aboutissants prospéreront, et la navigation à la vapeur sera fournie sur tous les points d'excellents charbons français au meilleur marché possible. Tous les bénéfices divers qui résulteront de cette fourniture, restant en France, leur importance viendra accroître celle des capitaux nécessaires au développement de nos houillères, tandis que le payement à l'Angleterre des charbons qu'elle importe en France est, en grande partie, un capital qui sort de chez nous, au moins pour assez longtemps.

(Anzin.)

333.

Les avantages particuliers qui pourraient résulter de cet abaissement, pour les consommateurs, seraient certainement imperceptibles, et ne serviraient qu'à tarir la source de notre industrie nationale ; car plus l'étranger sera favorisé chez nous, et plus le découragement augmentera parmi les exploitants français, déjà si maltraités par les avantages dont ces mêmes étrangers jouissent sur eux.

(Decize.)

334.

Les avantages qui résulteraient, pour les ports de mer et les ateliers de la côte, de l'abaissement du droit d'importation par mer, ne balanceraient pas l'inconvénient grave de paralyser ou de restreindre le développement des exploitations indigènes, tandis que, s'il ne s'agit que de protéger le commerce et l'industrie de ces localités, le Gouvernement obtiendra le même résultat en employant le moyen dont nous avons déjà parlé et qui consiste à diminuer les droits de navigation intérieure. Il y aura à cela l'avantage de concilier les intérêts des consommateurs avec ceux des extracteurs.

On ne saurait trop encourager l'application de la vapeur à la navigation

sur mer, et le Gouvernement trouvera sans doute les moyens d'atteindre 13e Question.
ce but sans froisser les intérêts nationaux.

Quant à la navigation par la vapeur sur les rivières de l'intérieur, principalement sur la Saone et le Rhône, les mines de houille qui sont à proximité de ces deux rivières offrent assez d'avantages sans qu'il soit besoin d'y ajouter.

(BLANZY.)

335.

Nous ne pensons pas que l'abaissement du droit puisse procurer un grand avantage au port de Nantes. Nul doute que les charbons de Mons, débarrassés qu'ils seraient de la concurrence des nôtres, ne se vendissent pour le moins au prix actuel. Il est plus certain encore que le charbon de Newcastle ne subirait aucune diminution dans son prix, attendu que notre concurrence le prive de tout bénéfice dans le moment actuel.

(MONTRELAIS.)

336.

La navigation à la vapeur mériterait seule un avantage sur le prix de la houille. Il semble qu'il serait facile de le lui accorder avec sécurité pour le fisc, en autorisant les bateaux qui ne vont que sur mer à s'approvisionner de houilles dans les entrepôts de douane, avec exemption de droits.

Quant à la navigation par la vapeur sur les rivières, elle est principalement en activité sur la Saone et le Rhône, où elle peut se procurer la houille à des prix très-bas. Sous ce rapport, elle n'a pas besoin d'encouragement.

(CREUZOT.)

337.

L'un des résultats immédiats de l'abaissement du tarif de la houille serait de rendre possible l'établissement sur nos côtes d'usines à fer qui prendraient leur fonte, leur combustible, leurs machines, leurs ouvriers même à l'étranger. On fabriquerait ainsi du fer qu'on appellerait français, et qui, pour les 9/10^m de sa valeur, serait étranger. Ce fait existe à

28

13ᵉ Question. Raismes, département du Nord, où la houille ne paye que 30 centimes par quintal métrique. Il va se répéter à Lille, et se multiplierait à l'infini dans les ports, au grand détriment de toutes nos forges, fourneaux, minières, etc.

(ALAIS.)

338.

L'importation s'accroîtrait sans doute, et peut-être nos houillères ne seraient pas toutes abandonnées, mais toutes éprouveraient un échec irréparable.

Plus d'explorations pour découvrir de nouveaux gisements; elles cesseraient en même temps que l'espoir de se récupérer des frais considérables et souvent infructueux qu'elles nécessitent.

En un jour, vous verriez se disperser ces légions de mineurs, si difficiles à former, à instruire. Dans ce combat de l'homme contre la nature qui défend ses trésors, les dangers égalent ceux des champs de bataille les plus meurtriers; ils exigent un courage, une expérience dont le défaut est encore, en France, un obstacle à la production.

Livrés sans défense aux fournisseurs étrangers, leurs prix, leurs exigences croîtraient en raison de l'affaiblissement de la concurrence nationale. Une guerre vous exposerait à la privation subite, totale, d'une matière devenue désormais indispensable.

(CONS. GÉN. DES MAN.)

QUATORZIÈME QUESTION.

*Ne doit-on pas croire que la navigation ordinaire profiterait également
de la réduction du droit sur les houilles importées par mer, lorsqu'on
remarque que les importations actuelles, qui sont de 35,900 hectolitres,
s'effectuent à peu près exclusivement par des navires français?*

339. Il doit y avoir erreur ici quant au chiffre des importations; la place
de Nantes seule en consomme une bien plus grande quantité. Il y a aussi
erreur quant à l'importation faite exclusivement par des navires français(*).
Nous avons eu trop de fois l'occasion de nous trouver en présence des Anglais, pour ne pas en être certains; à moins qu'aujourd'hui, pour éviter
les 50 centimes de plus à payer par les navires étrangers, les Anglais et
les Belges ne fassent voyager que sous pavillon français. (*Grosménil.*)

340. J'ai déjà dit que l'importation de la houille anglaise avait été, en
1830, de 511,289 quintaux métriques.

Il y a donc erreur dans le chiffre posé dans cette question comme ex-
primant l'importation par navires français.

Il est à croire que notre marine, en transportant de la houille anglaise,
ne fera pas de profits beaucoup plus grands que ceux qu'elle fait en
transportant de la houille française. Ce n'est donc pas à son avantage
que tournera la ruine de nos exploitants. (*D. G. Min.*)

341. Ainsi, la navigation française ne gagnerait absolument rien à l'a-
baissement du droit, puisque la majeure partie des importations se fait,

Réponses ten-
dant à établir que
la navigation fran-
çaise ne profiterait
pas de la réduction
du droit par mer,
ou que le profit, s'il
devrait y en avoir,
serait insignifiant
et, dans tous les
cas, nuisible à de
plus grands inté-
rêts.

(*) La remarque est fondée : les navires français n'importent pas exclusivement, il s'en faut bien,
les houilles étrangères. L'auteur de la question avait été conduit à le croire, parce qu'il avait vu que les
droits étaient payés au taux que le tarif assigne pour les navires français, et cela, sans se rappeler que,
depuis le traité de 1826, le pavillon anglais est assimilé au pavillon national.

Quant à la quantité de houilles importées, c'est bien 35,911,487 kilog. qui ont été tirés d'Angleterre en 1831. Voir le *Tableau du commerce de la France*, publié par l'administration des douanes
pour l'année 1831 (page 127); mais il est vrai que, par le cabotage, Nantes reçoit de grandes quantités de houilles belges. (Voir 17ᵉ question, nᵒ 401.) (*Note de la Commission d'enquête.*)

28.

même au droit actuel, par des navires étrangers, qui, venant chercher nos vins, nos eaux-de-vie, et les autres produits de notre sol, seraient forcés d'arriver sur leur lest, s'ils ne prenaient un chargement ou tout au moins un grenier de charbon dont la modicité de notre droit d'entrée leur assure déjà la vente : par là, ils utilisent leur voyage d'aller et gagnent au moins le prix du fret, au préjudice des exploitants français.

Augmentez la cause, et vous augmenterez les effets du mal. (*Languin.*)

342. La suppression du droit qui frappe les charbons étrangers arrivant par mer nuirait infailliblement à la navigation ordinaire, puisque les charbons ne se transportent que *sous pavillon étranger*, tandis que, dans l'ordre actuel des choses, nos charbons, qui d'abord ont été transportés jusqu'au lieu d'embarquement par notre marine intérieure, sont encore reçus et transportés jusqu'à leur destination par des navires français. (*Paris B*)

343. Nous avons fait observer plus haut que la navigation maritime transportait la houille comme lest; il est donc difficile de concevoir l'avantage qu'elle retirerait d'une diminution de droits. La navigation intérieure sur nos canaux et nos rivières est bien plus importante et plus digne d'attention que les transports de houille par mer; et c'est elle qu'il convient de favoriser. (*Saint-Étienne.*)

344. Si les houilles étrangères venaient à remplacer sur la plupart des marchés de France les houilles nationales, et si celles-ci étaient privées de la protection qui leur est nécessaire, il est très-probable que la navigation étrangère se chargerait d'autant plus des transports, les avantages devenant d'autant plus grands. Du reste il est à noter que les arrivages de houille anglaise à Rochefort et à Tonnay-Charente se font déjà par navires anglais, et qu'ainsi la marine française n'en profite aucunement. A la Rochelle, les transports de houille anglaise, surtout par navires anglais, ont augmenté sensiblement cette année, ainsi qu'on l'a fait connaître dans la réponse à la 3ᵉ question. Or, si déjà les navires étrangers peuvent conduire en France avec avantage des houilles étrangères, combien en trouveraient-ils si le droit était supprimé ou seulement réduit? Qu'on se fixe sur cette idée! (*Vendée.*)

345. La navigation ordinaire en profiterait sans doute, mais la prospérité des houillères en souffrirait. (*Creuse A.*)

346. Il est certain que, si les droits sur la houille étrangère étaient plus faibles, la consommation s'accroîtrait, et que la navigation par mer en profiterait, tandis que la navigation intérieure perdrait des avantages qui seraient aussi recueillis par d'autres industries ; mais ces avantages seraient légers pour chacune d'elles, et il resterait à savoir si ces avantages, ainsi disséminés, équivaudraient à la ruine de l'industrie houillère, qui en serait la suite. La houille est aujourd'hui la base principale de toutes les industries ; il semble d'une bonne politique de lui faciliter au contraire tous les moyens de se développer, afin de la retrouver toujours et en tout temps dans notre pays. (*Creuzot.*)

347. L'abaissement du droit sur les charbons anglais profiterait bien plus à la navigation anglaise qu'à la nôtre, vu que la majeure partie des charbons anglais que reçoit la France y arrivent par des navires anglais qui, en venant prendre des vins à Bordeaux et des eaux-de-vie de Cognac, etc., en Charente, les y apportent à un fret très-bas, parce qu'ils leur tiennent lieu de lest. (*Dunkerque.*)

348. Évidemment la navigation des navires à voiles en profitera, mais la navigation des canaux pourra en souffrir. Si l'importation par mer a été presque nulle, il faut l'attribuer au droit de 1 franc 10 centimes qui est prohibitif presque partout. (*Calais.*)

349. Il pourrait se faire que la navigation ordinaire en profitât, mais ce ne serait que pendant peu de temps ; car, dès que cette branche d'exportation deviendrait importante, les Anglais sauraient bien se mettre en position d'en gagner eux-mêmes le fret. Mais c'est, après tout, une bien faible considération lorsqu'il s'agit, non pas seulement de l'encouragement, mais peut-être de la conservation d'une partie importante des exploitations houillères de France, et cela lorsqu'on est à la veille de pouvoir se passer des houilles étrangères. Mieux vaudrait qu'il y eût trop de ces exploitations en France,

et que les navires nationaux fussent occupés à en exporter le trop plein.
(*Anzin.*)

350. Le profit de la navigation par mer, augmenterait sans doute en
raison du plus grand nombre de chargements qui auraient lieu;
mais le consommateur n'en tirerait aucun avantage, parce que le fret des
navires augmenterait en raison de la dépendance dans laquelle le
caboteur tiendrait le vendeur et le consommateur. On payerait, en
augmentation de fret, plus qu'on ne gagnerait en réduction de droit;
mais il est vrai qu'alors les Belges demanderaient à n'en plus payer du
tout.

Et puis, n'y a-t-il donc que la navigation du cabotage qui doive attirer
sur elle l'attention du Gouvernement? Ne compte-t-on pour rien l'immense
population de mariniers et ouvriers de tous les genres qui vit de la navigation de l'Allier et de la Loire? Toute leur existence n'est-elle pas dépen-
dante du commerce qui se fait par ces deux fleuves; et, si on détruit la
partie la plus importante de ce commerce, l'exportation des houilles, que
deviendront tous ces malheureux dont le nombre s'élève à plus de 150,000?
Devront-ils émigrer en Belgique avec leurs familles pour ne pas mourir de
faim? (*Decize.*)

351. La diminution des droits sur les canaux et rivières, en favorisant le
développement de nos mines, produirait, en résultat final, le même avantage pour la navigation, puisque le plus grand nombre de transports qui .
résulterait de l'augmentation des débouchés de nos mines retournerait à
l'avantage de la navigation ordinaire. (*Blanzy.*)

352. Si les importations actuelles se font par navires français (*), c'est
par la raison toute simple que les droits par navires français sont moins élevés
que les droits par navires étrangers. Pour conserver cet avantage à la navigation française, il serait nécessaire, quelle que fût la réduction
du droit, d'en laisser subsister un plus élevé sur les importations par
bâtiments étrangers. (*Bordeaux A.*)

(*) Elles ne se font pas par navires français précisément parce que la surtaxe est supprimée. (Voir
la note, page 219.)

14ᵉ Question.

353. A cela la réponse ne peut être qu'affirmative pour la faible part que les navires français prennent à l'importation des charbons étrangers ; car, si nous nous en rapportons à ce qui se passe à Nantes, c'est une erreur de croire que cette importation a lieu presque exclusivement sous pavillon français. (*Montrelais.*)

354. Il est bien évident que si, par l'abaissement du droit d'entrée, l'importation actuelle de 35,000 hectolitres de charbon venait à se développer en telle sorte que, par exemple, elle fût de 71,800 hectolitres, et que le transport se fît par navires français exclusivement (ce qui n'a pas lieu maintenant), l'avantage qui en résulterait au profit de la navigation ordinaire serait à peu près double de ce qu'il est aujourd'hui. (*Aveyron.*)

355. Ce que la navigation par mer gagnerait serait perdu pour la navigation intérieure. (*Alais.*)

356. Oui, la marine y gagnerait. (*Clermont.*)

357. Ce ne serait pas seulement elle qui y gagnerait ; ce serait encore la navigation à la vapeur, les ateliers de toute espèce, les échanges, etc. (*Paris D.*)

Réponses tendant à établir que la réduction du droit par mer favoriserait la navigation française, et toutes les industries qui se rapprochent des ports.

358. Nul doute que la navigation française s'occuperait avec utilité du transport de la houille anglaise, si elle pouvait faire l'objet d'une introduction régulière. Aujourd'hui, cette introduction a lieu, presque exclusivement, par navires anglais, qui se trouvent tout naturellement à Newcastle, tandis que les navires français ne peuvent courir la chance de ce voyage, puisqu'ils ne sont pas certains d'y trouver un chargement.

Aucune partie du territoire français n'a droit à une taxation moins élevée que notre littoral. Je dirai plus : le tarif actuel, sans but pour les extractions françaises, consacre en outre une injustice flagrante. D'un côté, les houilles introduites par mer ne peuvent soutenir, sur nos marchés intérieurs, la concurrence avec aucune houille d'extraction française. Ces dernières, à leur tour, ne peuvent nous alimenter utilement ; j'en excepte celles d'Anzin, qui s'établissent par elles-mêmes au-dessous des houilles étrangères, et qui ont l'inconvénient majeur de ne pouvoir, à aucun prix, remplacer, pour la chaudière, la houille de Newcastle et la qualité de Mons dite *flénu*.

Il est donc bien vrai de dire que la tarification actuelle ne protége, quant à l'Océan, aucune extraction française; qu'outre l'injustice de faire peser inutilement un droit aussi élevé dans un pays où les autres moyens de chauffage sont plus dispendieux que partout ailleurs, on nuit encore à l'intérêt général en surchargeant de frais les établissements industriels et la navigation à vapeur, précisément dans la partie de la France où il serait de l'intérêt de tous qu'elle pût s'établir au plus bas prix possible.

(Le Havre B.)

359. La navigation profiterait certainement de l'augmentation de la consommation, aussi bien que l'extraction des houilles de l'intérieur.

(Bordeaux B.)

360. La navigation ordinaire prendrait naturellement une grande extension, par suite d'importations marquantes en charbon. Ce sont les matières lourdes, comme les charbons et les céréales, qui sont le principal aliment de la marine hollandaise. Deux lois qui rendraient libres le commerce des charbons et celui des céréales feraient plus pour la marine française que tous les tarifs soi-disant protecteurs qui l'ont mise dans l'état où elle se trouve maintenant. A quoi peut nous servir une marine, si nous produisons nous-mêmes, *directement* et sans échange avec l'étranger, tous les objets de notre consommation? (*Lille A.*)

361. L'effet direct de l'abaissement du tarif serait d'abord d'étendre l'usage des houilles étrangères à des besoins auxquels les houilles françaises ne peuvent convenir.

D'un autre côté, la navigation ordinaire se ressentira de cet abaissement, en permettant aux armateurs de porter leurs spéculations sur ce genre de transports, et de multiplier leurs voyages.

Considérée sous un point de vue qui paraît avoir échappé au gouvernement, la suppression du droit de douane sur les houilles étrangères exercerait sur l'industrie française une influence de la plus haute importance pour ses progrès et sa prospérité.

Essayons de le démontrer.

D'abord, la propriété spéciale de brûler avec flamme se rencontre également dans les houilles belges et anglaises. Il est notoire que les houilles françaises ne peuvent les remplacer sous ce rapport; de là, nécessité absolue, indispensable, d'admettre les premières, si l'on ne veut pas frapper de mort les industries auxquelles elles sont propres.

Jusqu'à ce jour, les houilles belges ont joui, en grande partie, du privilége d'être absorbées par la consommation française, parce qu'elles ont surtout l'avantage que leur assurent les houilles anglaises, l'inégalité du droit de douane qui pèse sur l'une et sur l'autre.

Admettons même que le gouvernement ne vînt qu'à le niveler pour les deux pays, et supposons que les frais de transport soient à peu près aussi pesants pour arriver à la consommation de la basse Seine, soit par les canaux intérieurs, soit par la mer; n'est-il pas évident que la suppression du droit de douane aura pour résultat :

1° De donner aux houilles belges et anglaises un accès également facile;

2° D'élever une concurrence directe contre les houilles belges dans la spécialité de leur qualité, concurrence dont l'absurde droit de 1 franc 10 centimes imposé sur les houilles les a préservées jusqu'à présent.

Aussi n'est-ce qu'à cause de cet énorme droit que la consommation de la basse Seine est forcée d'employer une matière dont la valeur, sur le lieu d'embarquement, est double de celle qu'elle pourrait se procurer sur un autre marché, et sans plus de frais.

Pour montrer le dommage que subit l'industrie française dans une foule de ses branches, je présente un tableau exact, dressé sur des documents authentiques : il détaille le produit de deux cargaisons de houilles anglaises chargées à Newcastle, en septembre et octobre 1832, et le rapproche du prix auquel reviennent, à Rouen, les houilles de Mons et de Saint-Étienne.

<table>
<tr><th colspan="2">HOUILLE DE NEWCASTLE</th><th>HOUILLE DE MONS</th><th>HOUILLE DE St. ÉTIENNE</th></tr>
<tr>
<th>POUR FORGE ET COKE,
à fonderie de fonte douce.
(Navire le Telemachus.)</th>
<th>FLAMBANTE.
(Navire Economy.)</th>
<th>flambante.</th>
<th>pour coke
et forge.</th>
</tr>
<tr>
<td>l. sch. d.
17 chald. forge,
à 11 sch. le ch.   25 17 0

Frais de gouttiè-
re, 6d p. chald.   1 3 6
Droit de ville 2d
par chald...   10 7 "
Dt de sortie sur
124 ton. à 2 sch
par ton......   12 5 16
Timbre et ports
de lettres....   1 1 0
Commiss. 2 p. 0/0   0 16 4

TOTAL.....   41 15 2

Soit en francs (*).   1,033f 49c

Fret 12 l. 10 p.
0/0........   2,918 52
Droit de douane
à 1 fr. 10 cent.
les 100 kilogr.   1,376 28
TOTAL (pour 1365
hect.)........   5,348 29
C'est-à-dire, 3 francs 92 cent.
par hect. au port de Rouen,
non compris les droits d'oc-
troi et autres.

(*) La livre sterling est calculée à 25 francs 20 centimes.</td>
<td>l. sch. d.
43 chaldrons, à 20
sch. le chald....   43 0 0

Frais de gouttière,
6d par chald...   1 1 6
Droit de ville, 2d
par chald......   0 7 "
Droit de sortie sur
113 ton. 19 quint.
à 2 sch. par tonn.   19* 0 0
Timbre et ports de
lettres........   1 1 0
Commiss. 2 p. 0/0.   1 5 10

TOTAL.......   65 15 "

Soit en francs......   1,700f 50c

Fret 10 l. 10 p. 0/0 et
droit de remorq. .. 3,012 06

Droit de douane.... 1,318 69
TOTAL (pour 1435
hect.).........   6,031 30
C'est-à-dire 4f 36c par hect.
0 77

3 59</td>
<td>Le muid valant
7f 25c, prix de
l'hect. (100 k.) 1f 80c

Droit de doua-
ne........ 0 33
Fret de Mons
à Rouen, et
frais de na-
vigation... 1 50
Aujourd'hui ,
ils ne payent
2 fr. 15 c.

Prix des 100
kil., à Rouen 3 93</td>
<td>L'hect... 4f 50c
Non compris
les droits d'oc-
troi.</td>
</tr>
</table>

Ainsi on voit que les houilles flambantes anglaises ressortent au prix de 4 fr. 36 cent. l'hectolitre au port de Rouen, et les houilles belges, de même qualité, à 3 fr. 93 cent., en y comprenant, pour l'une, le droit de 1 fr. 10 cent., et, pour l'autre, le droit de 33 cent. Défalquons des premières la

(*) Ce calcul (12 l.) ne semble pas exact. En effet, un droit de sortie de 2 sch. par tonneau ne donne que 11 l. 4 sch. pour 113 tonneaux 19 quintaux.   (*Note de la Commission d'enquête.*)

différence de 77 cent., pour niveler les deux droits, il restera 3 fr. 59 cent. 14e Question.
pour l'hectolitre de houille anglaise, contre celui de 3 fr. 93 cent. que
coûtent les houilles belges : avantage, en faveur des houilles anglaises, de
34 cent. par 100 kil.; tandis que, laissant subsister le droit actuel de 1 fr.
10 cent., l'avantage des houilles belges sur les houilles anglaises est de
43 cent. Il n'est donc pas surprenant que les premières aient envahi
jusqu'à ce moment, sans obstacle, le marché de la basse Seine et de la côte.

Ce n'est pas tout : l'effet de cette inégalité du droit de douane a été de
priver l'industrie française de la modification apportée par le gouvernement anglais au droit de sortie, qui, de 10 sous, est réduit à 8 sous, et cela
depuis deux ans.

Ce grief, quoique très-important, n'est cependant que secondaire, quand
on vient à comparer le résultat qu'a produit la facilité avec laquelle les
houilles belges sont parvenues à conquérir le monopole de la consommation en qualité flambante.

Ainsi favorisés, les extracteurs belges négligent tout perfectionnement,
car ils n'en sentent ni la nécessité ni l'utilité ; aucun mobile ne les y con-
traint, les demandes ne leur donnant pas le loisir d'y songer.

Le droit de 1 fr. 10 cent. a toujours été leur redoute inexpugnable ;
ils s'y sont toujours maintenus, et, à son aide, une matière qui coûte en
Angleterre 1 fr. l'hectolitre, est payée en Belgique, par la consommation
française, 1 fr. 80 cent., toute parité conservée.

La consommation de la Basse-Seine réclame donc avec instance la suppression du droit de douane de 1 fr. 10 cent., ou tout au moins une taxe
qui ne dépasse pas celle que l'on appliquera aux importations par terre ; ce
qui aura pour effet d'amener sur les points de consommation le plus de
producteurs possibles ; chose toujours utile, car elle produit nécessairement la concurrence. Or, la consommation française est très-intéressée à
ce que cette concurrence entre les houilles des deux pays s'établisse, pour
que la nécessité de perfectionner se manifeste du côté de celle qui est de-
meurée en arrière ; de telle sorte que, par son action, l'industrie française
s'améliore, et puisse lutter à son tour. (*Rouen A.*)

362. La navigation maritime trouverait un grand moyen de développement *dans l'admission à un droit minime des houilles anglaises.*

L'Angleterre s'est créé, dans le transport de ses charbons par mer, une pépinière de marins expérimentés, si nécessaires dans une guerre maritime. Aujourd'hui, cette importation se fait presque entièrement par navires *étrangers*. (L'erreur où l'on est tombé, en avançant qu'elle se fait par navires *français*, vient sans doute de ce que les marchandises venant d'Angleterre payent le même droit par navire anglais que par navire français; et on a vu peu d'importations de charbons au droit de 1 franc 50 centimes, dont sont frappées celles par navires étrangers.) Presque tous les charbons anglais sont des charbons de Newcastle, et il faut qu'ils soient de qualité supérieure, pour supporter le droit énorme de 1 franc. Pour ces parages, on ne peut envoyer des navires français sur lest (il n'y a aucun produit français à y transporter). Il faut prendre ceux qui se trouvent déjà dans cette localité, et ce ne peut être que des charbons anglais. Si, au contraire, le droit était réduit, on pourrait faire venir des charbons Swansea, du pays de Galles et autres parties de l'ouest de l'Angleterre facilement accessibles, où nous pourrions envoyer des navires français pour les houilles, comme nous le faisons pour les fers, fontes, cuivre, étain, etc., ou profiter des petits navires qui iraient dans ces parages porter les produits de la Normandie, tels que beurre, volaille, bestiaux, fruits, légumes, etc. (*Rouen B.*)

QUINZIÈME QUESTION.

A quelle époque la concurrence des houilles belges, favorisée par l'ouverture du canal de Saint-Quentin, et ensuite par le perfectionnement de la navigation de ce canal, s'est-elle fait sentir aux exploitations du centre?

A quelle époque la concurrence étrangère s'est-elle fait sentir?

363. La concurrence des houilles belges s'est fait sentir aux exploitations françaises du centre, dès l'ouverture du canal de Saint-Quentin, et il s'en est vendu jusqu'à Montargis. (*Anzin.*)

Quant aux mines du Nord et à toutes celles qui convergent à Paris, c'est à partir de la mise en activité du canal de Saint-Quentin.

364. A partir de 1812; et, chaque année, les expéditions du centre, Saone-et-Loire, Auvergne et Saint-Étienne, diminuaient pour Paris. (*Paris D.*)

365. C'est depuis l'année 1817 que cette concurrence a acquis toute son intensité. (*D. G. Mines.*)

366. Les souffrances de la classe ouvrière, à laquelle les houilles du midi donnent l'existence, tant sous le rapport de l'exploitation que sous celui de la construction de 4 à 5,000 bateaux qu'exige, par année, l'exportation de leurs produits, datent du moment où les Belges, favorisés par la navigation du canal de Saint-Quentin, ont pu venir à Paris en 25 jours, et gagner 66 pour 100 sur les frais de transport qu'ils payaient auparavant; et ce qui est vrai relativement aux populations ouvrières dont il s'agit l'est, à bien plus forte raison, à l'égard des propriétaires de houillères, puisque c'est de ceux-ci qu'ils tiennent le travail : or, depuis huit ans, il est notoire que les houillères du midi ont perdu les trois quarts de l'activité qu'elles avaient avant cette époque, et que la misère s'est introduite parmi les populations d'ouvriers auxquels elles ne peuvent plus fournir tout le travail nécessaire à leur existence. (*Decize.*)

367. C'est justement de l'époque où l'on a remis le canal de Saint-Quentin à une compagnie, que date le perfectionnement de la navigation de ce canal, qui a fait tomber le fret de 2 francs 40 centimes à 1 fr. 10 cent. Depuis lors, les marchés de Paris, Rouen et Le Havre ont été en partie fermés aux extracteurs français du centre, qui n'ont cessé de demander la réduction des droits imposés sur les canaux et rivières, réduction sans laquelle ils ne peuvent plus soutenir la concurrence. (*Blanzy.*)

368. Précisément à l'époque où la navigation du canal de Saint-Quentin a été perfectionnée, les houillères du centre et du midi ont commencé de souffrir, ainsi que nous l'avons dit précédemment [10e question, n° 256]. (*Creuzot.*)

369. Depuis qu'on a fait l'abandon du canal à la nouvelle compagnie qui a su l'exploiter, et qui prélève un droit de navigation moindre que n'était l'ancien. La navigation est aussi devenue plus commode et plus facile : on transporte maintenant jusqu'à 3,000 hectolitres sur un bateau, tandis que la navigation difficile et irrégulière de la Loire ne permet d'employer que des bateaux qui, chacun, n'en contiennent que 450 à 500 au plus; et même, de Saint-Rambert à Roanne, on ne peut charger que des bateaux de 300 à 350 hectolitres. (*Paris C.*)

370. Il y a environ quatre ans, époque à laquelle la navigation sur le canal Saint-Quentin a obtenu de notables améliorations. (*Paris B.*)

371. La concurrence des charbons belges, favorisée par le canal de Saint-Quentin, ne s'est fait sentir aux exploitants du centre qu'en 1828, époque du perfectionnement dudit canal. (*Dunkerque. — Clermont.*)

372. Nous avons dit précédemment que les houilles d'Anzin étaient, en ce moment, à un prix au moins aussi élevé qu'en 1812. Nous pensons, en conséquence, que la facilité du transport par le canal de Saint-Quentin a été aussi favorable à ces houilles qu'à celles de Belgique. D'ailleurs, nous le répétons, il n'y a pas de concurrence entre ces deux sortes, puisqu'elles sont tout-à-fait dissemblables; et cela est tellement vrai, que les propriétaires des mines d'Anzin se sont vus dans la nécessité de prendre, à leur

compte, des extractions belges pour répondre à l'exigence de leur clientèle en *houilles flambantes.* (*Rouen B.*)

373. On n'a pas de données suffisantes pour répondre à cette question, en ce qui concerne les exploitations du centre : l'administration seule peut le faire. (*Vendée, Creuse A, Calais, Bordeaux A, Aveyron.*)

374. La production ayant toujours été, sinon en arrière, du moins au niveau de la consommation, il n'y a jamais eu de concurrence proprement dite entre les exploitations du centre et celles du nord. Le fait est tellement exact, que les prix se sont maintenus et améliorés progressivement depuis 1812.

En fait, les houilles belges, par leur spécialité, ne peuvent jamais devenir hostiles aux houilles françaises ; elles ne rencontreront de rivalité, sur les marchés français, que lorsque l'égalité du droit de douane amènera en leur présence les houilles anglaises. (*Rouen A.*)

375. La houille étant le seul combustible auquel l'industriel puisse avoir recours dans le nord de la France, le surcroît de valeur que le droit d'importation donne aux houilles belges et le prix élevé auquel la compagnie d'Anzin peut maintenir son charbon à la faveur de ce droit, font retarder l'adoption des moyens de fabrication qui nécessitent l'emploi d'une grande quantité de charbon. Chaque genre d'industrie, en supportant une partie de ce surcroît de valeur, ne saurait se présenter qu'avec défaveur sur les marchés étrangers, et réclame par conséquent des mesures prohibitives ou des droits d'importation très-élevés pour écarter de nos propres marchés les produits des nations rivales. Je signalerai surtout les établissements si nombreux dans notre département qui font ou pourraient faire usage de la vapeur comme force motrice ou moyen de transmission de la chaleur, tels que les filatures de coton, de lin et de laine, les teintureries et les blanchisseries, les huileries, les raffineries de sucre, etc.

La prospérité de nos verreries, de nos hauts-fourneaux et de nos affineries de fer, réclame aussi une diminution dans le prix du combustible. Beaucoup de nos hauts-fourneaux sont encore alimentés par le charbon de bois, malgré la proximité des houillères (*). (*Lille D.*)

(*) Les questions 15, 16, 17, 18 et 19 ont rapport plus particulièrement aux mines du centre et du midi. Le temps m'a manqué pour recueillir des renseignements suffisants pour répondre à ces questions. Je me suis particulièrement appliqué à démontrer que les compagnies du nord ne sauraient, avec justice, réclamer le maintien des droits sur les houilles belges. L'opposition contre l'abolition de ces droits, de la part des mines du centre et du midi, ne saurait être sérieuse : elle peut même paraître un acte de complaisance envers la compagnie d'Anzin. L'approvisionnement de Paris, qui aura toujours lieu, en grande partie, par les houillères de Saint-Étienne, à cause de la qualité de leur produit, n'est pas pour elles une question d'existence. En 1830, la consommation de Paris n'a été que de 884,000 quintaux, chiffre peu supérieur à celui de la consommation de la ville de Lille, et l'extraction des mines de la Loire s'est élevée, la même année, jusqu'à 7,000,000 quintaux. Le canal du Rhône au Rhin vient d'ouvrir pour ces mines, dans les nombreux établissements industriels de l'Alsace et de la Franche-Comté, un débouché bien aussi important pour elles que l'est l'approvisionnement de Paris. Les hauts-fourneaux du département du Doubs, alimentés encore par le charbon de bois, pourront permettre un grand développement dans l'exploitation des mines de la Loire. Les houillères de Champagny et Ronchamp (Doubs), jusqu'alors seules en possession de fournir à la consommation de l'Alsace, doivent avoir à redouter la concurrence des houilles de la Loire. Leur opposition à l'exécution du canal du Rhône au Rhin, réclamée par les intérêts généraux, eût été aussi fondée que le serait l'opposition des mines de Saint-Étienne contre la réduction ou la suppression des droits d'entrée des houilles belges.

(*Note du déposant.*)

SEIZIÈME QUESTION.

Quels résultats a-t-on reconnus, sur les lieux d'extraction dans le centre de la France, de la vente progressive des houilles belges à Paris?

376. D'empêcher les houilles du centre de fournir une plus grande quantité à la consommation de Paris. (*Paris B.*)

377. La vente de la houille française a diminué sur le marché de Paris, quoique l'usage de la houille fût progressif. (*Paris D.*)

378. Les résultats ont été une baisse de 25 p. 0/0 au moins sur le prix de la houille, au marché de Paris, et la ruine de plusieurs établissements, ainsi que nous l'avons déjà indiqué. (*Creuzot.*)

379. Une diminution considérable dans les profits, quelquefois même de la perte. On a vu des exploitants de Saint-Etienne ne trouver à se défaire de la houille, à Paris, qu'au prix de 45 francs, la voie de 12 quintaux métriques, c'est-à-dire à 7 francs, ou au moins à 5 francs au-dessous de leurs déboursés. (*D. G. Mines.*)

380. Il en est résulté des pertes croissantes et la ruine de quelques exploitants. (*Clermont.*)

381. Les résultats reconnus ont été ceux qu'il était impossible de ne pas prévoir. Du moment que les droits de navigation étaient maintenus en entier sur nos bateaux, sans qu'on en appliquât le montant à l'amélioration de nos rivières, suivant le vœu de la loi du 30 floréal an X; du moment, au contraire, que les charbons belges n'avaient à payer qu'un faible droit, souvent perçu sans rigueur, et que leur transport était devenu plus facile, plus prompt et moins dispendieux, il devait nécessairement en résulter une

réduction dans le nombre de nos expéditions, puis dans notre extraction. C'est ainsi que l'aisance dont jouissait la partie laborieuse de notre population a fait place à un état de malaise voisin de la misère. (*Grosménil.*)

382. L'ouverture et surtout l'amélioration du canal de Saint-Quentin ont créé pour les houilles de la Belgique une ère nouvelle de prospérité. Ce canal a coûté 14 millions, dont le Gouvernement a fait l'abandon à une compagnie ; c'est donc une prime annuelle de 700,000 francs accordée aux charbons de Mons qui suivent cette voie, et cette prime équivaut aux droits d'entrée.

Les frais de transport dont les houilles de la Loire sont grevées, de Saint-Étienne à Paris, sont à peu près les mêmes aujourd'hui qu'autrefois, tandis que l'économie sur le fret s'est élevée à 1 franc 50 centimes par hectolitre, de Mons à Paris, et cet état de choses sera encore amélioré, en 1833, après la canalisation de l'Oise. (*Saint-Étienne.*)

383. Nous répétons que nos mines du centre, qui approvisionnaient presque exclusivement le marché de Paris, ont été obligées de renoncer, en majeure partie, à ce débouché si important pour elles.

Ainsi, les mines de Blanzy particulièrement, qui versaient annuellement de 3 à 400,000 hectolitres de houille à Paris, jusqu'en 1827, en ont à peine versé 50,000, par an, depuis cette époque, quoique le prix de *revient* de cette mine, sur le carreau des puits, ne soit certainement pas plus élevé que celui des mines belges. (*Blanzy.*)

384. Ainsi les houilles du midi, privées de voies de communication sûres et économiques, n'ont pu que recevoir un coup mortel par les avantages qu'a offerts aux Belges la navigation du canal de Saint-Quentin ; et si, malgré le droit de 33 centimes perçu sur leurs houilles, nous n'avons pu combattre leur concurrence que par des sacrifices immenses, il faut dire qu'en déchargeant ces houilles de ce droit, ce sera vouloir consommer la ruine des exploitations françaises, et donner la mort aux intéressantes et nombreuses populations qu'elles font vivre.

Déjà le marché de Paris, si important, leur est fermé. La Basse-Loire, la Seine-Inférieure tirent presque tous leurs charbons de la Belgique, et,

pour peu qu'on les favorise encore, les Belges viendront porter leurs pro- 16e Question.
duits jusques chez les consommateurs locaux des houilles françaises.

(*Decize.*)

385. En 1817, l'importation n'excédait guère 2,500,000 hectolitres,
dont 1,700,000 entraient par la barrière du nord.

Pendant les années 1829, 1830 et 1831, elle s'est élevée, moyennement, à plus de 5,700,000 hectolitres, dont 4,435,491 entrés par cette
même barrière et provenant exclusivement de Mons ; ce qui ne peut
laisser aucun doute sur l'effet résultant des améliorations apportées aux
communications sur cette ligne.

En face de cette énorme introduction, les mines d'Anzin,
Aniche, etc., ont fourni environ.................... 4,500,000[h]
Les mines du centre n'ont pu vendre que............ 2,000,000
C'est moins qu'elles n'avaient vendu depuis bien des années.

Ainsi, dans toute cette opulente partie du royaume qui s'alimente par
la Loire, la Seine et l'Oise, les extractions françaises n'ont versé que
800,000 hectolitres de plus que les extractions étrangères.

(*C. G. Man.*)

386. Les extractions du centre ont peu souffert de la vente progressive Peu ou point de mal.
des charbons belges à Paris, attendu que l'industrie qui les consomme n'a
pris de l'extension qu'à l'époque à laquelle ces mêmes charbons belges ont
pu atteindre plus facilement Paris, par le canal de Saint-Quentin. Le midi
et le centre continuent d'envoyer à Paris, comme avant l'ouverture du canal de Saint-Quentin et presque sans diminution de quantité, le Saint-
Étienne pour les forgerons, et le Blanzy pour faire des briquettes ou
pour vendre, sous la dénomination de Saint-Étienne, pour la forge, après
l'avoir amalgamé avec du véritable Saint-Étienne. Les forgerons de Paris
et des environs ne veulent que de cette dernière qualité. (*Dunkerque.*)

387. Nous pensons que cette concurrence a été nulle, les exploitations
du centre trouvant, dans leurs circonscriptions, des débouchés suffisants
pour leur production ; et d'ailleurs, la difficulté du transport jusqu'à Paris
leur en interdit presque entièrement l'accès. (*Rouen B.*)

388. Il serait difficile aux extractions du centre de la France d'établir que la vente des houilles belges, soit à Paris, soit en tout autre lieu, ait produit sur elles une influence quelconque, les prix s'étant maintenus à des taux plus élevés que ceux des houilles en question, et la production pouvant à peine satisfaire à la consommation. (*Rouen A.*)

DIX-SEPTIÈME QUESTION.

Quels sont les lieux où la concurrence des houilles étrangères se fait le plus particulièrement sentir?

389. Les départements du Nord, de l'Aisne, de l'Oise, de la Seine, de la Seine-Inférieure, du Calvados, tout le littoral de la Manche et celui de l'Océan. (*D. G. Mines.*)

390. La concurrence des houilles belges se fait particulièrement sentir dans les départements du Nord, du Pas-de-Calais, de la Somme, de l'Aisne, de l'Oise, de la Seine-Inférieure, et aussi dans tous les ports de la Manche et de l'Océan.

La concurrence des houilles anglaises a déjà pénétré dans tous les ports de la Manche et de l'Océan, dans le département de la Seine-Inférieure jusqu'à Rouen, dans celui de la Loire-Inférieure, sur la Loire jusqu'à Angers et même jusqu'à Tours. (*Anzin.*)

391. La concurrence des houilles étrangères se fait sentir partout, mais principalement dans les départements au nord de la Loire; les produits qui ne peuvent s'écouler refluent aux sources. (*Creuzot.*)

392. La concurrence des houilles étrangères se fait plus particulièrement sentir sur les mines du centre de la France, qui éprouvent de grands désavantages à Paris, Nantes, Bordeaux et Rouen. (*Blanzy.*)

393. Paris, pour la Belgique; la Loire, à partir d'Angers, pour l'Angleterre. (*Clermont.*)

394. Le marché de Paris et ceux des villes du nord. (*Paris B.*)

1.ʳᵉ Question.

395. Paris, où la concurrence se faisait sentir, mais où elle tend sans cesse à diminuer. Il n'y a que que le charbon de Saint-Étienne qui soit encore préféré pour la forge et pour la fabrication du coke destiné aux fondeurs en cuivre. (*Paris D.*)

396. S'il s'agit des lieux d'exploitation, les mines d'Auvergne sont celles qui les premières ont eu à souffrir **de** cette concurrence.

S'il s'agit des lieux de consommation, ce sont les places où il nous est interdit de nous montrer, telles que la Haute Seine, Paris, Rouen, Nantes, et même, à présent, Angers et ses environs. (*Grosménil.*)

397. C'est à Paris que les arrivages de houilles étrangères ont nui le plus à nos intérêts, et ce débouché nous est indispensable pour nos charbons menus (près des trois quarts de nos extractions), dont on ne peut se défaire à aucun prix, et que l'administration des mines oblige à extraire dans un but de conservation de la richesse minérale. Il en résulte une perte énorme qui obligera d'abandonner un grand nombre de mines, et leur fermeture fera hausser considérablement la valeur du combustible.
(*Saint-Étienne.*)

Bordeaux.

398. La concurrence des houilles étrangères se fait particulièrement sentir à Bordeaux, où le charbon anglais rencontre les charbons de l'Aveyron ; au Havre, où le charbon anglais en roche rencontre le Mons *flénu*, et sur toute la côte (de Dunkerque à Bayonne), où le charbon anglais menu gailleteux rencontre l'Anzin, c'est-à-dire, où il est accueilli à l'exclusion de tous les charbons français. (*Dunkerque.*)

Dans la Charente.

399. On ose assurer que, malgré l'éloignement où elle se trouve de l'Angleterre et de la Belgique, l'embouchure de la Charente est la localité où la concurrence des houilles étrangères se fait le plus sentir. En effet, comme on l'a déjà dit (V. 14ᵉ question, nᵒˢ 341 et 347), les navires du nord qui viennent charger des eaux-de-vie de Saintonge arriveraient sur leur lest, et le transport du liquide payerait le voyage. Mais la faiblesse du droit sur les houilles étrangères permet d'en prendre un grenier avec avantage,

et alors on les livre à quelques centimes de plus qu'au lieu de l'extraction. Où trouver une concurrence plus forte et mieux caractérisée? (*Vendée.*)

17e Question.

400. Nantes, où les houilles anglaises de Newcastle et de Newport et celles de Belgique, venant par Dunkerque, sont apportées en grandes quantités. Ainsi, sur cette seule place, l'importation étrangère entre pour plus du quart dans la consommation.

	ENTRÉE à Nantes.	CONSOMMATION de la ville.	HOUILLES étrangères.
En 1829.	81,715 hect.	60,515	17,791
1830.	90,750	64,698	17,791
1831.	72,597	53,174	18,080
1832. (3 trim.)	60,087	.	.

(*Languin.*)

401. Nantes, pour nous. Voici le tableau des importations étrangères, par ce port, pour la consommation, pendant les quatre années écoulées, excepté pour 1828, en ce qui concerne l'Angleterre :

	Angleterre au droit de 1 franc.	Belgique par Dunkerque, où le droit de 60 cent. est perçu.
1828	. hect.	46,742 hect.
1829	16,741	51,887
1830	11,231	72,290
1831	17,012	54,785
	44,984	225,704
Moyenne..........	14,995	56,426

(*Montrelais.*)

402. Cette concurrence doit se faire plus particulièrement sentir dans tout le littoral de l'ouest au nord. (*Rouen B.*)

Loire-Inférieure.

403. Il n'y en a aucune : au contraire, la spécialité de la qualité de la houille belge ou anglaise en fait réclamer la libre introduction par beaucoup de localités. (*Rouen A.*)

404. Il n'existe pas de concurrence dans notre localité. On se sert généralement du charbon de Mons; c'est presque une nécessité absolue. (*Calais.*)

Réponses tendant à établir qu'il n'y a pas de concurrence réelle, puisque, sur les points où arrivent les houilles étrangères, celles de France ne pourraient pas se produire à des prix supportables.

DIX-HUITIÈME QUESTION.

Si les marchés de Paris et de l'Est échappaient à l'Auvergne et à Saint-Étienne, les mines de ces contrées cesseraient-elles d'être en progrès, ou n'ont-elles pas un débouché suffisant dans la consommation de 40 départements avec lesquels elles communiquent par le Rhône, la Loire, des canaux et des chemins de fer, et par la consommation de Lyon, qui seule absorbe plus de deux millions d'hectolitres?

105. Pour répondre à cette question, il faut examiner en eux-mêmes les rapports qui existent entre le bassin de la Loire et celui de la Seine.

La Chambre de Commerce de Lille évalue à 500,000 hect. la quantité de charbon provenant des mines du Midi qui arrive à Paris, et elle attribue, dans cette quantité, 300,000 hectolitres aux mines de Saint-Étienne, et 200,000 à celles de Rive-de-Gier. Les mines de Rive-de-Gier sont complétement désintéressées dans la question : leur produit se consomme exclusivement dans le bassin du Rhône. Quant au bassin de la Seine, la consommation de la banlieue de Paris est encore plus considérable que celle de la capitale elle-même. Ce qui est destiné à l'intérieur de Paris y entre partie par eau, partie par les barrières. Il est très-difficile d'évaluer, dans les entrées par terre, les différentes provenances; mais il est au moins incontestable que tout ce qui entre par les ports d'amont de la Seine vient de la Loire. Or, voici le tableau de l'entrée des charbons à Paris par les ports d'amont depuis quatorze ans.

(Suit le Tableau.)

BATEAUX de houille qui ont passé par le canal du Loing. 18ᵉ QUESTION.

ANNÉES.	NOMBRE de BATEAUX.	QUANTITÉS en HECTOLITRES.
1818	1,930	1,303,750
1819	1,869	1,361,675
1820	1,740	1,174,800
1821	1,506	1,016,550
1822	1,905	1,285,675
1823	1,932	1,304,100
1824	2,264	1,840,800
1825	1,139	768,825
1826	1,874	1,332,580
1827	2,161	1,458,675
1828	1,508	1,017,900
1829	1,552	912,560
1830	1,107	747,825
1831	1,477	996,995
TOTAUX...	23,234	16,121,700

Ce tableau donne la véritable consommation du bassin de la Seine; les charbons du nord et du midi se rencontrent, suivant les variations des prix, au-dessus et au-dessous de Paris.

La concurrence des charbons belges, les perfectionnements introduits, depuis quelques années, dans la navigation de Mons à Paris, beaucoup plus courte que celle de Saint-Étienne, ont réduit les prix des charbons de la Loire au taux le plus bas auquel ils puissent arriver. Les mariniers qui franchissent les cent vingt lieues de Saint-Étienne à Paris ne peuvent pas, au prix actuel, manger de la viande et boire du vin qui leur seraient nécessaires pour pouvoir se soutenir au milieu des travaux pénibles de leur profession. Le compte des frais ordinaires de *revient*, en 1829, d'une équipe partie d'Andrezieux, donne, par voie de Paris, une somme de 61 francs (*). Or le prix en est tombé à 45 et même 40 fr., et la différence

(*) Voir le tableau, page 16.

31

donne la mesure des pertes du commerce et des souffrances des ouvriers. Un degré de plus, et les charbons du midi seraient complétement exclus du bassin de la Seine. La supériorité très-reconnue de leur qualité ne les en préserverait pas; elle peut être évaluée de 12 à 15 pour o/o du prix du charbon belge, et la suppression des droits compenserait cette différence.

Les intérêts des usines ne sont pas les seuls qu'il faille considérer dans cette circonstance. L'hectolitre de charbon de forge, qu'on obtient à Saint-Étienne sur la mine pour 40 cent., vaut 4 fr. rendu à Paris; toute la différence passe en droits de navigation payés au Trésor ou aux propriétaires des canaux, en bois employé à la construction des bateaux, et en main-d'œuvre d'ouvriers répartis sur toute la route de Saint-Étienne à Paris. Ainsi, sur une équipe de 8,900 hectolitres, dont la valeur sur la mine est de 3,560 à 4,000 fr., il y a une dépense de plus de 9,000 fr. pour le bois et la construction des bateaux, près de 9,000 fr. de main-d'œuvre de mariniers, et 2,300 fr. de droits aux péages.

La valeur des bateaux est moyennement de 330 fr. environ.

L'exclusion des houilles de la Loire des marchés de Paris ôterait donc presque toute leur valeur aux forêts des montagnes qui séparent le bassin de la Loire de celui de l'Allier, et priverait de véhicules les vins et les autres denrées des parties intermédiaires de la rivière, qui se transportent sur les bateaux délaissés par la houille, dans les divers transbordements qui ont lieu pendant ce voyage. (*Loire C.*)

406. Pour apprécier l'importance du marché de Paris, quant aux mines de la Loire, voici un calcul qui mérite quelque confiance. L'extraction du département de la Loire est d'environ 7,000,000 hectolitres par an. Sur cette quantité, 4,000,000 à 4,500,000 appartiennent au bassin de Rive-de-Gier et au versant du Rhône, et sont complétement désintéressés dans la question. Le reste appartient au bassin de la Loire, et 12 à 1,400,000 hectolitres sont embarqués sur ce fleuve : une portion se dépose sur ses bords, et le reste forme la plus grande partie du tonnage en combustible des canaux de Briare et du Loing, qui a été donné plus haut. On peut en conclure que l'interdiction du marché de Paris porterait un coup mortel aux exploitations du bassin de Saint-Étienne. (*Loire B.*)

407. Nous renvoyons à ce que nous avons déjà dit sur ce point (4ᵉ question, n° 114). Nous ajouterons que ni les mines de l'Auvergne, ni celles de Saint-Étienne ne concourent à l'approvisionnement des départements que traverse le Rhône. Rive-de-Gier seul expédie ses produits par ce fleuve, à l'aide du canal de Givors. (*D. G. Mines.*)

408. Si les marchés de Paris et de l'Est échappaient à l'Auvergne, à la Nièvre et à Saint-Étienne, les exploitations houillères de cette partie de la France cesseraient d'être en progrès; elles pourraient peut-être rester stationnaires jusqu'au moment où, de proche en proche, l'envahissement de la consommation par les houilles étrangères aurait atteint celle des parties centrales; alors toutes les exploitations françaises du centre seraient inévitablement en position rétrograde. (*Anzin.*)

409. Il est certain que la baisse dans le prix des charbons étrangers diminuerait l'écoulement des houilles de l'Auvergne et de Saint-Étienne sur les marchés de Paris et de l'Est; et l'on doit penser que ces mines n'auraient pas un débouché suffisant dans la consommation des départements avec lesquels elles communiquent. (*Paris B.*)

410. Ce qui résulterait de la perte du marché de Paris pour nos houillères du centre?

Décadence complète; la consommation locale étant très-bornée, et ne demandant presque qu'une seule espèce de produits, la houille en gros morceaux, tandis que le menu extrait, qui s'élève au quadruple en poids, n'aurait plus aucune valeur. (*Clermont.*)

411. C'est à tort que l'on confond ici les mines d'Auvergne et de Saint-Étienne. Les premières n'ont aucun débouché avec l'Est, et ne peuvent plus depuis longtemps diriger d'expéditions sur Paris. Si les exploitants de Saint-Étienne, qui ne peuvent guère écouler que la moitié de leurs produits, soit par la consommation locale, soit par la consommation des départements voisins, étaient forcés de renoncer à approvisionner Paris, il faudrait bien qu'ils recherchassent aussi des débouchés par la Loire pour l'autre moitié, et s'établissent en guerre avec ceux d'Auvergne, qu'ils bar-

31.

reraient au Bec-d'Allier. La lutte ne pourrait pas être longue; car les exploitants de Saint-Étienne auraient, pour la soutenir, les bénéfices qu'ils se procureraient par l'écoulement de la première moitié. Les mines d'Auvergne se trouveraient donc réduites aux départements de la Haute-Loire, du Puy-de-Dôme et d'une portion de la Nièvre et de l'Allier, le tout pour une consommation de 200,000 hectolitres, dont 130,000 hectolitres de gros et 70,000 hect. de forge; mais comme, pour obtenir 130,000 hect. de gros, il faut extraire 800,000 hectolitres de charbon, il en résulte que nous serions dans la nécessité d'arrêter nos extractions, ne pouvant pas raisonnablement tirer 670,000 hectolitres de charbon menu, dont nous ne saurions que faire, pour nous procurer 130,000 hectolitres de gros, seule qualité qui convienne à la consommation des points que nous venons d'indiquer. (*Crosménil.*)

112. Les marchés de Paris et de l'Est sont perdus, de fait, pour l'Auvergne, et sur le point d'échapper à Saint-Étienne, puisqu'ils n'offrent aucune chance de bénéfice; il en résulte que le cercle de nos débouchés se resserre chaque jour, malgré la création de canaux et chemins de fer dont les tarifs sont encore beaucoup trop élevés.

Nous convenons cependant que, si dans les départements qui nous environnent, l'industrie vient à prendre une grande activité, si la navigation fluviale est améliorée, et les tarifs des nouvelles voies de communication considérablement réduits, les vallées de la Loire et du Rhône pourront nous suffire; mais, qu'on ne s'y trompe pas, l'établissement et l'existence de ces entreprises projetées ou en cours d'exécution dépendent du maintien de l'ordre de choses actuel : la houille devant former leur principal tonnage, d'immenses capitaux seraient compromis, si la législation sur la foi de laquelle ils s'engagent était modifiée. (*Saint-Étienne.*)

113. Nous ne sommes pas en position d'expliquer la condition des houillères situées dans d'autres bassins; nous ne nous sommes occupés dans la réponse aux questions qui précèdent que des mines de Blanzy, parce qu'elles se trouvent dans la même condition que les mines de Saint-Étienne et de l'Auvergne. (*Blanzy.*)

414. Si ces marchés étaient réellement accessibles aux mines de l'Auvergne, de Decize et de Saint-Étienne, comme ils devraient l'être, par des voies de communication faciles et des moyens de transport économiques, assurément les Belges n'y conserveraient pas longtemps l'espèce de monopole qu'ils y exercent, et nos exploitations deviendraient aussi florissantes qu'elles sont languissantes aujourd'hui ; mais rien ne les favorise, et la consommation des localités qui les entourent est bien insuffisante pour absorber l'immense production dont elles sont susceptibles.

(*Decize.*)

415. Si les houilles belges arrivaient, sans entraves, à Paris et dans l'Est, les mines de Saint-Étienne et d'Auvergne perdraient d'importants débouchés. (*Creuse A.*)

416. Les marchés de Paris et de l'Ouest ont déjà échappé à l'Auvergne et à Saint-Étienne, et ces mines ont depuis longtemps cessé ou de travailler ou d'être en progrès.

En diminuant le droit qui affecte aujourd'hui les houilles étrangères, on provoquera l'importation de plus fortes quantités. La consommation intérieure ne s'accroîtra pas d'autant ; l'Auvergne et Saint-Étienne verront diminuer encore la vente de leurs produits, qui déjà est insuffisante. Les quarante départements dont on parle ne sont pas très-consommateurs de houille ; l'intérieur de la France n'en use pas : il ne s'y trouve pas assez d'industrie et il y a trop de bois de chauffage pour que la houille y soit recherchée. (*Creuzot.*)

417. La perte de ces marchés serait un grand malheur pour toutes les mines du centre, et particulièrement pour celles de Blanzy qui possèdent de grandes richesses houillères, qui alimentent une nombreuse population, et dont le développement progressif mérite toute la protection du Gouvernement.

Il est certain que ces mines ne trouveraient pas dans la consommation de Lyon et des départements dont parle la question, les débouchés nécessaires à l'écoulement de leurs produits. Il faut faire attention qu'une partie de ces départements use peu ou n'use pas de houille, soit parce que l'industrie n'y est pas encore assez développée, soit parce que le bois de chauffage y est à trop bas prix. Au surplus, il suffit, pour se convaincre de la vérité de cette réponse, de remarquer que, malgré ce débouché, ces mines n'ont cessé de réclamer, dans l'abaissement des droits de navigation intérieure, une protection qui leur permette de donner à leurs relations l'extension dont elles ont besoin pour se soutenir. (*Blanzy.*)

418. Nous avons déjà dit, pour ce qui nous regarde (V. 4e quest., n° 99), que l'abaissement du tarif nous tuerait sur le coup ; et, à la 5e quest. (V. n° 134), que les charbons étrangers, débarrassés de notre concurrence, remonteraient la Loire jusqu'à Angers, et tout le cours de la Mayenne : or, dans cette partie du bassin de la Loire, les mines de Saint-Étienne et de l'Auvergne placent des quantités considérables de leurs produits, en concurrence avec les nôtres : donc, c'est une erreur de croire que les marchés de Paris et de l'Est seraient seuls envahis par les charbons étrangers. Des quarante départements que l'on imagine devoir, dans tous les cas, être réservés aux mines de l'Auvergne et de Saint-Étienne, il faut au moins retrancher un tiers, si l'on veut rester dans le vrai. (*Montrelais.*)

419. Le bassin de Commentry, l'un des plus riches qu'on connaisse, est tout à fait sans valeur, faute de moyens de communication. Il est susceptible de fournir d'immenses produits sur la Loire, et de les livrer à très-bas prix, quand le canal du Cher sera terminé. Les houilles pouvaient cependant arriver à Paris avant le perfectionnement de la navigation sur le canal de Saint-Quentin.

Les houilles de l'Aveyron trouvent leur emploi dans une fabrication considérable de fer sur place. La canalisation du Lot leur permettrait seule de déboucher leurs produits en nature.

Les houilles d'Alais vont également trouver leur emploi dans une fabrication de fer sur place. Il est, en outre, à peu près certain qu'il va s'établir un chemin de fer entre Alais et Beaucaire, et, dès-lors, les houilles de ce canton arriveront facilement à des points de grande consommation.

Les exploitations d'Épinac (Côte-d'Or) ont fait d'énormes avances pour la construction d'un chemin de fer qui portera leurs produits sur le canal de Bourgogne, de là à Paris et dans les départements de l'Est. Ce canton est des plus heureusement situés ; il aura de très-bons moyens de communication, et cependant la concurrence des houilles de Mons le gênera encore considérablement. On peut juger, d'après cela, ce qu'est cette concurrence pour les bassins de l'Auvergne, de Saint-Étienne et du Centre. (*Creuzot.*)

420. Paris forme, ce nous semble, la ligne de démarcation entre les deux marchés du nord et du midi ; pas de doute que le champ ne fût assez vaste, si les régions au-dessous du nord étendaient leur industrie et leur consommation, à l'instar de nos habitants du nord qui s'en trouvent parfaitement. (*Paris D.*)

421. Ce qui s'est passé, sur les marchés de Paris et dans l'est, depuis quinze ans, prouve assez que chaque production houillère a pris une position fixe, et s'est ouvert un débouché suffisant, puisqu'il n'y a eu d'encombrement sur aucun point de production. (*Rouen A.*)

422. Comme nous l'avons dit à la 16e quest. (V. n° 387), les houilles du centre, favorisées par les moyens de communication qui leur facilitent l'accès des points qu'elles doivent approvisionner, trouvent l'écoulement de leurs produits. (*Rouen B.*)

423. Nous l'avons déjà dit (7e question, n° 169) : tout nous porte à croire, qu'alors même que les barrières qui s'opposent à l'introduction libre des charbons étrangers seraient levées, la consommation, accrue par la baisse des prix, et bien plus encore par les besoins toujours croissants de ce combustible précieux, fournirait à nos houillères, sans distinction, un écoulement suffisant pour leur conserver un développement progressif. (*Lille A.*)

424. En perdant les marchés de Paris et de l'Est, les mines d'Auvergne et de Saint-Étienne seraient privées de débouchés qui ne sont pas importants pour elles. (*Aveyron.*)

125. Les marchés de Paris étant une faible ressource pour les mines de Saint-Étienne et de l'Auvergne, la perte de ces marchés n'arrêterait pas les progrès de ces extractions qui sont largement favorisées par le Rhône et la Loire. (*Dunkerque.*)

126. La prétention des usines du centre de conserver l'approvisionnement du marché de Paris est-elle fondée?

Malgré le droit de douane qui pèse sur les charbons belges, nous demanderons si les usines de Saint-Étienne peuvent actuellement soutenir la concurrence de ces charbons sur le marché de Paris?

Les exploitants se chargent eux-mêmes de nous répondre. Ils nous disent que, depuis les améliorations faites au canal de Saint-Quentin, l'abaissement du prix du fret sur les charbons belges les met hors d'état de soutenir la concurrence; ils le prouvent par la progression croissante de la consommation de ces charbons, pendant que la consommation des leurs est restée stationnaire.

Que faudrait-il donc pour replacer les charbons de Saint-Étienne dans leur ancienne position à l'égard de la capitale? Il ne faudrait rien moins qu'un droit de douane équivalant à l'abaissement des frets. C'est la conséquence directe de leur prétention à conserver le marché de Paris. Ils établissent qu'un droit de douane double de celui actuel ne rétablirait même pas l'équilibre.

Y a-t-il quelque raison dans une semblable prétention? Quoi! un droit de douane serait destiné à racheter l'avantage d'une navigation moins coûteuse de Mons à Paris! Et nous, qui ne sommes pas sur cette ligne, mais qui pourtant ne pouvons consommer que du charbon de Mons pour certains usages, nous supporterions également ce droit de douane? On nous ferait contribuer de notre bourse aux améliorations du canal de Saint-Quentin ou de l'Oise, et le résultat de chaque amélioration nouvelle serait de nous faire payer le charbon plus cher, dans la proportion de l'économie possible sur les frets! Est-ce là de l'équité?

Il faut le reconnaître, on lutte vainement contre des conséquences inévitables. Par l'amélioration du canal de Saint-Quentin, les mines belges et celles d'Anzin ont été rapprochées de Paris. Cette capitale, qui se trouvait auparavant à la limite du rayon de consommation des mines du centre et des mines du nord, est à peu près perdue pour les premières. Elle consommera de plus en plus les charbons du nord, parce qu'ils y seront à plus bas prix : c'est un malheur pour les mines du centre ; mais c'est le résultat inévitable de la grande amélioration qui a eu lieu.

Si les usines du centre n'ont pas un rayon d'écoulement assez étendu, qu'elles cherchent à l'étendre par des améliorations dans le système de canalisation et de chemins de fer qui débouche leurs produits ; nous y applaudirons de grand cœur : c'est là qu'elles doivent chercher secours plutôt que dans la protection injuste des droits de douane.

Ces mines demandent l'abolition des droits de navigation : cela ne remédierait pas à leur malaise ; les autres exploitants français auraient droit à la même faveur, et les mines du nord conserveraient toujours l'avantage d'une navigation beaucoup plus prompte, et, partant, beaucoup moins coûteuse. Ce n'est pas une réduction des droits de navigation qui a fait baisser les frets d'Anzin à Paris, c'est la possibilité de multiplier les voyages. Nous nous abstenons d'examiner l'effet de la suppression des droits de navigation relativement à la convenance de confier certaines améliorations à l'intérêt privé des concessionnaires.

D'après les calculs présentés par les mines de Saint-Étienne, elles produisent à meilleur marché que toutes les autres mines. Ainsi, le prix d'extraction est, pour le charbon mélangé :

A Saint-Étienne, de   40 centimes par hectolitre,
En Angleterre.....   54
A Mons.........   58

J'ai lieu de penser que la différence est encore plus grande, et que le prix moyen d'extraction à Mons n'est pas au-dessous de 65 centimes l'hectolitre.

Ce qui est plus positif que des calculs de prix de *revient* auxquels il serait facile de donner des pendants contraires qui ne prouveraient rien de plus, c'est que le prix du charbon mélangé, aux lieux d'embarquement, est,

A Saint-Étienne........   60 centimes l'hectolitre ;
A Mons..............   90

32

Ainsi donc, nous, consommateurs du département du Nord, nous payons
90 centimes des charbons que les consommateurs du rayon naturel des
mines du centre ne paient que 60 centimes : c'est là certainement un
avantage que nous devons leur envier. Il semble extraordinaire que, peu
satisfait d'en jouir (*), on veuille encore aggraver notre position en ne
permettant pas aux charbons belges de nous arriver sans être chargés d'un
gros droit de douane.

Que les mines du centre se renferment dans le rayon naturel dont elles
ne sont sorties que par le mauvais état de la navigation du canal de Saint-
Quentin et l'établissement des droits de douane; qu'elles travaillent là à
se créer des consommateurs par l'amélioration des communications, et
désormais elles n'auront plus rien à craindre. Mais si elles cherchent à
étendre ce rayon au-delà de ses limites naturelles, elles n'auront qu'une
prospérité factice, susceptible d'être compromise par le moindre changement dans les communications ou les lois de douane.

On insiste, et l'on dit : Avant de changer ces lois, permettez au moins
que nous puissions travailler à améliorer nos communications, et nous
pourrons ensuite soutenir la concurrence à Paris.

On s'enferme ici dans un cercle vicieux. En effet, on veut conserver
aujourd'hui le droit de douane pour avoir la possibilité d'améliorer les
communications; mais, quand on aura obtenu ce premier point, on étendra
le rayon d'écoulement, en vertu de ces mêmes droits de douane et des améliorations opérées; et, quand nous viendrons de nouveau demander la suppression du droit, on nous répondra qu'on ne peut y consentir, parce
qu'il faudrait réduire la production des mines du centre. En effet, alors
comme à présent il s'agit de les faire rentrer dans des limites dont elles
n'auraient jamais dû sortir, et qui n'auront été étendues qu'à la faveur du
droit de douane.

Mais cet approvisionnement de Paris, dont on fait tant de bruit, est-il
donc si important qu'on le dit? Comparons-le à la production totale des
mines du centre, et voyons si l'écoulement qu'elles y ont trouvé a conservé quelque proportion avec leur développement successif.

(*) Sont-ce les consommateurs ou les producteurs qui se plaignent de jouir du prix de 60 centimes? (*Note de la Commission d'enquête.*)

La production totale du centre est évaluée à environ 7,000,000 hectolitres.

La consommation de ces charbons à Paris, en 1831, a été d'environ
400,000 hectolitres.

La consommation de Paris n'est donc que le dix-huitième à peu près de
la production totale.

La consommation de Paris, qui était, en moyenne,

En 1818 ⎫
   1819 ⎬ de............ 343,058 hectolitres.
   1820 ⎭

était aussi, en moyenne,

En 1829 ⎫
   1830 ⎬ de............ 388,897 hectolitres.
   1831 ⎭

Différence en plus...... 45,239 hectolitres.

C'est une augmentation d'environ un huitième dans une période de dix
à onze ans.

Pendant ce temps, la production totale des mines de Saint-Étienne
marchait suivant une progression bien autrement rapide.

Elle était, en 1812, de. . 1,200,000 hectolitres environ.

en 1825. . . . 5,500,000

en 1830. . . . 7,000,000

Si des chiffres de 1812 et 1825 on conclut à celui de 1818 à 1820, on
peut le porter, par approximation, à 3,500,000 hectolitres. La production
des mines de Saint-Étienne aurait donc doublé, alors que la consommation
des charbons du midi n'était augmentée, à Paris, que d'un huitième.

La conservation du marché de Paris n'est donc pas aussi essentielle
qu'on voudrait le faire croire à la prospérité des mines de Saint-Étienne.

On a reproché au Gouvernement de s'inquiéter davantage de la prospérité des mines étrangères que de celle des mines françaises : un pareil
reproche ne saurait lui être adressé. Ce n'est pas dans l'intérêt des mines
belges que nous réclamons la réduction du droit d'entrée, mais, avant

32.

tout, dans l'intérêt de l'industrie française. Pour soutenir la concurrence des producteurs étrangers, elle sent le besoin de produire à bas prix; pour étendre rapidement les effets de la vapeur, il faut du charbon à bas prix. La houille devant être considérée comme un article de première nécessité pour notre industrie, ce n'est pas elle qu'il faut frapper d'un droit trop pesant, qui en arrêterait l'essor. Pour nous, un pareil droit aggrave, sans compensation, une position déjà moins avantageuse que celle d'autres parties de la France, puisque la production est plus chère dans nos mines que dans celles du centre.

Le droit de douane n'étant pas fiscal, nous en demandons la réduction, et nous croyons y avoir des droits fondés. Il est aussi injuste de percevoir un droit destiné à mettre en équilibre le prix de la houille belge et le prix de la houille de Saint-Étienne sur le marché de Paris, qu'il le serait de vouloir que, en raison du bas prix auquel on extrait à Saint-Étienne, le Gouvernement augmentât la redevance que ces mines payent au Trésor, pour rendre leur production aussi chère que celle de Mons et d'Anzin.

Une autre argumentation a été employée : On a dit que, si l'approvisionnement et une partie de notre consommation intérieure étaient livrés aux producteurs étrangers, l'avantage qu'on y trouverait ne serait pas de longue durée, parce qu'une fois débarrassés de la concurrence nationale les étrangers se coaliseraient pour élever leurs prix.

Ce n'est pas sérieusement qu'on a pu faire une semblable objection. Quelque importante que soit la consommation de la France, ce qu'elle aura à demander à l'étranger ne sera jamais qu'une faible portion de ce que les mines étrangères produisent déjà pour leurs consommateurs actuels. Mons, qui fournit maintenant aux bassins de la Seine et de la Somme environ 750,000 hectolitres, en produit 15,000,000. La production anglaise, presque entièrement absorbée par la consommation du pays, est immense; nous regrettons de n'en pouvoir donner le chiffre (*) : il semblerait fabuleux, si l'on ne connaissait pas toute l'importance de l'industrie anglaise. Quelle raison de supposer une coalition entre les producteurs étrangers? N'y aurait-il pas bien plus de motifs de la supposer pos-

(*) Voir le tableau, page 12. (*Note de la commission d'enquête.*)

sible entre les producteurs français, dont les idées sont restées si prohibitives? et cependant ils savent mieux que personne ce qui en est.

Quant à la supposition d'une guerre, nous demanderons si la crainte d'un mal momentané doit nous faire abandonner les avantages permanents que la paix peut nous procurer? La guerre est-elle l'état normal de la société? Doit-on se constituer exclusivement pour répondre aux exigences de ces époques transitoires? D'ailleurs, le but de la législature ne devrait-il pas être d'intéresser le pays et l'étranger à la paix, par les avantages réciproques qu'elle procure?

Tout ce que nous avons dit de Saint-Étienne s'applique, à bien plus juste titre, aux mines de l'Auvergne, qui ne fournissent presque plus rien à Paris.

J'ai la conviction profonde qu'en défendant notre cause nous défendons en même temps les intérêts généraux du pays, je dirai plus, les intérêts bien entendus des mines du centre elles-mêmes. (*Lille A.*)

18e Question.

DIX-NEUVIÈME QUESTION.

Après avoir répondu à ces questions, qui concernent plus spécialement les mines françaises du Nord, de Saint-Étienne et de l'Auvergne, il sera nécessaire d'expliquer séparément la condition des houillères situées dans d'autres bassins, en suppléant à toutes les questions particulières dont la réponse doit faire connaître l'état et la progression de ces mines, et ce qu'elles peuvent avoir à attendre des effets d'un tarif quelconque.

(Les explications provoquées par cette question ont pris place, soit à la suite des réponses dont elles étaient le développement, soit parmi les *Considérations générales* qui se trouvent réunies sous le n° 52.)

VINGTIÈME QUESTION.

Le surcroît de valeur que le droit d'importation donne aux houilles a-t-il pour résultat de faire que certains genres de fabrication ne puissent s'établir, ou que des fabriques établies diminuent ou suppriment l'emploi de ce combustible?

427. Oui, évidemment. (*Calais.*)

428. Le surcroît de la valeur que le droit d'importation donne aux houilles belges a pour résultat d'empêcher certaines fabrications de s'établir dans les départements du nord, et oblige aussi certaines fabriques à en restreindre beaucoup la consommation qui pourrait s'étendre, sans cela, avec grand avantage. (*Oise.*)

429. Il n'est pas douteux que le droit qui frappe les houilles belges ne soit cause que certaines industries ne peuvent se soutenir, et en empêche d'autres de s'établir. Le charbon est aujourd'hui si nécessaire à l'industrie qu'on peut le considérer comme la base fondamentale de la production; le prix auquel il revient dans notre localité nous empêche de soutenir la concurrence étrangère sur les marchés d'outre-mer. (*Rouen B.*)

430. Le surcroît de valeur que le droit d'entrée donne aux charbons belges tend évidemment à empêcher, dans l'arrondissement d'Avesnes, plusieurs genres de fabrication, et à diminuer ou à supprimer, dans les fabriques établies, l'emploi de ce combustible.

Ce n'est que près de Mons qu'on trouve le *flénu*, espèce de houille flamboyante, qu'on doit brûler sous les chaudières d'évaporation.

On peut obtenir maintenant le *flénu* à 35 cent. l'hectolitre; mais le droit de 33 centimes en double la valeur. Le fabricant croit bien faire en lui substituant une espèce d'un prix plus élevé et dont le transport n'est pas plus coûteux ; cette espèce donne, à la vérité, une chaleur plus intense, mais elle détériore promptement les chaudières et les fourneaux.

On se trompe quand on avance que, pendant la réunion, les exploitants belges ont été nos fournisseurs exclusifs ; car la compagnie d'Anzin existait longtemps avant cette époque, et ses travaux avaient pris un accroissement considérable.

On se trompe plus encore quand on dit que les Belges avaient porté le prix de leurs charbons à 5 francs l'hectolitre ; ce prix était, pour quelques espèces seulement, celui du *muid* qui contient 5 hectolitres.

Depuis l'établissement du droit d'entrée, les Belges ont dû baisser leurs prix pour obtenir l'écoulement de leurs produits.

Ces prix varient, selon les espèces, de 90 centimes à 35 centimes, l'hectolitre.

Si la compagnie d'Anzin a placé ses charbons à 1 franc 27 centimes 1/2, on peut apprécier les bénéfices énormes qu'elle a faits depuis dix-huit ans.

(Avesnes.)

431. Les droits d'entrée, et particulièrement ceux d'octroi, deviennent un obstacle à plus d'une industrie. Dès que le retard dans les arrivages, ou d'autres causes, augmentent les prix, les demandes diminuent, quelques fabriques s'arrêtent, d'autres même reprennent le bois ou la tourbe : de ce nombre sont les fabriques de salpêtre, de fécule, etc. (*Paris.*)

432. Je répondrai à la question par un exemple : Le moulin à moudre le blé qui est sous ma direction, et qui est mû par une machine à vapeur, consomme 15,000 hectolitres de houille par an : à 3 francs par hectolitre, terme moyen, ils coûtent 45,000 francs ; ajoutez 30,000 francs d'autres frais : la dépense totale est de 75,000 francs. Supposez maintenant que six meules soient employées toutes les vingt-quatre heures, et trois cents jours dans l'année : elles moudraient ensemble deux cent quarante sacs de blé par jour, à raison d'un franc par sac, et produiraient 72,000 francs ; ainsi, il y aurait une perte de 3,000 francs. Sans les semaines de sécheresse qui arrivent dans l'été et haussent les prix de mouture, l'établissement ne pourrait pas se soutenir. Il a fallu toute la philanthropie des capitalistes bailleurs de fonds pour les déterminer à y donner suite.

Le manque de farine qui menaçait d'une disette, dans l'hiver de 1829 à 1830, les détermina. La réduction du droit de douane assurerait la prospérité et le développement de cette entreprise. (*Bordeaux B.*)

433. La cherté du combustible empêche toujours le développement d'une foule d'industries, cela est hors de doute; mais cet effet est rarement assez marqué pour occasionner leur suppression totale. Quand une industrie existe, qu'elle soit prospère ou non, il est assez rare qu'elle se trouve si pressée entre ses prix de *revient* et le prix coûtant de ses produits qu'une hausse, même marquante, dans le combustible, puisse la faire disparaître complétement; mais elle ressent toujours d'une manière positive le mal que cette cherté lui fait; son développement s'en trouve arrêté. Ainsi on fait de la brique, même dans les lieux où l'on n'emploie pas de houille; mais on n'en fait que pour quelques usages indispensables, tandis que là où le charbon devient abondant et à bon marché, la brique reçoit une application générale et le pays change d'aspect. (*Lille A.*)

434. La taxe d'importation a d'abord pour résultat :

1° De donner aux houilles un surcroît de valeur préjudiciable au plus grand développement des industries en général;

2° De paralyser la création de quelques produits auxquels la taxe porte obstacle, soit quant à l'espèce, soit quant à la qualité, soit quant au nombre ;

3° D'interdire à la houille de pénétrer dans quelques lieux nouveaux où son usage est encore inconnu, et où elle pourrait contribuer à réaliser quelques avantages matériels.

Si l'on considère en outre la taxe d'importation sur les houilles, sous le point de vue de l'influence qu'elle exerce sur les industries similaires d'autres pays, on verra que cette taxe, inutile et onéreuse, non-seulement en fera supprimer ou diminuer l'emploi, mais mettra obstacle à ce que certaines d'entre elles puissent s'établir ou se maintenir.

Ainsi, par exemple, si toutes les industries auxquelles le coton a donné l'existence se rencontrent également en Angleterre, en Belgique, en France, les produits qui en résultent ne sont pas destinés à satisfaire la consommation intérieure de chaque territoire; ils doivent encore alimenter des contrées où ils arrivent avec des chances plus ou moins faciles d'écoulement, selon qu'ils ont été confectionnés avec plus ou moins de frais, de manière à offrir au consommateur le plus bas prix possible.

Ainsi, ne sera-ce pas empêcher le maintien ou la prospérité des teintureries, indienneries, filatures, fonderies de fonte de fer et de cuivre, blanchisseries, etc., que de les forcer à employer un combustible qui leur revient, aux unes, de 3 francs 93 centimes à 4 francs 36 centimes l'hectolitre, et aux autres, de 4 francs à 4 francs 50 centimes, tandis que les mêmes industries, en Angleterre et en Belgique, se procurent cette matière à 1 franc la même mesure, et que les fonderies ne la payent que 50 à 60 centimes?

Qu'on ne s'étonne donc pas si, sur presque tous les marchés de l'univers, les produits français n'arrivent qu'avec les chances les plus défavorables, puisque, sur un seul élément du prix de *revient*, la houille, il y a une différence de 12 à 15 pour cent.

La preuve de ces faits ressort de documents qu'on ne peut révoquer en doute ; en 1830, l'importation des cotons filés rouges, en Russie, s'est élevée à 31,522,200 francs: en 1832, ce chiffre a été dépassé. Eh bien! la France ne figure pour rien dans ce mouvement commercial. Il n'en peut être autrement aujourd'hui : des essais faits en 1832 ont démontré que les produits français arrivent sur le marché de Saint-Pétersbourg avec une élévation de 20 à 25 pour cent sur les prix anglais. et d'Elberfeld.

Il est évident que la taxe d'entrée sur les houilles contribue d'une manière directe à empêcher le développement des industries françaises, et à frapper les produits qui en résultent d'une prohibition d'exportation qui oblige le producteur à s'arrêter au cercle de la consommation intérieure de la France. (*Rouen A.*)

435. Tel produit industriel peut être créé avec avantage à Manchester, présenter moins de bénéfice à Gand et donner de la perte au producteur de Lille, parce qu'on a la houille, à Manchester, auprès de l'usine, qu'elle arrive, à Gand, grevée de quelques frais de transport, et que l'industriel de

Lille paye, sur celle qu'il emploie, un droit équivalent à 88 pour o/o de sa valeur aux fosses.

Il serait impossible de préciser particulièrement les genres de fabrication qui ne peuvent s'établir, ou le nombre des fabriques établies qui diminuent ou suppriment l'emploi de la houille, à cause du surcroît de valeur que le droit d'importation donne aux charbons étrangers. Mais on peut dire, d'une manière générale, que la houille doit être considérée comme un moyen de production, et que, plus sa valeur sera augmentée par les droits, moins sa consommation dans nos fabriques s'activera. Nous pouvons ajouter que si le prix élevé de la houille n'oppose qu'un léger obstacle à la prospérité de certains genres d'industrie, il entrave, d'une manière absolue, le développement de celles qui réclament indispensablement l'emploi d'un moteur puissant et économique. Nous rangerons dans cette dernière catégorie les forges, les fonderies de fer, les fabriques de sucre indigène, les usines destinées à la fabrication de l'huile, à la mouture, etc.

(Lille C.)

436. L'élévation du prix de cette matière première ne peut qu'être défavorable aux industries qui l'emploient : la France peut suffire, mais à des prix plus élevés. (*Clermont.*)

437. Le haut prix de *revient* des charbons du midi et de l'intérieur de la France ne nous avait pas permis l'emploi de ce combustible, avant l'ouverture de notre canal : depuis cette époque, sa consommation se serait fort multipliée à Amiens, sans le droit qui pèse sur l'introduction des charbons belges. (*Amiens.*)

438. Je n'ai pas de données suffisantes pour répondre à cette question. Je ne connais pas de fabrique qui ait été forcée de renoncer à ses travaux. Nos établissements industriels ont, il est vrai, des frais extraordinaires ; mais ils végèteront au moins s'ils ne peuvent vivre honorablement.

(*Le Havre B.*)

439. Quant aux fabriques, le haut prix du charbon belge, à Lille, Turcoing, Roubaix, Rouen et dans tout le pays de Caux, fait que leurs produits

dans ces localités ne peuvent pas lutter, sur les marchés lointains, avec les mêmes marchandises d'origine anglaise, etc.; d'où il résulte que nos fabriques ne produisent pas autant qu'elles le feraient, si ce combustible leur revenait à plus bas prix. (*Dunkerque.*)

440. Le surcroît de valeur que le droit d'importation donne aux houilles belges n'a sans doute pas pour résultat absolu d'empêcher l'établissement de certains genres de fabrication ; mais, ainsi que d'autres droits ou impôts, il contribue à en atténuer le développement, lorsqu'il se combine dans la fabrication (des draps, par exemple) avec d'autres droits sur les laines, les huiles, les indigos et les fers. (*Abbeville.*)

441. Non, certes; c'est une allégation fausse, et qui n'a été faite que pour frapper l'imagination de la portion du public qui n'est pas en position d'approfondir impartialement la question. Des calculs positifs, pris sur les livres mêmes des manufacturiers, démontrent que l'effet produit sur les prix des divers objets fabriqués, par le surcroît de valeur que le droit d'importation de 30 centimes peut donner aux houilles étrangères qui en sont passibles, est bien peu important, puisque, si ce droit, abaissé de 20 centimes, était réduit à 10 centimes par hectolitre, l'économie produite se réduirait, pour les articles ci-après, à :

Coton filé.....................	1/4 de centime par livre.	
Calicot.......................	1/20ᵉ	par aune.
Sucre raffiné..................	1/15ᵉ	par livre.
Huile de colza.................	1/25ᵉ	par livre.

$$\textit{Fers} \dots \begin{cases} \text{Pour celui qui affine la fonte} \\ \text{d'autrui} \dots\dots\dots\dots \ 1/4 \qquad \text{par livre.} \\ \text{Pour celui qui produit, par} \\ \text{l'emploi de la houille,} \\ \text{fonte et fers} \dots\dots\dots \ 7/8^e \qquad \text{par livre.} \end{cases}$$

$$\textit{Verreries} \begin{cases} \text{à bouteilles} \dots\dots\dots \ 2/5^{\text{es}} \qquad \text{par bouteille.} \\ \qquad\qquad (40^e \text{ par 100 bouteilles.}) \\ \text{à vitres} \dots\dots\dots\dots \ 1/10 \text{ de centime par 1,000 fr.} \\ \qquad\qquad\qquad \text{de produits fabriqués.} \end{cases}$$

Draps..................... 1ᶠ   *Idem   Idem.*

En présence de pareils résultats, qui sont aisés à vérifier, n'est-il pas au moins imprudent de jeter les hauts cris, et d'énoncer, ainsi que l'a fait la Chambre de commerce de Lille, dans sa délibération du 23 mars 1832, une proposition telle que celle-ci :

« Nos filateurs sont réduits à supputer péniblement s'il ne leur est pas « plus avantageux d'employer des bras, comme on le faisait il y a trente « ans, que d'avoir recours à un agent dont l'emploi est rendu trop dis- « pendieux pour eux par le droit qui frappe les charbons de terre. Nous « le répétons, cet impôt est fatal à l'industrie nationale. »

Jamais fait susceptible de vérification n'a été plus dépourvu de véracité que celui-ci, et on peut bien, avec vérité, dire que : *qui dit trop ne dit rien.* (*Anzin.*)

442. L'industrie française est surtout remarquable par sa généralité. Les expositions publiques de 1823 et 1827, et les prix nombreux qu'elles ont valus à nos fabricants, sont une preuve sans réplique de ce fait. (*Voir les* comptes rendus par le jury central desdites expositions.)

Je ne connais pas un seul produit étranger qui manque à la série de nos produits manufacturés, faute de combustible pour l'obtenir.

Le prix de la houille étant maintenant plus bas qu'il n'a jamais été, on ne peut admettre qu'aucune des fabriques où ce combustible a été précédem- ment employé avec avantage se trouve, par suite de sa cherté, réduite à cesser de s'en servir. (*D. G. Mines.*)

443. Il est vrai de dire que les houilles belges ne sont pas absolument indispensables aux besoins de nos fabriques, et qu'elles peuvent, dans pres- que tous les cas, être remplacées par des charbons français ; ainsi, leur ab- sence ne pourrait nuire à l'établissement d'aucune fabrique nouvelle.

(*Paris B.*)

444. Ce n'est pas le surcroît de valeur que les droits d'entrée donnent aux houilles belges qui peut empêcher certaines fabriques de s'établir ou de continuer leur fabrication. Mais, au surplus, que l'abaissement des droits qui surchargent la navigation intérieure permette l'arrivage des houilles des mines du Centre sur nos principaux marchés, et il s'établira bientôt

10ᵉ QUESTION. une concurrence qui tournera au profit du consommateur. Les fabriques auront ainsi trouvé la protection dont elles peuvent avoir besoin, et les sacrifices du Gouvernement seront d'autant mieux appliqués, qu'ils lui profiteront à lui-même en favorisant sa propre industrie. (*Blanzy.*)

445. On ne croit pas que le faible droit d'importation établi sur les houilles belges empêche certain genre de fabrication de s'établir, ou prive d'autres établissements de se servir de ce combustible minéral. (*Vendée.*)

446. Le maintien du droit d'importation imposé aux houilles belges n'aura point pour résultat de mettre obstacle à l'établissement de certaines industries, ni d'empêcher l'emploi de ce combustible dans les usines existantes, puisque, d'après des calculs très-exacts (V. nᵒ 450), les droits sur la houille consommée dans les ateliers du nord de la France, tels que huileries, filatures, sucreries, ne s'élèvent pas à 2 francs, pour 1,000 francs, sur la valeur des produits; encore cette charge est-elle partagée entre le fabricant et le consommateur. Ainsi, l'influence du droit sur le coton filé n'est pas de plus de 1 centime par 20 aunes de calicot. Ce droit augmente le prix des huiles de 1 fr. 42 cent., et celui des sucres de 96 centimes seulement pour 1,000 francs [*]. (*Saint-Étienne.*)

447. On serait plutôt porté à craindre qu'en abaissant le tarif on ne portât un coup funeste aux exploitations françaises. (*Creuse A.*)

448. Les fabriques qui se servent de houille sont surtout celles qui font usage de la vapeur, et spécialement les filatures et métiers de tissage. Il serait intéressant, il est même indispensable de savoir de combien le prix du combustible employé au moteur charge le prix d'une aune d'étoffe ou d'une livre de coton filé. Les fabricants de ces objets peuvent seuls résoudre la question; mais on peut dire hardiment à l'avance que le chiffre qu'ils indiqueront sera une bagatelle. [*Voy.* nᵒˢ 441 et 450.] (*Creuzot.*)

449. Le droit sur les houilles belges peut bien faire que telle fabrique,

---

[*] *Voir*, en outre, nᵒ 441. (*Note de la Commission d'enquête.*)

qui serait placée sur un point, aille, à cause du droit, se placer sur un autre ; mais il est fort douteux que cette circonstance puisse empêcher l'établissement d'une fabrique quelconque. (*Aveyron.*)

450. Indépendamment de toutes considérations, il faut apprécier, par les faits, les doléances de la Chambre de Lille.

La filature de coton est la principale industrie du département du Nord. Or, une machine à vapeur à moyenne pression, de la force de 30 chevaux, brûlant par heure 110 kilogrammes de charbons, consomme par journée, y compris la mise en feu, 1,430 kilogrammes. Elle peut mettre en mouvement 18,000 broches, produisant en douze heures 1,200 livres de coton filé, moitié chaîne et moitié trame, d'une valeur de 2,400 francs. Les 1,430 kilogrammes de charbon payeront 4 francs 72 centimes de droit : ce n'est pas tout à fait 2 p. o/o de la valeur produite ; et cette charge, qui, pour prendre un terme de comparaison plus sensible, revient à 1 centime par 20 aunes de calicot, se partage entre le fabricant et le consommateur.

Les machines des huileries travaillent vingt-quatre heures par jour, avec une force de 20 chevaux ; elles consomment 1,500 kilogrammes de charbon, payant par conséquent 4 francs 95 centimes de droit.

Le produit de la journée est de 38 hectolitres d'huile à 77 francs, 50 centimes.............................. 2,945'
et de 5,000 kilogrammes de tourteaux à 11 centimes   550
TOTAL.......... 3,495

Le droit revient à 1 franc 42 cent., par 1,000 francs de valeur produite.

Une raffinerie de sucre consomme, par jour, 65 quintaux métriques de houille payant 21 francs 45 centimes de droit, et elle livre à la consommation 15,000 kilogrammes de sucre blanc, vergeoise et mélasse, d'une valeur d'environ 22,200 francs. Les droits correspondent à une charge de 96 centimes par 1,000 francs.

Les douanes, indépendamment de leur caractère d'impôt, établissent entre les travailleurs d'une nation une sorte de contrat par lequel ils s'assurent mutuellement des débouchés. Les industries que nous venons de citer auraient lieu de se plaindre, si la charge à laquelle elles sont soumises ne comportait aucune réciprocité; mais les huileries sont protégées par un droit de 27 francs 50 centimes par quintal métrique; les raffineries et les filatures par une prohibition absolue, et la Chambre de commerce de Lille n'a pas demandé, comme le voudrait la conséquence rigoureuse des principes qu'elle applique à la houille, la libre entrée des cotons filés, des huiles et des sucres étrangers.

La Chambre de commerce de Lille affirme que l'énormité du droit de 33 centimes réduit les filateurs des environs à supputer péniblement s'il ne serait pas plus avantageux d'employer des bras que de continuer à se servir de machines dont la force motrice est si dispendieuse.

Les charbons coûtent, à Lille, 68 c. de plus qu'à Valenciennes; et à Paris, 1 fr. 60 cent. de plus qu'à Lille. Si une pareille différence n'a déterminé aucune manufacture de ces deux villes à se transporter dans le voisinage de Valenciennes, comment concevoir que le droit de 33 centimes ait, à Lille, l'effet qu'on lui suppose? Ce droit revient, par force de cheval de manége, à 12 centimes par jour, ou à 1 franc 71 centimes par journée d'homme. On demande la réduction du droit au tiers; ainsi, l'on n'évaluerait, à Lille, qu'à 1 centime, par journée d'homme, l'économie procurée par l'emploi des machines. Nous croyons, malgré la Chambre, qu'on y calcule un peu mieux que cela. (*Loire C.*)

451. Il est assez étrange que les localités qui payent le charbon à meilleur marché soient justement celles qui ont élevé les premières et les plus vives réclamations. Elles eussent été mieux placées dans la bouche des industriels de Paris, qui, malgré le prix régulier de 3 francs 50 centimes à 4 francs', auquel ils achètent ce qu'on obtient à Lille pour 1 franc 80 centimes à 2 francs, à Valenciennes pour 1 franc 70 centimes à 1 franc 80 centimes, n'en soutiennent pas moins la concurrence avec les industriels de ces deux villes, sur une foule d'objets dont la fabrication leur est commune. Et c'est ici le cas de rechercher quelle est l'influence de l'impôt de la houille sur certains produits manufacturés auxquels elle sert de moteur.

Or, on a démontré, avec détail, que le droit de 33 c. ajoute seulement :

Au prix de   20 aunes de calicot.......................... 0ᶠ 01ᶜ

            1,000 francs de sucre raffiné................ 0 96

            1,000 francs d'huile produite................ 1 42

Ces chiffres n'ont pas besoin de commentaire.

Ils rassurent sur le danger supposé de voir décliner ou s'expatrier des fabriques qu'on représente comme ne pouvant, par cette cause, lutter avec leurs rivales.

Si ce danger était aussi pressant, nul doute que toutes les villes se hâteraient d'anéantir les droits d'octroi qu'elles prélèvent, droits moins sages que ceux imposés aux frontières, et qui sont de :

à Dunkerque. . . . . 20° par hectolitre.
   Arras. 07
   Amiens 18
   Rouen 22 1/2
   Havre 30
   Paris 60

(C. G. des Man^{es}.)

VINGT-ET-UNIÈME QUESTION.

Les besoins de la consommation dans le nord de la France, et la variété de ces besoins sont-ils tels, que toutes les houillères de France réunies ne puissent subvenir à tous, quant à la quantité, et que, quant aux espèces, on manque de celle qui est la plus importante, c'est-à-dire, de la houille flamboyante qu'on doit brûler sous les chaudières d'évaporation?

152. Les produits du nord de la France sont de beaucoup au-dessous des quantités nécessaires aux besoins, et les produits du centre et du midi ne sauraient compléter ce qui manque, par suite des frais de transport. Les charbons de Mons sont ceux qui conviennent le mieux pour les chaudières à vapeur, à cause de leur qualité flamboyante, et parce qu'ils attaquent moins le fer et la fonte que les charbons d'Anzin. (*Calais.*)

153. Je ne résoudrai pas cette question dans sa généralité, mais je puis affirmer que, pour les arts qui ont besoin que le charbon produise beaucoup de flamme, les charbons de Mons sont fort supérieurs à ceux d'Anzin; et je cite, à cet égard, le fait suivant :

Dans mes fours de faïencerie, auxquels la flamme est nécessaire pour les premières cuissons qui convertissent les terres en biscuit, il me faut, en charbons de Mons, 68 hectolitres, et en charbons d'Anzin 80 à 82; et, pour les cuissons de couverte en émail, il me faut 22 hectolitres en charbons de Mons et 27 en charbons d'Anzin.

Je dois dire que la qualité supérieure du charbon de Mons sur celui d'Anzin n'est pas la seule cause de cette différence; elle provient, en partie, de ce que les exploitants d'Anzin livrent leurs charbons aux acheteurs, sans séparer entre elles les différentes qualités, tandis qu'à Mons toutes les compagnies exploitantes vendent séparément les qualités de leurs charbons, suivant le choix qu'en veulent faire les acheteurs.

(*Oise.*)

454. Les houillères françaises peuvent suffire, *en quantité*, aux besoins du nord de la France ; on ajouterait même *en qualité*, s'il n'était reconnu que, pour les établissements de gaz, la houille flamboyante belge est, jusqu'à présent, supérieure à celle de France, parce qu'elle produit une plus grande quantité de gaz. (*Paris B.*)

455. Quant à la quantité, les houillères françaises suffiraient peut-être à nos besoins. Quant à la qualité, je ne le pense pas : nous manquons, en France, de houille flamboyante, ou, du moins, les quantités extraites sont tellement minimes qu'elles ne peuvent entrer en ligne de compte. Encore, arrive-t-il presque toujours que les extracteurs mélangent cette espèce de charbon avec le reste pour bonifier la totalité. (*Le Havre B.*)

456. Les fabriques du Nord, qui consomment de la houille, s'approvisionnent à Anzin ou à Mons, selon les besoins de leur industrie. Le droit qui frappe les houilles étrangères les force souvent de s'adresser à Anzin, qui a multiplié ses extractions, sans pouvoir cependant satisfaire régulièrement aux commandes qui lui sont faites. (*Abbeville.*)

457. On a déjà fait remarquer (11e question n° 288) que l'éloignement des mines du centre les exclut nécessairement du marché de la Basse-Seine, parce que leurs produits sont insuffisants, quant à la qualité, et qu'ils reviendraient en outre à des prix trop élevés.

Il ne reste donc plus que les mines du Nord et celles de la Belgique qui puissent satisfaire aux besoins de cette localité.

Un obstacle insurmontable s'oppose à ce que l'approvisionnement soit fait par les mines d'Anzin ; toutes, ou presque toutes les industries, existantes aujourd'hui dans la circonscription de la Basse-Seine, ont besoin de houilles brûlant avec flamme. Or, celles d'Anzin n'ont pas cette qualité. D'un autre côté, elles ne sauraient suffire à la consommation de la Basse-Seine : leur production, ayant atteint son maximum, est absorbée d'ailleurs ; elles ne pourraient satisfaire, en sus, à des besoins aussi considérables que ceux de la Basse-Seine.

Il y a donc évidemment nécessité de recourir aux mines belges et anglaises pour la houille flambante, et de combler le déficit auquel la production française ne peut satisfaire pour les usines à évaporation. (*Rouen A.*)

158. Certes, en cas de guerre, de rupture de canaux, ou d'autres causes de force majeure, il faudrait se contenter des houilles de France; mais alors que d'habitudes changées, que d'établissements compromis et que de besoins non satisfaits ! (*Paris D.*)

159. Nous pouvons affirmer, quant aux espèces, que nos industriels ne sauraient, sans de graves inconvénients, renoncer à l'emploi de la houille flamboyante dont les houillères du nord de la France manquent totalement. Cette qualité de houille est considérée comme indispensable pour la plupart des travaux, à tel point, que, malgré le droit élevé dont elle est frappée, elle entre encore pour plus des 4/5ᵉˢ dans la consommation de nos fabriques. (*Lille C.*)

160. Toutes les houillères de France réunies pourraient bien suffire aux besoins de la consommation dans le Nord, si les produits de ces houillères étaient de qualités convenables, et si les charbons du centre et du midi pouvaient atteindre le nord, sans y ressortir à des prix exorbitants. Aucune espèce de charbon français ne peut remplacer, pour les chaudières d'évaporation, le charbon flambant dit *flénu*. (*Dunkerque.*)

161. Le fait est vrai, et on l'a démontré à la 3ᵉ question. [V. nᵒ 83.]
(*Lille D.*)

162. Les exploitations françaises du centre, du midi et du nord, ont, en 1831, fourni à la consommation 15,991,000 hectolitres.

Les houillères anglaises et belges ont importé, en France, dans la même année, 9,309,000 hectolitres.

La province du Hainaut est, à elle seule, pour 7,000,000 hectolitres dans cette quantité La consommation du nord de la France a donc besoin de recourir à cette province; elle ne peut se passer de la houille belge flambante, qui est le moteur indispensable de son industrie et de l'activité de ses mécaniques.

La société d'Anzin a quarante puits ouverts dans son charbonnage: trente sont en activité; ils produisent 20,000 hectolitres chaque jour,

31ᵉ Question.

ou environ 5,000,000, par année. C'est une quantité supérieure au travail possible de la classe ouvrière de cette contrée, et au mode régulier et ordinaire suivi dans les bonnes exploitations.

Si les 16,000,000 hectolitres, environ, de houille que produit généralement l'extraction française, se trouvent absorbés dans les circonscriptions relatives de chaque point d'exploitation, et si, pour satisfaire à la consommation des points les plus éloignés, les 9,309,000 hectolitres de houille étrangère sont indispensables et ne laissent pas de superflu, il est évident que le droit d'entrée en France, par l'Escaut, est un véritable impôt de consommation qui grève l'industrie française.

(*Lille B.*)

403. Les charbons belges nous sont indispensables, tant pour la production de la vapeur, que pour une foule d'autres usages. (*Lille A.*)

404. Dans les contrées où les charbons d'Anzin et de son rayon sont, à peu près seuls, en présence des charbons *flénus* de Mons, on attribue généralement à ces derniers des propriétés particulières, telles que d'être peu pyriteux et très-flambants; d'offrir par conséquent des avantages pour les chaudières, pour la production rapide de la vapeur et pour le chauffage domestique.

Réponses négatives établissant que les mines françaises ont toutes les variétés de houilles nécessaires.

On concède aux charbons d'Anzin des propriétés favorables aux chaufourneries et aux grands foyers qui exigent une combustion lente et continue.

Dans les contrées où pénètrent les charbons du Centre, à Paris, par exemple, le Saint-Étienne jouit, pour les forges et pour la confection du coke, d'une faveur constante : il se paye 12 à 15 p. 0/0 de plus que le Mons *flénu,* avec lequel il lutte, s'il ne l'emporte pas, pour la production des gaz. A Nantes, il soutient la concurrence des charbons anglais dont personne ne conteste l'excellente qualité.

Les autres charbons du Centre paraissent moins estimés.

Cependant, si l'on se rapproche des contrées qui les connaissent mieux, des industriels distingués assurent qu'il en existe de qualité supérieure; mais ils restent enfouis ou se consomment sur les lieux, faute de moyen

11ᵉ Question.

d'exportation ; et beaucoup de gens partagent l'opinion suivante, qui, malgré ses détails techniques, nous a paru mériter d'être citée.

« Tous les jours on revient de ces anciens préjugés qui donnaient des
« propriétés plus ou moins illusoires à une grande variété supposée de dif-
« férentes espèces de houilles. Les houilles grasses et les houilles maigres
« sont les seules qualités vraiment distinctes, parce qu'elles produisent le
« calorique d'une manière tout à fait opposée. La houille grasse est avan-
« tageuse pour la forge, parce qu'elle concentre tous les rayons caloriques
« sous la voûte qu'elle forme en brûlant : au contraire, la houille maigre
« est plus avantageuse pour l'usage des foyers domestiques, et préférable
« pour le chauffage des chaudières, parce qu'elle produit, au moyen d'a-
« bondantes flammes, un grand dégagement de calorique rayonnant.
« Nombre d'expériences prouvent, soit par l'évaporation de l'eau, soit par
« d'autres modes d'observation, que ces deux espèces de houilles dégagent
« une production calorique à peu près la même, et peuvent produire les
« mêmes effets, si les feux sont conduits comme le demande chacune de
« ces espèces. De cet effet constaté il résulte que *la différence de qualité*
« *de la houille se résume par son prix de vente.*

« Au nord, au centre, au midi, on extrait, *on peut extraire, des bas-*
« *sins houillers de la France, des charbons gras et maigres de toute na-*
« *ture.* »

Ces explications théoriques sont appuyées par Saint-Étienne, qui vous
apporte son expérience et s'écrie :

« Où voit-on plus de fabriques de produits chimiques, de verreries, de
« fours à chaux et à plâtre, de briqueteries, de filatures de soie, de *tein-*
« *tureries,* d'aciéries, de hauts fourneaux, de grandes et petites forges, de
« *machines à vapeur, etc.,* qu'on n'en voit dans mon arrondissement? »

De pareilles raisons, corroborées par le témoignage désintéressé des ingénieurs les plus éclairés, et, entre autres, du savant M. Beaunier, inspecteur divisionnaire des mines, ont forcé à conclure que la France renferme
réellement toutes les qualités de houilles qui se rencontrent chez nos voisins, bien que cette vérité soit ignorée et contestée par une portion des
consommateurs. (*Cons. Gén. des Man^{es}.*)

465. On est étonné d'entendre demander *si toutes les houillères de*

France réunies peuvent subvenir à tous les besoins de la consommation dans le nord de la France, quand les exploitations du seul département du Nord pourraient suffire et au-delà même, puisqu'elles exportent déjà une forte partie de leurs produits hors de ces limites.

Si la question est déjà extraordinaire quant à la *quantité*, elle le devient encore plus, en ce qui touche la *qualité des houilles livrées par les mines françaises du Nord.*

Les usines qui ont besoin de *houille flamboyante, pour brûler sous chaudières d'évaporation,* et qui emploient les houilles flamboyantes extraites des mines d'Anzin, ont aussi à leur portée les houilles flamboyantes de la Belgique, ce qui ne les détourne cependant pas de consommer les houilles d'Anzin. Cela n'aurait certainement pas lieu si ces dernières n'étaient pas *flamboyantes*, et, pour plusieurs emplois, *préférables, et, pour tous, plus économiques que les premières.*

On ne connaît que trois espèces de houilles, la *grasse*, la *maigre* et la *sèche. La France possède ces trois espèces en abondance*, la première, en qualité pour le moins égale à tout ce que peut livrer la Belgique, et la troisième en qualité bien supérieure.

Le surcroît de la valeur que l'on peut attacher à quelques qualités venant de Belgique, au Mons *flénu*, par exemple, tient, comme pour beaucoup d'autres objets de consommation, à l'habitude du fabricant ; et cela est si vrai, qu'on voit tous les jours, à Lille, *Saint-Quentin et ailleurs*, deux fabriques *du même genre*, à côté l'une de l'autre, employer de préférence, l'une la houille belge, l'autre la houille française. (*Anzin.*)

466. Il est inexact de dire que nos mines du Nord ne peuvent suffire à tous les besoins de cette contrée, puisqu'Anzin seul peut produire 6,000,000 hectolitres par an, c'est-à-dire, plus que les Belges, malgré tous les avantages dont ils jouissent, n'en ont encore importé annuellement dans toute la France ; et, quant à la qualité des houilles du nord de la France, on ne peut dire qu'elles soient impropres au service des chaudières, puisqu'elles sont essentiellement flamboyantes, et qu'elles donnent un degré d'intensité de chaleur supérieur à celui produit par les houilles belges, qui, pour le service des chaudières, ont, au

contraire, l'inconvénient de ne pas soutenir leur combustion d'une manière égale.

Il est pénible de voir les Belges, déjà tant favorisés chez nous, venir, à l'occasion de la plus injuste demande, contester aux houilles indigènes les qualités qui les rendent supérieures aux leurs. (*Decize.*)

467. Tous les besoins de l'industrie, dans le nord de la France, peuvent être satisfaits, en ce qui concerne le combustible, par les mines d'Anzin, de Raismes, de Denain, de Fresne, de Vieux-Condé, d'Aniche et de Hardinghen.

Les trois premières mines fournissent de la houille *flamboyante*, propre à brûler sous chaudière d'évaporation; cependant, il est vrai de dire que la houille de Mons dite *flénu* est préférable pour cet usage. (*D. G. Mines.*)

468. Toutes les houilles, et même la plupart des tourbes, sont propres à la production de la vapeur. Ce n'est que faute d'instruction, et par l'effet d'un préjugé, qu'on croit qu'il est certaines qualités de houilles qui se refusent à cet usage. (*Bordeaux A.*)

469. Quant à la houille flamboyante, on ne pense pas que la France en manque entièrement. Les produits de certaines couches de houille de la Vendée donnent une flamme assez soutenue, et c'est même le caractère distinctif de cette espèce de charbon. (*Vendée.*)

470. Cette espèce est la plus abondante en France, et nos houillères peuvent suffire à tous nos besoins en ce genre, quels qu'ils soient. Les mines de Blanzy notamment sont puissamment riches en cette qualité. (*Blanzy.*)

471. La houille flamboyante est la plus abondante en France; nos houillères peuvent en produire des quantités sans limites. (*Creuzot.*)

472. Les besoins de la consommation pourraient être satisfaits, dans le nord de la France, au moyen des houilles indigènes, qui offrent toutes les variétés, et notamment celle dite flamboyante. (*Creuse A.*)

473. Quant à la variété, on trouverait, en France, un grand nombre de mines dont les produits satisferaient à tous les genres de besoins. Dans nos localités seulement, on peut citer Blanzy (Saone-et-Loire), Decize (Nièvre), Noyent et Fins (Allier), qui rivalisent, sans déshonneur, avec le Mons fleuu; Saint-Étienne même pourrait fournir des charbons d'une nature moins sèche, en ouvrant des puits dans certaines localités. Ces diverses qualités remplaceraient, même avec avantage, certains charbons de Mons, connus sous la dénomination de charbons durs, et provenant des fosses de *Boussu, Sainte-Marie, Dour*, et autres.

Quant à la quantité, on ne peut révoquer en doute que les houillères françaises réuni s suffiraient à une consommation cinq ou six fois plus forte, mais, dans la supposition de moyens de transport et d'abaissement des droits de navigation. (*Grosménil.*)

474. Mais ce ne pourrait être pendant un nombre d'années indéfini.

(*Clermont.*)

475. Je n'ai pas vu, en France, de houilles qui ne fussent pas propres au développement de la vapeur. Plus la qualité en est bonne, moins il faut de houille pour produire le même effet; au contraire, moins la qualité est bonne, plus il en faut en quantité; mais, avec les fourneaux proprement construits, on peut produire la vapeur avec de très-mauvaise houille.

(*Bordeaux B.*)

Nota. Sur cette question, la plupart des personnes entendues se réfèrent aux explications déjà données à la 2e question.

VINGT-DEUXIÈME QUESTION.

Est-il vrai, comme l'énoncent plusieurs mémoires, que les exploitants belges, qui, pendant la réunion, étaient nos fournisseurs exclusifs au prix de 5 francs l'hectolitre, ont été obligés d'abaisser leurs prix en vue de celui de 1 franc 27 centimes 1/2, auquel la compagnie d'Anzin s'est restreinte ?

476. Le fait n'est pas énoncé d'une manière exacte ; on a sans doute voulu dire *que la houille belge, avant la découverte de ce combustible dans le nord de la France, s'y vendait 5 francs la manne,* et non l'hectolitre (*). Le fait présenté ainsi paraît certain ; mais, comme on voit, cela remonte fort haut. Pendant la réunion, les Belges ont tenu leurs prix aussi élevés que possible ; c'est depuis que les exploitations françaises ont pris de l'accroissement, et surtout depuis l'établissement du droit d'entrée actuel, qu'ils ont dû suivre le cours établi par la compagnie des mines d'Anzin. (*Anzin.*)

477. Il n'y a pas de doute que les Belges n'aient réduit leurs prix, par suite de la concurrence et de la diminution faite par les propriétaires des mines d'Anzin. (*Calais.*)

478. Quand le fait serait vrai, que pourraient en conclure les extracteurs belges ? Devrons-nous, pour les obliger, payer 5 francs ce que notre sol produit à 1 franc 27 centimes 1/2.

La vérité est que la baisse de leurs prix tient à l'immense développement qu'a pris leur exploitation, par suite de la bonté que nous avons eue de leur ouvrir nos marchés et une bonne voie de communication pour y transporter leurs produits, au détriment des nôtres, pour le transport desquels on ne faisait rien.

(*) C'est, sans nul doute, ainsi qu'il faut l'entendre ; mais les mémoires, dont on a transformé l'assertion en question, parlaient, en effet, de l'hectolitre pendant la réunion, tandis que le déposant dit : *avant la découverte des mines d'Anzin,* et sans doute alors que les mesures étaient plus fortes.

(Note de la Commission d'enquête.)

Les divers exploitants de Belgique se sont fait concurrence à eux-mêmes, comme cela arriverait en France, si cette industrie n'y était pas aussi maltraitée. La baisse du prix des houilles a eu lieu chez eux, comme elle aurait lieu chez nous en pareilles circonstances. (*Creuzot.*)

479. Les exploitants belges n'ont jamais été nos *fournisseurs exclusifs*.

En 1812, époque où toutes les houillères de la France actuelle produisirent 8,200,000 quintaux métriques, Anzin et Aniche réunis en fournirent 2,624,807, au prix de 1 franc 20 centimes. Alors les exploitants belges vendaient sur leurs fosses à 1 franc 48 cent.

Nous avons déjà vu (4ᵉ quest., n° 114) que les prix sont aujourd'hui,

Pour les Belges. 0ᶠ 81ᶜ

Pour Anzin 1 09

La diminution qui, pour Anzin, n'est que de. 0 11

est donc, pour les Belges, de. 0 67

La différence qui est de 0 56

tient aux causes que j'ai indiquées à la 4ᵉ quest. [n° 114]. (*D. G. Mines.*)

480. Les Belges, pendant la réunion, n'étaient pas plus qu'aujourd'hui nos fournisseurs exclusifs ; ils avaient alors, comme aujourd'hui, la concurrence des établissements français, Saint-Étienne et Anzin, qui leur enlevaient les forges, etc.

Ils avaient de moins les Anglais ; mais l'Angleterre fournit peu à la France, et seulement aux lieux où le prix des houilles belges commence à s'élever par les transports, et dans quelques circonstances d'interruption de la navigation par les canaux.

Mais la principale raison tient plutôt à l'énormité du droit de 1 fr. 10 c. par 100 kilogrammes, imposé aux houilles anglaises, ainsi que nous l'avons déjà dit (7ᵉ quest., n° 175 ; 12ᵉ quest., n° 293), droit contre lequel les consommateurs de la Basse-Seine réclament à si juste titre.

Quant au prix, jamais celui de l'hectolitre n'a été coté à 5 francs sur les rivages de Mons. Le rédacteur de la question a sans doute voulu parler du muid, qui vaut 4 mannes belges, ou près de 5 hectolitres d'Anzin.

Les extracteurs belges ont néanmoins diminué leurs prix à cause de la concurrence qui existe chez eux, et par suite des perfectionnements apportés dans le mode d'extraction. Cette diminution n'a pu être provoquée par une diminution du prix à Anzin; car, dans ce dernier établissement, et depuis 1816, on a altéré les produits, en mélangeant les deuxième et troisième qualités qui, jusqu'alors, avaient été livrées séparément, et on a abandonné l'usage de la manne pour adopter l'hectolitre, qui est plus petit. Il y avait, dans ces faits, pour les extracteurs belges, motif d'augmenter plutôt que de diminuer leurs prix.

La diminution qui s'est manifestée chez eux a donc été uniquement l'effet de la concurrence et d'un progrès en exploitation qui a tourné au profit des consommateurs. (*Rouen A.*)

481. Nous ne pensons pas que les exploitants belges aient jamais vendu l'hectolitre 5 francs; il doit y avoir erreur à cet égard. Du reste, il n'est pas douteux qu'ils ont été forcés de baisser leurs prix, en proportion du droit. (*Rouen B.*)

482. Il faudrait savoir de quelle époque on parle; car le prix de 5 fr. l'hectolitre paraît exagéré, et il convient d'être juste avant tout. Ce qui est très-certain, c'est que les exploitants belges ont longtemps profité du défaut de concurrence, et plusieurs d'entre eux y ont gagné des millions. Pareilles chances s'ouvriront pour eux, si on abolit, ou si on réduit seulement le droit d'entrée, moins encore par l'effet de cette réduction que par l'anéantissement forcé d'un grand nombre d'exploitations françaises qui, une fois disparues, ne pourront plus gêner, en rien, les étrangers dans leurs prétentions élevées. Il est à propos de faire remarquer ici que, lorsqu'une exploitation a été abandonnée, il faut des années et de nouveaux capitaux pour que les travaux soient remis en l'état où ils étaient avant la suspension; car, alors, il faut remédier à l'affaissement des galeries et à l'effet des eaux et du feu qui s'emparent si promptement de ces travaux.

(*Grosménil.*)

483. Pendant la réunion, les exploitants belges n'étaient pas nos fournisseurs exclusifs à Paris; Anzin y envoyait aussi de ses charbons. Mais il est vrai que les exploitants belges ont été forcés de baisser leurs prix, en

vue de celui de 1 franc 27 cent. 1/2 auquel la compagnie d'Anzin s'est restreinte pour son charbon gailleteux. (*Dunkerque.*) 28e Question.

484. Oui, les charbons belges se sont vendus, pendant la réunion, à des prix beaucoup plus élevés que ceux d'aujourd'hui; et la baisse qu'ils ont subie provient non-seulement de la concurrence des établissements d'Anzin, mais encore de celle des nombreuses exploitations nouvelles qui se sont ouvertes sur le sol de la Belgique.

Il a été remarqué (10e quest., n° 261) que les établissements français étaient en souffrance pendant la réunion. (*Paris B.*)

485. Il y a évidemment eu erreur dans la rédaction de cette question. Jamais les exploitants belges n'ont vendu leurs charbons 5 francs l'hectolitre. Leurs prix de 1813, dont nous avons le tarif sous les yeux, différaient peu de ceux actuels, et n'ont baissé, en 1814, que de quelques centimes (*).

Il n'est pas exact non plus d'avancer qu'ils étaient nos fournisseurs exclusifs, pendant la réunion, puisque les houillères d'Anzin étaient, à cette époque, en pleine extraction. (*Lille C.*)

486. Les exploitants belges n'ont pas été nos fournisseurs exclusifs, pendant la réunion, puisque le développement de l'exploitation des houilles françaises remonte à ce même temps, et que ce développement a eu, pour cause principale, la cherté des charbons belges qui se vendaient alors à des prix exorbitants.

Anzin fit acte de patriotisme s'il réduisit ses prix à 1 franc 27 cent. 1/2, pour exclure les charbons étrangers de nos marchés; mais, telles ont été les améliorations qui se sont opérées dans les moyens de transport de ces charbons, que, malgré le droit de 33 centimes, les Belges font à Anzin une rude concurrence, sur les marchés de l'intérieur, et plus rude encore à la frontière. (*Decize.*)

(*) Prix des charbons de Mons :

	1813.	1814.	
Gaillettes.	7f 50c	7f 00c	
Forges gailleteuses.	3 50	3 50	le muid de quatre hectolitres combles.
Fines forges.	5 25	5 25	

(*Note du déposant.*)

187. Les prix des charbons belges seulement ont fléchi. Cette baisse a été commandée par l'établissement du droit d'entrée qui était, en 1814, de 11 centimes, et qui fut porté, par la loi du 28 avril 1816, à 33 centimes, pour l'importation par l'Escaut et la Sambre.

Le charbon moyen d'Anzin s'est maintenu au prix de 1 franc 45 centimes jusqu'en 1815; alors, au lieu de diminuer, il a été élevé de 10 centimes l'hectolitre, et, peu après (1817), le prix de l'hectolitre a été augmenté encore d'au moins 15 centimes, par la substitution, sans changement de prix, de l'hectolitre comble à l'ancienne mesure, la manne, dont la capacité était 10 à 12 pour cent plus grande, et par la détérioration de la qualité, détérioration que produit le mélange des espèces inférieures qui, antérieurement, étaient vendues à part. En 1829, les prix de la compagnie ont été fixés au taux actuel de 1 franc 37 centimes 1/2 au rivage, et 1 franc 50 centimes aux fosses (*).

En résumé, le prix des charbons des extractions du nord, qui, en 1812, était de 1 franc 45 centimes la manne, est aujourd'hui, au rivage, de 1 franc 37 centimes 1/2, augmenté de 15 centimes, pour diminution du comble de la mesure et mélange de charbon d'une qualité inférieure; en tout, 1 franc 52 centimes 1/2 (**). (*Lille D.*)

(*) La différence de 12 centimes 1/2, entre le prix du charbon aux fosses et celui rendu au rivage, peut provenir de ce qu'aux fosses on a plus de choix dans la qualité. Cela expliquerait pourquoi, malgré les frais de transport, peu considérables à la vérité, la compagnie peut établir ses charbons, au rivage, à plus bas prix qu'aux fosses. Du reste, assurée de la consommation locale, et ne vendant, au rivage, que par bateaux, elle pouvait établir telles conditions qu'il lui convenait, pour la vente aux mines. Elle fait une faveur de 20 centimes, par hectolitre, aux propriétaires d'usines dont la consommation journalière est considérable, et qui, vu leur proximité des mines, s'approvisionnent par chariots.

(**) Si tel a été le résultat de l'établissement du droit, pour le consommateur dans le nord, en compensation, la compagnie d'Anzin a considérablement augmenté ses bénéfices. D'après le tableau des produits présumés des extractions de cette compagnie, dressé en 1831 par la chambre consultative de commerce de Valenciennes, ses bénéfices annuels, qui, en 1812, étaient de 1,611,000 fr., sur une extraction de 1,800,000 quintaux, se sont élevés, en 1820, à 2,427,500 francs, sur une extraction de 2,500,000 quintaux. En 1830, l'extraction d'Anzin a produit 3,000,000 quintaux; et si, ce qui ne saurait être douteux, le bénéfice a été dans un rapport aussi favorable que les années précédentes, et l'expérience a prouvé qu'il était progressif, il a dû s'élever à près de 3,000,000 francs. Il n'est pas étonnant que la compagnie d'Anzin ait pu, en dix ans, plus que tripler son exploitation sur Saint-Vaast, Abscon et Denain, indépendamment de la répartition des dividendes aux actionnaires, du rachat d'actions et de l'acquisition du charbonnage du nord du bois de Boussu (Belgique).

(*Notes du déposant.*)

488. Nous ne comprenons pas bien le but de cette question ; car le Gouvernement ne devant avoir en vue que de concilier l'intérêt des consommateurs avec la protection qu'il est juste d'accorder aux producteurs, la réduction des prix d'Anzin aurait atteint ce but, et, dès lors, il doit peu lui importer que les houilles belges ne puissent soutenir la concurrence avec les nôtres. Au surplus, il est évident que les mines d'Anzin n'ont pu réduire autant leurs prix de vente qu'à la faveur des tarifs qui ont fait refluer sur elles toute la consommation antérieurement partagée avec la Belgique. Ainsi la suppression de ces droits ne leur permettrait plus de livrer leurs charbons au même prix sans des pertes énormes. (*Blanzy.*)

489. C'est la concurrence des exploitants belges *entre eux*, bien plus que la philanthropie de la compagnie d'Anzin, qui a forcé cette compagnie à rester dans les limites actuelles. (*Lille A.*)

490. La concurrence nationale, autant que la concurrence étrangère, amène la baisse. (*Clermont.*)

VINGT-TROISIÈME QUESTION.

Les exploitants français ont-ils profité de l'établissement du droit pour élever les prix antérieurs à 1814?

491. Des documents émanés de la Chambre de commerce de Valenciennes, en 1821, prouvent que les causes indiquées à la 22ᵉ question (nᵒ 180), ont amené, en fait, une augmentation de prix, puisque, pour le même prix, ou de quelque peu plus faible, on a reçu moins de marchandise et d'une qualité dépréciée par le mélange d'une sorte de houille de valeur moindre de près de moitié.

Ainsi, les exploitants français ont profité de l'établissement du droit pour élever les prix antérieurs à 1814, quoiqu'ils paraissent les avoir baissés. (*Rouen A.*)

492. Nous avons dit, en répondant à la 9ᵉ question (nᵒ 226), que les prix des charbons d'Anzin, par exemple, étaient aujourd'hui plus élevés qu'il y a quelques années. Nous ne doutons pas que l'établissement du droit n'ait été pour beaucoup dans cette augmentation. (*Rouen B.*)

493. Les exploitants français n'ont pu élever leurs prix, depuis 1814, en présence de la concurrence étrangère qui seule les ferait baisser; mais il n'y a pas de doute qu'ils se sont prévalus du droit d'entrée, pour soutenir les prix proportionnellement à ces droits. (*Lille A.*)

494. Ce n'était pas encore assez, pour les propriétaires français, de la taxe (3 francs 40 centimes par tonneau) qui est un vrai monopole en leur faveur; il fallait encore faire imposer, par des péages concédés et prolongés sur l'Escaut avant d'arriver à leurs rivages, le charbon belge; en sorte que les frais de batelier, le droit d'entrée et ces péages s'élèvent à 7 fr. 20 cent. par tonneau, et quelquefois plus, jusqu'à Valenciennes. (*Lille B.*)

495. La concurrence intérieure a même suffi pour faire baisser les prix d'Anzin et des autres mines. (*Clermont.*)

496. Les exploitants étrangers ont toujours basé leurs prix sur ceux de la compagnie d'Anzin, déduction faite du droit d'entrée et du fret jusqu'à Valenciennes. Ainsi, cette compagnie n'a pu élever ses prix arbitrairement.

(*Paris B.*)

497. Non, positivement non : les exploitants des houillères françaises du Nord ont au contraire baissé leurs prix de plus de 30 p. o/o, depuis 1795. (*Anzin.*)

498. Loin d'avoir élevé les prix antérieurs à 1814, les exploitants français les ont abaissés de telle sorte que le prix moyen a subi une réduction de 11 centimes. (*D. G. Mines.*)

499. Bien loin d'avoir profité de l'établissement du droit pour augmenter nos prix, nous vendons actuellement 2 francs 80 centimes et 2 francs 60 centimes, le charbon qui a toujours été vendu 3 francs, avant 1814, par nos prédécesseurs qui n'exploitaient que Montrelais. (*Montrelais.*)

500. Les exploitations françaises, au moins celles de l'Ouest, baissent le prix de leurs produits autant qu'elles le peuvent : c'est le moyen d'étendre la consommation et d'avoir un bénéfice réel. Leur intérêt est donc tout à fait opposé à l'esprit de monopole qu'on leur prête. En effet, plus on extrait de houilles, plus bas est le prix de *revient* de chaque hectolitre. Depuis 1814, on a généralement baissé, et de beaucoup, le prix des houilles, chaque localité dans la proportion qui lui était afférente. (*Vendée.*)

501. Le prix de la houille, à Saint-Étienne, n'a jamais été aussi bas qu'à présent; les frais de transport sont aussi réduits à leurs plus extrèmes limites. Nous avons démontré (10e question, n° 259) que le droit de 33 centimes était d'autant plus nécessaire, que, par suite des améliorations apportées à la ligne navigable du nord, les charbons belges étaient maintenant beaucoup plus favorisés que les nôtres. (*Saint-Étienne.*)

23e Question.

Réponses négatives

502. Nous offrons l'exemple du contraire de ce que la question semble supposer :

Avant 1814, nous vendions l'hectolitre................ 1ᶠ 25ᶜ
De cette époque jusqu'en 1825, nous l'avons vendu....... 90
Et depuis 1825 jusqu'à ce moment, moitié moins qu'en 1814. 70

Les charbons de Saint-Étienne eux-mêmes valent aujourd'hui 10 et 12 francs de moins qu'en 1825 (la voie de Paris de 15 hectolitres).

(Grosménil.)

503. On ne pense pas que les prix aient augmenté depuis 1814 ; mais on n'a pas de renseignements précis à cet égard. (*Creuse A.*)

504. Les exploitants français n'ont pas profité de l'établissement du droit pour élever les prix antérieurs à 1814 ; mais les exploitants belges ont baissé les leurs, à cause de ce même droit. (*Dunkerque.*)

505. On ne saurait préciser à cet égard ; il est bon cependant de remarquer qu'en 1814 il n'existait pas de mécaniques à vapeur en France, et que, depuis, le nombre en est devenu considérable. Ces faits ont dû exercer une grande influence. (*Calais.*)

506. Les exploitants français n'ont profité de rien depuis le perfectionnement de la navigation du canal de Saint-Quentin. Ils n'étaient pas en position de faire la loi ; ils ne pouvaient que la recevoir. Nous ignorons ce qui se passait antérieurement à 1814 ; mais nous savons que, depuis environ cinq ans, le prix de la houille a toujours baissé sur les puits et sur les marchés de France. (*Creuzot.*)

507. Les exploitants français n'ont point profité du droit pour élever leurs prix ; tous leurs efforts ont tendu à perfectionner les systèmes d'exploitation en usage dans chaque houillère, afin d'arriver à produire au meilleur marché possible, et de se garantir ainsi de la concurrence étrangère.

Il n'est pas de sacrifices que chacun n'ait fait dans ce but ; mais ils sont restés improductifs, parce que, si, dans l'intérieur, on améliorait la position des producteurs, à l'extérieur, rien ne contribuait à favoriser leurs débouchés. (*Decize.*)

508. Depuis 1814, la compagnie d'Anzin ayant abaissé son tarif jus-23ᵉ Question.qu'à 1 franc 27 centimes 1/2, il est évident qu'elle n'a pas profité du droit pour élever ses prix.

Dans tous les cas, on peut affirmer que, sur toutes les mines de France, le prix de la houille a constamment baissé; et, à l'appui de cette assertion, nous pouvons citer particulièrement les mines de Blanzy, qui, en 1814, vendaient leurs charbons 1 franc 20 centimes l'hectolitre, et qui les livrent aujourd'hui au prix de 70 à 80 centimes. (*Blanzy.*)

509. Postérieurement à l'établissement des droits sur les charbons belges, la compagnie d'Anzin a augmenté ses bénéfices,

1° En surchargeant ses prix de 7 1/2 centimes par hectolitre;

2° En diminuant le comble de sa mesure de manière à produire au minimum une autre surcharge de près de 10 centimes;

3° En altérant la qualité de ses charbons dans lesquels elle mélange du charbon de rebut qu'elle donnait ou vendait autrefois à très-vil prix aux ouvriers : cette détérioration ne peut être évaluée à moins de 5 centimes l'hectolitre.

La compagnie d'Anzin a, depuis (en mai 1829), réduit ses prix de 10 centimes l'hectolitre comble; mais elle a continué à faire peser sur le commerce l'augmentation résultant du changement opéré dans le mesurage et le mélange de ses charbons.

Ainsi la compagnie d'Anzin a profité de l'établissement du droit pour augmenter le prix de ses charbons, depuis 1813, et l'on est dès-lors obligé de reconnaître que la suppression de ce droit, dût-elle forcer la compagnie à remettre ses prix à leurs anciens taux, ne peut être refusée sans blesser les règles de l'équité, et sans grever l'industrie en général, au profit d'une industrie particulière. (*Lille C.*)

VINGT-QUATRIÈME QUESTION.

Quel est maintenant le taux de l'augmentation ou de la diminution
des prix?

510. Cette augmentation peut être évaluée à 10 pour o/o au moins.
(*Rouen B.*)

511. D'après les documents cités (23ᵉ question, n° 491), elle ne
serait guère moindre de 12 à 15 pour o/o. (*Rouen A.*)

512. Il n'y a pas eu d'augmentation; au contraire, la diminution est de
35 à 40 p. o/o sur la généralité des mines de France, si nous en jugeons
d'après les prix de vente actuels des mines de Blanzy qui ont été obligées
de se conformer au cours des autres mines. (*Blanzy.*)

513. Le prix a presque baissé de moitié. (*Clermont.*)

514. Anzin vendait, avant 1814, le gailleteux 1 fr. 40 cent. et le
gros 2 francs 65 centimes l'hectolitre, rendu au bateau. Il vend aujour-
d'hui 1 fr. 37 c. 1/2 l'un, et 2 fr. 17 c. 1/2 l'autre; donc il y a réduction
de 2 c. 1/2 et de 47 c. 1/2. par hectolitre. (*Dunkerque.*)

515. Avant le 16 avril 1814, le charbon d'Anzin valait 2 fr. 25 c.
l'hectolitre, pris à la fosse. Il vaut maintenant 1 fr. 37 cent. 1/2 à bord;
donc il y a diminution de 87 cent. 1/2. (*Lille A.*)

516. L'hectolitre de charbon de terre se vendait

En 1795 et 1800......	le gros.....................	2ᶠ 85ᶜ
	le moyen...................	1 70
En 1832, il se vend....	le gros.....................	2 00
	le moyen	1 10

Il y a donc eu baisse de 30 p. o/o sur le gros et de 35 p. o/o sur le
moyen ou gailleteux. (*Anzin.*)

517. Le taux de la diminution est de 11 cent. (*D. G. Mines.*)

518. Voir notre réponse à la 23ᵉ question. [n° 502 et 509.]
(*Grosménil. — Lille C.*)

519. Le prix actuel du *revient* de l'hectolitre aux mines de Decize a décru d'un tiers de ce qu'il était avant l'emploi des moyens d'exploitation introduits à grands frais depuis vingt ans ; mais la position de la mine n'en est pas moins fâcheuse, parce que des voies de communication économiques lui manquent et la mettent hors d'état de donner à son exploitation toute l'extension dont elle est susceptible.

Si l'exploitation pouvait avoir l'importance que rend possible l'énormité de son matériel, le prix actuel de l'hectolitre pourrait encore diminuer d'un cinquième ; et, si les frais et droits de navigation que supportent les produits, à leur exportation, étaient réduits à ce que les Belges supportent de leur côté, les mines de Decize pourraient, en raison de la supériorité de leur houille, lutter avec avantage contre tous leurs concurrents étrangers. (*Decize.*)

520. Le prix de 1814 et de 1832 est à peu près le même, c'est-à-dire 2 fr. 50 c. l'hectolitre, forge gailleteuse. (*Calais.*)

VINGT-CINQUIÈME QUESTION.

*En remplaçant la manne par l'hectolitre, ainsi que la loi le voulait,
a-t-on exactement rétabli le tarif de vente, de manière à ne pas
augmenter le prix de l'ancienne mesure ?*

521. Les documents cités (23ᵉ question, n° 491) ne permettent pas de
répondre affirmativement à la question comme elle est posée. (*Rouen A.*)

522. En remplaçant la manne par l'hectolitre, on n'a pas changé le
tarif; on a conséquemment haussé les prix, vu que l'hectolitre est plus
petit que la manne. (*Dunkerque.*)

523. La manne n'a point été remplacée par l'hectolitre, ainsi que la loi
le voulait; on a continué à mesurer le charbon, aux fosses, en se servant
des mannes anciennes maintenant désignées sous le nom d'hectolitres
combles. (*Lille C.*)

524. Les prix ont subi la différence existant entre l'ancienne et la
nouvelle mesure. (*Calais.*)

525. L'hectolitre substitué à la manne donne un avantage de 8 à 10
p. 0/0 à la vente, quand d'ailleurs les prix restent les mêmes, ce qui a eu
lieu pour Anzin. (*Abbeville.*)

526. Depuis l'établissement du système métrique, les charbons français
se sont toujours vendus à l'hectolitre; mais il est probable que le changement de mesure aura produit une augmentation dans le prix. (*Paris B.*)

527. La proportion doit être exactement la même; la manne comble
équivaut à l'hectolitre comble, et quatre mannes forment le tiers de la voie

de Paris, soit 5 hectolitres ras. Il pourrait se faire cependant que douze mannes rendissent un peu plus de 15 hectolitres, et qu'il se trouvât un douzième en sus. (*Grosménil.*)

528. En obéissant à la loi, on a bien établi le tarif de vente en raison du moins de capacité de l'hectolitre, à Anzin surtout.

Le remplacement de la manne par l'hectolitre s'est opéré en 1800. La manne de charbon moyen pesait environ 240 livres, et se vendait alors 1 fr. 70 c. pour la vente par bateaux, soit en gros. L'hectolitre comble de même charbon ne pesant qu'environ 200 livres, le prix en fut fixé à 1 fr. 30 c. Ainsi, 240 livres étant à 1 fr. 70 c. comme 200 livres étaient à 1 fr. 40 c., il s'en suit qu'au moment du changement de mesure, la compagnie d'Anzin eut égard à la différence de capacité, et fit, en outre, subir, au prix de son charbon moyen, une diminution réelle de 12 centimes, par hectolitre. (*Anzin.*)

529. Toutes les évaluations qui précèdent sont rapportées au *quintal métrique;* c'est la seule unité de mesure qui, dans le commerce de la houille, donne des résultats comparables, parce que seule elle tient compte des différences de pesanteur spécifique entre les diverses variétés de ce combustible.

La manne de Mons est, à très-peu de chose près, le quintal métrique, pour la houille *flénu.*

L'hectolitre comble, qui est la mesure d'Anzin, pèse, terme moyen, 110 kil.

Le consommateur paye aujourd'hui 11 centimes de moins le quintal métrique; il n'a donc pas perdu à la substitution d'une mesure à l'autre.

(*D. G. Mines.*)

530. La manne remplissant l'hectolitre comble, mesure livrée au commerce, il n'y a plus de plainte.

Anzin a une brouette équivalente à l'hectolitre comble, et on y emploie indifféremment la brouette ou l'hectolitre comble. (*Paris D.*)

531. C'est chose indifférente. (*Clermont.*)

———

VINGT-SIXIÈME QUESTION.

Quelle différence y a-t-il entre le mode d'association et d'extraction qui existe pour les mines du département du Nord, et celui qui existe pour les mines étrangères dont les produits arrivent en France?

532. Pour ce qui est *du mode d'association*, il y a, d'un côté et de l'autre, de grandes et de petites associations; parmi ces dernières, celles qui ont lieu en Belgique, sous le nom de *forfaiteurs*, et dont il a été parlé dans la réponse à la 4ᵉ question (n° 113), bien qu'elles soient, au fond, nuisibles aux véritables intérêts des exploitations belges régulières, n'en sont pas moins un moyen pour rendre la concurrence des charbons belges plus sérieuse encore qu'elle ne l'est déjà par des achats faits au cours régulier, parce que traiter avec les *forfaiteurs* est à la portée de tous les marchands de charbon qui entendent bien leurs affaires, et qui ont de l'argent comptant. Pour ce qui est *du mode d'extraction*, il est en général meilleur dans les exploitations houillères du département du Nord que dans celles de la Belgique; l'extraction n'y est pas calculée seulement pour le moment présent; la sûreté personnelle des ouvriers y est bien autrement soignée: aussi tout cela donne-t-il lieu à plus de dépenses; en outre, l'extraction en elle-même est beaucoup plus difficile et coûteuse dans les mines du département du Nord que dans celles de Belgique et d'Angleterre :

1° Parce que, dans les houillères du Nord, les couches de charbon sont moins nombreuses, moins puissantes et moins régulières qu'elles ne le sont dans les gisements belges et anglais;

2° Que le terrain houiller y est beaucoup moins solide et nécessite une consommation de bois toujours triple, souvent quadruple de celle qu'il faut pour l'extraction belge; l'Angleterre est encore mieux placée sous ce rapport-là;

3° Parce que les couches du faisceau houiller d'Anzin, entre autres, gis-

sent et sont exploitées à de beaucoup plus grandes profondeurs que ne le
sont celles de la Belgique et de la Grande-Bretagne, c'est-à-dire :

En Angleterre................... de 20 à 600 pieds.

En Belgique................... de 100 à 1,050

A Anzin................,..... de 250 à 1,450

4° Enfin, non-seulement l'extraction française est grevée du surcroît
de dépense, résultant des hauts prix qu'elle paye pour les fers, fontes,
cordes, poudre, huile, etc., qui forment une si grande portion des dépenses afférentes à l'exploitation des houillères, mais elle l'est aussi des
redevances qu'elle paye au fisc; ces redevances, tant fixes que proportion-
nelles, enlèvent à l'exploitant français près de 8 pour 0/0 du produit net
de son industrie, tandis que l'exploitant belge n'est frappé que d'une faible
redevance proportionnelle de 2 1/2 pour 0/0, sur un produit net estimé
très-bas.

On peut juger de l'effet sérieux de cette différence entre l'impôt des
redevances dont sont frappées les houillères françaises et celui qui est
prélevé sur les houillères belges, en apprenant que la compagnie des mines
d'Anzin paye, à elle seule, environ 55,000 francs, par an, pour cette partie
de ses impositions, tandis que le plus grand exploitant du pays de Mons,
M. de Gorges, concessionnaire du Grand-Hornu, en Belgique, ne paye
que 5,000 francs, et que MM. Le Grand, Gossart et compagnie, pour les
compagnie des concessions de Wannes et des Vanneaux, ne payent qu'environ 3,000 francs par an. (*Anzin.*)

533. Le régime *social* est, pour les principales mines de Mons, à peu
près semblable à celui des mines d'Anzin.

Le mode d'extraction est le même, sauf les difficultés qui sont beaucoup plus grandes à Anzin. (*P. G. Mines.*)

534. Le mode d'extraction est le même; mais, à Mons, il y a un grand
nombre de sociétés travaillant en concurrence, tandis que la compagnie
d'Anzin est seule dans le nord de la France. Les fosses d'Aniche et de
Hardinghen ne produisent presque rien. (*Lille A.*)

535. Les différences, quant à l'extraction, me sont peu connues; quant

au mode d'association, à Anzin, il est constamment resté le même, une compagnie d'actionnaires régie par un directeur seul. Les usines des environs de Mons appartiennent, au contraire, à plusieurs compagnies qui, le plus souvent, se font concurrence. (*Abbeville.*)

536. Le mode d'extraction est, en général, quant aux procédés, à peu près le même à Anzin qu'à Mons, mais infiniment plus dispendieux qu'en Angleterre, où tout travail est réduit à la plus simple expression, ce que prouve le prix de 100 kilog. sur rivage, qui est de 1 franc, tandis qu'à Anzin et à Mons il est de 1 franc 80 cent. et 2 francs; perfectionnement dont la consommation de la Basse-Seine n'a pu profiter jusqu'à ce jour, par l'effet de l'inconcevable droit d'entrée de 1 franc 10 centimes à l'hectolitre ou 100 kilog.

L'administration est moins habile en Belgique qu'à Anzin; ce dernier établissement a, en outre, sur ses voisins, l'avantage de centraliser tous les intérêts dans une compagnie unique, tandis que le terrain houiller belge est fractionné en une infinité de petites exploitations indépendantes, qui se trouvent en rivalité, non-seulement pour les achats du matériel et la location des services, mais encore pour la vente, et qui aussi font plus de frais et vendent moins cher. (*Rouen A.*)

537. Le mode d'association et d'extraction est généralement le même pour la Belgique et le département du Nord. (*Paris B.*)

538. Les houillères du nord de la France sont à peu près représentées par une seule compagnie, celle d'Anzin.

Les houillères de la Belgique sont divisées en un grand nombre d'établissements indépendants.

Les conséquences de cette différence, dans le mode d'exploitation, sont faciles à apprécier.

Dans les houillères françaises on ne s'occupe point des intérêts du consommateur; tout y est dirigé vers un seul but, l'accroissement des bénéfices de la compagnie. Ainsi les extracteurs d'Anzin ont reconnu qu'il était convenable à leurs intérêts de ne livrer à la vente que deux espèces de charbons, le gros et le moyen, de mélanger bon et mauvais combustible, pour obtenir de l'ensemble un placement avantageux, et ce serait en vain que le commerce réclamerait un classement des houilles plus approprié à la variété de ses besoins (*). La compagnie d'Anzin a la certitude d'un placement considérable de ses charbons. Le droit lui assure une prime importante et ne lui laisse rien à craindre des effets de la concurrence étrangère; elle n'a donc aucun intérêt à se rendre aux vœux de l'industrie, en changeant son système d'exploitation. Dans les houillères belges, au contraire, où il existe entre les extracteurs une concurrence active, l'industrie trouve le choix des diverses qualités de charbon qui lui sont utiles. Il y a désir ou plutôt nécessité de satisfaire le consommateur, parce qu'il a la possibilité d'opter entre diverses compagnies qui se disputent la confiance. (*Lille C.*)

539. La position topographique des extractions du département du Nord est, pour la compagnie d'Anzin, une garantie de prospérité suffisante, le prix de la houille belge étant déjà augmenté de 20 à 25 centimes, par hectolitre, pour frais de transport, en arrivant à la hauteur d'Anzin, et d'un surcroît de 12 à 14 centimes, pour le transport de la mine au rivage.

Tant sous le rapport des frais généraux que sous celui des procédés économiques d'extraction, une compagnie colossale comme celle d'Anzin doit avoir des avantages marqués sur de nombreuses compagnies rivales qui s'occupent d'extraction de houille en Belgique.

Voir, pour la différence des frais d'extraction, la réponse à la 8ᵉ question, n° 214. (*Lille D.*)

540. En Auvergne, il n'y a qu'une compagnie; les autres mines sont exploitées par les propriétaires eux-mêmes. (*Clermont.*)

(*) Dans ce moment encore, la compagnie d'Anzin impose à tous ceux qui prennent de ses charbons de Vieux-Condé, l'obligation de recevoir un quart de leur chargement en charbon de la fosse dite du Sartiau, dont le produit est de mauvaise qualité et fort inférieur à celui des autres fosses de Vieux-Condé. (*Note du déposant.*)

VINGT-SEPTIÈME QUESTION.

Quel est le prix de la houille de Mons, dite forge gailleteuse, la plus analogue au charbon moyen d'Anzin ?
Sur le carreau de la mine ?
Au rivage de canal de l'Escaut à Condé ?
A Lille......?

541. Le prix de la houille de Mons, dite forge gailleteuse, est :
Sur le carreau de la mine, de ..   65ᵉ à   70ᵉ *l'hectolitre comble.*
Sur le rivage du canal........   80 à   90 *la manne idem.*
A Lille.................... 1ᶠ 70 à 1ᶠ 85 *l'hectolitre. idem.*
(*Anzin.*)

542. Le prix de la houille de Mons, dite forge gailleteuse, la plus analogue au charbon moyen d'Anzin, est :
Sur le carreau de la mine........... 0ᶠ 77ᵉ le quintal métrique.
Au rivage du canal de l'Escaut à Condé.. 0 87
A Lille....................... 2 08
(*D. G. Mines.*)

543. Les forges gailleteuses de Mons se vendent, en ce moment (novembre 1832), sur le carreau de la mine, 3 fr. 50 cent. à 3 fr. 80 centimes, le muid de 4 hectolitres combles, c'est-à-dire, en moyenne, 3 fr. 60 cent.
Soit, prix moyen.................... 0ᶠ 90ᵉ   l'hect. comble.
Pour les rendre au canal de l'Escaut à Condé, il faut ajouter à ce prix :
Transport, le fret de Mons à Lille étant à 75 centimes, ci. 0 17 1/2
Droit de 33 cent. et menus frais en douane. 0 35
Mise en magasin 0 5
Prix à Condé. 1 47 1/2

Report...	1ʳ 47ᵉ 1/2 l'hect. comble.
Transport de Condé à Lille............	0 57 1/2
Droit d'octroi......................	0 10
Prix à Lille......................	2 15
Ou bien.............	1 63 l'hect. ras.

(Lille. C.)

544. La forge gailleteuse de Mons vaut, la manne :

Au bateau..........................	0ʳ 94ᵉ
A Condé, entrée payée...............	1 32 environ.
A Lille	0 00

(Dunkerque.)

545. Le prix de la houille de Mons, dite forge gailleteuse, la plus analogue au charbon moyen d'Anzin, est de 1 fr. l'hectolitre, au bateau.

(Paris B.)

546. Prix du charbon de Mons, dit forge gailleteuse :

A bord du bateau sur l'Escaut, le muid 3 fr. 75 c.

A Lille. — Ce renseignement manque. (*Calais.*)

547. La houille de Mons, appelée *forge gailleteuse*, vaut aujourd'hui, sur le rivage du canal de Mons, 1 franc la manne. Ce charbon est analogue, à l'œil, à celui moyen d'Anzin; mais la qualité diffère réellement.

(Paris D.)

548. Forge gailleteuse, sur la mine............ 0ʳ 80ᵉ

Aux ports du canal de Mons............ 1 00

A Lille........................... 2 18

La forge gailleteuse n'est pas le seul charbon qu'on introduise en France : il en vient en égale quantité, surtout d'Angleterre, de l'espèce dite *mélange*, qui coûte, au rivage, le menu, 1 franc 60 centimes, et le gros, à la main, 2 francs.

Le prix commun d'un tonneau ou 1,000 kilogrammes de *houille flambante*, connue sous le nom de *charbon de Mons*, et qui est la plus recherchée en France, est, mis à bateau, de 12 francs. C'est donc une

27e Question.

prime de 60 p. o/o, en faveur de la compagnie d'Anzin, imposée sur les produits de l'industrie française. Le fret du batelier l'élèverait encore à 30 p. o/o, si le droit d'entrée, par l'Escaut, était supprimé.

La Belgique a besoin du débouché de la France; et la France ne peut se passer des houilles de la Belgique. Ce serait donc une sage mesure d'économie publique que de satisfaire à cette double nécessité, et de reconnaître enfin qu'il y a dépendance absolue et indispensable d'un pays envers l'autre, et qu'il faut leur laisser échanger réciproquement leurs produits. (*Lille B.*)

549. 90c l'hectolitre comble, à bord du bateau au rivage.
1f 80 l'hectolitre ras, à Lille. (*Lille A.*)

550. Le prix de la houille de Mons, dite *forge gailleteuse*, est : (*)

	Le muid.	La manne.	L'hect. comble. (mesure d'Anzin.)	L'hect. ras.
Au rivage du canal de Mons (**)....	3f 75c	0f 93c 1/2	0f 85c	0f 71c 1/4
Rendu à Condé (droits payés).......	6 15	1 53 1/2	1 39	1 17
Rendu à Lille (droits d'oct. non compris).	8 15	2 03 1/2	1 85	1 55

Le prix actuel du charbon d'Anzin, dit *moyen*, est :

	L'hect. comble.	L'hect. ras.
Au rivage, à Anzin.....	1f 37c 1/2	1f 15c 1/4
Rendu à Lille (droits d'octroi non compris).....	1 87 1/2	1 87 3/4

(*) Les bases suivantes ont servi à la fixation de ces prix :

1° Le muid de Belgique contient 4 mannes, 4 et 4/10 hectolitres combles (mesure d'Anzin), et 5 1/4 hectolitres ras;

2° Les droits ont été portés à 35 centimes par manne, ou à 1 franc 40 centimes par muid; c'est le taux ordinaire, menus frais et commission compris;

3° Le fret de Mons à Condé est estimé 25 centimes, la manne;

4° Le fret de Condé et d'Anzin à Lille est estimé 50 centimes la manne. (*Note du déposant.*)

(**) A Mons, le charbon se vend aussi sur le carreau de la mine, et les prix sont ordinairement fixés au même taux que ceux du charbon mis à bord; mais, pour indemniser l'acheteur des frais de transport de la mine au rivage, des frais de mesurage et de mise à bord, l'extracteur lui livre 5 mannes pour le prix de 4. Il peut résulter de cette opération un bénéfice, pour l'acheteur, de 5 à 6 pour 100, selon l'éloignement des fosses. Le plus souvent, les extracteurs eux-mêmes se chargent de ce transport lorsqu'ils traitent directement avec les consommateurs.

La houille dite forge gailleteuse résulte d'un mélange de différentes qualités de charbon séparées aux fosses. Voici comment ce mélange se compose habituellement :

Les qualités de charbon de Mons, dites *du buisson et grand bouillon*, se rapprochent le plus, par leurs propriétés, des charbons d'Anzin. Elles sont peu expédiées en France et se vendent, au rivage du canal de Mons, 4 francs, le muid. (*Lille D.*)

551. Dans l'exposé de cette question, il semble qu'on ait eu pour but d'établir un rapport de prix entre des houilles d'espèces similaires, et jouissant des mêmes propriétés, soit à Mons, soit à Anzin.

Mais on ne doit pas perdre de vue que, sur les rivages de Mons, on a donné aux houilles des dénominations qui sont totalement opposées aux propriétés physiques et chimiques qu'elles indiquent.

Ainsi les dénominations de *forges gailleteuses, forges braisettes, fines forges*, ne veulent pas dire que les houilles auxquelles on les applique soient spécialement propres à forger le fer, les métaux, ou à être converties en coke. Nullement; l'épithète de forges gailleteuses indique seulement que la fine houille dont elles sont composées présente l'aspect des houilles dites *forges,* et qu'elles contiennent une plus ou moins forte portion de morceaux ayant la forme du *galet;* elles contiennent aussi des morceaux d'un volume assez considérable, du poids de 5 à 15 kilog. en assez grande quantité : cependant, leur dénomination ne change pas pour cela. Les secondes diffèrent des premières en ce que, indépendamment de la fine houille, le menu que l'on y introduit est d'un volume analogue à la braise des boulangers. La troisième se compose entièrement de la plus fine houille.

<pre>
20 muids gailleties, à... 6' 50'............ 130' 00'
20 ———— gailleteries, à.. 5 50............ 110 00
65 ———— fine, à........ 1 75............ 113 75
   ————   ————
  105   353 75
</pre>

Le volume de ces 105 muids se réduit, dans le mélange, à 100 muids, par l'effet de l'interposition du charbon fin dans les interstices laissés vides entre les gailleties. Composé ainsi que je viens de l'indiquer, le prix du muid de forge gailleteuse serait de 3 francs 53 centimes et 1/2, et non de 3 francs 75 centimes, comme je l'ai porté plus haut ; c'est là que doit se trouver le bénéfice du marchand qui achète aux fosses, ou de l'expéditeur. Du reste, les proportions que j'ai données peuvent varier selon la volonté de l'acheteur.

[Voir, pour le prix des charbons d'Anzin, aux fosses, la réponse à la 22e question, n° 487, note (**).] (*Note du déposant.*)

27ᵉ Question.

Les forges gailleteuses de Mons n'ont donc de similitude, avec le charbon moyen d'Anzin, que quant aux propriétés physiques; elles en diffèrent essentiellement, quant aux propriétés chimiques. Comme les houilles d'Anzin, elles ne pourraient être converties en coke, ni servir à forger les métaux; mais elles ont un avantage que celles-ci n'ont pas, c'est de brûler avec flamme, et d'être propres aux usines à chaudières.

Le prix de cette sorte est :

Sur le carreau de la mine.......................... 0ᶠ 80ᶜ

Au rivage du canal de Mons........................ 1 00

D'après ces renseignements :

  A Valenciennes................................. 1 70

  A Lille.. 2 18

(Rouen A.)

VINGT-HUITIÈME QUESTION.

Certaines mines françaises n'ont-elles pas des qualités de houilles tellement supérieures à celles de l'étranger, pour certains usages, qu'elles pourraient maintenir une augmentation de prix, quand même il n'y aurait pas de droit d'entrée?

552. Oui, certes, le charbon de Saint-Étienne nous est indispensable pour nos forges. Je connais plusieurs établissemens, des fonderies de fer, à Rouen, par exemple, où l'on n'emploie que le Saint-Étienne, malgré l'énorme différence des prix. (*Le Havre B.*)

553. Les mines de Saint-Étienne, par exemple, donnent un charbon tellement supérieur, et apprécié pour les forges, les hauts-fourneaux et les fonderies, qu'elles n'ont pas de concurrence à redouter sur presque tous les marchés des houilles belges, par exemple, dont le prix est toujours inférieur de 8 à 10 francs par voie. Cette assertion est tellement vraie, que, quand il arrive, par suite de manque d'eau en Loire et dans les canaux, que cette sorte de charbon vient à manquer, à Paris, les fours à coke sont totalement arrêtés.

Les charbons belges n'ont aucune analogie avec le Saint-Étienne. Nous avons fait bien des essais pour remplacer ce charbon, qui nous coûte fort cher, et nous n'avons trouvé, même parmi les charbons anglais, aucune qualité qui l'égalât. Ainsi, quel que soit l'abaissement du droit sur les charbons belges et anglais, le prix des charbons de Saint-Étienne sera toujours maintenu. (*Rouen B.*)

554. Sans contredit, nous avons, en France, certaines qualités de houille que non-seulement l'étranger ne nous procurerait pas, mais qu'il se trouve même dans la nécessité de venir acheter en France. Ainsi, certaines qualités d'Anzin entrent en Belgique pour la fabrication de la chaux, etc.

(*Abbeville.*)

555. Il est de notoriété publique que les houilles de Saint-Étienne, propres pour les forges et hauts-fourneaux, soutiennent, depuis longtemps, la concurrence, à Paris et sur les autres marchés, à un prix de 6 fr., par voie, plus élevé que celles de Mons. Cet excédant de valeur pourrait encore devenir plus considérable et être porté à 10 francs, sans que cette sorte fût moins recherchée. On la prise également pour les usines à gaz, et surtout pour la beauté et la qualité du coke qu'elle fournit.

Les Anzin, Fresnes et Vieux-Condé, pour les briqueteries, chaufourneries et foyers, sont, au moins de 30 p. 0/0, supérieurs au charbon belge.

Les mines d'Auvergne ont également des sortes propres aux mêmes services; mais elles donnent, et surtout les mines de Fondary, d'excellent charbon pour les hauts-fourneaux. On l'emploie souvent en mélange avec le Saint-Étienne, dont il se rapproche.

Quant à cette dernière provenance, elle revient, à Paris, à meilleur marché que les houilles du Nord, même déduction faite sur celles-ci du droit d'entrée. (*Rouen A.*)

556. Nous ne sommes ici à même de comparer que le mérite relatif des houilles de la Belgique et des houilles du département du Nord.

Il est incontestable que certaines qualités d'Anzin, telles que les Fresnes et Vieux-Condé, pourraient, à cause de leurs propriétés convenables pour l'exploitation des briqueteries, fours à chaux, etc., soutenir une augmentation de prix, lors même qu'il n'y aurait pas de droit d'entrée. Cette vérité est rendue évidente par l'activité que conserve encore l'exportation de ces charbons, malgré les droits auxquels ils sont soumis à leur entrée en Belgique. (*Lille C.*)

557. A Paris, le Saint-Étienne est toujours préféré pour la forge, quoiqu'il arrive des charbons de Mons qui sont également très-propres a cet emploi. (*Paris D.*)

558. Les houilles de Saint-Étienne ont un avantage de qualité incontestable pour l'usage du forgeron, etc. Cet avantage peut s'estimer à 10 p. 0/0.

(*Creuzot.*)

559. Il est des mines françaises qui ont des qualités de houille tellement supérieures à celles de l'étranger, pour certains usages, qu'elles pourraient maintenir une augmentation de prix, quand même il n'y aurait pas de droits d'entrée. Parmi les houilles de la compagnie d'Anzin, je signalerai surtout les charbons de Fresnes et de Vieux-Condé dont une grande quantité se consomme en Belgique, malgré les droits dont ils ont été grevés par réciprocité.

Pour apprécier combien peut être grand l'avantage qui résulte de la qualité du charbon de certaines extractions françaises, il suffit de comparer le prix de *revient* du charbon de la compagnie d'Anzin, à Tournai, où l'on en fait un fréquent usage, au prix de *revient* du charbon de Mons dans la même ville.

Prix de l'hectolitre de charbon de Fresnes, à Tournai :

Au rivage de Condé.................................	1ᶠ 37ᶜ 1/2
Droit d'entrée en Belgique (tarif actuel)..............	0 33
Fret d'Anzin à Tournai.............................	0 35
	2 05 1/2
Dont il faut déduire, pour prime accordée par la compagnie d'Anzin, à l'exportation......	0 15
Reste....................	1 90 1/2

Prix de l'hectolitre (mesure d'Anzin) de charbon de Mons, à Tournai :

Au rivage, à Mons (*)...............................	0ᶠ 85ᶜ
Fret de Mons à Tournai, par le canal d'Antoing, navigable depuis 1827......	0 43
	1 28

Le charbon français coûte donc, à Tournai, 62 centimes, ou près de 50 p. 0/0, plus cher que le charbon de Mons.

On voit, d'après cela, que si les droits d'entrée en Belgique étaient supprimés, ce qui serait une conséquence inévitable de l'abolition de ces droits en France, la compagnie d'Anzin pourrait vendre cette qualité de charbon 13 centimes plus cher qu'aujourd'hui. (*Lille D.*)

560. Le charbon de Saint-Étienne et Fresnes, près Condé, pour certains usages, et celui de Saint-Étienne, pour la forge, sont hors de pair.

(*Paris B.*)

(*) Voir, pour le prix du charbon de Mons au rivage, la réponse à la 27e question, n° 556.

38.

561. Non. (*Clermont.*)

562. Nous ne connaissons point de charbons qui jouissent de ce privilége. Le prix fait tout ; la preuve, c'est que le Saint-Étienne lui-même est fort souvent remplacé à Paris, pour la forge, par des charbons de Mons qui cependant sont fort peu estimés pour cet usage. Il en est de même sur la ligne de la Loire où le Grosménil, fort recherché, n'en reste pas moins invendu, s'il s'y trouve en concurrence avec des charbons de qualité très-inférieure, mais qu'on livre à bas prix. (*Grosménil.*)

563. Ce n'est pas du moins à l'égard des houilles françaises du Nord que la libre entrée des houilles belges serait indifférente ; car les mines d'Anzin et d'Hardinghen ne produisent pas des qualités supérieures indispensables. Le charbon d'Hardinghen est mauvais, et celui d'Anzin est au-dessous du charbon de Mons, pour presque tous les usages. (*Calais.*)

564. Les qualités de houille, auxquelles sans doute la question fait allusion, celles de Saint-Étienne, pourraient être parfaitement remplacées par les houilles anglaises propres à la forge, qui sont, sans contredit, les premières, en qualité, de toutes celles connues jusqu'à ce jour. Ces houilles anglaises, tout en payant le droit de 1 franc par hectolitre, ont déjà envahi une grande portion de la consommation des forges du Havre, de Rouen, de Nantes, d'Angers, de Bordeaux, de Bayonne. Si ce droit était diminué, elles viendraient promptement concourir avec les houilles de Saint-Étienne sur tous les points où celles-ci sont employées exclusivement aujourd'hui. (*Anzin.*)

565. Certaines mines françaises possèdent réellement des qualités de houille supérieures ou au moins égales à toutes celles qu'on pourrait trouver sur le continent ; mais la qualité ne compense pas l'excédant de valeur qui résulte des frais de transport jusqu'aux lieux de consommation. Nos charbons obtiennent, à Paris, une prime de 10, 12 et même 15 pour 100 sur ceux de la Belgique, et, cependant, ils s'y vendent actuellement avec désavantage.

La qualité détermine habituellement l'emploi de telle ou telle espèce de houille ; mais, comme des qualités différentes ont des propriétés communes, et que très-souvent la différence de prix est considérable, le consommateur préfère celles qu'il peut se procurer à un prix inférieur. (*Saint-Étienne.*)

566. Il n'y a que le charbon de Saint-Étienne, pour la forge, et le charbon de Fresnes, pour la cuite de la chaux et de la brique, qui puissent, par la supériorité de leur qualité, maintenir une augmentation de prix.
(*Dunkerque.*)

567. Je crois que, pour la forge, si les droits de navigation étaient supprimés, la houille de Saint-Étienne aurait toujours la préférence, parce qu'elle est plus particulièrement propre à cette destination : mais, pour tous les autres usages auxquels elle convient également, on lui préfère la houille belge, à cause du bon marché. Elle se trouve ainsi exclue, pour toujours, de la consommation des ménages, consommation que je prévois devoir s'accroître beaucoup, et devenir dans toute la France aussi générale qu'à Lyon, dès que la baisse dans les bois, baisse qui est produite par la vente forcée des forêts de l'État, aura cessé, et que les bois auront repris leur valeur naturelle. (*Paris C.*)

568. Il existe certainement, en France, des mines qui ont des qualités supérieures à aucune des mines étrangères, et nous citerons, entre autres, les mines de Saint-Étienne, qui possèdent une qualité bien supérieure pour l'usage des forgerons; cependant, quelle que soit la supériorité d'une espèce de houille, elle n'est pas tellement exclusive pour certains usages, qu'elle ne puisse être remplacée par une autre lorsqu'il y a avantage dans le prix; ainsi, ce serait une erreur de croire que ces qualités spéciales pourraient maintenir une augmentation de prix, quand même il n'y aurait pas de droit d'entrée à l'importation des houilles étrangères. (*Blanzy.*)

569. Malgré que la houille de roche et la houille flamboyante de la Vendée soient d'une qualité supérieure, elles ont le désavantage de brûler un peu vite, en donnant une dose de chaleur très-forte : aussi, ne croit-on pas que ces charbons puissent, pour le moment, soutenir une concurrence libre avec les charbons étrangers analogues, à raison de la cherté des frais d'extraction et de la difficulté des transports par terre.
(*Vendée.*)

570. Les houillères du centre ont une variété de produits qui les met à même de fournir, avec avantage sur les Belges, à tous les genres de consommation, soit pour les feux de grilles et de fourneaux, soit pour les feux de forges ; elles leur sont très-supérieures, et ce n'est que la différence de prix qui porte les consommateurs à donner la préférence aux houilles exotiques : à égalité de prix, ils la donneraient aux houilles indigènes ; cela n'est pas douteux. (*Decize.*)

571. Il y a certaines espèces de charbons qui conserveraient un prix plus élevé, en raison de leur usage spécial ; mais, en général, le bon marché d'une espèce de charbon doit produire de la baisse sur toutes les autres, suivant le degré auquel l'espèce la meilleur marché peut les remplacer.

(*Lille A.*)

572. Cette supériorité de qualité existe à l'égard des houilles sèches de Fresnes et de Vieux-Condé, lesquelles sont particulièrement propres à la calcination de la chaux (4ᵉ question, nᵒ 114).

Elle existe aussi, mais à un degré beaucoup moins marqué, à l'égard des houilles de Saint-Étienne, quand il s'agit du travail des petites forges. Pour ces dernières, nous avons déjà vu (4ᵉ question, nᵒ 114) qu'une simple différence de 36 cent. suffit pour faire donner la préférence aux houilles belges. (*D. G. Mines.*)

VINGT-NEUVIÈME QUESTION.

A combien évalue-t-on l'avantage des mines françaises?

573. Nous avons démontré dans notre réponse à la question ci-dessus (n° 568), que la préférence accordée à une espèce de houille dépendait plutôt de son prix que de la qualité : cela posé, tout se réduisant à une question de prix, il n'est pas possible d'évaluer quelle différence de prix peut supporter telle ou telle espèce de houille, puisque, pour y parvenir, il faudrait avoir des notions exactes, difficiles à se procurer, sur les prix et qualités de toutes celles qui peuvent être employées aux mêmes usages.

(*Blanzy.*)

574. Cet avantage ne peut être apprécié que par les consommateurs auxquels ces qualités sont indispensables. (*Abbeville.*)

575. Il serait difficile de répondre d'une manière précise à cette question : cet avantage varie, presque pour chaque industriel, selon la nature de ses travaux; mais on peut l'estimer, pour les espèces de charbons que nous venons d'indiquer (27ᵉ question, n° 543), au moins au montant du droit de 33 centimes l'hectolitre, puisque ce droit, perçu, à leur entrée en Belgique, sur les charbons de Fresnes et de Vieux-Condé, n'en empêche pas l'exportation. (*Lille C.*)

576. Cet avantage peut être évalué du quinzième au vingtième de la valeur. (*Paris B.*)

577. Nous l'évaluons à 25 ou 30 p. 0/0, pour les charbons belges, et à 10 p. 0/0 , pour les meilleurs charbons anglais. (*Rouen B.*)

578. Nous l'évaluons au tiers, pour le charbon d'Hardinghen, et au quart, pour celui d'Anzin. (*Calais.*)

29e Question.

579. Il peut être de 25 à 30 centimes, par hectolitre comble.

(*Dunkerque.*)

580. Pour les houilles de Fresnes et de Vieux-Condé, cet avantage peut être évalué, par quintal métrique, au moins à 71 centimes, puisqu'il porte les Belges à préférer les houilles dont nous parlons, qui coûtent 1ᶠ 42ᶜ et qui sont passibles d'un droit d'importation de 33 centimes, à leurs propres houilles qui ne coûtent que 71 centimes.

Mais nous avons déjà fait remarquer que l'usage de ces houilles est fort restreint, et qu'il n'est pas probable que l'exportation s'en soit jamais élevée au-dessus de 250,000 quintaux métriques.

Relativement aux houilles de Saint-Étienne, l'avantage est peu considérable, puisqu'il suffit d'une différence de 36 centimes (V. 4ᵉ question, n° 114), pour leur faire préférer les houilles belges à Paris.

(*D. G. Mines.*)

581. La houille de Saint-Étienne, pour l'économie résultant de sa durée au feu, du degré infiniment supérieur de chaleur qu'elle procure, et de la perfection des produits qu'on en obtient, l'emporte au moins sur Mons de 30 à 40 p. 0/0, à prix égal à Paris.

Celles d'Anzin, Fresnes et Vieux-Condé n'ont cessé d'être employées, en Belgique, que quand la différence de prix a été portée, par les droits, à plus de 100 pour 100. Ces variétés tiennent longtemps au feu, et donnent beaucoup plus de chaleur que le Mons.

Il ne faut pas perdre de vue qu'en répondant dans ce sens à la 28ᵉ question (n° 555), nous n'avons eu pour but que de faire ressortir la qualité toute spéciale des houilles de Saint-Étienne, Anzin, Fresnes et Vieux-Condé, dont l'emploi est forcé pour travaux métallurgiques, les chaufourneries, les briqueteries, les fonderies, etc.

Mais nous soutenons, en même temps, que ces mêmes houilles, malgré la prodigieuse quantité de calorique latent qu'elles contiennent, ne peuvent satisfaire aux industries de la Basse-Seine, qui exigent des houilles flambantes, c'est-à-dire des houilles belges et anglaises, qui, sous ce rapport, l'emportent, de beaucoup, sur celles dont il est question ici. (*Rouen A.*)

TRENTIÈME QUESTION.

Que coûte un hectolitre de houille :
A Thionville (Moselle)?
A Charleville (Ardennes)?
A Verdun (Meuse)?
A Reims (Marne)?
A Lille, à Saint-Quentin, à Dunkerque?

582. Le taux du prix de transport fait varier celui de vente du charbon ;
mais à présent l'hectolitre de charbon coûte :

A Thionville...............	2ᶠ 00ᶜ à 2ᶠ 25ᶜ
A Charleville..............	2 25 à 2 50
A Verdun..................	2 25 à 2 50
A Reims...................	3 75 à 4 00
A Lille....................	1 80 à 1 95
A Saint-Quentin...........	1 70 à 1 85
A Dunkerque..............	1 90 à 2 10

Chacune de ces villes perçoit, en outre, des droits d'octroi plus ou
moins élevés. (*Anzin.*)

583. Je n'ai pu savoir les prix aux villes indiquées des premiers départements. Ils sont :

Aux forges..	d'Hoyange (Moselle)........	2ᶠ 80ᶜ
	de Boutancourt (Ardennes)...	2 70
	d'Abainville (Meuse).........	4 90
	de Tonnance (Haute-Marne)..	6 50
Au laminoir du Pas-Bayard (Aisne)..........		3 00
Ils sont à Lille......	moyenne d'Anzin...........	1 97
	Id. de Mons	2 08
à Dunkerque.	moyenne d'Anzin...........	2 00
	Id. de Mons...........	2 20

(*D. G. Mines.*)

584. Le charbon moyen d'Anzin vaut, à Lille, l'hectolitre, 1 fr. 80 à 1 fr. 90 cent. (*Lille A.*)

585. Un hectolitre de houille revient, à Abbeville, à 2 francs 30 centimes environ. (*Abbeville.*)

586. Un hectolitre de charbon belge *flénu* coûte maintenant, à Dunkerque, rendu dans le navire :

Le gros gailleteux. 2ᶠ 80ᶜ
Le gailleteux. 2 05
(*Dunkerque.*)

587. Un hectolitre de houille de Mons et d'Anzin revient, à Calais, au même prix; savoir : 2 francs 50 centimes l'hectolitre, forge gailleteuse. (*Calais.*)

588. Voir notre réponse à la 27ᵉ question (nᵒ 550) pour le prix du charbon à Lille.

Un hectolitre comble de charbon de Mons coûte, à Dunkerque, de 2 francs 30 centimes à 2 francs 40 centimes, rendu sous vergues. (*Lille D.*)

589. Nous avons déjà dit,

Dans notre réponse à la 27ᵉ question (nᵒ 551), que le prix de l'hectolitre de houille est, à Lille. 2ᶠ 18ᶜ

Dans notre réponse à la 14ᵉ question (nᵒ 361) que le prix de l'hectolitre, sur le point culminant de la consommation de la Basse-Seine, est :

Houilles	belges.		3 93
	anglaises	pour les forges.	4 00
		autres.	4 36
	Saint-Étienne.		4 50

On doit concevoir que ces prix varient selon le besoin et le plus ou moins de facilité des arrivages, et selon les obstacles qui surviennent dans la navigation des canaux. (*Rouen A.*)

TRENTE-ET-UNIÈME QUESTION.

La différence des prix résulte-t-elle d'une différence des situations et justifie-t-elle l'inégalité du tarif qui taxe les importations, ainsi qu'il suit, par 100 kilogrammes, brut?

		Par NAVIRES FRANÇAIS.	Par NAVIRES ÉTRANGERS et par terre.
Houille { par mer		1f 00c	1f 30c
{ par terre {	de la mer à Baisieux exclusivement.	,	0 60
	Ardennes. { par la rivière de la Meuse.	,	0 10
	{ par toute autre voie....	,	0 15
	Meuse.	,	
	Moselle.	,	0 10
	Autres frontières.	,	0 30

590. La différence des prix résulte incontestablement des situations, puisque le prix, à la mine, est le même pour tous les acheteurs ; mais je ne saurais comprendre comment cette différence justifierait une inégalité de droit pour des Français, tous égaux devant la loi. (*Lille A.*)

591. Nous manquons de données positives sur les prix de l'hectolitre de houille à Thionville, Verdun, Reims, etc. ; mais nous n'en pouvons pas moins affirmer que la différence des prix, sur ces divers points du territoire, résulte d'une différence des situations. En effet, le prix d'un hectolitre de houille, à Thionville comme à Verdun, à Reims comme à Lille, se compose toujours du prix au lieu d'extraction, qui est le même pour toutes les destinations, du montant des droits (s'il s'agit de charbons étrangers) et des frais de transport, qui, selon la situation des marchés, produisent des différences quelquefois énormes dans le prix des charbons.

Réponses affirmatives sur ce point, que les frontières où le droit s'abaisse sont bien celles où la houille est à un plus haut prix ; mais négatives sur cet autre point, qu'il y ait justice à vouloir niveler par le tarif, des positions naturellement différentes.

39.

On demande encore si la différence des prix, sur les divers marchés, justifie les inégalités du tarif. Nous n'hésitons pas à répondre négativement. Vouloir que la houille parvienne sur tous les points du territoire, à un même prix, serait une absurdité destructive de toute industrie. A chacun ses avantages de position. Qu'on laisse jouir les industriels du Nord de celui qu'ils ont d'être rapprochés des houillères; et qu'on ne l'atténue pas en imposant les houilles, qu'ils tirent de la Belgique, à un droit triple de celui payé, par les consommateurs de l'Est, sur les charbons de même provenance. Si nous n'insistons pas davantage sur l'injustice révoltante qu'il y aurait à maintenir les inégalités de cette partie du tarif, c'est parce que cet important objet a déjà été traité avec développement dans le Mémoire (*) soumis au Ministre par la Chambre de commerce de Lille, Mémoire que le Conseil général a sous les yeux. (*Lille C.*)

592. Les charbons qui entrent par la frontière du département du Nord, sont nécessaires au droit de 33 cent., non-seulement à l'approvisionnement de ce département, mais encore à celui des départements de l'Aisne, de la Meuse, du Pas-de-Calais, de la Somme, de l'Oise et de la Seine-Inférieure. Pourquoi admettre à de meilleures conditions ce qui entre par d'autres départements qui ont moins besoin de charbon de terre, puisqu'ils ont plus de bois?

On a voulu favoriser l'exploitation des mines d'Anzin et d'Aniche, les seules qui existent dans le nord de la France, en repoussant, par une surtaxe, les charbons que la position des départements septentrionaux leur permettait de tirer de la Belgique: ce but a été atteint. Profitant d'une faveur insigne et d'un accroissement de demandes, les concessionnaires d'Anzin et d'Aniche ont porté promptement leur prix au taux le plus élevé; mais, malgré toute leur activité, malgré la richesse de leurs mines, ils n'ont pu fournir à tous les besoins. Les consommateurs fatigués d'attendre, pour leurs chargements, souvent plusieurs jours, ont renoncé à s'y approvisionner. D'ailleurs, les cantons du Quesnoy pouvaient seuls le faire; les autres en sont trop éloignés : les communes les plus rapprochées sont à 7 lieues d'Anzin et à 9 d'Aniche; et les plus éloignées à 18 et 23 lieues, tandis que toutes sont moins distantes des houillères de la Belgique.

(*) Pages 12 à 15.

Rien ne justifie l'inégalité du tarif pour les importations par la frontière du Nord et par la Meuse. Tout prouve au contraire qu'elle blesse l'équité, et qu'elle n'a été maintenue aussi longtemps que pour favoriser les exploitations de la compagnie d'Anzin.

On n'a pas connaissance qu'il existe des droits de navigation sur la Meuse, ou, s'il en existe, ils sont peu considérables; tandis qu'on en perçoit de très-élevés sur les canaux qui portent les charbons belges dans le département du Nord et dans l'intérieur.

L'importation ne peut se faire que par terre, pour une grande partie de l'arrondissement d'Avesnes et du département de l'Aisne, tandis qu'elle se fait par eau pour les Ardennes, la Meuse et la Moselle.

Les houilles belges coûtent donc beaucoup moins aux départements du nord-est qu'à ceux du nord et de l'intérieur. (*Avesnes.*)

593. Par rapport aux houilles belges et anglaises, on ne pense pas que les taxes de 30 centimes, 60 centimes et 1 franc 50 centimes, imposées à la consommation du nord et du bassin de la Basse-Seine, soient justes; et d'ailleurs, pourquoi, par une mesure fiscale et d'un intérêt particulier, ravir, à des provinces entières, quelques avantages de position qu'elles possédaient ou qu'elles se seraient créés à leurs frais?

Ainsi, s'il est vrai que le Nord attribue à ses canaux perfectionnés de pouvoir faire arriver, à meilleur compte, les marchandises qu'il consomme, ces avantages, il les doit à son industrie qui, dès les temps les plus reculés, a soigné les voies de communication. Faut-il lui faire expier cette sollicitude par des taxes de balance, parce que d'autres provinces seraient arriérées sous ce rapport? Non, évidemment non.

L'Est, qui ne paye que 10 centimes, tire ses houilles de Charleroi, Liége et Saarbruck, où elles sont à meilleur marché qu'à Mons et Anzin. La différence du prix d'achat peut compenser bien des difficultés de transport, s'il en existe. D'ailleurs, ces provinces sont riches en bois; ce combustible y est à vil prix; tandis que les départements du Nord, de l'Oise et de la Seine en manquent et le payent fort cher. C'est là surtout que la houille, au meilleur marché, est indispensable à l'industrie. (*Rouen A.*)

594. Nous avons déjà dit (12e question, n° 294) que les charbons anglais, avant d'arriver sur notre littoral, avaient à supporter, en frais d'embarquement, fret, assurance, etc., une charge totale de 2 francs 50 centimes à 2 francs 75 centimes par hectolitre. Quel a donc pu être le but d'une taxe de 1 franc 10 centimes, à l'entrée, surtout quand il est prouvé (3e, 4e, 11e, 15e questions, n° 78, 111, 289, 372) que les charbons d'Anzin, par exemple, ne peuvent convenir à notre consommation. Quant aux droits imposés aux frontières de terre, nous ne voyons pas pourquoi ils ne seraient point égalisés partout, puisque, avant d'arriver aux points où les charbons étrangers entreraient en concurrence avec les productions françaises, ils auraient déjà supporté des frais de transport, etc., suffisants pour servir de protection à ceux-ci. (*Rouen B.*)

595. Nous sommes incapables d'apprécier les motifs qui ont fait varier les droits à l'importation de la houille sur les divers points de nos frontières; nous présumons seulement que la Meuse, la Moselle et les Ardennes ont été favorisées dans l'unique but d'encourager l'introduction, dans ces contrées, des procédés anglais pour la fabrication des fers par la houille. Les mêmes motifs n'existent plus aujourd'hui, et il nous semble qu'il serait à propos d'examiner la question. (*Creuzot.*)

596. Le droit de 1 franc 10 centimes par hectolitre (100 kilogrammes), sur le charbon venant par mer, est prohibitif. Il est très-préjudiciable aux nombreuses usines qui avoisinent ce port, sans profiter aux exploitations du Nord et du Pas-de-Calais. En effet, Hardinghen n'a que des produits insignifiants en mauvais combustible qui ne peut être employé ni pour les mécaniques à vapeur, ni pour les forges. Ensuite, les mines d'Anzin sont éloignées de nous. D'ailleurs, à ce charbon on préfère celui de Mons, qui revient au même prix. Il est à désirer que les houilles étrangères soient admises à Calais, par mer, en payant le même droit que celui perçu à la frontière de terre (33 centimes). La navigation en profiterait, ainsi que les extractions françaises du nord; car la consommation de leurs produits augmenterait sensiblement, parce que la qualité très-supérieure des charbons anglais permettrait un mélange de moitié avec le combustible indigène, ce qui ne peut se pratiquer pour la houille de Mons. (*Calais.*)

3e Question.

597. Dans la fixation du taux des droits d'importation par le Nord, on n'a eu en vue que de permettre aux houillères d'Anzin de monopoliser pour la vente des charbons. Le taux de ces droits, dans les différentes parties de la frontière, dépend du plus ou moins de facilité que pouvait avoir la concurrence à s'établir. J'ai suffisamment démontré (2e question, n° 180) l'effet désastreux de cette taxe : j'ajouterai que, fût-elle plus élevée encore, les charbons belges, indispensables pour la consommation d'une grande partie de la France, entreraient de même, et viendraient lutter, avec avantage, contre les houilles de la compagnie d'Anzin, pour un grand nombre d'usages. La conséquence de l'existence du droit, pour nos provinces du nord, est de grever l'industrie d'un impôt qui retarde ses progrès, d'ôter au pays les avantages auxquels il est en droit de prétendre, par sa proximité des houillères et les sacrifices qu'il s'est imposés pour améliorer ses voies de communication. Ce qui rend ce droit plus odieux encore, c'est qu'il n'est pas uniforme, qu'il blesse tout principe d'équité et d'égalité en matière d'impôt. De ce que l'importation par l'Escaut pouvait contrarier le plus les vues de nos exploitations du nord, il est résulté pour nous une surtaxe de 22 c. Est-ce là le bienfait que devait répandre, sur notre département, ce riche bassin houiller qui s'étend, le long de l'Escaut, à 8 lieues de longueur, et comprend environ 20 lieues carrées de terrain.

La richesse de ses houillères a fait la prospérité de la Grande-Bretagne. Elle a acquis, en grande partie, par cet avantage, sa prépondérance industrielle et commerciale. Sa consommation de houille est quadruple de celle de la France ; la force productrice, qu'elle a créée par ses moteurs à vapeur, est égale à celle de 6,400,000 ouvriers : la France n'est pas encore arrivée au dixième de ce résultat (480,000 ouvriers) (*).

Plus nous sommes loin d'atteindre, sous ce rapport, la puissance gigantesque de l'Angleterre ; plus nous devons chercher à écarter tout obstacle qui tend à retarder notre marche. Ce ne saurait être dans des vues politiques et nationales que l'on sacrifierait l'essor de toutes les branches de l'industrie à quelques intérêts privés. Les houillères réaliseront, pour la France, cet espoir si fondé de prospérité que leur existence fait naître ; mais

(*) Charles Dupin, 1827.

alors seulement que la libre concurrence des produits étrangers aura décidé du degré de développement que, par sa position topographique et la qualité de ses produits, chaque mine doit prendre dans l'intérêt du pays, et non dans l'intérêt de telle ou telle compagnie.

J'ai démontré (5ᵉ question, nº 120) l'inutilité et l'inconvénient des droits qui frappent les houilles belges, et le peu de danger qu'il y aurait pour la compagnie d'Anzin dans la suppression de ces droits.

Les Chambres de commerce de nos villes maritimes répondront à la partie de la question qui concerne l'entrée, en France, des charbons anglais. (*Lille D.*)

598. Oui. Cela est déjà expliqué dans la réponse à la 3ᵉ question [nº 85]

(*D. G. Mines.*)

599. La différence des prix résulte de la différence des situations des mines françaises que l'on veut protéger; c'est pourquoi le droit d'entrée, par Condé, lieu très-voisin d'Anzin, est beaucoup plus élevé que le droit d'entrée par la Meuse et la Moselle, points fort éloignés de toutes extractions françaises. (*Dunkerque.*)

600. Le tarif est injuste, dit-on, en ce qu'il ne frappe qu'une classe de consommateurs, et impose le nord à 200 pour 100 de plus que le midi.

Mais cela manque de vérité, car les provenances de l'Angleterre et de la Belgique, qui arrivent, à bas prix, par mer, sont grevées d'un droit de 1 franc 10 centimes, sans lequel ces houilles proscriraient, sur un grand nombre de points, l'emploi des houilles indigènes.

Les provenances de la Belgique, arrivant par l'Escaut et la Sambre, n'ont été frappées de 33 centimes que parce qu'on avait cru ce droit suffisant pour arrêter leur essor vers les rives de la Seine, sans imposer des charges trop lourdes aux consommateurs.

Quant aux provenances de la Belgique et de la Prusse introduites par la Meuse et la Moselle, elles ont été grevées de 11 centimes seulement, par cette considération que les départements des Ardennes, de la Moselle

et de la Meuse, qui les reçoivent, ne peuvent être approvisionnés utilement par aucune des mines françaises, et que, nonobstant cet adoucisse-
ment, le charbon coûte :

A Thionville (Moselle)............ 2ᶠ 00ᶜ à 2ᶠ 25ᶜ l'hect. comble.
A Charleville (Ardennes).......... 2 20 à 2 50
A Verdun (Meuse)............... 2 25 à 2 50

Tandis qu'on peut se le procurer :
Dans le rayon des mines d'Anzin, pour. 1 30
A Lille (Nord).................. 1 80 à 2 00
A Saint-Quentin (Aisne).......... 1 70 à 1 85
A Arras (Pas-de-Calais)........... 1 90 à 2 00

La graduation, qu'on attaque, atteste donc la sagesse du législateur.

Elle est adoptée pour beaucoup d'autres articles soumis au régime des
douanes ; elle n'impose point des charges arbitraires à une classe de consommateurs ; elle les répartit, au contraire, de la manière la plus équitable. (*Cons. Gén. des Man.*)

601. La différence des prix résulte principalement de la différence des
positions ; et, tant que les difficultés des communications existeront pour
les départements de la Moselle, des Ardennes et de la Meuse, l'inégalité
du tarif actuel sera justifiée, en ce qui concerne ces départements ; mais
ces difficultés sont déjà moindres : elles disparaîtront bientôt, et je ne
puis que répéter ici ce qui a été dit, au sujet de cette inégalité, dans ma
réponse à la 3ᵉ question [n° 86]. (*Anzin.*)

602. Les différences de prix sont en rapport avec les distances, et très-
rarement en rapport avec les localités. (*Paris D.*)

603. La différence, qu'on peut observer dans les prix, selon les localités, tient à l'augmentation des prix résultant, non-seulement des droits
inégaux, mais aussi, dans certains cas, des retards et des droits énormes
de canaux. (*Abbeville.*)

TRENTE-DEUXIÈME QUESTION.

Est-il exact de dire que chaque espèce de charbon a un emploi tout à fait distinct? que, par exemple :

Le Mons, et particulièrement le Mons flénu *, ne peut être suppléé par aucun autre pour les usines à chaudières?*

L'Anzin, les Anzins-Fresnes et Vieux-Condé, pour les forges, les chaufourneries et les briqueteries?

Le Saint-Étienne, l'Auvergne et l'Allier, pour les forges et les hauts-fourneaux?

Et que, par conséquent, ces différentes espèces peuvent se rencontrer sur le même marché sans se nuire?

604. La forme de cette question la résout parfaitement et les conclusions interrogatives en sont exactes. (*Abbeville.*)

605. Oui, et, à moins de différence de prix qui devienne prohibition, chaque spécialité de houille est recherchée pour les usages auxquels elle est le plus propre. (*Rouen A. — Amiens.*)

606. Les charbons de Mons et le Mons *flénu* sont suppléés, par des houilles françaises, dans un grand nombre d'usines à chaudières.

Quant aux charbons d'Anzin, Fresnes et Vieux-Condé, ils sont plus propres qu'aucun autre pour les usages indiqués par la question.

Il en est de même du Saint-Étienne, de ceux de l'Auvergne et de l'Allier.

Ainsi, le Mons seul aurait à souffrir de la concurrence sur un même marché. (*Paris B.*)

607. Il est très-vrai que le *flénu* ne peut être suppléé, sans inconvénient, par aucun autre, pour les usines à chaudière : nous en avons donné les raisons dans la réponse à la 20ᵉ question [n° 430]. (*Avesnes.*)

608. Il n'est pas douteux que chacune de ces qualités de houille a son emploi particulier, et qu'elles ne peuvent, dans aucun cas, entrer en concurrence les unes avec les autres. (*Rouen B.*)

609. Chaque espèce de charbon a un emploi tout à fait distinct. Le Mons *flénu* ne peut être suppléé par aucune autre espèce, pour les usines à chaudières.

L'Anzin, pour la forge, pourrait souffrir de sa rencontre avec le charbon de *fines forges* de Mons, si ce dernier était beaucoup moins cher, et si surtout les mines en étaient plus abondantes.

Le Fresnes et le Vieux-Condé ne craignent aucune concurrence pour les chaufourneries et les briqueteries.

Le Saint-Étienne ne craint aucune concurrence pour la forge et le haut-fourneau. (*Dunkerque.*)

610. En général, chaque espèce de houille a son emploi distinct. Dans l'ouest, l'anthracite de la Mayenne ne sert que pour la cuisson de la chaux. Une partie des produits des mines de Montrelais, en Bretagne, et de la Haie-Longue, en Anjou, sert aux mêmes usages. La houille de la Vendée présente trois qualités différentes : la première, en gros morceaux, est propre aux machines à vapeur; la seconde est destinée à la forge, et la troisième sert à chauffer les chaudières à sucre et les alambics pour distiller les eaux-de-vie. (*Vendée.*)

611. Le charbon anglais est en première ligne, sous presque tous les rapports; vient ensuite la houille de Mons, et enfin l'Anzin. La mine d'Hardinghen ne fournit qu'un très-mauvais combustible.

Nos forgerons, notamment pour la confection des métiers à tulle et les travaux de la marine, emploient le Mons de préférence, mais à défaut de charbon anglais. Pour les fours à chaux, on use généralement de l'Anzin-Fresnes; et, pour les briqueteries, de ce qu'il y a de plus mauvais et de moins cher.

Pour les chaudières à vapeur on emploie le Mons; mais, si le droit prohibitif, qui pèse sur les charbons anglais venant par mer, était réduit, on s'en servirait en les mélangeant avec l'Anzin.

Le charbon de Saint-Étienne a des qualités supérieures incontestables ; mais nous n'avons pas à nous en occuper, ces mines étant trop éloignées de nous.

Toutes ces qualités de houille peuvent se rencontrer sur le même marché sans se nuire beaucoup, attendu qu'elles ont toutes des qualités particulières qui ne peuvent se suppléer l'une l'autre que difficilement, et les prix sont toujours en rapport avec les services qu'elles rendent et les distances des lieux d'extraction. (*Calais.*)

612. Si, dans la combustion du charbon, les conditions étaient toujours les mêmes ; si les foyers avaient la même construction ; si le corps à chauffer était de même nature et de même forme, il serait facile de classer les différentes qualités de charbon, d'après leur effet utile ou leur pouvoir calorifique, et de déterminer leur valeur relative ; mais telles ne sont pas les données du problème.

Il est rare qu'il s'agisse d'utiliser le plus de chaleur possible, sans égard à la durée de la combustion ou à d'autres circonstances. S'il faut une action rapide, une houille à combustion facile, prompte et brillante, sera préférée, sans égard à la quantité de chaleur produite : dans ce cas se trouvent les cheminées domestiques, les foyers des sucreries, des brasseries, des générateurs de vapeur. Souvent il faut une chaleur prolongée et concentrée sur un seul point où l'effet utile peut seulement se produire : tel est le cas pour les fours à chaux et les briqueteries de la Flandre, le grillage des minerais, etc. Il est des opérations qui demandent la transmission uniforme de la chaleur à de grandes distances ; tel est le chauffage des chaudières de concentration. Quelquefois le combustible ne doit pas donner de fumée : dans ce cas se trouvent quelques calcinations en four à réverbère dans les fabriques de produits chimiques, le séchage de l'orge dans les tourailles, et le chauffage en général dans les blanchisseries. Le travail de la forge exige une qualité de houille qui doit posséder la propriété de se ramollir et de se coller au feu, pour former, au-dessus du fer rouge, une voûte qui puisse le protéger contre l'oxidation, et réfléchir, sur le métal, la plus grande quantité de chaleur.

Toutes les qualités de charbon ne sauraient donc être employées indistinctement aux mêmes usages ; aussi, la qualité, surtout, détermine l'emploi de telle ou telle houille. Le prix n'influe sur le choix que pour les houilles 3.e QUESTION. qui se rapprochent par leurs propriétés, et qui peuvent être, au besoin, employées au même usage : mais la différence de prix n'a plus aucune influence, lorsqu'il s'agit d'un usage qui réclame des propriétés distinctes.

Le forgeron n'emploiera pas le charbon de Fresnes, ni le charbon flambant de Mons, alors même que le prix de ces qualités serait beaucoup inférieur à celui des charbons à forger d'Anzin ou de Saint-Étienne ; le brasseur achètera, pour sécher en touraille, du charbon de Fresnes, à l'exclusion de tout autre, sans égard au prix.

Les chaufourniers de Tournai achètent, pour leurs fours, du charbon de Fresnes et de Vieux-Condé, de préférence au charbon de Mons, malgré la différence énorme de près de 50 p. 0/0 dans le prix.

Le charbon de Saint-Étienne, quoiqu'à un prix plus élevé, est préféré à Paris, et même à Rouen, à celui de Mons, pour la fabrication du coke.

Le charbon de Fresnes ne fournirait, à la distillation, qu'un peu de vapeur sulfureuse, au lieu du gaz destiné à l'éclairage.

La manière dont les houilles se comportent à la combustion les fait distinguer généralement en trois classes. Ce sont, 1° les houilles légères et compactes ; 2° les houilles collantes ou à forger ; 3° les houilles sèches.

En tête de la première classe, se présentent différentes houilles anglaises, notamment le *Cannel-coal*, et la qualité de houille de Newcastle dite de *Wall's-End*. Le charbon de Mons, généralement plus lamelleux, appartient à cette classe, dont il partage les propriétés de s'allumer vite, de donner un feu brillant, de s'agglutiner moins fortement que les charbons à forger, et de donner une cendre blanche peu scorifiée. Il est des couches de charbon, dans les bassins du couchant de Mons, qui se rapprochent à tel point du *Cannel-coal*, qu'on peut les travailler au tour. Les charbons de cette classe manquent presque entièrement en France.

A la deuxième classe appartiennent la plupart des charbons de France, tels que les charbons de Saint-Étienne, d'Auvergne, de l'Allier, d'Anzin, etc. Ils sont préférés à tout autre, même à des prix beaucoup plus élevés, pour les forges et les hauts-fourneaux. Ils brûlent plus lentement, et acquièrent au feu beaucoup de cohésion (*).

(*) Dans le nord de la France, on se sert en général de charbons de Mons pour l'alimentation des

Pour type des houilles de troisième classe, nous pouvons prendre le charbon de Fresnes et de Vieux-Condé. Cette qualité de houille, qui se rapproche de l'anthracite, se trouve aussi aux environs de Marseille, d'Aix et de Toulon. Ces charbons ont la qualité précieuse de brûler sans beaucoup de fumée, de donner une chaleur intense et durable.

Il est donc exact de dire que chaque espèce de charbon a un emploi tout à fait distinct, et que, le plus souvent, la qualité seule détermine l'usage de telle ou telle espèce de houille.

Quant à l'altération des vaisseaux évaporatoires, par certaines qualités de charbon, le fait est certain; mais la cause que l'on assigne le plus souvent à cette altération ne me semble pas la véritable. La présence du fer sulfuré ne me paraît pas devoir influer beaucoup sur ces résultats. Les charbons qui détruisent le plus promptement les vaisseaux évaporatoires sont les charbons de deuxième et troisième classes, qui donnent une chaleur concentrée dans le foyer, ce qui fait subir des dilatations irrégulières au fond des chaudières et les détruit promptement, tandis que les charbons flambants donnent une flamme volumineuse qui enveloppe, de toutes parts, le vase évaporatoire et chauffe, d'une manière plus uniforme, toutes ses faces. Cet inconvénient, qui existe non-seulement pour les charbons français, mais aussi pour quelques qualités de charbons belges, comme le charbon de Grand-Bouillon et le charbon de Charleroi, peut être évité par quelques modifications apportées à la construction des fourneaux.

(Lille D.)

613. Chaque nature de houille est plus particulièrement propre à un usage qu'à d'autres; ce qui ne veut pas dire que, pour cet usage, on ne puisse pas y suppléer.

générateurs de vapeur; mais les charbons d'Anzin peuvent aussi être employés, et même plus économiquement dans quelques circonstances.

En général, pour les chaudières dont les machines sont peu chargées, comparativement à leur force, et pour lesquelles, par conséquent, il n'est pas nécessaire de forcer la production de vapeur, un charbon d'une qualité inférieure, et d'une combustion moins rapide, doit mériter la préférence; il est plus en faveur de la question économique; mais lorsqu'au contraire toute la force des machines est mise à profit, qu'il s'agit d'obtenir un résultat prompt et puissant, alors les charbons *flénus* deviennent indispensables : ce dernier cas se présente surtout dans la navigation à vapeur.

(Note du déposant.)

32e Question.

—

déterminante du choix qu'en font les consommateurs.

Le *flénu*, qui est essentiellement propre à la grille des chaudières, peut être remplacé par la houille grasse d'Anzin et par beaucoup de houilles du centre. Il leur est préférable et voilà tout.

Les Belges ont su se passer de la houille sèche de Fresnes lorsqu'un droit excessif pesait sur cette houille.

La houille *maréchale* de la Loire est remplacée, en partie, dans beaucoup de localités, par la houille de Mons, depuis que celle-ci a sur l'autre un avantage de 36 centimes par quintal métrique. (*D. G. Mines.*).

614. Il n'y a ni exploitant ni consommateur qui puisse sérieusement soutenir cette proposition. Ce qui est vrai, c'est que les houilles maigres ou sèches ne peuvent guère être utilisées que dans les chaufourneries et les briqueteries ; mais, pour ce même objet, les autres houilles leur sont de beaucoup préférables, et ont, de plus, l'avantage d'être employées, avec succès, à la forge, aux chaudières et aux hauts-fourneaux ; cela dépend de la manière de s'en servir, et le moyen est bien simple, car il suffit d'ouvrir les cendriers et de hausser les cheminées.

La houille grasse brûle avec plus d'activité, et se consomme deux fois moins vite que la houille dite flamboyante. En Auvergne, où l'on extrait de toutes les qualités, la consommation des houilles sèches et flamboyantes a sensiblement diminué pour se reporter sur les houilles grasses. Il en est de même à Decize et Blanzy, où l'on extrait de la houille flamboyante par excellence, à laquelle néanmoins le charbon de Saint-Étienne a fait le plus grand tort.

Ainsi, pour la propriété exclusive que l'on accorde aux charbons *flénus* de Mons, erreur ; car on en trouve, en France, qui les surpassent en qualité.

Pour les Anzins, Fresnes et Vieux-Condé, nouvelle erreur, par la raison que, s'ils valent un peu mieux que les charbons de Mons, pour les chaufourneries et briqueteries, le midi de la France réclame la supériorité pour ce genre de besoins.

A l'égard des charbons d'Auvergne, ils sont, comme ceux de Saint-Étienne, propres, non-seulement aux forges et aux hauts-fourneaux, mais encore à tous les genres d'industrie possibles.

D'où il suit que tous les charbons ont une tendance forcée à s'unir les uns aux autres, et ne peuvent se rencontrer, sur les mêmes marchés, sans amener une baisse de prix qui en permette l'écoulement.

(*Grosménil.*)

615. Chaque espèce de charbon a des qualités différentes; mais on ne pense pas que cette différence soit assez tranchée pour que les charbons d'une contrée ne puissent pas, lorsqu'ils sont choisis avec soin, être suppléés par des charbons d'une autre contrée. (*Creuse A.*)

616. On ne pourrait, sans tomber dans l'exagération, résoudre cette question dans un sens absolu.

Le Mons, par exemple, et particulièrement le *flénu*, convient beaucoup pour les usines à chaudières. Si un teinturier a besoin d'un combustible qui lui permette de pousser vivement ou de ralentir, à son gré, la chaleur, selon la nature de ses opérations, le charbon actif et flamboyant de la Belgique sera, pour lui, d'un prix inestimable. Il nous paraît certain, cependant, qu'il pourra remplacer ce charbon par d'autre; seulement, il y aura nécessité de modifier la forme de ses fourneaux et chaudières, retard et incertitude de succès dans un grand nombre d'opérations, et, par suite, augmentation de frais.

Les charbons d'Anzin, Fresnes et Vieux-Condé sont, de leur côté, préférables à tous les autres pour les chaufourneries, les forges, les briqueteries; ils chauffent très-fortement et ont de la durée; ils font moins de fumée que les charbons de la Belgique, dont l'emploi serait intolérable pour les fours à chaux existants dans l'intérieur des communes; mais il y a aussi possibilité de forger, de faire des briques et de la chaux, avec d'autres charbons.

La spécialité d'usage des charbons du centre, pour les forges et les hauts-fourneaux, paraît plus complète encore que celle des autres espèces de combustible. Comme on n'emploie point de ces charbons dans notre département, nous laissons, à ceux qui les consomment, le soin d'en constater les propriétés distinctives.

En appliquant en général aux charbons de diverses provenances les considérations particulières que nous venons de présenter, nous nous croyons fondés à affirmer,

1° Qu'ils peuvent, à la rigueur, le suppléer;

2° Que leurs différentes espèces offrent à l'industrie des avantages spéciaux assez importants pour qu'elles puissent se rencontrer, sans se nuire, sur les mêmes marchés. (*Lille C.*)

617. Non; les propriétés du charbon sont très-variées dans chaque terrain houiller, et l'emploi de tel ou tel charbon n'est jamais entièrement exclusif. (*Clermont.*)

618. Il y a concurrence sans doute avec le Mons *flénu;* mais celui-ci est toujours préféré toutes les fois qu'on peut se le procurer. Les Anglais mêmes qui sont à Paris recherchent le *flénu,* comme analogue à leur charbon de chauffage dit *Cannel-coal.* Les charbons de Fresnes et de Vieux-Condé, de nature analogue, ne servent jamais pour la forge, et l'emploi le plus ordinaire est pour la touraille des brasseurs, les chaufourniers, les chapeliers apprêteurs, et quelquefois pour le chauffage. Il a cela de particulier qu'il brûle sans flamme et sans fumée. (*Paris D.*)

619. Il n'y a rien d'absolu en pareille matière; ce que je puis dire, c'est que le charbon de Mons est le seul qui convienne, sans aucun doute, aux grandes chaudières d'évaporation qu'il s'agit d'envelopper promptement de flammes; c'est le charbon par excellence pour toutes les machines à vapeur.

Si l'on était privé de ce charbon essentiellement propre à l'usage dont il s'agit, on serait bien forcé d'essayer d'autres espèces, et le charbon de Decize, par exemple, a été employé pendant dix à quinze ans, mais avec désavantage, parce qu'il est très-léger et que sa flamme n'a qu'un moment de durée; il faudrait un homme à chaque chaudière, et continuellement occupé à charger les fourneaux, c'est-à-dire, que l'emploi de ce charbon serait beaucoup trop coûteux: et cependant, il devrait encore, en cas de nécessité, être préféré au Saint-Étienne pour les chaudières d'évaporation.

On a su que le charbon de Rive-de-Gier avait des propriétés analogues au charbon de Mons; mais l'éloignement de ces mines ne permet pas de faire arriver à Paris les houilles qu'elles produisent, à des prix supportables.

On prétend bien avoir fait, aux pompes à vapeur de Chaillot et du Gros-Caillou, des expériences (Voir les tableaux ci-contre), d'après lesquelles il faudrait croire que la différence de qualité, entre les charbons de Mons et ceux de France, n'est pas aussi considérable que le peuvent les gens de pratique; mais rien ne peut démentir l'expérience de tous les jours, et des opérations de laboratoire ne valent pas celles des fabriques sérieuses; au reste, je répète que l'appréciation de la qualité se réfère nécessairement à celle des prix; or, le charbon de Mons est celui qui, sans aucun doute, réunit les deux conditions, de satisfaire le plus complétement aux besoins de notre industrie, et d'être à meilleur marché que tous les autres. (*Paris F.*)

620. Il n'est pas exact de dire que chaque espèce de charbon a un emploi tout à fait distinct. La vérité est que chaque houille est plutôt propre à un usage qu'à un autre; mais il n'y a rien d'absolu en ce genre, si ce n'est pour les plus basses qualités qui ne peuvent pas s'employer, comme les bonnes houilles, à tout usage.

Le Mons *flénu* est certainement très-propre aux chaudières; mais presque toutes les houilles se prêtent à cet emploi. Dans certaines usines, où la houille coûte beaucoup, on brûle, sous les chaudières, les rebuts des escarbilles de coke et jusqu'aux balayures des halles.

Nous ne saurions définir exactement les houilles d'Anzin, mais nous les croyons de même nature que celles de Mons, et d'une qualité inférieure.

Celles de Saint-Étienne, supérieures pour l'usage du forgeron, ne le sont pas moins pour la grille, le chauffage domestique, le gaz, la conversion en coke, et généralement pour tous les usages.

Celles de l'Auvergne et de l'Allier sont de diverses natures, et inférieures, à divers degrés, à celles de Saint-Étienne. Leur principal emploi est sur la grille. Voilà les motifs du tort grave que leur fait le prix des houilles de Mons à Paris.

Il serait tout à fait contraire à la vérité de dire que ces houilles peuvent se rencontrer impunément sur le même marché. (*Creuzot.*)

ESSAI DE CHARBON POUR LA FOURNITURE DE 1833.

N° 1er. — POMPE DE CHAILLOT. (Force de soixante chevaux.)

Vingt kilogrammes de charbon pour chaque concurrent.

CONCURRENTS.	NATURE des CHARBONS.	HEURES		ARRÊTS forcés.	COUPS de PISTON.	LITRES d'eau vaporisée.	HECTOLITRES d'eau montée.
		DE CON-SOMMATION.	D'ACTI-VITÉ.				
Virnae.................	Boisson (*Belgique*)...	5 34m	5 45m	00m	3,465	11,844	23,899h 60l
Joseph Périer..............	Denain (*idem*).......	5 14	5 30	00	3,383	10,996	23,431 10
Mines de Decize............	Decize............	5 25	5 14	00	3,220	9,787	24,324 40
Gaspard Gor.............	Mons (*1re qualité*)...	5 17	5 04	00	3,032	10,497	23,697 60
Dumesnil...............	Anzin............	5 25	4 50	15	2,885	10,667	22,576 10
Goulard.................	Auvergne...........	5 14	5 00	00	2,940	9,968	23,117 60
Baron de Mecklembourg......	Mons (*1re qualité*)...	5 34	4 54	25	2,895	10,187	21,848 60
Gannat.................	Auvergne...........	5 44	4 50	34	2,810	8,374	20,971 60

N° II. — POMPE DU GROS-CAILLOU. (Force de vingt chevaux.)

Cinq kilogrammes de charbon pour chaque concurrent.

CONCURRENTS.	NATURE des CHARBONS.	HEURES		QUANTITÉ D'EAU MONTÉE	
		de COMBUSTION.	D'ACTIVITÉ.	DÉCROCHAGES.	HECTOLITRES.
Villars.................	Buisson (*Belgique*)........	6 3m	5 51m	11 i3/31	9,440
Baron de Mecklembourg..........	Mons (*1re qualité*)........	4 09	5 43	13 25/31	8,318
Mines de Decise...............	Decise................	5 49	5 41	13 18/31	5,350
Joseph Périer....................	Denain (*Belgique*)........	6 30	5 40	13 00	5,300
Goulard......................	Auvergne.............	5 50	5 39	13 00	5,100
Gaspard Gor.................	Mons (*1re qualité*)........	5 13	4 35	13 25/31	5,190
Dematrin...................	Anzin...............	5 18	5 38	10 00	5,000
Gannat.....................	Auvergne.............	5 41	3 39	49 16/31	4,950

621. On peut bien dire que chaque espèce de houille a un usage dis- 31e Question.
tinct, mais en ce sens seulement que la houille *maigre* ne peut être employée pour fondre ou forger le fer, qu'elle n'est convenable que pour les
usines à chaudières; que la houille *sèche* ne peut servir ni pour la forge,
ni pour les chaudières, mais qu'elle est propre pour cuire la chaux et les
briques; tandis que la houille *grasse* est précieuse pour *tous les usages*.
On ne peut, par suite, avancer que les charbons de Mons, et particulièrement celui dit *flénu*, ne peuvent être remplacés, par aucun autre, pour les
usines à chaudières, sans dire une absurdité; et c'en est une encore de prétendre que les charbons *flénus* sont indispensables à la régularité de la
production de la vapeur, lorsqu'il est constant que, dans toutes les parties
de la France où les frais de transport ne leur permettent pas de pénétrer,
les machines à vapeur marchent aussi activement et avec autant de régularité que partout ailleurs. Anzin, Saint-Étienne, la Nièvre, l'Auvergne
exploitent, en abondance, des houilles grasses et flamboyantes qui, en qualité et pour tous les usages de la fonderie, de la forge, des usines à chaudière
et du chauffage domestique, ne le cèdent en rien à celle de Mons, vantée
seulement par les nombreux associés des mines belges qui, habitant le
nord de la France, sont propriétaires d'usines et, pour la plupart, membres des Chambres de commerce du nord. (*Anzin.*)

622. Eh sans doute, chaque charbon a un emploi distinct; mais il est
tout à fait hors de vérité de dire que le Mons *flénu* ne peut être suppléé,
par aucun autre, pour les usines et chaudières; car les charbons du midi,
nonobstant la supériorité de quelques-uns pour les feux de forges et de
hauts-fourneaux, peuvent lutter, avec avantage, contre les belges, pour
le service des chaudières. (*Decize.*)

623. Ces distinctions existent, mais pas d'une manière aussi absolue
qu'on pourrait le croire. Il faut toujours faire entrer le prix comme élément
de la préférence accordée à telle ou telle espèce. Quand la différence de
prix est trop grande, elle oblige quelquefois à abandonner une espèce de
charbon, malgré tous les avantages qu'on lui reconnaît. (*Lille A.*)

624. Il n'est pas exact de dire que chaque espèce de houille a un em-

41.

32ᵉ Question.

ploi tout à fait distinct, ce que nous avons déjà démontré dans notre réponse à la 28ᵉ question (n° 568); car le Mons, et particulièrement le Mons *flénu*, peut très-facilement être suppléé, pour les usines à chaudières, par les houilles flamboyantes dont la France abonde, ainsi que nous l'avons dit dans notre réponse à la 21ᵉ question (n° 470), témoin les fabriques de Mulhausen, qui sont toutes mues par des machines à vapeur, que les mines de Blanzy et de Ronchamp alimentent, et dont les nombreux ateliers, en tous genres, fabriquent aussi bien que ceux de Rouen, quoique les charbons de Mons n'aient jamais pénétré sur ce point.

Nous citerons encore les chapelleries et les teintureries de Lyon, l'une des branches d'industrie les plus étendues de cette ville, qui s'approvisionnent aux mines de Rive-de-Gier et de Saint-Étienne, et qui ne connaissent pas les charbons de Mons.

Les charbons d'Anzin ne sont pas exclusifs pour les forges, les chaufourneries et les briqueteries; les mines du centre possèdent des qualités qui sont tout aussi propres à ces différents usages, ce que nous prouvons par les établissements importants de Fourchambauld, d'Imphy et de Châtillon-sur-Seine qui n'emploient que des charbons de Blanzy, de Saint-Étienne et de Rive-de-Gier.

Les charbons de Saint-Étienne ont une supériorité marquée pour la forge maréchale et les hauts-fourneaux; mais cette supériorité n'est pas tellement exclusive qu'ils ne puissent être remplacés par ceux de plusieurs autres mines de France.

On ne peut donc pas dire que ces différentes qualités peuvent se montrer sur les mêmes marchés, sans se nuire, puisque tout dépend de leur prix. (*Blanzy*.)

Nota. En général, on se réfère aux explications données dans les réponses aux 2ᵉ et 21ᵉ questions.

TRENTE-TROISIÈME QUESTION.

Est-ce la qualité seule, ou le prix, qui détermine l'usage de telle ou telle espèce de houille?

625. C'est le prix et la qualité mise en regard qui déterminent l'emploi de telle ou telle houille pour une application quelconque.

(*Clermont.—Lille A.*)

626. C'est le prix, pour certains consommateurs; c'est l'habitude et la routine, pour les autres. (*Anzin.*)

627. Pour mes chaudières évaporatoires, c'est la qualité qui détermine exclusivement mon choix; pour les autres usages, c'est le prix. (*Le Havre B.*)

628. C'est à la fois la qualité et le prix. Les détails dans lesquels nous sommes entrés, en répondant à la question précédente (nº 616), nous paraissent avoir rendu cette vérité évidente. (*Lille C.*)

629. Le mérite des houilles varie à l'infini; mais il est très-facile à apprécier, et il est toujours pris en considération dans la valeur vénale que l'acheteur donne aux produits d'une mine. (*Creuzot.*)

630. Ces deux circonstances réunies, la qualité et le prix, déterminent l'usage de la houille; souvent on emploierait telle espèce pour tel usage, mais elle se trouve trop chère. Pour les machines à vapeur, on est moins arrêté par la cherté du combustible. (*Vendée.*)

631. C'est le prix plus que la qualité (c'est-à-dire le prix relatif à la qualité) qui détermine l'usage des houilles; ce n'est que dans les forges seulement que la bonne qualité est indispensable. (*Bordeaux B.*)

632. Presque toujours la modicité du prix compense l'infériorité de qualité. (*D. G. Mines.*)

633. Si l'on excepte les houilles maigres dont le prix est toujours le moins élevé, par cela seul que leur usage ne convient qu'à tel ou tel besoin, le prix des autres est ce que consultent d'abord les consommateurs.
(*Grosménil.*)

634. L'usage de telle ou telle espèce de houille est déterminé tant par la qualité que par le prix. A prix égal, on donne, pour la grille (*), la préférence au gros charbon sur le menu; pour les forges, on emploie de préférence le charbon menu; enfin, pour le chauffage des fours à chaux, à tuiles et à briques, on se sert de houille menue qui ne soit pas susceptible de s'agglutiner et de se boursoufler, et dont le prix est inférieur à celui de la houille de forge. (*Creuze A.*)

635. Ce n'est donc pas la qualité qui détermine le consommateur dans son choix, mais le prix; et on peut dire que les charbons belges introduits en France, comme provenant tous de Mons, sont très-variés dans leur qualité, et ne répondent pas, pour la plupart, à la réputation dont ils jouissent, et qu'ils doivent plus au charlatanisme du marchand qu'à leur véritable mérite. (*Decize.*)

636. Nous avons déjà répondu à cette question en démontrant (28ᵉ quest. n° 508 et 32ᵉ quest. n° 624) qu'il n'existe pas d'espèce de houille qui ne puisse être remplacée par une autre, lorsque le prix en sera plus avantageux. (*Blanzy.*)

637. A Bordeaux, et pour l'usage des machines à vapeur, des verreries et même des raffineries, qui sont les emplois principaux, la préférence n'est généralement déterminée que par le prix. (*Bordeaux A.*)

638. Souvent le prix plus bas détermine le consommateur à prendre telle qualité, quand il devrait prendre telle autre; mais c'est une erreur très-coûteuse. Pour les chaudières à vapeur, par exemple, employez de l'Anzin qui vous coûtera meilleur marché que le Mons peut-être, et

---

(*) Dans quelques contrées, les chauffeurs allument les feux de grille avec du gros charbon, et l'entretiennent ensuite avec du charbon menu; mais, pour cela, il faut avoir la précaution de tenir la grille bien propre et de ne pas l'encombrer. (*Note du déposant.*)

bien ! vos chaudières seront calcinées en peu de temps, et votre économie apparente se terminera par un surcroît de dépense. (*Abbeville.*)

639. C'est la qualité bien plus que le prix qui détermine l'emploi de telle ou telle espèce de houille. (*Dunkerque.—Amiens.*)

640. La qualité est, en général, le seul motif qui détermine l'emploi de telle ou telle espèce de houille, pour les industriels qui apprécient bien le rendement ou l'effet produit des matériaux qu'ils emploient. (*Rouen B.*)

641. On vient de dire (32ᵉ quest. n° 605) que le prix n'est que la considération secondaire, et la qualité, le motif déterminant principal. (*Rouen A.*)

642. La qualité est la principale considération qui détermine la préférence. (*Paris B.*)

643. La qualité entraîne l'usage, comme ceux de Vieux-Condé et de Fresnes. Le prix n'éloigne qu'à une certaine hauteur. Le Creuzot fournit du charbon analogue à celui de Vieux-Condé et de Fresnes. Il en arriverait à Paris, si le prix pouvait diminuer. (*Paris D.*)

644. La qualité détermine souvent l'emploi de telle ou telle houille; mais le prix y contribue aussi, surtout dans les environs des mines.

(*Calais.*)

645. Voir la réponse à la 32ᵉ question (n° 619).

(*Paris F.*)

TRENTE-QUATRIÈME QUESTION.

Est-il exact de dire que les houilles françaises, non-seulement ne donnent pas, pour le service des chaudières, une flamme assez vive ni assez facile à conduire, mais encore qu'elles détruisent promptement les vaisseaux évaporatoires soumis à leur action !

646. Oui, sans contredit, cet inconvénient s'oppose à l'emploi de ces charbons, et cela est si vrai que, si, par l'effet d'une guerre ou toute autre cause, les charbons étrangers étaient totalement repoussés, un grand nombre d'industriels, qui emploient des houilles, seraient forcés de revenir à l'emploi du bois. (*Rouen B.*)

647. Ce que nous pouvons dire, c'est qu'à Lille, où le prix du charbon de Mons est, à peu de chose près, le même que celui d'Anzin, on donne la préférence au charbon de Mons.

Ce charbon entre pour 500,000 hectolitres dans une consommation totale qu'on évalue approximativement à 700,000 hectolitres. (*Lille A.*)

648. Les consommateurs éclairés sont convaincus que les chaudières sont moins altérées par les charbons belges que par ceux d'Anzin, qui sulfurisent promptement les métaux. (*Amiens.*)

649. On fait, aux charbons de Saint-Étienne, le reproche d'altérer les chaudières soumises à leur action. Je ne puis rien dire de positif à cet égard, employant plus ordinairement, pour mes opérations, les houilles anglaises et celles de Mons. (*Le Havre B.*)

650. Cela est de la plus grande exactitude; l'expérience nous le démontre journellement. (*Calais.*)

651. Le principal inconvénient des houilles françaises est l'absence
d'une flamme assez vive avec leur lenteur à s'allumer. (*Dunkerque.*)

652. Oui, ce sont des faits attestés par toute l'industrie; jamais, à moins de manquer de tout autre combustible, on ne brûlera, sous les chaudières, les Anzin, Fresnes ou Vieux-Condé et certaines sortes du centre; les autres sortes du centre et d'Anzin sont beaucoup inférieures au Mons *flénu* et au charbon anglais pour ce service, et ne peuvent les suppléer sans augmenter les frais de l'industrie, et nuire même à la qualité de certaines préparations dont la perfection ne peut être obtenue qu'à l'aide de la flamme donnée par le *flénu* (Mons) ou le charbon anglais. Ainsi, on tenterait en vain de garnir de flammes, avec les charbons français, les fourneaux de 8 à 12 pieds de longueur qui servent à la décomposition des sulfates de soude pour obtenir le carbonate de soude, et aux teintures sur coton filé. (*Rouen A.*)

653. Oui, les houilles du nord de la France sont en général repoussées par nos fabricants, non-seulement parce qu'elles ne donnent pas une flamme assez vive ou assez facile à conduire, mais encore parce qu'elles détruisent promptement les vaisseaux évaporatoires soumis à leur action.

La compagnie d'Anzin oppose aux plaintes de l'industrie, sur ce dernier point, le travail de quelques savants, qui constate que le charbon d'Anzin ne renferme pas plus de principes nuisibles aux métaux des chaudières que les charbons de la Belgique. Nous ne contesterons pas l'exactitude des expériences dont on s'appuie, mais leur résultat ne change rien à l'état de la question. Si le charbon d'Anzin détruit plus que d'autres les chaudières, ce n'est pas à cause des matières corrosives qu'il renferme, c'est parce que la chaleur qu'il produit se concentre davantage dans le foyer, et qu'au lieu de se diviser et de se répartir, comme celle du *flénu*, dans les conduits qui circulent autour des vaisseaux évaporatoires, elle attaque et met en fusion la partie de ces vaisseaux qui se trouve la plus immédiatement en contact avec elle.

L'action délétère des charbons d'Anzin, sur les chaudières, est regardée comme tellement constante par tous nos industriels, que ceux même qui exploitent les brasseries de Mortagne, à deux lieues de Vieux-Condé,

3.e Question.

s'abstiennent d'employer ces charbons et consomment ceux de la Belgique, quoique leurs usines se trouvent placées, pour ainsi dire, au nord des fosses de l'extraction française. (*Lille C.*)

Réponses négatives, ou qui du moins réduisent le reproche à ce qu'il a de fondé.

651. Cela n'est pas exact. (*Clermont.*)

655. Non, cela n'est pas exact. D'ailleurs, comme on l'a observé plus haut, on n'exploite encore, sur un grand nombre de points, et notamment dans l'Aveyron, que les couches superficielles qui sont les plus mauvaises. On obtiendra de meilleures qualités à mesure que l'extraction atteindra des couches plus profondes. (*Bordeaux A.*)

656. Les houilles françaises, même la tourbe (bien séchée), qui donne encore moins de flamme que les houilles, produisent de la vapeur quand les fourneaux sont bien construits. (*Bordeaux B.*)

657. Le reproche, fait aux houilles flamboyantes françaises, de ne pas donner une flamme assez vive ni assez facile à conduire pour le service des chaudières, et de détruire promptement les vaisseaux évaporatoires, est sans aucun fondement. Nous citerons encore, à l'appui de cette assertion, les fabriques de Mulhausen qui emploient un grand nombre de vaisseaux évaporatoires, ainsi que les nombreux ateliers de préparations chimiques, du centre de la France, qui ne se servent que de nos houilles flamboyantes.

(*Blanzy.*)

658. L'expérience n'a pas démontré ce que la question suppose, surtout en ce qui concerne la houille flamboyante d'Anzin; et l'on pourrait faire remarquer que la consommation considérable des houilles françaises prouve assez que leur usage n'est point nuisible aux appareils; car le droit de douane dont sont frappés les charbons belges n'est pas si élevé que le manufacturier ne puisse leur donner la préférence, s'il y trouvait le moindre avantage. (*Paris B.*)

659. S'il a été fait quelque observation de cette nature, ce dont il est permis de douter, c'est que l'effet provenait d'un vice dans la construction des fourneaux; autrement, l'assertion est complétement erronée.

(*Grosménil.*)

660. C'est un conte fait à plaisir, qui est, chaque jour, démenti par les faits, et qui peut être aisément éclairci, en entendant ceux des manufacturiers français qui ne font usage que de houilles françaises. (*Anzin.*)

661. Il est entièrement faux que les houilles de France ne donnent pas pour les chaudières une flamme assez vive ; cela impliquerait contradiction avec la prétendue difficulté de conduire cette flamme.

Ce conte ne mérite pas plus d'attention que celui qui reproche à nos houilles de détruire nos vaisseaux évaporatoires. (*Creuzot.*)

662. Il n'est pas étonnant qu'on mette en question la qualité des houilles françaises pour le service des chaudières, auquel on semble rendre les houilles belges seules propres ; et cependant *les expériences* ont prouvé que les houilles indigènes, employées à cet usage, donnent tout autant de flamme et autant de chaleur que celles de Mons ; qu'elles sont plus faciles à conduire, parce qu'elles sont moins grasses ; et enfin qu'elles nuisent moins aux chaudières et aux vaisseaux évaporatoires soumis à leur action, parce qu'elles dégagent moins de fumée et de substances décomposantes. Les charbons de Decize, entre autres, sont surtout estimés pour les feux des chaudières à vapeur et de raffineries, en raison de l'intensité de leur chaleur, de leur qualité flamboyante et de la facilité qu'on a d'en conduire la combustion. (*Decize.*)

663. La houille de la Vendée, au moins une espèce, donne suffisamment de flamme, et on ne s'est point aperçu qu'elle détruisit promptement les vaisseaux évaporatoires soumis à son action. Les sucreries de betteraves de Niort (Deux-Sèvres) et de Grâce-Dieu (Charente-Inférieure) emploient ce combustible, depuis plusieurs années, et ne lui font point ce reproche.

(*Vendée.*)

664. Les mines de la France fournissent des houilles propres à tous les usages ; l'assertion contraire serait en opposition avec tous les renseignements fournis par l'analyse, l'expérience et la prime accordée, par le commerce, à nos charbons, principalement à ceux de l'arrondissement de Saint-Étienne. (*Saint-Étienne.*)

42.

665. Il n'est pas exact de dire que les houilles françaises ne donnent pas, pour le service des chaudières, une flamme assez vive, et qu'elles détruisent plus promptement les vaisseaux évaporatoires soumis à leur action. Ceux qui ont fait usage des houilles de Saint-Étienne, d'Alaire, savent très-bien que, lorsqu'elles sont choisies, triées et épluchées avec soin, elles peuvent entrer en comparaison avec les houilles anglaises et belges.

(Creuse A.)

666. Nous avons déjà dit (2ᵉ quest. nᵒ 38) que notre gros charbon servait, en concurrence avec celui de Mons, pour les usines à chaudières. Plusieurs fabriques de Nantes n'en emploient pas d'autre; il est recherché pour les bateaux à vapeur, et jamais nous n'avons entendu dire qu'il détruisît, plus promptement que celui de Mons, les vaisseaux évaporatoires soumis à son action. (*Montrelais.*)

667. Ces deux défauts peuvent être justement reprochés à quelques houilles françaises; mais il en est beaucoup d'autres qui en sont exemptes. C'est à l'industrie à savoir les distinguer et les choisir. (*D. G. Mines.*)

668. Il peut y avoir quelques espèces de houilles qui produisent cet effet dans un degré très-faible, mais cette espèce se consomme sur place et ne vient pas à Paris. Les charbons marchands de Blanzy, du Creuzot, de Saint-Étienne, et autres exploitations du centre, n'ont pas du tout cet inconvénient; et, quand on sait les mélanger, ils flambent comme ceux de Belgique. (*Paris C.*)

669. Les houilles françaises, comme les houilles étrangères, lorsqu'elles sont sulfureuses, détruisent plus promptement les vaisseaux métalliques. Le degré de pureté seul est un préservatif, et la durée est toujours en raison de l'intensité de chaleur du foyer. (*Paris D.*)

670. Voir notre réponse à la 35ᵉ question [nᵒ 620]. (*Paris F.*)

TRENTE-CINQUIÈME QUESTION.

*Quelle est la consommation de Paris, dans les ateliers d'industrie,
dans les ménages?*

671. Le tableau en a été donné dans la réponse à la 1ʳᵉ quest. (n° 1).
(*D. G. Mines.*)

672. 1,000,000 hectolitres environ, dont 50,000 pour les ménages.
(*Paris B.*)

673. Je pense que, sans exagération, la consommation de Paris peut
être calculée à 900,000 hectolitres:

      850,000 hectolitres pour les usines,
        50,000   *idem*   pour les ménages. (*Anzin.*)

674. La consommation annuelle de Paris, *intra muros*, a été, en 1830
et 1831, de près de 1,000,000 hectolitres.
Les ménages n'en emploient pas un vingtième. (*Rouen.*)

675. Cette consommation est à son point de départ; elle tend à s'accroître beaucoup, d'abord par le développement de l'industrie, et ensuite
par l'usage, adopté depuis trois ou quatre ans, de brûler du charbon dans
les ménages, même d'un rang élevé. (*Dunkerque.*)

676. La consommation principale est celle des ateliers; mais, quelle
que soit cette consommation, je crois que celle des ménages n'en représente pas tout à fait le dixième. (*Paris C.*)

677. Les ménages absorbent très-peu. L'accroissement de la consommation de Paris n'a pas dû être considérable depuis dix ans; il est principa-

lement occasionné par l'éclairage du gaz, et il n'est point en harmonie avec l'accroissement des importations et de l'exploitation; mais Paris n'en est pas moins un marché de houille important, parce qu'il en verse beaucoup sur les départements qui l'avoisinent. (*Creuzot.*)

678. Depuis 1830 surtout, la progression de consommation, pour le chauffage à la houille, est de plus en plus sensible à Paris.

Voici, au reste, comment se répartissent, entre les divers centres de consommation, les quantités de houilles qui sortent annuellement de mes magasins :

Soit la quantité vendue annuellement . . . . 100 voies.

Pour l'industrie	Serruriers, maréchaux et forgerons divers . . .	5 voies, charbons de St-Étienne, d'Auvergne et de Mons, propres à la forge.
	Fabriques à chaudières, telles que brasseurs, teinturiers, salpêtriers, distillateurs, confiseurs, maisons de bains, etc.	15 *idem idem* de ·Mons.
	Distilleries de gaz.	5 *idem idem* de Mons et de Saint-Étienne, propres à l'épuration pour le coke et pour le gaz.
	Pompes à feu, mécaniques et ateliers divers . . .	35 *idem idem* de Mons et autres mines.
Pour le chauffage	Établissements publics, hôpitaux civils et militaires, prisons, colléges, institutions, etc. . .	35 *idem idem idem*
	Maisons bourgeoises	5 *idem* presque toujours du Mons gros à la main et de celui appelé *gaillette*.

NOMBRE PAREIL. . . . . 100 voies.

(*Paris D.*)

679. Ma vente annuelle, en charbons français, peut s'élever à 200,000 hectolitres combles environ, répartis dans la consommation comme suit :

Pour l'industrie	Serruriers, environ............ 6,000 hect.	
	Fabriques à chaudières......... 110,000	
	Distilleries de gaz 50,000	200,000 hect.
	Autres ateliers 10,000	
Pour le chauffage	Établissements publics, hôpitaux, prisons, etc................ Néant.	
	Maisons bourgeoises........... 24,000	

(Paris E.)

680. Les charbons de terre menus des mines de Saint-Étienne sont les seuls.employés pour la serrurerie en bâtiments et en voitures, les ateliers de mécanicien, les fabriques de produits chimiques et pour celles de coke propre à la fonderie du fer, du cuivre et de tous autres métaux.

Pour ces divers emplois, nul autre charbon ne peut remplacer celui de Saint-Étienne avec le même succès, parce qu'il donne une chaleur plus vive, dure plus longtemps au feu, et se transforme en coke plus beau et meilleurs.

Les charbons de Saint-Étienne sont également très-propres au chauffage domestique, aux chaudières à vapeur, aux distilleries de gaz, aux teintureries et raffineries. Mais, comme dans ces parties on tient moins à la qualité supérieure des charbons qu'à leur bas prix, on se sert ordinairement des charbons du Nord et de la Belgique.

Qu'on ne dise pas que les charbons belges ont la qualité d'être flambants; ils ne le sont pas plus que ceux de Blanzy, du Creuzot, de l'Auvergne et de tout le centre; ceux de Saint-Étienne même ne le sont pas moins, quand le chauffeur sait les employer.

Il n'est aucun emploi des charbons belges dans lequel on ne puisse les remplacer par ceux de Saint-Étienne, tandis qu'au contraire les charbons de Saint-Étienne ne peuvent être remplacés par aucun charbon belge.

Ce que je dis avec vérité des charbons menus de Saint-Étienne, comparativement aux charbons étrangers, s'applique également aux gros charbons.

Il n'en est d'aucune sorte, à Saint-Étienne, qui, à prix égal, et pour toute espèce d'emploi, n'obtienne la préférence sur les charbons étrangers.

Il est à remarquer qu'une voie de 15 hectolitres de charbon, pour la forge, à Saint-Étienne, coûte 3 francs, et qu'une voie de charbon belge, même sorte, coûte 11 francs 25 centimes; et cependant le charbon de la

Belgique peut se donner à beaucoup meilleur marché à Paris, parce que les transports sont moins coûteux et plus réguliers. Pour niveler les dépenses de part et d'autre, il faudrait maintenir les droits d'entrée sur les charbons étrangers, et affranchir ceux de Saint-Étienne des droits de navigation sur la Loire. (*Paris E.*)

681. Voici comment on doit, selon nous, répartir les espèces de charbons entre les différentes industries et la consommation de Paris :

Ateliers de mécaniciens............................	
Epuration et fabrication du coke....................	Tout charbon
Forges de serrurerie { en bâtiments.................. en voitures	de Saint-Étienne.
Chaudières..	3/4 charbon du nord.
Chauffage domestique..............................	1/4 charbon de Blanzy, Creuzot, etc.
Raffineries..	
Teintureries.......................................	

(*Paris C.*)

682. La consommation de Paris pourrait être appréciée par le recensement de toutes les usines qui consomment de la houille; tout ce qu'on peut dire, c'est que cette consommation s'est accrue, depuis dix ans, par la création d'un grand nombre d'industries placées *intra muros* ou dans la banlieue. La consommation des ménages commence à réclamer une certaine quantité de houille; c'est aussi le charbon de Mons qu'elle préfère, et toujours par la même raison, parce qu'il donne de la flamme et qu'il a beaucoup d'activité. (*Paris F.*)

TRENTE-SIXIÈME QUESTION.

De combien la consommation s'est-elle accrue, depuis dix ans, dans l'un et l'autre cas?

683. Cette consommation était, en 1817, de..   400,000 hectolitres.
  1820   500,000
  1830 1,000,000
                        (*Rouen A.*)

684. La consommation de Paris a, depuis dix ans :
  Doublé dans les usines,
  Triplé dans les ménages.

                        (*Anzin.*)

685. D'un cinquième pour les manufactures, et de la moitié pour les foyers domestiques. (*Paris B.*)

686. En ce qui concerne les ménages, la consommation a décuplé, depuis dix ans. Quant aux ateliers d'industrie, nous manquons de renseignements; mais nous savons, par expérience, que, depuis 1830, la consommation a diminué. (*Grosménil.*)

687. Renvoyant au chiffre de la consommation donné par les administrations, on peut annoncer près de 200 marchands, tant en gros qu'en détail, à Paris, tandis qu'en 1814 on en comptait 10 à 12. (*Paris D.*)

688. Elle s'est accrue d'une manière très-considérable, mais l'accroissement a été entièrement au bénéfice des charbons du Nord; car, en même temps que la consommation augmentait, les arrivages des charbons du Midi diminuaient: ainsi la consommation était livrée à la Belgique sans le droit qui existe. (*Paris C.*)

TRENTE-SEPTIÈME QUESTION.

Quelle est la cause de l'accroissement de la consommation?

689. En premier lieu, l'augmentation de la population.
En second lieu, la diminution successive du prix de la houille.
En troisième lieu, le renchérissement du bois.
En quatrième lieu, le développement de l'industrie parisienne.
(D. G. Mines.)

690. Les causes principales sont : 1° le développement de l'industrie à Paris, devenue ville manufacturière de premier ordre; 2° l'emploi des moteurs à vapeur; 3° l'établissement des usines à gaz.

Dans la circonscription de la Basse-Seine, l'établissement des bateaux remorqueurs accroîtra considérablement la consommation de la houille flambante, à laquelle ne pourront satisfaire ni les mines du nord, qui n'ont pas la qualité voulue, ni celles du centre et du midi, à cause de l'élévation de leur prix, par les frais qu'elles supportent avant d'arriver sur les lieux de consommation. (*Rouen A.*)

691. Le développement de l'industrie manufacturière, et, par suite, l'emploi de la vapeur comme force motrice, les grands froids de l'hiver de 1829 à 1830, et les efforts faits pour familiariser la classe ouvrière avec le chauffage à la houille, efforts qui ont eu du succès.
(Anzin.)

692. Les progrès de l'industrie et le prix élevé du bois. (*Paris B.*)

693. On doit attribuer cet accroissement à deux causes : la première, et la principale, c'est le développement de l'industrie dans la capitale; la seconde, c'est l'usage, qui commence à s'introduire dans les classes inter-

médiaires, d'employer la houille, pour le chauffage domestique, à l'exclu-
sion du bois, dont le prix est beaucoup plus élevé. (*Blanzy.*)

694. Pour les ménages, économie réelle jointe à une augmentation de
chaleur. (*Grosménil.*)

. 695. L'utilité même de la houille, l'intensité de la chaleur sous le même
poids, et son application indispensable aux arts. Paris est devenu ville
industrielle. (*Paris D.*)

TRENTE-HUITIÈME QUESTION.

Réponses affirmatives.

L'accroissement de la consommation aurait-il été plus considérable, si les houilles belges avaient été affranchies, en tout ou en partie, du droit d'entrée de 33 centimes par hectolitre, ou si les houilles françaises l'avaient été des droits de navigation intérieure que l'on suppose revenir à 26 centimes par hectolitre.

696. Il est évident que toute diminution sur le prix de la houille doit tendre à augmenter la consommation de ce combustible.

Le droit de navigation, que l'on porte ici à 26 centimes, par hectolitre, n'est, je crois, que de 17 centimes environ, par quintal métrique, ou de 14 centimes, par hectolitre. (*D. G. Mines.*)

697. Le chiffre posé, dans cette question, comme quotité des droits de navigation intérieure, est erroné.

Ces droits sont, par 100 kilogrammes, pour les provenances de

Saint-Étienne	0ᶠ 46ᶜ
Auvergne.....................................	0 43
Blanzy	0 34
Decize	0 31
Anzin..	0 53
Mons...	0 71
De ce dernier point, pour le port de Rouen...........	0 91

La réduction, soit du droit d'entrée, soit des droits de navigation, soit des deux taxes à la fois, apportant, dans le prix des matières premières, une baisse, procurerait une économie et un nouvel élément d'activité.

C'est une vérité qu'on ne peut nier. (*Rouen A.*)

698. Point de doute que, plus le prix du charbon de terre diminuera en France, plus la consommation en augmentera. (*Paris B.*)

699. La réduction des droits intérieurs ou extérieurs augmentera toujours la consommation. (*Paris D.*)

3me Question.

700. Oui, la consommation du charbon eût été plus considérable si les houilles belges avaient été affranchies, en tout ou en partie, des droits de navigation intérieure, parce que, les charbons arrivant à Paris à meilleur compte, beaucoup de ménages, qui consomment encore du bois, y renonceraient, s'il y avait une plus grande différence de dépense entre l'emploi du bois et celui de la houille. Il en serait de même d'un grand nombre d'ateliers. (*Dunkerque.*)

701. Nul doute que la consommation, en charbons belges et en charbons français des mines d'Anzin, aurait été plus considérable, à Paris, depuis quinze ans, si le droit de douane avait été réduit, et si les droits de navigation intérieure avaient été annulés. Nous dirons cependant, qu'il ne nous paraîtrait pas plus juste d'abandonner, au profit d'une industrie, les droits de navigation nécessaires à l'entretien d'un canal, que de faire payer, aux consommateurs, les charbons étrangers, à un prix élevé, dans l'intérêt de cette industrie. Il faut que les marchandises, qui empruntent un canal, supportent *au moins* les frais d'entretien de cette communication. (*Lille A.*)

702. Comme la question d'augmentation de consommation est une question de prix, il n'y a pas de doute que, quel que soit le moyen que le Gouvernement eût pris pour favoriser l'arrivage de la houille, sur le marché de Paris, au plus bas prix possible, la consommation de ce combustible eût été encore plus forte ; mais il nous semble que, la question devant être envisagée sous le point de vue national, dès lors la préférence devrait être donnée à celui des deux moyens de favoriser le consommateur qui tournerait à l'avantage des exploitations françaises. (*Blanzy.*)

703. On ne le pense pas, parce que ce droit de 30 centimes, l'hectolitre comble, devient peu sensible aux fabricants pour lesquels il ne représente que 10 à 30 sous par 1,000 francs de marchandises fabriquées ;

Réponses négatives.

il est aussi peu sensible pour la consommation domestique, car la réduction totale du droit ne produirait guère qu'une économie de 2 à 3 cent., par jour, pour un ménage. Ensuite ne voit-on pas des villes qui ajoutent encore à ces droits, par leur octroi, 20, 40 et jusqu'à 60 centimes, par hectolitre, sans craindre, pour cela, de nuire à l'industrie ou au bien-être des habitants. (*Anzin.*)

704. Il est bien certain que plus les droits baisseront, plus le prix du charbon diminuera, et, par conséquent, plus la consommation tendra à s'accroître, quant au chauffage de l'intérieur des familles, mais non quant à l'industrie. Les Belges se sont encore emparés de ce débouché; mais, si l'on nous accordait les moyens d'expédier, à Paris, les qualités qui conviennent au chauffage, et dont nos localités font usage, il est hors de doute que plusieurs exploitations du centre et du Midi, le Grosménil notamment, obtiendraient promptement une préférence qui ne pourrait être refusée à la supériorité de leur qualité. Relativement à l'industrie, ce n'est ni l'abondance ni le bas prix des houilles qui la stimule, c'est au contraire le développement de l'industrie qui amène une plus grande consommation; s'il en était autrement, l'Auvergne ne serait pas aujourd'hui un des pays les plus arriérés sous le rapport de l'industrie. (*Grosménil.*)

705. La suppression des droits d'entrée ou de navigation sur la houille ne déciderait pas son emploi pour le chauffage domestique qui cependant serait le seul moyen d'étendre sensiblement la consommation : le haut prix du bois de chauffage aurait une influence bien plus efficace.

(*Creuzot.*)

706. La cause de l'accroissement progressif de la consommation de la houille est toute dans le développement qu'a eu, depuis vingt ans, l'industrie nationale; et il est hors de doute que, si les houilles françaises avaient été affranchies des droits de navigation intérieure qui en augmentent le prix de plus des deux tiers, cette consommation aurait été plus considérable.

Ces frais sont énormes, et nous ne comprenons pas qu'on les évalue à

26 centimes, par hectolitre, lorsque nous, qui sommes plus rapprochés de Paris que Saint-Étienne et les mines de l'Auvergne, nous payons, pour y arriver, 2 francs par hectolitre. Les Belges ne payent que 1 franc 50 cent. en sorte qu'en y ajoutant les 33 centimes de droit, ils sont encore plus favorisés que nous.

Si nous étions affranchis de la moitié de ces frais de navigation, nous pourrions ne pas nous élever contre une réduction du droit de 33 cent. parce qu'alors il y aurait à peu près équilibre entre les charges de chacun. Mais si cette réduction avait lieu sans que le Gouvernement nous fît jouir d'une compensation, elle serait la cause immédiate de l'achèvement de notre ruine. (*Decize.*)

707. Il serait à souhaiter qu'on pût, par quelque combinaison, favoriser l'importation des houilles du Midi dans le bassin de la Seine, sans imposer pour cela aucune charge aux consommateurs du Nord. La chose pourrait se faire, je crois, sans aucune perte pour l'octroi de Paris. En effet, tandis que les houilles du Nord sont surtout employées aux feux des grilles et des chaudières, celles de Saint-Étienne le sont principalement aux feux de forges. Il s'ensuit que la combustion d'un tonneau de Saint-Étienne correspond à un développement de force musculaire, ou, si l'on veut, à une quantité de journées d'ouvrier très-supérieure à ce qui correspond à la combustion d'un tonneau de charbon belge; si la ville de Paris exemptait les charbons de Saint-Étienne du droit d'octroi, les industries qui les consomment dans la banlieue se transporteraient probablement, peu à peu, dans l'intérieur de la ville, et celle-ci percevrait, sur la consommation des ouvriers, une somme vraisemblablement équivalente à celle dont elle ferait le sacrifice sur la houille qui alimenterait leurs travaux.

Je dois rappeler, avant de terminer, que, si les importations des charbons de la Loire étaient arrêtées, plusieurs industries, qu'ils n'alimentent pas directement, deviendraient impraticables à Paris. On sait que les bateaux de sapin, sur lesquels s'importent les charbons, et qui présentent une superficie développée de 170 mètres carrés, sont déchirés dans les chantiers de Paris, sur lesquels ils reviennent au prix moyen de 50 francs. Il peut arriver, tous les ans, à Paris, 2500 de ces bateaux chargés de charbon, sur les mines, ou de matières grossières qui ont remplacé le charbon dans les divers transbordements qui s'effectuent le long de la Loire : ces immenses quantités de bois à bas prix sont, pour l'industrie des layetiers, des fabricants de meubles, des menuisiers en bâtiments, à peu près impossibles à remplacer. Cet aperçu, dont on pourrait citer beaucoup d'analogues, donne une idée de la manière dont se ramifient les intérêts qui se rattachent au maintien de l'état de choses actuel. (*Loire B.*)

708. On peut obtenir la réponse à cette question, en remarquant combien la consommation a pris d'accroissement depuis 1830 : en voici la cause. L'état d'hostilité où la Hollande s'est trouvée vis-à-vis de la Belgique a déterminé la première de ces puissances à intercepter, par Maestricht, la descente de la Meuse pour aller à Liége, en sorte que les charbons belges ont dû refluer sur la France et s'offrir à meilleur compte ; en même temps, les bateliers de la Meuse ont dû aussi baisser leur fret, puisqu'ils étaient forcés de naviguer uniquement dans la partie haute de la rivière (*). Depuis qu'on connaît le dernier traité (mai 1833) qui rend la navigation de la Meuse à la Belgique, le fret d'abord a haussé d'un tiers au moins, sans parler de la hausse qu'occasionne, dans le fret intérieur de la France, la difficulté que présente aujourd'hui la navigation de l'Oise.

(*Paris F.*)

(*) Le renseignement officiel ci-après confirme bien cette assertion et explique comment la houille belge, refoulée vers la Haute-Meuse, a été remplacée par la houille de Prusse dans la consommation des Pays-Bas : Les affaires belges ont exercé la meilleure influence sur le commerce des charbons et la navigation de la Ruhr, dans la Prusse rhénane. Avant la révolution belge, le droit de péage de la navigation de la Ruhr produisait annuellement 50,000 écus (187,500 fr.) et les droits d'écluse 10,000 écus (37,500 francs). En 1832, ce péage a produit 109,500 écus (410,840 francs) et les droits d'écluse 22,500 écus (84,500 francs), ce qui fait plus du double.

Pendant l'année 1832, ont passé l'écluse de Mulheim sur la Ruhr, 3,585 bateaux, d'une cargaison totale de 6,546,544 quintaux (à 100 livres) de charbon. En comptant le prix du charbon, pris dans les mines, à 5 gros (62 cent. 1/2) le quintal, la somme est d'environ 1,500,000 écus (5,625,000 fr.). Les frais de transport, de péage, d'embarquement et débarquement jusqu'au port de Ruhrort, d'où les charbons sont expédiés sur le Rhin en Hollande, s'élèvent à près de 3,750,000 francs. Ainsi, cette branche de commerce a mis en circulation, en 1832, la somme de 9,375,000 francs dans la Prusse rhénane, au grand préjudice des mines de charbon en Belgique qui seules approvisionnaient autrefois la Hollande. (*Note de la commission d'enquête.*)

TRENTE-NEUVIÈME QUESTION.

Quelle était la condition des exploitants des mines du centre sur le marché de Paris, et en général dans le bassin de la Seine, avant l'ouverture du canal de Saint-Quentin?

709. La position des mines du centre était sans doute beaucoup plus favorable qu'aujourd'hui, puisque je viens de dire (36ᵉ question, n° 688) que, depuis l'ouverture du canal, elles fournissent moins de houille à Paris, quoique la consommation y soit progressive. (*Paris C.*)

710. Avant l'ouverture du canal de Saint-Quentin, les charbons de terre consommés à Paris provenaient exclusivement des mines du centre, et principalement de celles de Saint-Étienne.

L'exécution et surtout le perfectionnement de ce canal, auquel l'État a dépensé 14,000,000 fr., et qui a été abandonné, moyennant un faible péage, à une compagnie chargée de son entretien et de quelques réparations, a permis aux charbons du Nord, et particulièrement à ceux de Mons, de venir leur faire une redoutable concurrence.

On en jugera, par le tableau suivant des quantités entrées dans la capitale depuis quelques années :

ANNÉES.	HOUILLES	
	du Centre.	du Nord.
1818	348,908 hect.	126,925 hect.
1819	329,360	148,788
1820	350,007	151,219
1821	308,993	246,381
1822	367,071	332,360
1823	362,060	296,875
1824	350,024	271,580
1825	283,363	333,792
1826	396,778	372,443
1827	466,908	319,287
1828	418,294	295,712
1829	368,209	430,619
1830	302,555	691,880

Ainsi, en 1830, les arrivages du nord ont été cinq fois plus considérables qu'ils n'étaient en 1818, et presque doubles de ceux du centre, restés à peu près stationnaires. Cette progression démontre péremptoirement que l'achèvement du canal de Saint-Quentin a fait perdre aux charbons de l'intérieur tous les avantages qu'on avait voulu leur assurer par un droit protecteur de 33 centimes. (*Cons. Gén. des Man^{rs}.*)

711. Les exploitants du centre soutenaient alors la concurrence avec les exploitants des mines de la Belgique. (*D. G. Mines.*)

712. C'était même la vente exclusive de la houille consommée à Paris qui était réservée à nos exploitations. (*Anzin.*)

713. C'était Saint-Étienne qui fournissait les charbons de forge à Paris; les manufactures alors n'en consommaient presque point. (*Paris B.*)

714. L'avantage que les houillères du centre trouvaient à l'état de choses antérieur à l'ouverture du canal était d'extraire autant que le comportait la disposition des travaux de ce temps-là, et par conséquent d'employer un plus grand nombre d'ouvriers, de vendre à bon prix, et même par avance, les charbons, non encore sortis des puits, aux marchands du pays toujours sûrs de trouver des débouchés faciles et avantageux. Chacun faisait alors des bénéfices dont se ressentait toute la contrée. Aujourd'hui, au contraire, les marchands, devenus craintifs par des pertes successives, ne partent que de loin en loin; beaucoup de bras sont oisifs, le numéraire ne circule plus : tout souffre et dépérit jusqu'à ce qu'on nous ramène l'aisance ou qu'on nous anéantisse tout à fait. (*Grosménil.*)

715. Avant l'ouverture du canal Saint-Quentin, les Belges, ainsi que nous l'avons dit (5e question, n° 132), payaient 3 fr. 50 c. par hect. pour venir à Paris, et proportionnellement pour explorer le bassin de la Seine. Alors nous produisions plus cher qu'aujourd'hui, parce que notre industrie manquait de perfectionnements que l'expérience et l'étude y ont introduits depuis; mais nous jouissions d'un avantage sur les Belges pour porter nos produits, et leur concurrence était presque imperceptible.

Nous sommes aujourd'hui dans la position contraire, par cela seul que nos
frais et droits de navigation sont restés les mêmes, tandis que les leurs
ont décru de 2 francs au moins par hectolitre, c'est-à-dire de 30 francs
par voie, sur ce qu'ils étaient originairement. (*Decize.*)

716. Avant l'ouverture du canal de Saint-Quentin, la mer n'était pas
libre. Les houilles du centre se plaçaient avantageusement; mais l'industrie
était moins développée, les besoins moins grands. Il n'y a pas de similitude
à établir entre cette époque et celle actuelle. (*Creuzot.*)

717. Nos réponses aux 15ᵉ et 16ᵉ questions (nᵒˢ 367 et 383), ont
déjà, en partie, répondu à celle-ci. Avant l'ouverture du canal de Saint-
Quentin et le perfectionnement de la navigation de ce canal, les usines
du centre étaient presque exclusivement en possession de l'approvisionnement du marché de Paris et du bassin de la Seine, tandis qu'aujourd'hui
elles ne peuvent presque plus y arriver. Nous donnerons pour exemple
les usines de Blanzy, qui, avant cette époque, versaient annuellement
au moins 3 à 400,000 hectolitres, par an, sur le marché de Paris, tandis
qu'aujourd'hui leur écoulement, sur ce point, est presque nul, quoiqu'elles
aient baissé leurs prix d'au moins 48 pour 100. (*Blanzy.*)

718. Les exploitants du centre n'étaient pas, avant l'ouverture du canal
de Saint-Quentin, dans une position plus avantageuse qu'aujourd'hui,
parce que si, d'un côté, ils n'avaient pas à combattre la concurrence de
Mons et d'Anzin, d'un autre, la consommation de Paris et de ses environs
était bien moindre qu'aujourd'hui. (*Dunkerque.*)

719. Voici ce que nous pouvons rapporter de la consommation générale, à laquelle nos mines du centre fournissaient en 1812 et 1815. Peu
après l'ouverture du canal, et à une époque où ses effets étaient encore
peu sensibles,

	En 1812.	En 1815.
La Loire (Saint-Étienne) livrait.....	2,900,000 hect.	6,000,000
La Haute-Loire.................	160,000	430,000
L'Allier.....................	25,000	110,000
La Nièvre...................	75,000	280,000

	En 1809.	En 1830.
Grosménil de Brassac.............	25,000	400,000
La Haute-Saone	380,000	420,000

(*Rouen A.*)

720. La condition des mines du centre n'a réellement pas changé, sur le marché de Paris, depuis que le canal de Saint-Quentin est devenu plus praticable. Ces mines ont continué à vendre tout ce qu'elles vendaient précédemment et à servir les consommations qui réclament spécialement leurs produits. La plus grande consommation, qui se fait, à Paris, en charbons du Nord, a pour cause de nouveaux besoins, c'est-à-dire l'établissement d'usines à chaudières et le chauffage domestique. Or, pour ces deux emplois, c'est le charbon qui s'allume vite et qui brûle en longue flamme qui doit être préféré. Quel que soit le tarif à son égard, on le demandera toujours, de même qu'on demande, pour la forge, le charbon de Saint-Étienne, malgré son prix plus élevé. Celui-ci et tous ses analogues ont, pour les cheminées, l'inconvénient de brûler difficilement, de coller, et de ne pas dégager assez vite le gaz sulfureux, qui se répand dans l'intérieur des appartements, ce qui incommode les personnes et gâte les meubles.

(*Oise.*)

721. C'est bien de 1828 que date le libre et facile emploi du canal de Saint-Quentin; mais, bien auparavant, en 1822, par exemple, j'employais déjà la houille de Mons, dont le prix se tenait à peu près en équilibre avec celui des charbons de France. (*Paris F.*)

QUARANTIÈME QUESTION.

*Quelle est la durée moyenne de la navigation entre Mons et Paris,
et entre Saint-Étienne et Paris?*

722. De Mons à Paris, de quarante à cinquante jours.

De Saint-Étienne à Paris, trente jours, sauf le temps où il y a encombrement sur le canal de Briare. (*D. G. Mines.*)

723. Ces deux navigations étant exposées aux mêmes inconvénients, ceux des basses eaux, il devient difficile de préciser la durée du parcours.

Dans les eaux favorables, le voyage, de Saint-Étienne à Paris, peut s'effectuer en un mois; pour celui de Mons ou d'Anzin, il faut deux mois.

(*Paris B.*)

724. Dans des circonstances favorables, les bateaux partis d'Andrezieux peuvent arriver à Paris en vingt-cinq ou trente jours; la construction du chemin de fer de Roanne abrégera cette durée.

Dans des circonstances également favorables, le bateau parti de Mons ne peut arriver, à Paris, en moins de trente-cinq à quarante jours, à cause des remontes de l'Escaut et de la Seine et du grand nombre d'écluses.

Les chômages, les gelées, les sécheresses peuvent accroître ces délais dans des proportions diverses, et qu'on ne peut formuler en chiffres.

Les mêmes délais sont également nécessaires pour l'arrivée des houilles belges au port de Rouen, soit par les canaux intérieurs, par Compiègne; soit par la mer, par Dunkerque.

La durée de la navigation, par mer, des ports d'Angleterre, varie de douze à quinze jours. (*Rouen A.*)

725. La durée de la navigation entre Saint-Étienne et Paris a toujours été très-variable, et il serait difficile de la fixer exactement. Cependant, on peut dire qu'elle n'est guère au-dessous de deux mois, et que les longues stations qu'il faut faire en route portent quelquefois ce délai jusqu'à cinq ou six mois. (*Paris C.*)

726. Entre Paris et Mons, le transport, sans embarras, peut exiger cinq à six semaines, quelquefois trois à quatre mois. Le plus grand retard est d'une année entière; mais ce retard est causé par des hivers longs et froids, par de grandes réparations dans les canaux, etc. (*Paris D.*)

727. La durée moyenne de la navigation de Mons à Paris est de trente jours, lorsque le canal de Saint-Quentin n'est pas obstrué par la glace, et qu'il y a assez d'eau pour la navigation sur l'Oise. (*Anzin.*)

728. De Mons à Paris, six semaines. Avant MM. Honoré, six, huit et dix mois.

De Saint-Étienne à Paris, un mois environ, à moins qu'il ne se trouve, au canal de Briare, des bateaux chargés de vins, de fruits, de bois, etc., ces bateaux ayant le privilége de passer tout de suite, quoique arrivés les derniers.

Des mines d'Auvergne à Paris, moins de temps que de Saint-Étienne.

(*Grosménil.*)

729. De Saint-Étienne à Paris, un mois; de Brassac à Paris, vingt-cinq à quarante jours, suivant que les eaux sont plus ou moins abondantes.

(*Clermont.*)

730. La durée moyenne de la navigation, entre Mons et Paris, n'est plus aujourd'hui que d'un mois; et les transports, déjà beaucoup plus réguliers que les nôtres, n'éprouveront presque plus d'interruption après l'achèvement très-prochain des travaux qui s'exécutent sur l'Oise. Entre Saint-Étienne et Paris, la durée du trajet est au moins de deux mois, et souvent de six ou même davantage. La navigation de la Loire n'est, pour Saint-Étienne, que de quarante à cinquante jours par an.

(*Saint-Étienne.*)

731. La durée moyenne du trajet, entre Mons et Paris, est de deux mois; entre Saint-Étienne et Paris, elle doit être de trois à quatre mois.

(*Dunkerque.*)

732. Nous ne saurions indiquer la durée de ces deux navigations; mais

il y a entre elles une énorme différence. Celle de Mons est régulière, toujours suivie; celle de Saint-Étienne est assujettie à une foule d'accident set
de retards. La Loire n'a que cinquante-cinq jours de navigation par année.

(*Creuzot.*)

733. Indépendamment de la réduction de dépense, les charbons de
Mons ont gagné une grande célérité dans leur transport; car, si auparavant, ils mettaient de trois à dix mois pour venir à Paris, ils ne mettent
plus que vingt à vingt-cinq jours, tandis que les vicissitudes que nous
subissons dans la navigation périlleuse de la Loire nous font souvent rester
six mois en route. (*Decize.*)

734. Il faut moins de temps, aux houilles de Mons, pour venir à Paris,
qu'à celles de Saint-Étienne; car le canal qui transporte les premières est
toujours navigable, tandis que la Loire, qui ne l'est pas toujours, est la
cause de grandes inégalités dans la suite du service.

Il faut, si l'on admet que la Loire soit navigable comme le canal, deux
crues d'eau pour arriver de Saint-Étienne à Briare, ce qui suppose une
durée d'un mois, tandis que je ne pense pas qu'il faille plus de quinze jours
pour arriver de Mons à Paris. (*Paris C.*)

735. La navigation du canal de Saint-Quentin est régulière et presque
constante, tandis que celle de la Loire, subordonnée aux crues, présente
une telle irrégularité qu'il est impossible d'en déterminer la durée moyenne.

(*Blanzy.*)

736. En temps ordinaire, un mois à six semaines suffisent pour faire
arriver les charbons de Mons à Paris : mais la navigation du canal de
Saint-Quentin est sujette à des chômages, et la baisse des eaux de l'Oise
ralentit d'ailleurs le cours des transports. Pour venir de Saint-Étienne à
Paris, il faut plus de temps, non-seulement à cause de la distance, mais
encore, et surtout, à cause de l'irrégularité du cours de la Loire.

(*Paris F.*)

QUARANTE-ET-UNIÈME QUESTION.

Quel est, sur chacune de ces lignes, le fret d'un tonneau de charbon?

737. Du canal de Mons à Paris, par tonneau 19ᶠ 50ᶜ

D'Andrezieux, port d'embarquement des houilles de Saint-
Étienne jusqu'à Paris 25 00

non compris les droits de navigation. (*D. G. Mines.*)

738. De Mons à Paris, dans ce moment, 2 francs par manne ou hectolitre comble. Ce prix varie beaucoup. Limite supérieure, 3 francs ; limite
inférieure, 1 franc 65 centimes. (*Paris D.*)

730. Le prix du fret, de Mons à Paris, varie beaucoup, selon l'importance des demandes et l'époque de la navigation. En 1829, il était à 18 fr.
par tonneau, et en 1830, mai et juin, à 30 francs. Le prix moyen est
d'environ 20 à 22 francs.

De Saint-Étienne à Paris, le prix est plus difficile à fixer ; car la majeure
partie des houilles de cette provenance sont amenées, par flottes, par des
marchands qui achètent charbon et bateaux pour le revendre tout à Paris.
Les conditions de cette navigation ne sont en rien semblables à celles de
la navigation du nord : dans le nord, il y a des bateliers entrepreneurs de
transports ; dans la Loire, il n'y a que des conducteurs à gages.

Cependant, le prix du transport, calculé sur les frais généraux et ordinaires d'une flotte de six tonnes, arrivant à Paris, est environ par
tonneau, depuis Andrezieux . . . . 25 à 26 fr.

Ce prix, pour les provenances suivantes, n'est que de :

Auvergne . . . . 21 à 22
Allier . . . . 18 à 19
Blanzy (Saone-et-Loire) . . . . 21 à 22

Decize (Nièvre)............................ 18 à 19 fr.   41ᵉ Question.
Anzin (Nord)............................... 15 à 25

Le prix des provenances anglaises varie comme suit, savoir :

Pour les ports de la côte, de 10 à 12 francs le tonneau.

Pour le port de Rouen, de 18 à 20 et 24 francs le tonneau, suivant l'époque de l'année, à cause des dangers qu'offre la navigation de la Basse-Seine. (*Rouen A.*)

740. Le fret moyen d'un tonneau de charbon, de Mons à Paris, est de 20 francs. (*Dunkerque.*)

741. De Mons à Paris, le fret d'un tonneau de charbon de terre, soit environ 10 hectolitres combles, a varié (depuis le perfectionnement du canal de Saint-Quentin) de 1ᶠ 50ᶜ à 3 francs, l'hectolitre comble, ou de 15 francs à 30 francs, le tonneau de mer.

Les bateliers de l'association formée à Saint-Ghislain (Belgique), sous la raison *Auguste Pillion, Miroir et compagnie*, ont, depuis le 17 juillet 1832, fixé une échelle des prix du fret dont les deux extrêmes sont, pour Paris :

Minimum est de............................ 1ᶠ 75ᶜ
Maximum 2 30

Ainsi, tant que cette association existera, il y a lieu de croire que le fret, de Mons à Paris, ne tombera pas *au-dessous de 17 francs 50 centimes* le tonneau de 10 hectolitres combles, et ne s'élèvera pas *au-dessus* de 23 francs, ce qui donnerait une *moyenne de 20 francs 25 centimes par tonneau.* (*Anzin.*)

742. L'usage, pour les exploitations du centre, n'est point de compter par tonneau. Les frais de transport se payent par bateau, et, d'ailleurs, le poids des charbons variant suivant leur nature et leur qualité, nous allons indiquer le prix du transport, par hectolitre :   Réponses plus spécialement relatives au fret du Centre.

De Mons à Paris, 2 francs par hectolitre comble, soit pour 15 hectolitres de Paris, 24 francs.

De l'Auvergne à Paris, 40 francs par voie de 18 hectolitres, soit, pour la voie de Paris, 33 francs 30 centimes. (*Grosménil.*)

743. Il est de 40 à 42 sous l'hectolitre, de Saint-Étienne à Paris. Pour venir du Nord au même lieu, le prix moyen est de 30, de 32 et de 35 sous par hectolitre également. Ce prix est même trop élevé pour le charbon de Mons; car je pourrais citer des époques où il n'est que de 24 ou 25 sous. (*Paris C.*)

744. Entre Mons et Paris, le prix du fret est de 20 francs par voie, ou de 10 francs 66 centimes par tonne; entre Saint-Étienne et Paris, la dépense du transport est de 44 à 45 francs par voie, ou 37 à 38 francs par tonne. Ces prix ont été relevés d'après un grand nombre d'expéditions, en 1831. (*Saint-Étienne.*)

745. Les prix du transport, sur la ligne de Saint-Étienne à Paris, ont beaucoup diminué; ils sont actuellement réduits au minimum, par suite de la concurrence des charbons du nord, concurrence qui a fait bien du tort à la classe ouvrière employée à ces transports, et dont la position est aujourd'hui des plus précaires. Ce prix est tombé, de 50 francs par tonneau de 1,000 kilogrammes, au prix de 30 francs, et la distance parcourue, de Saint-Étienne à Paris, est de cent trente lieues, ou le double de celle de Mons à Paris. Ce fret, si réduit, est encore supérieur de 10 francs à celui du charbon belge. (*Paris D.*)

746. Le prix du fret d'un tonneau de charbon est d'environ

 15 francs, de Mons à Paris,
 33 *idem*, de Saint-Étienne à Paris.

Toutefois, nous ne voudrions pas garantir ces chiffres. (*Creuzot.*)

747. Pour les mines de Blanzy à Paris, le fret est de 2 francs par hectolitre, ou, en prenant 85 kilogrammes pour poids moyen de l'hectolitre, d'environ 24 francs par tonneau de 1,000 kilogrammes. (*Blanzy.*)

748. La navigation sur la Loire ne se compte pas au tonneau, mais à la voie de 15 hectolitres; et, pour ce qui nous concerne, nous qui avons de

quarante à cinquante lieues de moins à faire pour arriver à Paris de Saint-Étienne et de l'Allier, nous payons 2 francs par hectolitre, ce qui porte le tonneau, qui en contient 11, à 22 francs, tandis que les Belges ne payent que de 16 francs 50 centimes à 19 francs 25 centimes pour la même mesure. (*Decize.*)

749. De Brassac à Paris, 2 francs par hectolitre. (*Clermont.*)

750. On se réfère, pour la présente question, et pour la suivante, au tableau présenté dans la réponse à la 43ᵉ question [n° 784]. (*Paris B.*)

751. Avant de répondre à cette question, il faut bien se fixer sur la mesure dont on parle. Le tonneau de mer, ou 1,000 kilogrammes, ne sert à fixer le fret sur aucun point de la navigation La houille s'achète, à Mons, au muid, composé de 4 hectolitres combles, c'est-à-dire, de 4 quintaux métriques. Or, le fret, de Mons à Compiègne, est, en ce moment (juin 1833), de 28 sous par hectolitre, par conséquent de 14 francs, par tonneau; de Compiègne à Paris, le fret est de 28 sous, par hectolitre, ce qui fait 10 francs, par tonneau; par conséquent de Mons à Paris il s'élève à 24 francs. Le fret le plus élevé, qu'on ait eu à payer, a été de 30 francs. Le fret le plus bas dont je me souvienne fut celui de 1831, qui était de 15 francs, c'est-à-dire de moitié. Quant au fret de Saint-Étienne, il serait indiqué plus pertinemment par les personnes qui vendent ou qui achètent des houilles de cette origine; mais il est naturellement plus élevé que celui de Mons. (*Paris F.*)

QUARANTE-DEUXIÈME QUESTION.

De quel droit de navigation ce même tonneau est-il passible ?

752. Sur la ligne du centre, de 1 franc 70 centimes environ.
(*D. G. Mines.*)

753. Environ 25 centimes par hectolitre. (*Clermont.*)

754. Les droits de navigation fluviale entre Andrezieux et Paris peuvent s'établir de la manière suivante :

D'Andrezieux à Roanne, par bateau chargé de 360 hectolitres (ou 12 voies), 16 francs 83 centimes, soit . . . . 0^f 0467 par hectolitre.

De Roanne à Briare, par bateau portant moyennement 540 hectolitres, 52 francs 69 centimes. 0 0975

De Moret à Paris pour un chargement moyen de 700 hectolitres, 7 francs 50 centimes 0 0107

Total par hectolitre 0 1549
(*Saint-Étienne.*)

755. De Saint-Étienne à Paris, lorsque les bateaux ont leur charge complète, le droit de navigation peut revenir à 16 ou 17 centimes par hectolitre ; mais, comme ce n'est jamais ainsi que l'on navigue, c'est-à-dire avec un chargement complet, il revient, par la charge moyenne, à 18 ou 19 centimes, et il s'élève proportionnellement au vide des bateaux. Aujourd'hui (décembre 1832), la navigation est légèrement entravée parce que l'eau a manqué, et que, par conséquent, on a fait venir les bateaux avec de moindres charges. La houille du centre revient maintenant, hors barrières, à 54 francs la voie de 15 hectolitres ras. (*Paris C.*)

756. On ne peut indiquer ce droit que comme il se perçoit, c'est-à-dire 43e Question. par bateau. A Moulins, 28 francs par bateau qu'il y ait 20 voies, ou qu'il n'y en ait que 10; au Bec-d'Allier, 17 francs, ce qui fait déjà en droits de navigation plus de 2 francs par voie de Paris avant d'arriver à Briare. A Briare, on jette en mer, et, de deux bateaux, on n'en fait souvent qu'un seul, qui a à payer de nouveau, pour droits de navigation, indépendamment des droits de canaux, 20 francs à Briare, et autant avant d'arriver aux carrières de Charenton. (*Grosménil.*)

757. Répondant toujours pour la mine de Blanzy.

Les droits de navigation, de Blanzy, à Paris par tonneau de 1000 kilogrammes, s'élèvent à 3 francs 63 centimes 48^{mil}. (*Blanzy.*)

758. Les droits proprement dits de navigation, de Mons à Paris, sont de 3' 40°, par tonneau, soit de 54 centimes, par hectolitre comble, savoir :

De Mons à Valenciennes	10°
Valenciennes à Cambrai	8
Cambrai à Saint-Quentin	10
Saint-Quentin à Chauny	8 1/2
Chauny à Compiègne	8
Compiègne à Conflans	5
Conflans à la Villette	4 1/2
	54

(*Anzin.*)

Droit
de navigation
intérieure
sur
la ligne du nord.

759. Le prix d'une voie de 15 hectolitres ras de charbon belge, rendue à Paris, se décompose comme suit :

Prix d'achat (à la mine) de 12 mannes ou trois muids;
Droits d'entrée à Condé, à 33 centimes par 100 kilogrammes;
Fret de Mons à Paris 2 francs par manne;
Mesurage et mise sur voiture à la Villette, 80 centimes par voie;
Entrée et transport dans Paris, 10 francs par muid. (*Dunkerque.*)

760. Voir la réponse à la 38° question (n° 697), en multipliant les Résumé. chiffres par 10, comme suit :

Saint-Étienne. 4ᶠ 60ᶜ

Auvergne. 4 30

Blanzy. . . . . 3 50 (*)

Decize. 3 10

Anzin. 5 30

Mons. 7 10

De ce dernier point pour Rouen. . . . . 7 30 (*)

(*Rouen A.*)

761. J'achète directement mon charbon en Belgique, je traite du fret
et je rembourse les droits de sortie de Belgique et les droits d'entrée en
France, qui, ensemble, et quels que soient les tarifs, me reviennent à
33 centimes par hectolitre ras: mais les droits de navigation sont acquittés
par les bateliers et se confondent dans le prix du fret. (*Paris F.*)

(*) La multiplication par 10 des chiffres correspondants de la réponse n° 697 donnerait 3ᶠ 40ᶜ
et 0ᶠ 10ᶜ. (*Note de la Commission d'enquête.*)

43ᵉ ET 44ᵉ QUESTIONS.

*Comment décompose-t-on le prix d'une voie de 15 hectolitres ras rendue
à Paris, soit qu'elle provienne de la Belgique, soit qu'elle provienne
du centre?*

762. Charbon de Mons, dit *forges gailleteuses.*

Achat au rivage du canal, la voie ou les 12 mannes........ 12ᶠ 00ᶜ
Droits de douane à Condé, à 33 centimes par hectolitre
comble. 3 96
Transport actuel de Mons à Paris, au bassin de la Villette. . 24 00
Octroi de Paris, décime et quittance compris. 8 35

                                                              48 31

Ce charbon, qui ne devrait se vendre aujourd'hui, dans Paris, que 50 à
52 francs environ, vaut 57 à 60 francs. Cette augmentation provient de
la hausse qu'a éprouvée, depuis près de deux mois, le fret de Compiègne
à Paris. On paye ordinairement, pour le transport du charbon, de Compiègne au bassin de la Villette, 55, 60 à 65 centimes, par hectolitre comble; mais ces prix se sont élevés, depuis le mois d'octobre dernier, jusqu'à
1 franc 50 centimes.

Le charbon d'Anzin moyen se vend, au rivage du canal, frais de chargement compris, 17 francs 30 centimes, la voie ou les 12 hectolitres combles.

(*Paris D.*)

763. On décompose, ou plutôt on trouve le prix d'une voie de 15 hectolitres ras, rendue à la Villette, en établissant les calculs suivants :

Lorsque le consommateur ou petit marchand français achète le charbon pris sur les rivages de Mons, et qu'il paye les forges guilleteuses 3 francs 40 centimes le muid de *4 mannes combles* (prix moyen de 1832), le prix, par hectolitre comble, ressort comme suit :

Prix d'achat, l'hectolitre comble, à raison de	0ᶠ 85ᶜ
Droits d'entrée en France, les 100 kilogrammes..........	0 33
Frais d'acquittement des droits.......................	0 2
Fret de Mons à Paris.............................	1 50
Prix à la Villette, l'hectolitre comble....................	2 70

12 hectolitres combles=15 hectolitres ras; donc la voie de Paris rendue à la Villette coûte :

Le fret (par hect.) étant à 1ᶠ 50ᶜ	32ᶠ 40ᶜ
1 75	35 40
1 90	37 20
2 00	38 40
2 30	42 00

La manne comble des rivages de Mons donne un boni de mesure, sur l'hectolitre comble, de 4 à 6 p. 0/0. Ainsi, déduction faite d'un boni moyen de 5 p. 0/0, *la voie de Paris de charbon de Mons coûterait*, rendue à la Villette :

Le fret (par hect.) étant à 1ᶠ 50ᶜ	30 80
1 75	33 60
1 00	35 30
2 00	36 50
2 30	39 90

Lorsque le consommateur français ou le gros marchand achète comptant, soit aux rivages belges, soit aux fosses, il obtient des avantages tant d'escompte que de mesure qui, en général, vont au moins de 8 à 10 p. 0/0; de sorte qu'il peut établir la voie de Paris, rendue à la Villette, de 27 francs à 36 francs, suivant que le fret est de 1ᶠ50 à 2ᶠ30.

Les forges gailleteuses des exploitations d'Anzin reviennent, mises à bord, au prix *moyen* de 1ᶠ 37ᶜ 1/2 l'hectolitre comble.

43ᵉ et 44ᵉ
Questions.

Soit pour le consommateur ou le petit marchand 1ᶠ 37ᶜ 1/2

A déduire, pour la petite prime variant de 5 à 7 1/2 5

Prix de l'hectolitre comble, à bord 1 32 1/2

Fret à Anzin (le prix étant, à Mons, 1/80 centimes) 1 35

Prix, à la Villette, de l'hectolitre comble 2 67 1/2

Prix *ibid.* de la voie de Paris :

Le fret (par hect.) étant à 1ᶠ 35ᶜ 32 10

                 1 50 . . . . 33 90

                 1 65 . . . . 35 70

                 1 95 . . . . 39 30

Pour le grand consommateur et le gros marchand de charbon, la grande prime étant de 11 cent. 1/2 par hectolitre, les prix ressortent à :

Prix, à bord, ... 1ᶠ 37ᶜ 1/2

Prime à déduire 11 1/2

Prix de l'hectolitre comble, à bord 1 26

Fret 1 35

Prix, à la Villette, de l'hectolitre comble 2 61

Prix *idem,* de la voie de Paris

Le fret (par hect.) étant à 1ᶠ 35ᶜ 31ᶠ 30ᶜ

                 1 50 . . . . 33 10

                 1 65 . . . . 34 90

                 1 95 . . . . 38 50

Il est bon de faire observer ici qu'il y a toujours économie, pour l'introducteur des charbons étrangers, en payant les droits d'entrée en France, à raison de 100 kilogrammes pour l'hectolitre comble ; car la manne des rivages belges, que l'on assimile à l'hectolitre français, pèse, *comble,* de 105 à 123 kilogrammes, suivant la qualité de la houille. Il doit nécessairement en résulter une économie pour celui qui acquitte les droits, que j'ai cepen-

dant calculés dans ce qui précède, comme étant acquittés intégralement,
à raison de 33 centimes par hectolitre comble; de sorte que la différence
du prix, à Paris, qui, ostensiblement, est déjà en faveur de l'introducteur
du charbon de Mons, devient, en réalité, encore plus forte. (*Anzin.*)

764. Le prix de la voie (15 hectolitres ras) de houille belge, dite
gailleteuse, rendue à Paris, se décompose ainsi qu'il suit, savoir :

Prix d'achat au bateau	12ᶠ 00ᶜ
Droit de douane	3 96
Frais de canaux et de rivières	21 79
Octroi de Paris	8 25
Bénéfice que doivent faire { le marinier	2 00
{ le marchand	2 00
TOTAL	50 00

Le prix de la même voie, houille gailleteuse, provenant du centre, également rendue à Paris, s'établit comme ci-après :

Achat à la mine	11ᶠ 25ᶜ
Charroi de la mine au port d'embarquement	5 00
Transport du port d'embarquement à Paris, y compris les droits de rivière et canaux	30 00
Octroi de Paris	8 25
Faux frais pour la garde, le garage, le passage des ponts de Paris et le droit de mesurage	2 75
Bénéfice que doit faire le marchand	2 00
TOTAL	59 25

(*Paris B.*)

765. Le total de ce décompte est, par voie, pour le charbon en roches :

Belge *flénu,* environ	61ᶠ
Anzin	59

(*Dunkerque.*)

766. Le prix se décompose de la manière suivante :

Acquisition première. 14 00
Transport, par le chemin de fer, jusqu'à la Loire 0 00
Droit de navigation, y compris la perte sur les bateaux dé-
chirés. 31 50

TOTAL. 54 50

Je ne puis cependant affirmer l'exactitude de cette moyenne que j'établis sur les circonstances actuelles ; je la crois même inexacte, parce que
la navigation a été très-difficile cette année. (*Paris C.*)

767. On ne demande pas sans doute une décomposition minutieuse et
détaillée de tous les achats à faire par nos marchands, en bateaux, cabanes,
bâtons, fers à bâtons, ancres, commandes, licans, chevêtres, et une
foule d'autres objets constituant le matériel d'une équipe au départ, non
plus que des frais occasionnés par le salaire des mariniers, leur nourri-
ture, les droits de navigation, de canaux, de ponts, le chargement, jetage
en mer et garde de bateaux, la réexpédition en Auvergne des ancres et
commandes, leur moins-value, et les faux frais de tous genres jusqu'à
leur arrivée aux carrières de Charenton. Un semblable travail serait, à lui
seul, plus long que toutes les réponses ensemble, pour arriver, en définitive, au même résultat. Nous indiquerons donc ici sommairement ce que
coûte, à nos marchands, une voie rendue à Paris, en mettant en regard le
prix d'une voie venant du Nord :

<table>
<tr><td>

COUT A PARIS
d'une voie de 15 hectolitres d'Auvergne.

Achat de 15 hectolitres à 60 cent.   9ᶠ 00ᶜ

Transport d'Auvergne à Paris, de
15 hect. à 40 fr. (droits com-
pris), soit pour les 15 hect. de
Paris 37 40

—————

TOTAL.. 42 36

</td><td>

COUT A PARIS
d'une voie de 15 hectolitres de Belgique.

Achat de 3 muids (voie de Paris),
4 francs 80 centimes. 14ᶠ 40ᶜ
Droits de douane, 33 cent. (12
hect. combles). 3 96
Transport des rivages à Paris, 2 fr.
par-hect. comble (droits com-
pris), pour la voie de Paris. . .   24 00

—————

TOTAL... 42ᶠ 36
(*Grosménil.*)

</td></tr>
</table>

48.

768. *Décompte des frais de transport par voie de 15 hectolitres de houille menue, de Saint-Étienne à Paris.*

Achat sur la mine, première qualité, à 40 cent. 6ᶠ
Transport au port d'Andrezieux sur la Loire.   5
Transport d'Andrezieux à Paris. 3 5
Garde, magasinage, avaries, déchets, pertes de bateaux, intérêts
de l'argent, commissions, etc.   4
                                                    ───
                            TOTAL. 50
                                                    ═══

Ce prix, qui n'offre pas de bénéfice aux entrepreneurs, ne pourrait se soutenir si la valeur des bateaux augmentait, comme cela aurait lieu infailliblement par l'accroissement des transports. Actuellement les bateaux ne coûtent que 300 francs à Andrezieux, et on les a vus souvent à 500 et 600 francs.   (*Saint-Étienne.*)

769. Depuis plus d'un an, le charbon d'Auvergne ne s'expédie plus à Paris où il ne peut soutenir la concurrence.   (*Clermont.*)

770. Nous ne pouvons répondre ici que pour les mines de Blanzy. Le prix de la voie de 15 hectolitres ras, rendue à Paris, résulte :

1° Du prix de vente à la mine, à 80 centimes l'hectolitre . . . 12ᶠ 00ᶜ
2° Du prix de transport à 2 francs l'hectolitre 30 00
3° Du droit d'octroi, à 55 centimes par hectolitre. 8 25
4° Du mesurage, débarquement, voiture en ville, frais de
garde, etc., à 40 centimes. 6 00
                                                    ─────
                                                   56 25
                                                    ═════

                                               (*Blanzy.*)

771.   *Houilles belges.*

Prix de 12 quintaux métriques, forge gailleteuse (moyenne d'Anzin) au canal de Mons, à 87 centimes le quintal. 10ᶠ 44ᶜ

Report.... 10ᶠ 44ᶜ

Droit de douane (33 centimes par quintal métrique)....... 3 96

Fret jusqu'à Paris (1 franc 95 centimes, *idem.*)......... 23 40

Octroi de Paris (55 centimes par hectolitre ras, y compris le décime pour franc, ce qui revient à 0ᶠ6875 par quintal métr.). 8 25

Déchargement, frais de garde, droit de mesurage et faux frais.. 2 00

48 05

Houilles du Centre.

Prix de 12 quintaux métriques de houille menue de Saint-Étienne aux fosses, à 45 centimes le quintal 5ᶠ 40ᶜ

Transport à Andrezieux, par le chemin de fer, la distance étant supposée de 17 kilomètres 0ᵏ3213, par quintal métrique (*) 3 8556

Fret d'Andrezieux à Paris 30 00

Droit de navigation............................... 2 00

Octroi de Paris 8 25

Garage, passage des ponts, déchargement, frais de garde, droit de mesurage et faux frais 2 75

TOTAL.... 52 26

(*D. G. Mines.*)

(*) Le tarif, autorisé par l'ordonnance du 26 février 1823, est de 0ᶠ0122, par kilomètre parcouru et par hectolitre transporté, ce qui équivaut à 0ᶠ2323, par quintal métrique.—La compagnie concessionnaire a réduit volontairement le coût du tonnage, par quintal métrique, à 0ᶠ0122. (*Note du déposant.*)

QUARANTE-CINQUIÈME QUESTION.

Pourquoi la houille française, revenant à un prix notablement plus élevé, entre-t-elle encore, pour une si forte portion, dans la consommation de la capitale?

772. C'est parce que les charbons de Saint-Étienne ont, pour la forge, une qualité tellement supérieure, qu'on ne peut leur en préférer d'autres, et qu'à leur égard la condition de qualité l'emporte, pour un quart, sur la condition de prix, tandis que, pour tous les autres emplois, la condition de prix détermine le choix. (*Oise.*)

773. Il n'y a, sur le marché de Paris, que la houille de Saint-Étienne qui soit d'un prix notablement plus élevé que celle de Mons; les autres sont d'un prix égal ou inférieur. Le Saint-Étienne se maintient, par sa qualité supérieure, l'Auvergne, par sa spécialité; les autres n'ont, sur le marché de Paris, que très-peu d'importance, malgré leur bas prix. (*Rouen A.*)

774. Pour le chauffage, il entre, à Paris, surtout du charbon belge, et très-peu de celui des mines françaises. (*Paris D.*)

775. L'emploi des houilles françaises, à Paris, malgré leur prix notablement plus élevé que celui des charbons belges, ne peut être expliqué que par la supériorité de qualité, et par la spécialité d'usage de ces mêmes houilles. L'importance de cette consommation est la preuve de l'exactitude des assertions contenues dans notre réponse à la 32ᵉ question (n° 616). Elle met hors de doute que les houilles belges et françaises ont, dans leurs qualités, des avantages suffisamment distincts pour qu'elles puissent se rencontrer sur le même marché sans se nuire. (*Lille C.*)

776. Parce que les industries qui en font usage la trouvent plus propre aux travaux qu'elles ont à exécuter. (*Clermont.*)

777. Parce qu'elle est de toute nécessité pour la forge. (*Paris C.*)

778. D'abord, à cause de sa qualité, et ensuite, à cause du mode de vente si favorable aux marchands de Paris qui livrent aux consommateurs. En effet, les charbons, qui vont à Paris, par le canal de Briare, se vendent en bloc, par équipe, ou par bateaux, après un cubage de forme, et toujours à l'avantage de l'acheteur, qui a déjà un premier bénéfice sur le bateau qui lui est abandonné, pour le prix d'une voie, et qui en trouve un plus grand dans la vente au détail, où il retrouve toujours, en hectolitres, un nombre bien supérieur à celui qu'il a payé aux premiers vendeurs. Les charbons du nord, au contraire, se vendent à la mesure, et ne peuvent pas se vendre autrement, puisqu'on est obligé de décharger les bateaux pressés de recevoir des marchandises à Paris, pour les conduire aux rivages où ils doivent de nouveau recevoir des charbons. (*Grosménil.*)

779. Cela ne peut provenir que de la qualité, qui en rend l'emploi plus économique pour le consommateur qui sait ou peut se rendre un compte exact.

La différence de production de calorique, entre les charbons *flénus* et les charbons d'Anzin, est de 14 à 18 pour 100. (*Anzin.*)

780. La houille de Saint-Étienne jouissait à Paris, dans certains ateliers, d'une faveur constante ; mais, aujourd'hui, les industries qui l'employaient exclusivement, telles que la serrurerie et la carrosserie, commencent à se servir des charbons belges purs, ou mélangés avec les nôtres dont le prix est plus élevé. (*Saint-Étienne.*)

781. La houille française ne revient pas à un prix plus élevé et n'entre pas, selon nous, pour une plus forte portion que le charbon belge, dans la consommation de Paris, sauf le Saint-Étienne, que les forgerons préfèrent à toutes autres espèces. (*Dunkerque.*)

782. Malgré la différence de prix, la houille française entre encore, pour une très-forte portion, dans la consommation de Paris, et cela tient à deux causes : la première, c'est que, pour certains usages, elle est préférée à la houille belge ; et la seconde, parce que tous les exploitants de ce pays

ne sont pas entrés dans la concurrence que quelques-uns nous font en se ruinant, dans l'espoir de nous écraser, en vendant à vil prix, et de pouvoir ensuite exercer le monopole de la vente de la houille sur nos marchés.

(*Decize.*)

783. Il nous paraît douteux que la houille de Saint-Étienne entre encore, pour une forte quantité, dans l'approvisionnement de Paris; mais si le fait existe, il doit tenir à la préférence du forgeron pour les houilles de Saint-Étienne, que l'exploitant est forcé de céder à un prix en harmonie avec celui des houilles de Mons, qui, sans cela, auraient l'avantage. (*Creuzot.*)

784. Parce qu'il faut toujours un temps notable pour détruire d'anciennes habitudes. (*D. G. Mines.*)

785. Nous ignorons dans quelle proportion les houilles françaises entrent encore dans la consommation de Paris; mais, quelle que soit cette proportion, ce n'est certainement pas à un prix plus élevé : dans tous les cas, la concurrence n'est possible qu'à la compagnie d'Anzin, qui, par sa position topographique, jouit des mêmes avantages d'arrivage que les houilles belges.

Quant aux autres mines de France, le charbon maréchal supérieur de Saint-Étienne excepté, nous avons déjà dit qu'elles étaient presque entièrement exclues de ce marché. (*Blanzy.*)

786. Le Saint-Étienne n'arrive toujours que pour la forge et pour le coke des fondeurs.

Les arts ni le chauffage n'y sont presque pour rien, depuis quelques années. (*Paris D.*)

787. La consommation de la houille française doit être bien peu considérable, à Paris; car elle a un emploi restreint qui, au reste, lui est garanti par la qualité spéciale du charbon de Saint-Étienne, particulièrement propre aux forges. (*Paris F.*)

QUARANTE-SIXIÈME QUESTION.

Le motif qui fait employer ces houilles, malgré leur plus haut prix, ne subsisterait-il pas encore, et sans altération, lors même que le prix des houilles belges serait diminué de tout ou partie du droit de 3 francs 96 centimes qu'elles payent, par voie, à l'importation?

788. La diminution, la suppression même seraient sans aucun effet sur le Saint-Étienne, et probablement sur l'Auvergne. Quant aux autres provenances, elles en seraient sans doute également peu affectées; dans tous les cas, leur peu d'importance, sur le marché de Paris, ne leur donne aucun poids dans l'examen d'une question semblable. (*Rouen A.*)

789. Nous avons résolu cette question en répondant à celle qui précède (n° 772). (*Oise.*)

790. Lors même que le prix des houilles belges serait diminué de tout ou partie du droit de 3 francs 96 centimes, par voie, qu'elles payent à Condé, les consommateurs forgerous, à Paris, employeraient encore le Saint-Étienne. (*Dunkerque.*)

791. Le prix des houilles françaises a été, sur le marché de Paris, plus élevé que celui des houilles belges, de 9 francs 32 centimes la voie (les houilles françaises étaient à 58 francs 52 centimes, les houilles du nord à 49 francs 20 centimes). Une différence de prix aussi importante n'a pas empêché la consommation des houilles françaises, dans la capitale, de s'accroître, pendant les dernières années. Puisque la spécialité d'usage a pu procurer à ces houilles un débouché soutenu, à Paris, malgré une surcharge de prix de 9 francs 32 centimes la voie, on peut être convaincu qu'elle leur assurerait encore la majeure partie de ce débouché, lors même que la diffé-

47

44e Question.

rence de prix serait augmentée de 3 francs 96 centimes, et portée à 13 francs 28 centimes, par suite de l'abolition des droits sur les charbons étrangers. (*Lille C.*)

Non.

792. Non. (*Clermont.*)

793. Évidemment non, ou il arriverait si peu de houilles du midi qu'autant dire qu'elles ne reparaîtraient plus sur les marchés de Paris, l'abolition du droit de 3 francs 96 centimes devant amener celle de toute concurrence. (*Grosménil.*)

794. La diminution du droit de douane, sur les houilles étrangères, amènerait une réduction dans les quantités de charbon de terre français qui se vendent actuellement. (*Paris B.*)

795. La tendance actuelle, chez tous les consommateurs, est d'essayer de ce qui est bon marché. On s'industrie pour se tirer d'affaire avec ce qui coûte moins, quoique inférieur en qualité, et on finit par renoncer, sinon entièrement, du moins en grande partie, à ce qui est plus cher, quoique supérieur en qualité. C'est ce qui arriverait infailliblement aux houilles françaises si, par la suppression des droits protecteurs, on favorisait l'importation, en France, des braisettes de Mons qui ne valent que de 25 à 35 centimes l'hectolitre comble, et aussi des poussiers de Newcastle qui se donnent presque pour rien, puisque les exploitants anglais les brûlent en plein air, afin d'en désencombrer leurs carreaux de fosses et leurs rivages.

(*Anzin.*)

796. La différence de 36 centimes qui existe actuellement, entre le prix du quintal métrique de houille belge et celui du quintal métrique de houille du centre, réduit déjà, chaque année, la proportion dans laquelle cette dernière houille figure dans la consommation totale de Paris. Si la différence du prix est encore augmentée d'une manière sensible, on peut prédire, sans craindre d'être démenti par l'événement, que la houille française sera une véritable rareté dans la capitale de la France.

(*D. G. Mines.*)

797. Il est évident que, si les charbons belges étaient affranchis du droit de 4 francs 96 centimes par voie, ils attireraient à eux la plupart des consommateurs qui se servent des houilles françaises, nonobstant une certaine différence de prix, et que le marché de Paris nous serait peu à peu entièrement fermé à tous, sans avantages réels pour le consommateur. qui ne tarderait pas à être durement rançonné par les monopolistes, et au secours duquel nous ne pourrions plus venir, notre industrie ayant été détruite par cette fatale mesure. (*Decize.*)

798. Nos réponses aux 28°, 32° et 33° questions (n° 566, 624, 636) ont déjà, en partie, résolu la présente question; nous répéterons donc que c'est à tort que l'on tend à séparer la question de la qualité de celle du prix; car, à l'exception d'un très-petit nombre de cas, tel que la préférence accordée à la toute première qualité des charbons de Saint-Étienne pour la forge maréchale qui entre, pour un très-faible chiffre, dans celui de la consommation générale de l'intérieur et de Paris, presque toujours c'est le prix qui détermine l'acheteur, ainsi que le prouve la préférence accordée aux charbons belges, presque exclusivement maîtres du marché de Paris et du bassin de la Seine, quoique nos usines nous offrent des houilles de qualités aussi avantageuses.

Il faut donc, pour que l'équilibre soit rétabli entre les usines françaises du centre et celles de la Belgique, que les droits de navigation intérieure soient réduits dans une proportion telle, que les frais de transport de Saint-Étienne à Paris soient ramenés aux mêmes prix que ceux de Mons à Paris. (*Blanzy.*)

799. Je crois que si cette diminution avait lieu, le bon marché des houilles belges engagerait les forges même à les employer, en choisissant les qualités analogues qui existent en Belgique, les *fines forges*, par exemple; mais je ne le conseille pas, et je dirai tout à l'heure (47° question, n° 813.) pourquoi. (*Paris F.*)

QUARANTE-SEPTIÈME QUESTION.

Si, à cause de la qualité spéciale des houilles de Saint-Étienne, leur débit, dans le bassin de la Seine, a déjà lieu, malgré la concurrence des houilles belges revenant à 49 francs la voie, de combien faudrait-il réduire le droit de navigation intérieure ou élever le tarif d'importation, pour que le prix des houilles des deux origines se balançât ?

800. La réponse que nous ferons à la question suivante (n° 820) satisfera en même temps à celle-ci. (*Oise.*)

801. La consommation du Saint-Étienne ayant lieu, malgré la différence de prix, il n'y a pas de motif d'augmenter la taxe. Ainsi la question est captieuse ou mal posée.

Quant au droit de navigation intérieure, sa suppression, sur la Loire et sur le canal de Briare, ramènerait le Saint-Étienne au prix actuel de la houille de Mons. (*Rouen A.*)

802. Je n'admets aucune augmentation de droit d'entrée, quelle que soit l'origine de la houille.

La diminution seule peut être profitable au commerce et à notre industrie concentrée dans le nord. (*Paris D.*)

803. Tout a été dit sur cette question, qui rentre essentiellement dans l'esprit de quelques-unes de celles auxquelles nous avons répondu ; mais nous devons ajouter qu'il n'est pas exact, comme on l'avance, que les charbons belges se vendent, à Paris, 49 francs la voie. Leur prix courant est de 32 à 33 francs la voie, *à tous venants*, et nous ne pouvons lutter à ce prix, puisque, à 3 francs près, c'est ce que nous payons de fret pour y porter nos charbons. (*Decize.*)

804. **Les houilles de Mons** ne reviennent, rendues à Paris et sans le droit d'entrée, qu'à 35 francs la voie. Il y a donc une différence de 15 fr. dans la valeur des deux espèces de houille; encore, dans ce calcul, le prix d'achat, sur les mines belges, est compté à 90 centimes l'hectolitre. On peut évaluer, à 5 francs par voie environ, la prime accordée au charbon de Saint-Étienne; il reste donc à combler une différence de 10 francs par voie, ou de 66 centimes par hectolitre, c'est-à-dire que le droit actuel de 33 centimes par hectolitre comble, ou 26 cent. 4 mil. par hectolitre ras de 80 kilogrammes, devrait être plus que doublé, pour égaliser les avantages des deux parts. (*Saint-Étienne.*)

805. Il n'est pas exact de dire que le charbon de Mons revienne, à Paris, à 49 francs, puisqu'il n'y revient guère qu'à 42 francs à la Villette, et il vaut plutôt 49 francs entré dans Paris. Quant à savoir s'il faut réduire le droit de navigation ou élever le tarif d'importation, quoique cette question ne nous soit pas adressée, nous avons cependant le même intérêt que Saint-Étienne, et nous devons nous joindre aux exploitants de ce pays, pour demander la suppression de nos droits de navigation et le maintien des droits actuels d'importation. (*Grosménil.*)

806. Il faut conserver les droits de douane tels qu'ils sont. (*Clermont.*)

807. Toute réduction du droit de douane serait nuisible aux exploitations françaises.

La réduction du droit de navigation intérieure profiterait aux houilles étrangères comme aux houilles françaises; néanmoins on ne croit pas qu'il faille augmenter le tarif de douane relatif aux charbons étrangers.

(*Paris B.*)

808. Nous pensons que les houilles de France seront satisfaites, le jour où les dépenses, pour amener le Mons à Paris, tant en droits d'importation qu'en frais de transport, équivaudront à celles qu'il faut faire pour amener le Saint-Étienne à Paris; alors seulement elles combattront à armes égales: elles seront assurées du succès, car il ne dépendra plus que de leur qualité et de l'économie dans les moyens d'extraction. (*Creuzot.*)

1re QUESTION.

809. Il y a placement, pour les houilles, des deux origines sur le marché de Paris, aux cours actuels de 49 et 58 francs la voie. Si, en baissant le tarif, pour céder aux vœux de l'industrie, on veut laisser entre elles toutes conditions égales, il faut réduire le droit de navigation intérieure, pour les charbons du centre, d'une quotité équivalente à celle du droit supprimé sur les charbons belges. Nous avons déjà établi que cette faveur ne paraissait pas nécessaire pour soutenir, après la suppression des droits, le débouché des charbons du centre sur le marché de Paris (*Voir*, à ce sujet, nos réponses aux 32°, 45° et 46° questions, n°° 616, 775 et 791); et nous pensons, à plus forte raison, qu'on ne doit pas aggraver la position de l'industrie, en élevant le tarif d'importation, sous le prétexte d'établir une balance plus exacte entre les prix des houilles des deux origines. (*Lille C.*)

810. Les charbons belges étant déjà frappés d'un droit d'importation, ils devraient jouir, comme les houilles françaises, de la suppression des droits de navigation intérieure, si cette suppression avait lieu.

(*Dunkerque.*)

811. Si une réduction quelconque, ou une suppression des droits de navigation, devait être accordée, ce ne saurait être exclusivement en faveur des mines françaises favorisées déjà par leur position topographique. La remise, par le Gouvernement, des droits de navigation, en faveur des houilles du centre seulement, serait une combinaison peu équitable, les houilles d'Anzin, comme celles de la Belgique restant grevées des droits onéreux perçus sur les canaux du département du Nord et de Saint-Quentin. Toutefois, en admettant, contre mon opinion, qu'une pareille combinaison soit nécessaire pour conserver, aux mines du centre et du midi, la vente de Paris, elle serait conciliable avec les besoins de l'industrie; elle serait moins funeste que l'état actuel des choses, et pourrait être appuyée, mais comme mesure temporaire seulement, dans l'intérêt général de nos mines de houilles. (*Lille D.*)

812. Relativement à la quotité du prix de la houille belge, que l'on porte ici à 49 francs la voie, je ne puis que renvoyer aux détails donnés dans ma réponse à la 43° question (n° 771).

Relativement à la qualité *spéciale* de la houille de Saint-Étienne, on peut voir ce qui est dit aux 32ᵉ et 33ᵉ questions (nᵒˢ 613, 632).

Relativement à l'équilibre que l'on cherche, je pense qu'il n'existera réellement que si les prix deviennent égaux.

La raison en est que la houille belge a été considérée, dans ce qui précède, à l'état de *moyenne*, et que la houille du centre a été considérée à l'état de *menue*. A prix égal, la qualité supérieure de cette dernière houille compenserait l'avantage que la grosseur donne à l'autre.

Les droits de navigation entrent dans le prix de la houille du centre pour environ. 17ᶜ

Il faudrait donc que le droit d'importation sur la houille fût élevé de. 19

pour compléter la différence, que l'on sait être de. 36ᶜ

Mais je serais loin de conseiller l'augmentation du droit. L'intérêt que les exploitants inspirent ne doit pas aller jusqu'à leur sacrifier celui des consommateurs.

Le tarif des douanes restant *tel qu'il est*, les exploitants du Nord continueraient à se soutenir.

Les droits de navigation étant supprimés sur la ligne que parcourent les mines du centre, la cause qui éloigne ces houilles du marché de Paris serait diminuée de moitié environ de ce qu'elle est en ce moment. En d'autres termes, la différence de prix, dont nous avons déjà plusieurs fois parlé, serait réduite à 19 centimes.

L'industrie particulière, qui par là serait encouragée, achèverait ensuite ce que le Gouvernement aurait si sagement commencé. On ne peut guère douter, en effet, que l'économie de 10 cent. . es, qui resterait à obtenir, ne doive résulter du chemin de fer d'Andrezieux à Roanne et du canal latéral à la Loire, qui sont maintenant en construction. (*D. G. Mines.*)

813. Il serait certainement très-juste d'alléger les charges que supportent les charbons français, pour leur transport dans l'intérieur du royaume; mais la somme du dégrèvement possible ne compenserait toujours pas le prix auquel la houille du Nord peut être vendue à Paris, et, moins en-

4ᵉ Question. core, elle changerait la qualité relative des deux espèces, et ôterait à celle de Mons sa propriété toute spéciale relativement aux chaudières et aux forges domestiques. Ce que je dis là prouve que l'on doit maintenir le tarif actuel qui n'arrête pas le commerce, mais qui assure à nos exploitations une protection qui leur est absolument nécessaire. Réduire le droit de 33 centimes, à la frontière, ce serait d'ailleurs s'engager à réduire le droit que payent les charbons anglais arrivant par mer, lesquels, alors, remonteraient les fleuves, et viendraient faire à nos mines une concurrence insoutenable.

Une réduction qui serait bien mieux entendue au profit de l'industrie serait l'abaissement du droit d'octroi, qui s'élève à 8 francs 40 centimes, par voie de 15 hectolitres ras, c'est-à-dire, à 70 centimes par quintal métrique, ce qui est énorme, quand il s'agit de houille destinée aux fabriques.

(Paris F.)

QUARANTE-HUITIÈME QUESTION.

La suppression des droits de navigation intérieure devrait-elle profiter au transport des houilles étrangères comme à celui des houilles françaises ?

814. L'État ne perçoit pas de droits de navigation sur le canal de Saint-Quentin, puisque ce canal est concédé à une compagnie.

La suppression des droits dont on parle ne peut donc s'entendre qu'à l'égard de la ligne de navigation que parcourent les houilles du centre.

(*D. G. Mines.*)

815. Oui, si l'on envisage la question d'une manière large et dans ses rapports avec l'intérêt général ; car la suppression d'un droit de navigation est un véritable dégrèvement d'impôt qui doit profiter également à tous les contribuables. Cependant, nous avouerons que si le Gouvernement croit indispensable de maintenir une prime en faveur des exploitations du centre, il est plus juste que cette prime soit payée par toute la France, en réduisant un droit de péage établi au profit de l'État, que maintenue, comme elle l'est en ce moment, à la charge des industriels de quelques départements, au moyen du droit que l'on perçoit sur les charbons étrangers qu'ils consomment. (*Lille C.*)

816. La suppression générale et totale des droits perçus à la navigation, *pour le compte du trésor*, réduirait le prix, à Paris, par 100 kilogr. :

Pour les provenances { du nord, de...................0ᶠ 20ᶜ
{ du centre (Saint-Étienne), de...... 0 31

Cette différence vient de ce que les nombreuses concessions de péages, faites dans le nord, ne peuvent être changées ni modifiées.

L'avantage serait donc pour les houilles du centre. (*Rouen A.*)

48

817. Il importe d'établir l'égalité de droits pour la navigation, quelle que soit l'origine, de même que cela se pratique pour les octrois. (*Paris D.*)

818. Cela semble juste ; car, le droit de douane étant payé, les houilles étrangères se trouvent en quelque sorte nationalisées. (*Paris B.*)

819. Il n'y a pas lieu d'établir une différence pour les houilles françaises et étrangères, en ce qui concerne les droits dont est frappée la navigation intérieure. (*Calais.*)

820. Je ne le pense pas ; je crois qu'il serait, au contraire, possible de satisfaire aux besoins des départements du nord, besoins que j'ai signalés par ma réponse à la 7e question (n° 187), en réduisant, sur la frontière de la Belgique, le droit de la houille au taux où il est fixé pour la frontière de Prusse et du Luxembourg ; mais à cette condition qu'à l'instar de ce qui s'est pratiqué en Angleterre on rendrait les abords de la capitale progressivement plus onéreux aux houilles du nord, et cela, au moyen des droits de navigation. Ainsi, par exemple, je voudrais qu'au sortir de l'Oise, dans laquelle les houilles de France ne remontent jamais, le tarif des droits de navigation, à l'entrée dans la Seine, pour remonter vers Paris, fût augmenté proportionnellement à la réduction opérée sur le tarif des douanes, et de manière à ce que la concurrence des houilles françaises et des houilles belges conservât ses conditions actuelles sur le marché de Paris, ce qui n'empêcherait pas que, d'un autre côté, on ne rendît ces conditions meilleures pour nos exploitations du centre, en réduisant les droits de navigation qui se perçoivent encore sur les rivières intérieures pour le compte direct de l'État.

Je prévois bien que l'on objectera, à l'idée de mettre un droit plus fort sur les houilles qui remontent la Seine, de Conflans à Paris, que ce serait en même temps atteindre celles des mines françaises du département du Nord, qui, de cette manière, éprouveraient à la fois le dommage d'une réduction du tarif des douanes et d'une augmentation du tarif de navigation. Je conviens que ce serait là une raison décisive pour ne pas admettre la combinaison dont je viens de parler, si l'administration croyait qu'il fût également impossible de traiter différemment, dans l'intérieur, les houilles françaises et les houilles étrangères qui auraient une fois acquitté le droit de douane, ou bien encore si l'administration se reconnaissait dans l'impossibilité d'établir en pratique la distinction de l'origine pour les houilles qui déboucheraient de l'Oise dans la Seine.

Tout ce que j'ai voulu indiquer, c'est qu'il faudrait trouver un moyen juste et praticable de satisfaire aux demandes des fabriques, et, en général, des consommateurs de la zone du nord, sans compromettre le marché que nos exploitations du centre trouvent encore à Paris et sur les affluents de la haute Seine. (*Oise.*)

821. Si l'abaissement du droit de navigation était général et uniforme, le consommateur seul en profiterait, aux dépens du trésor public, et les houilles françaises ne recevraient aucun encouragement.

(*Creuzot. — Blanzy.*)

822. Les houilles étrangères ont, comme les nôtres, des droits de navigation à payer. Ces droits existent sur le canal de Saint-Quentin, sur l'Oise et sur la Seine, en remontant jusqu'à Paris. Mais si on les en dégrevait aussi, Paris et quelques localités profiteraient d'une diminution qui ne serait que momentanée; car le moyen de concourir manquerait toujours aux mines du centre, condamnées à ne pas franchir le cercle de débouchés dans lequel elles sont actuellement circonscrites.

(*Grosménil.*)

823. Si on supprimait les droits de navigation intérieure, il serait difficile que les houilles étrangères n'en profitassent pas également. Alors, et si, en outre, on supprimait ou diminuait les droits d'entrée en France sur les houilles étrangères, celles-ci seraient évidemment dans une meilleure position que les produits du sol, dont l'extraction est plus coûteuse et grevée de redevances très-lourdes. (*Anzin.*)

824. Il faut que la réduction des droits de navigation profite exclusivement aux houilles françaises, principalement à celles d'Auvergne, vu la difficulté des transports. (*Clermont.*)

48.

825. La suppression des droits de navigation fluviale profiterait spécialement aux houilles de Saint-Étienne qui parcourent une distance de 120 lieues sur la Loire ou la Seine, outre les canaux qui ont 25 lieues. Mais nous avons vu (42ᵉ quest., n° 754) que cette suppression, qui équivaudrait à 15 c. 1/2 par hectolitre, ne balancerait pas celle des droits de douane qui sont de 26 c. 4 mil. par hectolitre ras (3 francs 96 c. par voie de 15 hectolitres), et qu'une diminution de 15 cent. 1/2, de part et d'autre, laisserait subsister, pour les houilles belges, l'avantage qu'elles trouvent dans une distance bien moindre à parcourir, et dans des moyens de transport infiniment supérieurs aux nôtres. (*Saint-Étienne.*)

826. Il paraîtrait que la suppression des droits de navigation intérieure devrait profiter aux houilles françaises seulement. (*Creuse A.*)

827. Cette suppression serait un bienfait pour les exploitations françaises, puisque c'est l'énormité des droits qui les empêche de soutenir la concurrence des exploitations étrangères. Elle atteindrait seulement les droits perçus sur les fleuves, et non ceux qui se perçoivent sur les canaux, qui sont presque tous la propriété de compagnies auxquelles l'État en a fait la concession.

Or les droits de navigation à la charge des Belges sont presque exclusivement perçus sur le canal de Saint-Quentin, tandis que les exploitants du Centre ont à parcourir une grande distance, sur le fleuve de la Loire, pour arriver aux canaux de Briare et de Loing, où les tarifs sont bien autrement élevés que celui qui régit la navigation du canal de Saint-Quentin, en sorte que la suppression du droit perçu sur le cours de la Loire serait insuffisante pour rendre toutes charges égales entre nous et les Belges, si nous n'obtenions aussi une réduction sur les tarifs des deux canaux que nous avons à parcourir pour arriver à Paris.

La prospérité des exploitations françaises dépend entièrement de la suppression ou de la réduction de l'un ou de l'autre de ces droits.

Nous croyons avoir démontré que, quant à présent, la réduction du droit de 33 centimes imposé aux houilles belges, à leur entrée en France par la frontière du département du Nord, et de celui de 1 franc 10 cent.

sur les houilles anglaises, serait une mesure désastreuse pour nos exploi- 4e Question.
tations et n'aurait qu'un avantage insensible pour le consommateur.

Déjà cette réduction a été demandée avec la plus vive instance, et le Gouvernement s'y est constamment opposé, parce qu'il ne s'est jamais fait illusion sur les avantages précaires que cette mesure pourrait offrir au commerce, ni sur les conséquences funestes qui en résulteraient pour les exploitations françaises.

En 1822, on s'occupa de cette question autant qu'on s'en occupe aujourd'hui; et en 1822, époque de la plus grande prospérité commerciale et industrielle de la France, elle fut résolue dans un sens défavorable aux Belges. Serait-ce donc aujourd'hui que nous nous relevons à peine de l'état de marasme commercial dans lequel nous a plongés la dernière révolution, aujourd'hui que nous avons mille portes à réparer, mille souffrances à faire oublier dans les classes ouvrières qui nous doivent leur existence, que le Gouvernement se prêterait à l'adoption d'une mesure qui n'aurait pour résultat que la ruine, la destruction de nos établissements et la plus épouvantable misère dans nos populations ouvrières qui manqueraient ainsi de travail et de pain ! Nous ne pouvons le penser.

Les Belges, nous le savons, convoitent depuis longtemps le monopole de tous nos marchés. Leurs spéculations ont eu pour mobile l'espérance d'y arriver, et aucun sacrifice ne leur a coûté pour parvenir à détruire nos exploitations de houilles.

C'est ainsi qu'ils vendent à Paris à un prix qui les met en perte, et que cependant ils ne renoncent pas à cette combinaison, parce qu'ils espèrent nous en fermer ainsi le débouché et en devenir exclusivement maîtres.

Beaucoup d'exploitants belges, qui étaient entrés dans cette coalition, y ont trouvé leur ruine ou s'en sont retirés avant de l'avoir consommée; mais les plus énergiques sont restés, et ce sont eux qui, sous l'apparence hypocrite de l'intérêt public, demandent si ardemment la réduction du droit qui réellement ne profiterait qu'à leurs intérêts privés.

Une seule démonstration, basée sur des faits, suffit pour le prouver.

La houille belge revient, sur la fosse, à 60 centimes l'hectolitre, prix moyen, soit, la voie de 15 hectolitres. 9ᶠ 00ᶜ

Le droit d'entrée, à la frontière, est de 33 centimes par hectolitre, soit pour la voie. 4 95

Le fret, pour Paris, coûte de 1 franc 50 centimes à 2 fr. l'hectolitre, soit, terme moyen, 1 franc 75 centimes, ce qui, pour la voie, le porte à. 26 25

TOTAL du *revient* de la voie rendue à Paris. . . . 40 20

Et elle se vend, prix courant, à tous venants, hors Paris. 34 00

RESTE en perte par voie. 6 20

A cette perte il faut ajouter celle du bénéfice nécessaire que doit faire l'exploitant, sur le prix du *revient*, pour couvrir au moins l'intérêt de ses capitaux.

Si le droit était réduit ou même supprimé entièrement, les prix des Belges ne descendraient certainement pas au-dessous de ce qu'ils sont aujourd'hui; seulement leur perte serait moins considérable, et ils pourraient prolonger, avec plus de chances de succès, la guerre qu'ils font à notre industrie. Voilà ce que nous croyons le plus vrai dans les motifs qui font agir nos concurrents pour obtenir du Gouvernement la nouvelle faveur qu'ils sollicitent.

Ainsi que nous l'avons déjà dit (5ᵉ question, nᵒ 132), ce n'est pas la possibilité de faire aussi bien que les Belges qui nous manque; car, si nous ne sommes pas aussi favorisés sous le rapport de la puissance des couches et de leur profondeur, *nous sommes au moins aussi riches qu'eux en moyens d'exploitation.* Toute la différence qui existe entre nous provient des avantages dont ils jouissent pour le débouché de leurs produits, et des difficultés de tous les genres que nous avons à surmonter, comme des frais énormes que nous avons à supporter pour le débouché des nôtres, c'est-à-dire pour venir vendre, concurremment avec eux, sur les mêmes marchés.

Que le Gouvernement nous dégage de ces difficultés, en rendant la 48e Question.
Loire navigable en tout temps, et en allégeant les frais de navigation que
nous payons sur les canaux, et nous n'aurons plus aucun motif pour nous
opposer à la réduction du droit sur les charbons belges, parce qu'alors
nous pourrons leur faire concurrence partout, à chances égales.

Le Gouvernement, protecteur né de l'industrie nationale, ne doit pas
se dissimuler que, si la concurrence peut avoir ses avantages, elle a aussi
de graves inconvéniens : elle a sans doute favorisé le développement de
beaucoup d'industries; mais aussi combien, depuis vingt ans, n'a-t-elle
pas occasionné de désastres dans le commerce, et porté d'atteintes funestes
à la fortune publique!

Dans la question qui est relative à l'exploitation des houilles, la concurrence étrangère ne saurait être trop bornée dans ses moyens d'envahissement au détriment de notre industrie; car, plus elle sera favorisée, et
plus nous arriverons promptement à l'anéantissement de nos établissements, qui déjà luttent avec tant de peine contre elle.

Or, à la prospérité de notre industrie est attachée l'existence des populations ouvrières qu'elle fait vivre : ces populations méritent d'autant plus
l'intérêt du Gouvernement, qu'elles sont nombreuses, et qu'elles ne pourraient se livrer à aucun autre genre de travail, habituées comme elles sont
à passer les deux tiers de leur vie dans les entrailles de la terre.

D'un autre côté, si les établissements de houilles étaient obligés de
suspendre leurs travaux, les eaux les envahiraient bientôt, les éboulements
surviendraient immédiatement, et la moindre conséquence de ces accidents serait la perte de capitaux immenses et d'un matériel considérable
employés aux travaux d'art, qu'on ne pourrait plus reprendre qu'en re-
commençant sur de nouveaux frais.

Et que deviendrait l'industrie manufacturière, dont la houille est aujourd'hui la base essentielle, si, après s'être placée sous le monopole de
l'étranger, une guerre venait à interrompre l'arrivée de ses approvisionnements? Que deviendraient enfin nos arsenaux, nos fonderies, nos établissements de toute nature, lorsqu'ils ne pourraient plus tirer de charbon
de l'étranger, et que nos exploitations, destinées à assurer leur consommation, auraient été abandonnées ou détruites?

46e Question.

Que l'étranger vienne donc vendre chez nous, mais que ce ne soit pas au détriment de notre propre industrie, qui ne saurait être l'objet de trop de protection et d'encouragement de la part du Gouvernement, dont la sagesse et la prudence doivent moins s'arrêter au présent que calculer les chances de l'avenir. (*Decize.*)

QUARANTE-NEUVIÈME QUESTION.

La distinction entre les unes et les autres ne se ferait-elle pas d'elle-même et au profit de nos exploitations du centre, les houilles fran-çaises naviguant sur des rivières où se perçoivent maintenant des droits pour le compte de l'État qui en ferait remise, tandis que les houilles belges naviguent sur un canal dont le droit est aliéné à une compa-gnie, en compensation des charges que cette compagnie a prises à son compte?

828. Cette question, par la manière dont elle est posée, résout la dif-ficulté que la précédente semblait faire naître.

Quant à l'effet de la suppression du droit de navigation, nous ne pou-vons que répéter ce que nous avons dit (47ᵉ question, n° 812), que cette *suppression* et la *conservation* du droit de douane seront des moyens certains pour maintenir l'état prospère de nos mines, pour l'augmenter même, sans nuire aux intérêts des consommateurs. (*D. G. Mines.*)

829. Oui, on vient de le voir en chiffres, dans la réponse à la 48ᵉ ques-tion (n° 816).

En cas de suppression des *droits du Trésor*, la charge imposée à l'in-dustrie parisienne, au profit des concessionnaires, se répartirait, comme suit, par 100 kilogrammes de houille, suivant la provenance :

Mons, à Paris,		0ᶠ 50ᶜ		
Nord		0 40		pour diverses concessions.
Centre	Decize.	0 15		
	Blanzy.	0 15		pour Briare.
	Moulins.	0 15		
	Brassac.	0 15		(*Rouen A*)

830. Cette distinction pourrait se faire si des houilles françaises, comme celles du Nord, par exemple, n'étaient pas forcées de suivre la

 même route que les houilles de la Belgique, et on ne comprendrait pas une protection qui serait spéciale aux houillères du Centre et du Midi, et tendrait ainsi évidemment à leur sacrifier celles du Nord. (*Anzin.*)

831. Comme il est impossible de supprimer des droits établis sur un canal concédé, puisque ces droits font partie des conditions de la concession, il en résulte que les droits, perçus, au profit de l'État, sur les rivières et les canaux non aliénés, ne pourraient être supprimés sans rendre la position des exploitants français du Nord plus défavorable que celle des exploitants du Centre. (*Paris B.*)

832. Les chances ne seraient pas encore les mêmes; car, si les étrangers ont à payer au canal de Saint-Quentin, nous avons aussi à payer au canal de Briare et son prolongement jusqu'à la bosse Saint-Mamert. On voudrait donc se borner à supprimer nos droits de navigation, en même temps que l'on abolirait ou modifierait le tarif de douanes. Les étrangers seuls profiteraient d'une semblable combinaison, puisqu'ils auraient 4 francs 95 centimes de moins à payer, pour droits de douane, tandis qu'on ne nous ferait remise que de 3 francs 90 centimes, pour droits de navigation que peut-être on n'a pas le droit de recevoir, la loi du 30 floréal an X, qui a créé ces droits, ayant été violée, dès le principe, dans ses dispositions les plus formelles, celle d'en appliquer le produit au balisage et à l'amélioration des rivières, et celle de la réunion en conseil des négociants, marchands et mariniers, pour déterminer la quotité des droits à recevoir. (*Grosménil.*)

833. Le droit perçu sur les houilles belges qui suivent le canal de Saint-Quentin, en y réunissant les frais de halage, n'équivaut pas aux dépenses de la navigation sur la Loire et la Seine; et cet avantage est déjà assez grand sans l'augmenter encore par une taxe sur celle-ci.

(*Saint-Étienne.*)

834. La suppression du droit de navigation intérieure serait plus favorable aux houilles françaises qu'aux houilles belges, qui arrivent par un canal dont le droit est aliéné en faveur d'une compagnie. (*Creuse.*)

835. Ainsi la distinction dont parle la question se ferait, mais seulement en partie. (*Clermont.*)

836. La distinction entre les uns et les autres se ferait infailliblement d'elle-même, et au profit des exploitants du centre, si la suppression des droits de navigation intérieure avait lieu pour ces derniers seulement, en laissant subsister les charges du canal de Saint-Quentin pour les charbons belges. (*Dunkerque.*)

837. L'abolition du droit de péage perçu pour le compte de l'État serait tout à l'avantage des houilles du centre, puisque la plupart des canaux parcourus par les houilles belges sont devenus la propriété de compagnies particulières; mais nous répétons (V. 48° quest., n° 815.) que nous ne croyons pas nécessaire d'accorder aux houilles du centre cette espèce de prime contre laquelle les extracteurs d'Anzin ne manqueraient pas de réclamer. (*Lille C.*)

838. L'avantage ne serait pas suffisant, et lors même qu'il le serait, il pourrait n'être que momentané. Le canal de Saint-Quentin, voyant diminuer le nombre des bateaux de houilles qui le fréquentent, pourrait bien réduire ses péages. (*Creuzot.*)

839. La distinction ne s'établirait pas d'elle-même par deux raisons.

La première, parce que la compagnie du canal de Saint-Quentin ne tarderait pas à diminuer son tarif, du moment où elle verrait que son canal n'est plus aussi fréquenté;

La seconde, parce qu'une grande partie de l'importation des charbons étrangers se fait par la voie maritime, et que les mines belges et anglaises ont une position relative beaucoup plus avantageuse que nos mines du centre. (*Blanzy.*)

CINQUANTIÈME QUESTION.

A quelle quantité peut-on évaluer la consommation d'une famille, dans les lieux où l'usage de la houille est à peu près exclusif (30 quintaux)?

30 quintaux.

840. Je crois que cette quantité de 30 quintaux représente assez bien la consommation annuelle d'une grille, dans une famille.

L'économie résultant de la suppression du droit, pour chaque famille faisant usage de houille, serait donc, par an, de 9 francs 90 centimes ;

C'est-à-dire 2 centimes à peu près par jour. (*D. G. Mines.*)

841. La question porte sa réponse avec elle.

La consommation moyenne par famille, dans ces contrées, est d'environ 30 quintaux. (*Rouen A.*)

842. La consommation peut s'élever à 10 hectolitres, par tête et par an, dans les pays de mines, où le charbon est à très-bas prix, comme à Saint-Étienne. (*Saint-Étienne.*)

843. Par famille de 4 personnes, annuellement 30 hectolitres, soit 7 hectolitres 1/2 par individu. (*Calais.*)

844. La consommation d'une famille est d'environ 30 quintaux.

(*Lille D.*)

845. A 36 hectolitres comblés.

36 hectolitres, ou 30 quintaux.

L'économie, pour une famille, serait donc :

La diminution étant de 30 centimes. 10ᶠ 80ᶜ par an, soit 3ᶜ par jour.

20	....	7 20	2
10	....	3 60	1

(*Anzin.*)

8 46. A 4 hectolitres ou quintaux métriques par mois, pendant le semestre d'hiver; et à 2 hectolitres aussi par mois, pendant le semestre d'été, ce qui fait 36 hectolitres par année. (*Paris B.*) 50e Question.

847. 30 hectolitres ou 2 voies. A raison de 50 francs la voie, la dépense ne serait que de 100 francs. 33 3/4 quintaux.

A Paris, le Parisien dépense, pour combustible, 48 francs.

Une famille, de 3 personnes, dépense donc, en combustible, 144 francs.

On admet que, pour avoir l'équivalent en houille, il faudrait, par personne, une voie de houille ou 15 hectolitres ras.

L'hectolitre pesant, terme moyen, 75 kilogrammes, les 15 hectolitres pèseront 1125 kilogrammes, et on aura, pour la consommation des trois personnes composant la famille, 3375 kilogrammes ou 33 quintaux 75, et non pas 30. (*Paris D.*)

848. On entretient un foyer domestique avec 10 kilogrammes de bonne houille, par jour, ou 3,650 kilogrammes, par an, soit 36 quintaux; mais, comme on ne chauffe pas les foyers à houille pendant toute l'année, la moitié de cette quantité paraît suffisante, au moins dans les provinces méridionales. (*Creuse A.*) 18 quintaux dans le Midi.

849. La consommation annuelle d'une famille, dans les lieux où l'usage de la houille est presque exclusif, s'élève, terme moyen, à 75 quintaux. (*Dunkerque.*) 23 quintaux.

850. La consommation moyenne des habitants de la campagne, dans nos environs, est de 20 hectolitres, par ménage d'ouvrier; ils ne brûlent de la houille que d'octobre à mars, et brûlent du bois ou des racines pendant le reste de l'année. Nous manquons des données statistiques nécessaires pour évaluer la consommation moyenne des habitants de nos villes. (*Lille C.*)

851. Une famille bourgeoise consomme 150 hectolitres de houille, par année; une famille d'ouvriers consomme 50 hectolitres. 38 quintaux.

(*Creuzot.*)

852. Nous pensons que 30 quintaux ne suffisent pas, et que le double approcherait davantage de la vérité. (*Grosménil.*)

853. Une famille aisée, qui se chauffe exclusivement avec de la houille, doit consommer, par année, 180 à 200 hectolitres, et une famille d'ouvriers, 60 à 75 hectolitres. (*Blanzy.*)

854. La consommation de houille d'un ménage peut s'évaluer par la consommation commune qu'il fait en bois. Si nous supposons qu'il emploierait 4 voies de bois, il faut, pour remplacer cette quantité, 15 quintaux métriques de houille, qui encore donneront plus de chaleur.

(*Paris F.*)

CINQUANTE ET UNIÈME QUESTION.

*Croit-on que, dans le département du Nord, l'usage des engrais artifi-
ciels ait diminué à cause du prix de la chaux, sur lequel influe le
prix de la houille?*

855. On emploierait beaucoup plus de chaux, et conséquemment d'engrais artificiels, si le prix de la houille, qui sert à la cuire, était réduit.
(*Dunkerque.—Clermont.—Calais.*)

856. La société d'agriculture d'Anvers l'a avancé dans un mémoire imprimé en 1825. (*Rouen A.— Lille B.*)

857. Le sol de l'arrondissement d'Avesnes est généralement froid,
humide, argileux et compacte; il a besoin d'être échauffé, desséché et
ameubli. On ne peut obtenir ces modifications que de la chaux : c'est
l'amendement qui doit être employé de préférence, et que l'on pourrait
se procurer le plus facilement, en raison de l'extrême abondance des
pierres calcaires sur tous les points de l'arrondissement. La chaux, employée seule ou mélangée avec des cendres fossiles, et répandue sur les
terres et les prairies, a constamment produit les effets les plus satisfai-
sants et les plus avantageux; mais il faut une quantité notable de combustible pour opérer la calcination des pierres.

Les défrichements considérables et les coupes multipliées qui ont eu
lieu depuis quarante ans, les besoins des nombreuses usines qui couvrent
l'arrondissement, ont porté le prix du bois à un taux qui n'a plus permis
de l'employer à cette opération; on avait eu recours au charbon de terre :
il a fallu y renoncer depuis l'établissement, en 1816, d'un droit excessif
de 33 centimes, par quintal métrique, sur les charbons de la Belgique importés par la frontière du département du Nord; et, depuis lors, nous avons
vu décroître, d'une manière effrayante, les récoltes de nos terres et de
nos prairies.

31e Question.

Nous avons dit que le droit est excessif : en effet, ce droit s'élève au prix d'achat de l'espèce de charbon, le *flénu*, qu'on employait pour la fabrication de la chaux, et qui convenait, beaucoup mieux que celui d'Auzin, à la calcination des pierres et à la cuisson des briques. (*Avesnes.*)

Réponses négatives

858. C'est encore un conte imaginé pour faire impression sur l'opinion du public, qui n'approfondit pas toujours tout ce qui est avancé comme un fait dans les discussions d'intérêt privé dont on l'entretient. Il est de notoriété que, dans le département du Nord, le prix de la houille propre à la cuisson de la pierre à chaux a suivi une progression décroissante, depuis 1800 (Voir la réponse à la 24e question, n° 515). Il est à remarquer que le prix de la houille influe, bien moins que sa qualité, sur le prix de la chaux ; car, dans le pays de Mons, où le chaufournier peut se procurer du charbon de terre dit *braisette*, à raison de 40 à 50 centimes, l'hectolitre comble, le prix de la chaux est de 65 à 70 centimes l'hectolitre, tandis qu'aux environs de Valenciennes, le chaufournier, qui paye le charbon gailleteux qu'il emploie, 1 franc 20 à 1 franc 30 centimes, l'hectolitre comble, ne vend la chaux que 70 à 75 centimes l'hectolitre ; mais il brûle, pour la faire, de l'excellent charbon de chaufournerie, de Fresnes, de Vieux-Condé, tandis que le chaufournier belge, qui emploie la *braisette* de Mons, a besoin d'une beaucoup plus forte proportion de combustible, pour la calcination de la chaux. D'après ce qui précède, on voit qu'il est aussi faux qu'absurde de dire « que, dans le département du Nord, l'usage des engrais artificiels ait « diminué à cause du prix de la chaux, sur lequel influe le prix de la « houille. » (*Anzin.*)

859. La houille qu'on emploie pour la cuisson de la chaux étant de la menue de dernière qualité, on a peine à croire que son prix ait augmenté au point de restreindre l'usage des engrais artificiels. (*Creuse A.*)

860. Nous avons déjà prouvé (22e question, n° 479) que, depuis 1814, le prix de la houille a diminué, aux mines d'Anzin, dans la proportion de 120 à 109.

Si le prix de la chaux a augmenté, ce que j'ignore, ce n'est donc pas par suite du renchérissement de la houille. (*D. G. Mines.*)

861. On ne le pense pas, attendu que les cendres de tourbe et de charbon de terre sont plus généralement employées, pour les engrais artificiels,
que la chaux réduite en poussière; et que d'ailleurs on emploie aussi communément la marne telle qu'elle sort de la carrière, ainsi que les résidus
de la fabrication des houilles et des sucres indigènes, en sorte que la chaux
est peu employée comme engrais. (*Paris B.*)

862. L'usage de la chaux, pour l'agriculture, a pu diminuer dans les
arrondissements d'Avesnes, de Cambrai et d'Hazebrouck, où cet usage
est fréquent; mais cette diminution n'a pas été sensible dans l'arrondissement de Lille, où l'emploi de cet engrais stimulant n'a lieu que dans un
certain nombre de communes, notamment à Bondues, Marcq, Hellemmes,
Flers et Linselles.

La fabrication de la chaux, depuis quelques années, a perdu de son
importance dans les environs de Lille, où s'extrait le calcaire qui fournit
une très-bonne chaux pour l'agriculture, les cultivateurs belges, qui s'approvisionnaient presque exclusivement en France, ayant cessé de le faire
depuis que notre chaux a été frappée, en Belgique, d'un droit d'entrée de
1 franc 22 centimes 1/2, par 100 kilogrammes. (*Lille D.*)

863. L'usage de la chaux, comme *amendement*, n'a pas diminué dans le
département du Nord; mais la chaux est un amendement déjà trop cher :
il serait fort désirable que le prix en pût baisser. (*Lille A.*)

INTERROGATOIRE

SPÉCIAL

SUR LE CHEMIN DE FER DE ROANNE A ANDREZIEUX.

---

864. *Quelle est la longueur exacte de votre chemin de fer?*

Elle est de 17 lieues (68 kilomètres).

865. *Quelle espèce de houille transportez-vous plus particulièrement sur votre chemin?*

Nous transportons principalement des houilles de forge, et ces envois proviennent des mines de Saint-Étienne. Le chemin, dont je suis l'un des concessionnaires, et qui aboutit à Roanne, se dirige vers Paris. C'est sur ce dernier point que se fait la plus grande consommation de houilles de forge transportées par le chemin de fer. Si cette consommation diminuait, nos transports seraient moins considérables, et notre chemin perdrait de sa valeur.

866. *Croyez-vous que l'abaissement du droit d'entrée, sur les houilles étrangères, ferait cesser vos transports?*

Ils ne cesseraient pas entièrement, mais ils diminueraient beaucoup. Déjà le charbon de Saint-Étienne n'arrive à Paris qu'à un prix plus élevé que celui de la Belgique, à cause de la longueur du trajet et des charges onéreuses du transport; et il ne peut soutenir une pénible concurrence qu'à cause de la supériorité notoire de sa qualité. Mais diminuer encore le droit d'entrée des charbons belges, c'est prononcer l'exclusion presque

totale des charbons du centre de la consommation de Paris, qui, séduit par
le bon marché, en viendra à abandonner le Saint-Étienne, dont on ne se
sert déjà plus que pour la forge, à cause de l'élévation de son prix, et à
adopter, par voie d'économie, une espèce de houille qui ne produira plus
les mêmes effets. Je n'ai pas besoin de faire apercevoir le tort qu'un pareil
abaissement dans la consommation ferait aux mines de Saint-Étienne, et,
par contre-coup, à notre compagnie. Nous ne nous sommes engagés qu'en
comptant sur les transports de houille, qui devaient alimenter notre chemin. Le capital engagé dans cette opération est de 6,000,000^f; il devait
même être de 10,000,000, dans l'origine; mais le mauvais sort des houilles
françaises, et l'état d'incertitude qui semble planer sur ce commerce, nous
a empêchés d'engager de plus fortes sommes, et nous a obligés à réduire
notre chemin à une voie.

867. *De combien votre chemin diminue-t-il le prix du transport des*
houilles?

De fort peu de chose : son grand avantage est surtout de régulariser
les transports. Avant son existence, c'est la Loire qui transportait les
houilles de Saint-Étienne à Roanne; mais la Loire n'est navigable que
quarante ou cinquante jours dans l'année, au temps des crues d'hiver ou
des orages d'été, et il est facile de concevoir combien cette irrégularité de
navigation devait nuire aux négociants qui ne faisaient leurs demandes
qu'en tremblant, craignant toujours les incertitudes et les accidents d'un
voyage qui durait quelquefois quatre à cinq mois; tandis qu'aujourd'hui,
depuis l'ouverture du chemin de fer, ils peuvent calculer, en toute sûreté,
le jour précis de l'arrivée de leurs charbons à Roanne : la Loire, plus
facilement navigable, permet de les expédier plus commodément sur
Paris.

868. *N'y a-t-il pas économie définitive par le temps que vous épargnez*
et les difficultés que vous surmontez?

L'économie existe indubitablement, mais il serait bien difficile de l'évaluer. Le tort que faisait, aux houilles de Saint-Étienne, l'irrégularité de la
navigation de la Loire, est de toute évidence; car le consommateur n'étant

pas assuré de trouver, au jour fixé, la houille promise, se fournissait ailleurs.
Il y a aussi, dans la célérité de nos transports, une économie sur l'intérêt des
capitaux engagés qui restent ainsi moins longtemps inactifs. L'économie
pécuniaire immédiate ne peut pas être considérable; car il faut remarquer
que ce n'est qu'en approchant de Paris, que la valeur de la houille s'élève,
alors qu'elle est augmentée des prix de transport, depuis le lieu de son
extraction, tandis que, dans l'origine, elle ne vaut que son prix de
revient.

869. *Pensez-vous que plus de facilité d'économie, relativement aux
charbons belges, leur assurerait un grand avantage sur le marché
de Paris?*

Une préférence absolue, je ne le pense pas : on consommerait encore
quelque peu de charbon de Saint-Étienne, mais le moins possible; on le
mélangerait à d'autres; on chercherait à y suppléer par tous les moyens,
et nous éprouverions toujours des pertes considérables par la diminution
du transport.

870. *Ne transportez-vous des houilles qu'à Paris, ou en fournissez-vous
aussi au bassin de la Loire?*

Nous en fournissons au bassin de la Loire, mais en très-petite quantité : c'est principalement sur Paris que nous dirigeons nos plus forts
envois. La vallée de la Loire est d'ailleurs approvisionnée par plusieurs
mines locales, telles que celles de Decize, de Blanzy, du Creuzot; et il n'y
a guère que les industries qui ont besoin d'excellent charbon, qui viennent s'approvisionner à Saint-Étienne, tandis que les autres tirent les
charbons qui leur sont nécessaires des mines que nous venons de nommer. C'est donc pour Paris que se font nos principaux envois; ce que
prouve d'ailleurs le chiffre des quantités transportées l'année dernière par
le chemin de fer et la Loire : ce chiffre s'élève à 50,000 tonneaux pour
Paris, à 30,000 pour les autres destinations.

871. *Quel est votre prix de transport?*

9 francs 50 centimes, les 1,000 kilogrammes, ce qui revient à environ
75 centimes l'hectolitre.

872.   *Sont-ils mesurés par le poids?*

Dans le pays, les charbons sont comptés à la *mesure*, qui est la voie
de 30 hectolitres, et qui équivaut à environ 2,400 kilogrammes.

873. *Depuis l'ouverture de votre chemin de fer, avez-vous remarqué
dans vos transports accroissement ou diminution?*

Notre chemin n'est ouvert que depuis cette année ; mais, depuis plusieurs années, il y a eu, dans les transports par la Loire (seule voie usitée
avant l'établissement du chemin de fer), plutôt diminution qu'accroissement, à cause des améliorations qu'on a apportées aux canaux du nord,
améliorations qui, rendant leur navigation plus facile, ont ouvert l'accès
du marché de Paris à de plus fortes quantités de houille que l'on préfère,
autant que possible, à celles de Saint-Étienne, à cause de l'infériorité de
leur prix. Ces améliorations ont eu lieu, en grande partie, pour le canal
de Saint-Quentin et pour la navigation de l'Oise ; et, depuis, le commerce
des houilles françaises tend plutôt à diminuer qu'à augmenter.

874. *Depuis quelle époque la concurrence des houilles belges s'est-elle
fait le plus particulièrement sentir aux houilles du centre?*

Depuis les années 1827, 1828, 1829 et 1830.

875. *Quels résultats a-t-on reconnus, sur les lieux d'extraction, dans le
centre de la France, de la vente progressive des houilles belges à
Paris?*

D'abord, une grande diminution dans les envois ; puis on a remarqué
qu'on n'expédiait presque plus pour Paris des charbons pour le chauffage,
mais seulement pour la forge, et que les envois de charbon d'autres qualités avaient enfin cessé entièrement.

876. *Le tarif de vos transports est-il réglé par la compagnie concessionnaire de votre chemin de fer, ou par l'État?*

Par la compagnie elle-même ; mais elle ne peut dépasser le maximum
fixé par le Gouvernement, maximum qui est de 75 centimes l'hectolitre.

877. *Eh bien, la compagnie, voyant la baisse progressive de ses transports, n'a-t-elle pas voulu diminuer les prix, pour favoriser les envois de houille sur la capitale?*

Non ; votre chemin est une partie trop minime du trajet que les houilles ont à parcourir, pour qu'une diminution partielle pût avoir quelque importance. Les houilles qui vont de Saint-Étienne à Paris passent par deux chemins de fer, par la Loire, par le canal de Briare et par la navigation de la Seine ; et il faudrait que le Gouvernement consentît à admettre une réduction sur les droits de navigation, réduction qui, concourant avec l'abaissement des tarifs des compagnies particulières, ouvrirait le marché de Paris à de bien plus fortes quantités de houille qu'il n'en peut arriver aujourd'hui ; j'avouerai même que je regarderais la condition des houilles du centre, sur le marché de Paris, comme plus avantageuse, si elle obtenait cette réduction des droits de navigation, malgré l'abaissement ou même le retrait du droit d'entrée des houilles étrangères, qu'elle ne le serait si l'on conservait le droit de 33 centimes qui les frappe aujourd'hui.

878. *Croyez-vous que, si le prix des charbons de Saint-Étienne n'était pas aussi élevé, ils pourraient, sous le rapport de leur qualité, être employés pour le chauffage?*

Certainement le charbon de Saint-Étienne est préférable, pour le chauffage, au charbon belge, en ce sens, qu'étant très-bitumineux, il donne plus de chaleur et la conserve plus longtemps que celui-ci, qui a l'inconvénient de brûler trop vite et de ne plus laisser qu'une espèce de mauvais coke, sans force et sans chaleur. L'avantage serait donc entièrement du côté des consommateurs, si le charbon de Saint-Étienne pouvait entrer en concurrence avec la houille du Nord ; mais, en supposant que le Gouvernement réduisît les droits d'entrée des charbons étrangers, il devrait réduire aussi, non-seulement les droits de navigation du Nord, mais encore ceux des canaux du Midi, et surtout avoir un tarif uniforme pour les différents canaux ; car il n'est pas juste, par exemple, que le nouveau canal de Briare à Digoin, qui a 50 lieues de longueur, fasse payer au commerce deux fois et demi autant que les canaux du Nord. Ainsi le tarif de ce canal, de Briare à Digoin, est fixé à 3 centimes, par kilomètre ; tandis que celui du canal de Saint-Quentin n'est que de 2 centimes, par kilomètre. Ces canaux, étant tous deux construits par le Gouvernement, devraient être soumis au même tarif. Et, quand je parle d'une diminution de tarif pour le canal de Briare à Digoin, je ne prétends pas dire que cette mesure diminuerait le prix des houilles du Centre : le canal, ainsi réduit, serait au même prix que la Loire; mais il aurait l'avantage immense, pour le commerce, d'assurer la régularité des expéditions; et, je le répète, l'économie qu'il produirait ne porterait que sur l'intérêt des capitaux engagés.

Une autre mesure vivement réclamée par le commerce, et qui apporterait les plus salutaires changements à la condition des houilles, sur le marché de Paris, serait l'abaissement du droit d'octroi, à l'entrée de cette ville, pour les houilles de la provenance du Midi.

879. *Ne peut-on pas dire que tout produit, qui est dans l'intérieur du pays, est réputé français, et qu'il a été nationalisé en payant les droits d'entrée à la frontière; d'ailleurs les villes n'ont pas le droit d'imposer telle espèce plutôt que telle autre?*

Ce ne serait pas à titre de produit indigène que la houille provenant de la Loire serait dégrevée du droit d'entrée à Paris, mais bien comme étant d'une autre qualité et d'un autre emploi que la houille du Nord; ce serait comme charbon menu et destiné à la forge.

Mais par une mesure encore plus simple, Paris pourrait disposer ses tarifs de manière à frapper, plutôt les houilles qui viendraient par le bas de la rivière, que celles qui viendraient par le haut. Un tarif semblable existait autrefois en Angleterre; je sais qu'il a été supprimé, mais c'est parce que le but pour lequel il avait été établi, et qui avait en vue de favoriser le grand cabotage, n'existait plus. Ne pourrait-on essayer la même chose en France?

880. *La mesure que vous proposez, et qui frapperait les charbons belges, ne frapperait-elle pas aussi les charbons d'Anzin, qui ont les mêmes droits que ceux du Centre à la protection du Gouvernement, et qui viennent par le même chemin que les houilles belges?*

Non, car les mines d'Anzin envoient peu de leurs charbons à Paris; ces houilles trouvent presque tout leur emploi dans les départements du nord de la France : ce sont elles qui alimentent la plus grande partie des établissements de ces contrées. Ce sont, il est vrai, les houilles belges qui servent à établir les prix de vente; mais les charbons d'Anzin, ayant sur celles-ci une protection de 33 centimes, trouvent plus d'avantage à se vendre dans le voisinage des lieux d'extraction, tandis que les houilles belges sont forcées de venir à Paris. Au reste, la mesure, que je proposais, d'abaisser le droit d'octroi, à l'entrée de Paris, pour les houilles qui viendraient par le haut de la rivière, ne serait qu'une prime d'encouragement accordée à Saint-Étienne, pour l'aider à soutenir la concurrence des houilles belges; et cette prime ne pourrait faire aucun tort aux recettes d'octroi de la ville de Paris; car l'importation des charbons du Nord est tellement considérable, par rapport à celle du Midi, qu'une légère augmentation sur les arrivages du bas de la rivière compenserait largement une diminution sur les charbons des exploitations du Centre.

La distinction faite au tarif de l'octroi de Paris se motiverait d'autant mieux que les houilles du centre, et particulièrement celles de Saint-Étienne, en vue desquelles la distinction serait établie, étant spéciales à l'industrie des forges, la protection qu'on leur accorderait serait, en quelque sorte, accordée à nos établissements industriels; et, d'autre part, que les houilles belges, qui seraient frappées de l'augmentation, venant à Paris pour la consommation domestique, et cette consommation tendant chaque jour à s'accroître, ne seraient nullement entravées dans leur commerce; il n'y aurait pas à redouter de trop grands envahissements des charbons de Saint-Étienne qui ne pourraient arriver, pour la forge, que dans des quantités restreintes et peu susceptibles d'être augmentées. Cette mesure serait donc tout à l'avantage de la caisse de l'octroi de Paris, et à l'avantage de l'industrie qui trouverait, à des prix raisonnables, toutes les espèces de charbons qui lui sont nécessaires; elle procurerait, en outre, le dégrèvement relatif des moyens de travail, dans l'enceinte de la ville de Paris. (*Chemin de fer.*)

CONSIDÉRATIONS

GÉNÉRALES

ET

RÉSUMÉ DES OPINIONS

TEL QUE LES TÉMOINS EUX-MÊMES L'ONT PRÉSENTÉ.

---

§ Iᵉʳ.

Considérations générales tendant à la suppression ou à l'abaissement du droit d'entrée sur les houilles étrangères.

881. J'ai cherché à recueillir des documents suffisants pour répondre catégoriquement aux diverses questions posées par le conseil supérieur du commerce, et qui pouvaient concerner nos contrées. Je me suis transporté sur les lieux d'extraction, dans le nord de la France et en Belgique, et j'ai mis la plus scrupuleuse attention à vérifier l'exactitude des faits avancés. Je n'ai jamais cherché à torturer le sens de mes réponses, d'après un intérêt purement local; j'ai envisagé la question de plus haut : ma pensée dominante a été que l'industrie française, pour se soutenir et rivaliser avec l'étranger, devait produire au plus bas prix possible; car je considère comme illusoires et peu durables ces entraves mises à l'entrée des marchandises étrangères, entraves dont l'effet n'est réel que pour une partie de la France. Les frontières ne sauraient être entièrement protégées contre la fraude : la contrebande y est devenue

Dans l'intérêt du département du Nord.

51.

une industrie dont on ne saurait mesurer l'étendue, parce qu'elle s'exerce dans l'ombre, une industrie qui démoralise les populations, et contre laquelle la douane s'armerait en vain de toute la rigueur des lois. Je le répète, ma pensée dominante a été de mettre la France à même de produire au meilleur marché possible, et je considère la suppression des droits sur les houilles étrangères comme l'acheminement le plus efficace vers un état où notre industrie sera forte par elle-même, et n'aura plus besoin de ces prohibitions dont l'effet est le plus souvent illusoire.

Je crois avoir suffisamment démontré que la suppression des droits d'entrée des houilles étrangères n'arrêterait pas l'essor de nos extractions nationales : elle limiterait sans doute les bénéfices exorbitants de quelques compagnies ; mais qui pourrait mettre en balance ce faible inconvénient avec tous les avantages qui résulteraient de la suppression de ces droits?

Si nous étions privés des houilles étrangères, il pourrait être d'une sage politique d'employer tous les moyens possibles pour donner aux extractions françaises toute l'extension dont elles sont susceptibles, en modérant toutefois leurs prétentions, sous le rapport du prix, par de sages règlements ; mais, heureusement pour la France, sa position est tout autre : la Belgique et l'Angleterre nous offrent les ressources de leurs immenses dépôts houillers. Pourquoi chercherions-nous à exploiter des veines qui ne fourniraient ce combustible qu'à des prix beaucoup plus élevés, surtout pour les localités éloignées des mines ?

Notre argent, dira-t-on, servira à faire prospérer les contrées voisines ; comme si le charbon, qu'on nous fournit en échange, n'était pas aussi une valeur, et une valeur bien autrement utile ; car elle est, immédiatement et avec bénéfice, applicable à nos travaux industriels.

Ce charbon, obtenu à bas prix, profitera davantage à nos populations ouvrières en général, que ne leur eût profité l'argent payé aux extractions étrangères. La classe ouvrière aussi consomme du charbon, et elle a besoin d'une foule d'objets manufacturés, sur le prix desquels le prix du charbon influe d'une manière si directe. Ainsi, en achetant du charbon étranger pour une partie de nos besoins et à plus bas prix que ne le fourniraient certaines mines françaises, nous produisons plus d'effet utile. Ajoutons, et cette considération me paraît importante, surtout

pour le nord de la France, qu'en s'approvisionnant en partie dans les
pays étrangers, la France se ménage, dans ses propres mines, des ressources qui, par la suite des temps, ne s'épuiseront peut-être que trop
tôt.

Si l'on objectait, au projet de suppression des droits sur les houilles
belges, que cette suppression ne servirait qu'à augmenter le prix actuel
de ce combustible en Belgique, et que, par conséquent, ce serait une
perte sèche pour le trésor, sans aucune compensation, la réponse serait
facile : un pareil résultat pourrait être à craindre si l'exploitation des
houillères belges était concédée à une seule compagnie, ou si elles trouvaient ailleurs un débouché facile de leurs produits; mais l'exploitation
des houillères de la Belgique, surtout depuis la séparation de la Hollande, est subordonnée au débouché dans les pays limitrophes, et elle a
lieu par un grand nombre de compagnies rivales, qui, par la facilité de
multiplier le nombre des fosses, seront toujours portées à lutter par le
plus bas prix. J'ai parlé de perte pour le trésor (*); *la suppression totale
des droits* devra nécessairement en amener une, et si cette diminution
des ressources du trésor n'a pas été mise en balance dans les diverses
questions qui nous ont été soumises, c'est que nous devons en attribuer
le motif à l'esprit éclairé du ministère. Il serait difficile d'appuyer, par
des considérations fiscales, l'utilité d'un droit qui pèse sur une matière
comme le charbon, sur la force productrice, et surtout sur l'industrie
de quelques départements. Si les besoins actuels du trésor le réclamaient,
*une réduction provisoire du droit de 33 centimes, par hectolitre, pour
les charbons arrivant par l'Escaut et la Sambre, au taux de 11 cent.,
actuellement en vigueur pour les importations par la Meuse et la Moselle*, en réparant une injustice criante dans la répartition des impôts,
détruirait la plus grande partie des inconvénients signalés, et, par l'accroissement de l'importation, rapporterait à l'État une somme à peu près
égale à celle qu'il perçoit aujourd'hui.

Mais le Gouvernement, dût-il entrer entièrement dans nos vues et
renoncer à toute perception de droits, n'a-t-il pas à espérer, en compensation, quelques concessions de la part de la Belgique, en faveur

(*) Le produit total des droits sur les houilles étrangères et le coke, pendant les douze dernières
années, est indiqué à la page 11 du présent volume.

de notre industrie et même de nos houillères : je citerai entre autres.
avantages ou garanties que nous pourrions être fondés à réclamer de.
la bienveillance du gouvernement belge,

1° La suppression des droits d'entrée en Belgique sur les charbons
de nos propres houillères;

2° Une diminution des droits d'entrée sur nos vins et nos soieries;

3° La garantie, pour l'avenir, de la libre exportation des charbons
belges.

L'abolition ou une grande réduction des droits sur les charbons
belges serait un immense bienfait pour la France.

Pour doter la France de ce bienfait, il n'est pas besoin de sacrifices;
bien loin de là, nous pouvons encore espérer des stipulations en notre.
faveur.

Le ministère et les chambres opteront entre la libre entrée des houilles
belges, avec les avantages qui y sont attachés, et le maintien d'un privilége qui n'est pas indispensable à la prospérité de nos houillères, et qui
tarit une des sources les plus puissantes de notre bien-être.

(Lille D.)

882. Il s'agit de prendre, non pas la défense d'intérêts étroits de localité, mais celle de la prospérité industrielle d'un grand nombre de départements du nord de la France, qui ont déjà dû faire entendre leurs
justes réclamations, et dont, sans doute, nous ne sommes aujourd'hui que
les échos.

Indépendamment des nombreux et puissants motifs qui militent en faveur d'une forte réduction des droits exorbitants qui pèsent sur les houilles
et sur la navigation dans le nord de la France, il en existe d'autres, dont
un surtout est péremptoire, invincible et décisif; le voici :

Quel que soit le nombre de puits ouverts à Anzin, le nombre, et la
puissance de leurs veines, il sera impossible à la compagnie de maintenir ses travaux d'exploitation en bon état, d'extraire et de livrer au commerce, cette année et les années suivantes, les mêmes quantités de charbon
qu'elle a fournies précédemment, attendu que l'agriculture et l'industrie.
ont fait en dernier lieu de grands progrès dans les communes d'Anzin,
Saint-Waast, Raismes, Denain et Abscon, pour la culture en grand de

la betterave, de la chicorée et des plantes oléagineuses, et pour l'établissement des fabriques de sucre indigène, de café chicorée, de fonderies, de laminoirs, clouteries, verreries, etc. ; ce qui enlève beaucoup d'ouvriers à la population charbonnière, la plupart préférant ne gagner que 1 franc, par jour, pour travailler à ciel découvert, plutôt que de gagner 1 franc 50 centimes, et plus, pour descendre dans les entrailles de la terre. Il est d'ailleurs constant et de notoriété publique qu'il manque aujourd'hui, à la compagnie des mines d'Anzin, 1,000 à 1,500 ouvriers pour qu'elle puisse donner à ses travaux le développement dont ils sont susceptibles, et satisfaire aux demandes de charbon qui lui sont faites. Cette pénurie d'ouvriers augmente chaque jour.

Il serait donc déraisonnable à la compagnie d'Anzin de prétendre aujourd'hui, comme elle l'a fait dans le temps, que la réduction, à 11 centimes par hectolitre comble ou quintal métrique, du droit exorbitant de 33 centimes qu'elle est parvenue à faire établir, en 1816, et maintenir jusqu'à présent, au grand préjudice de l'industrie, du commerce, de l'agriculture et de tous les habitants des départements du nord, pourrait compromettre l'existence d'un certain nombre d'ouvriers, puisque non-seulement ils sont tous employés, mais qu'il lui en manque beaucoup pour répondre à ses besoins. Sa prétendue philanthropie déguiserait mal sa cupidité et sa soif insatiable de richesses.

La compagnie des mines d'Anzin, dont l'agent général est à Paris, pour se concerter avec les agents des compagnies charbonnières du midi de la France, et faire des démarches particulières auprès de la commission d'enquête sur les houilles, afin d'empêcher ou au moins de retarder la réduction du droit exorbitant qui pèse sur les charbons belges, prétend qu'elle est désintéressée dans cette question (qui cependant la touche de très-près, et à laquelle elle prend, d'une manière indirecte et détournée, une part très-active), parce qu'elle a acheté, en 1830, le charbonnage du nord du bois de Boussu (Belgique); mais on sait que cette acquisition est à l'égard de l'établissement des mines d'Anzin, sous le rapport des extractions de charbon, ce que 1 est à 30, et, sous celui des produits, ce que zéro est à 3 ou 4 millions; d'ailleurs il est constant, et les associés régisseurs de la compagnie avouent, qu'ils ont perdu sur leurs extractions en Belgique qu'ils disaient être si faciles et si lucratives;

ainsi qu'on peut s'en convaincre en jetant un coup d'œil sur le mémoire qu'ils ont fait imprimer, en 1821, contre la réduction du droit sur les charbons belges. Il est donc évident que l'acquisition d'un petit charbonnage en Belgique par la compagnie des mines d'Anzin est de la diplomatie, et que, pour justifier cette insidieuse prétention, il faudrait qu'elle en achetât plusieurs autres, et qu'elle les développât comme ceux d'Anzin, de Saint-Waast, de Fresnes, Vieux-Condé, Denain et Abscon. Jusque-là, ce leurre grossier ne fera de dupes que parmi les personnes qui ne connaissent point les localités, ne s'occupent pas du commerce de charbon ni d'économie industrielle et politique, et ne voient que très-superficiellement et imparfaitement les hommes et les choses; car il n'est pas nécessaire d'avoir beaucoup de tact et de logique pour voir qu'on sacrifiera toujours volontiers 1 sou pour en gagner 30 et plus.

C'est cependant à l'aide de pareils moyens, et sous l'égide des mines du midi, que la compagnie des mines d'Anzin espère parvenir à prolonger un impôt excessif à son profit, et l'état de malaise, sous le rapport du combustible, dans lequel son égoïsme a plongé et retient depuis trop longtemps les habitants du nord de la France. (*Lille C.*)

883. Le capital de la compagnie d'Anzin, d'après le prix des fractions d'actions vendues publiquement à Paris, en 1829, doit être de 28,800,000 francs. (Voir le *Journal du Commerce* de cette époque et celui du 5 juin 1832, n° 4767.)

Ce capital se divise en 24 sous ou actions; il y a 12 deniers à l'action : le denier a été adjugé publiquement à 91,000 francs; ceux adjugés à ce prix, et d'autres vendus ultérieurement à des prix plus élevés, ont été repris par la compagnie : on peut donc estimer aujourd'hui le denier à cent mille francs. Ainsi les 24 actions, dont se compose le capital, ou les 288 deniers, valent 28,800,000 francs.

La valeur de ces actions a été triplée par l'accroissement progressif de la consommation, et particulièrement par les droits de douanes et péages sur la houille.

L'immense concession de la compagnie d'Anzin s'étend, depuis la frontière de la Belgique (Vieux-Condé et Hergnies), jusqu'à celle de la compagnie des mines d'Aniche, territoire d'Abscon. Les établissements sont situés dans les communes d'Hergnies, Condé, Vieux-Condé, Odo-mez, Fresnes, Bruvrages, Anzin, Raismes, Saint-Vaast-lez-Valenciennes, Aubry, Try, Denain, Abscon. Ils ont de faciles et très-avantageuses communications et de lucratifs débouchés par les nombreuses routes, rivières et canaux, qui sont à leur proximité, et sillonnent les départements du nord de la France.

Ses rivages sont sur l'Escaut, en dessous de l'écluse de Gueilzin, et à Vieux-Condé, au Sartiaux, à Fresnes; au-dessus des sas Honoré, à Anzin; au-dessus de l'écluse Fouien; à Valenciennes, en amont des moulins, pour le Vieil-Escaut, et de l'écluse Notre-Dame pour le canal. La gare de l'établissement de Denain communique à l'Escaut, au-dessus de l'écluse dudit Denain.

L'établissement d'Abscon embarque ses produits sur la Scarpe, à Marchiennes, et sur l'Escaut, à Bouchain.

Les puits d'extraction situés dans la commune d'Anzin, qui sont les plus anciens, sont parvenus à leur plus grande profondeur; plusieurs ont au-delà de 450 mètres.

La population charbonnière des communes, où les divers établissements de la compagnie d'Anzin existent, a une tendance très-prononcée à décroître, parce que la profondeur des puits ruine la santé des ouvriers, et que l'agriculture et l'industrie y prennent beaucoup de développement par la culture en grand de la betterave, de la chicorée, des plantes oléagineuses et par l'établissement de fabriques de café-chicorée, de sucre indigène, de verreries, fonderies, clouteries, etc., qui, présentant au jour un travail lucratif, lui enlèvent successivement un grand nombre d'ouvriers.

La compagnie d'Anzin a fourni à la consommation, pendant l'année 1830, tant en forges gailleteuses qu'en gros charbon, environ 3,300,000 hectolitres combles.

Le terme moyen de sa vente annuelle, depuis 1828, s'élève, au moins, à 3,000,000 d'hectolitres, non compris la consommation des machines et des mécaniques, le chauffage de ses agents et les dons et gratifications qu'elle fait en charbon.

Cette société expédie annuellement, de ses rivages, environ 3,300 bateaux, du port commun de 80 tonneaux (10 hectolitres combles pour un tonneau). Le reste de son exploitation se vend aux fosses ou puits d'extraction, par chariots; c'est ce qu'on appelle vulgairement la vente à la campagne ou au comptant (90,000 tonneaux ou 900,000 hecto-litres.)

Le prix moyen de la main-d'œuvre et des frais d'exploitation, en tout genre, de la compagnie d'Anzin, même en y comprenant les pensions et générosités qu'elle fait, est évidemment aujourd'hui au-dessous de 60 cent., par hectolitre, rendu dans ses rivages, et mis à bateau. Nous acceptons néanmoins le chiffre de 65 centimes, qui figure dans plusieurs mémoires, et nous disons que, pour 3,300,000 hectolitres combles, extraits en 1830, il a été dépensé par cette société, 2,145,000 francs.

On estime que dans cette quantité il a été extrait,

En forges gailleteuses, 2,600,000 hectolitres qui, à raison de 1 franc 40 centimes l'un, prix moyen de la vente par bateaux et par chariots, donnent la somme de............................ 3,640,000ᶠ

En gros charbon, 700,000 hect. qui, à 2 fr. 17 cent. 1/2, font.................................... 1,522,500

Produit....... 5,162,500

Desquels il faut déduire, pour tous frais généralement quelconques................................ 2,145,000

Bénéfice net....... 3,017,500

Comme on le voit, l'hectolitre se vend par cette société :

Forges gailleteuses...................... 1ᶠ 40ᶜ
Gros charbon....................... 2 17 1/2

La prime, dont jouit la compagnie d'Anzin, sur le prix de l'hectolitre de charbon, extrait au couchant de Mons, est de 75 centimes ou 7 francs 50 centimes par tonneau. Elle l'a obtenue cette prime, après l'achèvement du canal de Condé, par les droits et péages qu'on a établis, depuis l'embouchure de l'Escaut, dans cette dernière ville, jusqu'à ses rivages, et par la position topographique de ses établissements.

Elle l'avait antérieurement, en 1813, par un maximum qu'elle était parvenue à faire imposer sur le prix du fret de la Haine, par un arrêté des consuls du 13 prairial an XI. A cette époque, Cambacérès, second consul, Talleyrand-Périgord, Lecouteulx-Canteleu, et plusieurs autres personnages marquants et très-influents, étaient actionnaires de la compagnie des mines d'Anzin.

En telle sorte que le fret d'un bateau chargé, sur cette rivière, à Jemmapes, à la destination de Lille, était fixé, par un tarif annexé à l'arrêté dont on vient de parler, à 1800 livres tournois; tandis que le bateau expédié, par cette compagnie, de ses rivages de Fresnes, de Vieux-Condé, s'affrétait, dans le même temps, et pour la même destination, à 600 livres; ce qui nécessitait, de la part des extracteurs de charbon, au couchant de Mons, département de Jemmapes, l'expédition, par chariots, de leurs produits dans des rivages établis le long de l'Escaut, afin d'adoucir les effets funestes, pour eux, de l'arrêté précité.

C'est à toutes ces entraves et à tant de charges imposées à la navigation belge, au passage par Condé, que l'on a dû la pensée du creusement du canal d'Antoing, pour éviter le territoire français.

Voici les détails des droits et des péages qui constituent la prime d'Anzin, par quintal métrique.

Droits à payer au passage des écluses sur le canal de Mons en Belgique... 0ᶠ 2ᶜ

Frais de halage sur le canal, jusqu'à Condé 0 1 1/4

Péage concédé à l'écluse de Gueilzin, perçu sur 170 tonneaux, tandis que la charge réelle du bateau est seulement de 125 tonneaux, ce qui augmente ledit droit de péage de plus de 20 pour 0/0, soit............................ 0 2 1/2

Droits d'entrée au bureau de la douane à Condé....... 0 33

Commission, timbre, visite et plombs................ 0 1

Droits de navigation intérieure à Condé.............. 0 0 1/2

A reporter.............. 0 40 1/4

Report..................	40ᶜ 1/4		
Péage concédé à l'écluse de Fresnes.................	0	4	1/4
augmenté également de 20 pour o/o par le même mode injuste			
de perception qu'à celle de Gueilzin...................	0	0	1/4
Droit de navigation intérieure :			
Bureau de Fresnes............................	0	2	
Frais de Jemmapes à Anzin......................	0	28	1/2

Somme égale à la prime d'Anzin par hectolitre......... 0 75 1/4

A quoi ajoutant, pour le prix de la main-d'œuvre et tous
autres frais.................................... 0 65

On aura pour valeur constitutive de l'hectolitre comble de
forges gailleteuses.............................. 1ᶠ 40ᶜ 1/4

Il est donc facile de reconnaître, d'après ces données, que la valeur de
l'hectolitre se compose,

1° Du prix de la main-d'œuvre et autres frais.......... 0ᶠ 65ᶜ

2° Du droit d'entrée, timbre, commission............ 0 34

                                                   99

3° Des péages exorbitants perçus au passage des écluses de
Gueilzin et de Fresnes........................... 0 6 3/4

4° Des droits de navigation intérieure acquittés aux bureaux
de Condé et de Fresnes........................... 0 2 1/2

5° Du fret et frais de voyage jusqu'à Anzin........... 0 31 3/4 .

           ENSEMBLE...................... 1ᶠ 40

Si donc ces péages et ces droits, si injustement établis, étaient supprimés, il resterait encore une prime, en faveur de la compagnie, de 31 centimes 3/4 par hectolitre comble, ou de 3 francs 17 centimes 1/4 par tonneau, et les consommateurs français ne lui payeraient plus, chaque année,
un excédant de bénéfice de....................... 1,947,750ᶠ

Il lui resterait encore un bénéfice net de............ 1,969,750

Au lieu de................................. 3,017,500ᶠ

qu'elle a obtenus à l'aide des charges énormes imposées sur une matière

première, d'une indispensable nécessité à la consommation des départements les plus populeux et les plus industriels de la France.

3,500 bateaux environ, chargés de houille, sont expédiés en France,
chaque année, du canal de Mons; le port commun de ces bateaux est de
125 tonneaux.

On peut affirmer, sans crainte d'être démenti, que chaque tonneau de
houille est imposé, avant d'entrer dans le fourneau du consommateur, en
droits d'entrée, de navigation intérieure et de péages concédés à des particuliers, dans les départements du nord de la France, à 6 francs 50 centimes, taux moyen.

La consommation française est donc imposée de ce chiffre sur 437,500
tonneaux de houille qu'elle reçoit, sur un seul point du royaume, par l'Escaut, à Condé, soit de 2,843,750ᶠ annuellement, indépendamment d'une
détérioration de 4 pour o/o occasionnée par le bris du charbon, résultant
de grands trous, et quelquefois du déchargement des bateaux, que les
douaniers font, sans précaution, au passage desdits bateaux à Condé.

Il est de notoriété publique que la majeure partie des droits et des
péages, en aval d'Anzin, ont été établis à la sollicitation de la compagnie
des mines d'Anzin, et que c'est elle qui a fait maintenir, depuis seize ans, la
différence énorme existant entre les droits d'entrée établis sur les houilles
belges qui s'importent par l'Escaut, la Sambre et les frontières de terre du
département du Nord, et celui qui se perçoit sur les mêmes charbons
belges introduits en France par les Ardennes, la Meuse et la Moselle;

D'un côté, on paye par tonneau...................... 3ᶠ 30ᶜ
De l'autre... 1 10

La différence est donc de........................ 2 20
en faveur de la dernière voie, tandis que si l'équité, qui doit être la base
de tout bon gouvernement, ne commandait impérieusement de n'employer
qu'un poids et une mesure, le contraire aurait dû avoir lieu, attendu qu'il
y a infiniment plus de bois et de forêts et beaucoup moins de population
et d'usines dans les Ardennes, la Meuse et la Moselle, que dans les départements du nord de la France.

On sait aussi que la compagnie d'Anzin et ses principaux actionnaires régisseurs sont intéressés dans les concessions des canaux de Saint-Quentin, du Crozat, de la Sensée, de la Haute et Basse Deule, etc.

On jugera, par l'ordonnance du 7 mars 1831 qui concerne l'écluse du Gueilzin, si ce ne sont pas toujours les mêmes hommes qui influent sur les déterminations du Gouvernement. On verra, par des chiffres certains, que ces ordonnances ont déjà procuré à des particuliers, en société avec le sieur Honoré, 8,000,000 francs, pour une dépense de 586,000 francs, et qu'ils doivent encore recevoir 10,000,000.

Les conditions imposées, par le ministère de la marine, à la fourniture de la houille pour le service des ports, des fonderies, des forges du Gouvernement, obligent les entrepreneurs à ne livrer que de la houille indigène, qui ne peut être reçue que sur certificats délivrés par le propriétaire de la houillère française.

Le ministre de la marine vient cependant de comprendre, dans le cahier des charges, pour les fournitures à faire à Alger, les charbons dits *flénus*.

Cette condition de ne livrer que de la houille française est spécialement en faveur de la compagnie d'Anzin.

Tout le monde sait que les charbons du Midi ne sauraient arriver en concurrence avec ceux provenant de ses mines, notamment dans les ports de Brest, de Lorient, de Cherbourg, de Rochefort, et encore moins pour la consommation des forges et fonderies royales de Douai et de La Fère, à qui, pour la première fois, il vient d'être imposé la condition de se servir exclusivement des charbons d'Anzin.

Le Ministre de la marine, sous le règne précédent, avait laissé toute latitude à un entrepreneur qui réclamait contre cette mesure. Il lui disait : « Le meilleur marché pour vous, et le meilleur charbon pour le Gouver- « nement, voilà ce qui convient aux intérêts que je représente. »

La raison que l'on fait valoir, pour justifier cette mesure, est évidemment fausse. Les charbons des tas réunis de Griseuil et de la Grande-Veine sont au moins égaux en qualité et aussi estimés, pour la forge, que les meilleurs de la compagnie d'Anzin. Il y a, en Belgique, plusieurs qualités de charbon, notamment ceux connus sous le nom de *flénus,* qui sont préférés à tous ceux de la compagnie d'Anzin, pour les usines à chaudières, pour l'éclairage par le gaz, etc.; ces derniers s'allumant lentement, et n'ayant pas assez d'activité pour fournir la vapeur dans un temps donné.

Les meilleurs charbons à forge, que produit la France, proviennent des houillères de Saint-Étienne.

Il y a trois ans, la commission d'enquête, établie pour discuter les intérêts réciproques des consommateurs et des producteurs, présidée alors par M. de Saint-Cricq, fut immédiatement dissoute, après avoir discuté la question des fers et des sucres : elle fut ainsi dans l'impossibilité d'examiner celle des charbons.

Nous disons, en nous résumant :

L'hectolitre des mines de Mons coûte, rendu à Valenciennes. . 1ᶠ 75ᶜ

Il coûte, par eau, sans droit de douane. 1 41

par terre. { avec droit. 1 80

{ sans droit 1 47

Si le droit d'entrée était supprimé, ainsi que les péages établis illégalement aux écluses de Gueilzin et de Fresnes, la réduction par hectolitre serait de 43 centimes 1/4.

La compagnie d'Anzin aurait encore, par hectolitre, un avantage de 35 centimes résultant de la nature de la localité, des droits de navigation intérieure, et des frais dont le détail vient d'être donné: Elle a, d'ailleurs, l'avantage de la main-d'œuvre qui, réunie à tous les autres frais, lui coûte actuellement moins de 60 centimes, par hectolitre : en effet, dans les houillères de la Belgique, la main-d'œuvre est généralement plus élevée, parce que les sociétés d'exploitation sont en concurrence à l'égard de la classe ouvrière, qui leur fait souvent la loi, tandis que la compagnie d'Anzin fixe seule les salaires, dont le taux est minime et invariable.

Il resterait donc encore à son avantage 3 francs 50 centimes par tonneau (*).

La différence dans le prix des charbons démontre l'intérêt que cette compagnie a d'empêcher toute concurrence étrangère; elle sait qu'elle n'a presque rien à craindre de la société d'Aniche, dont l'exploitation est peu importante.

(*) Voir, dans le *Journal du Commerce*, nᵒ 4767, l'article intitulé : *Mines d'Anzin.* (*Note des déposants.*)

Le tonneau de houille (10 hectolitres combles de forges gailleteuses) se
vend à Anzin.. 14^f 00^c

La même quantité d'hectolitres de houille, généralement préférée par les consommateurs français, se vend, sur le canal de
Mons... 8 00

     DIFFÉRENCE........................ 6 00

3 pour o/o en moins pour le comble de l'hectolitre à Anzin,
sur.. 1 12

     TOTAL............................ 7 12

La différence réelle, payée par les consommateurs de la houille d'Anzin, est, par tonneau, de 7 francs 12 centimes.

La perte qui résulte, pour les départements du nord de la France, du
monopole de la compagnie d'Anzin, peut s'établir comme suit, en prenant
pour base l'exploitation de l'année 1830 :

260,000 tonneaux de forges gailleteuses... 7^f 12^c .. 1,851,200^f
70,000 tonneaux de gros charbon....... 4 00 ... 280,000

Somme imposée aux consommateurs de houilles d'Anzin . 2,131,200

La consommation de chaque famille ménagère, qui s'approvisionne aux
mines d'Anzin, peut être évaluée, terme moyen, à 20 hectolitres ; l'impôt,
qui pèse sur chacune de ces familles, s'élève donc, annuellement, à 14 fr.
24 centimes.

On ne doit plus être étonné, d'après ces détails, des plaintes et des
réclamations de toutes les classes de la société qui retentissent depuis fort
longtemps contre la compagnie des mines d'Anzin ; mais on ne peut s'empêcher d'être plus que surpris qu'elles n'aient pas encore été favorablement
accueillies : cela est vraiment incompréhensible et déplorable.

On a dit que le tonneau de forges gailleteuses, mis dans le bateau, sur
le canal de Mons, coûte 8 francs.

Voici maintenant à combien il revient rendu à Paris, par tous les droits
et péages, frais et fret auxquels il est assujetti pour faire ce voyage :

1° Droit d'entrée en France par Condé.......... 3ᶠ 30ᶜ ⎫
2° Timbres, plombs, visites et commissions.... 0 10 ⎭ 3ᶠ 40ᶜ

3° Montant des droits de navigation intérieure et des
péages concédés aux sieurs Honoré et compagnie, depuis
Condé jusque dans l'Oise.................. 5ᶠ 94ᶜ ⎫
4° Montant des frais de voyage et des droits jusqu'à Paris, aller et retour.................. 8 84 ⎬ 19 08
5° Produit net sur le fret du batelier, le supposant
à 20 centimes le tonneau.................. 5 20 ⎭

Le port commun des bateaux est de 120 tonneaux; la
durée du voyage, terme moyen, est de quatre mois.

6° Péages et frais de halage sur le canal de Mons à
Condé... 00 32 1/2

7° Droit d'octroi à Paris........................ 5 00

MONTANT des frais................ 28ᶠ 70ᶜ 1/2
Prix d'un tonneau de forges gailleteuses, à Mons..... 8 00

36ᶠ 70ᶜ 1/2

Une valeur de 8 francs est donc imposée, après avoir soustrait les frais
du voyage et le bénéfice du batelier, à plus de 15 pour 100 de la valeur
brute.

On estime à 8,000,000 hectolitres (800,000 tonneaux) la quantité de
houille, introduite en France, par année, provenant particulièrement des
houillères du Hainaut. On réduira la quantité imposée à 700,000 tonneaux, qui, à raison de 3 francs 30 centimes le tonneau, produisent au
Trésor, aux dépens des consommateurs des départements du nord de la
France.................................... 2,310,000 fr.

Ainsi donc, d'une part, les consommateurs français de la houille d'Anzin
sont imposés, à son profit, à.................... 1,768,000ᶠ
et, d'autre part, ceux de la houille belge payent, par le
même motif.. 2,310,000

ENSEMBLE...................... 4,078,000ᶠ

53

Ce sont les péages exorbitants, concédés aux écluses de Thivencelles et de Gueilzin, qui, joints au droit excessif de transit, au passage du territoire français par Condé, ont provoqué la décision du Gouvernement des Pays-Bas relativement à la confection du canal d'Antoing.

Il en est résulté, pour le Gouvernement français, une perte de 1,200,000 francs environ, par année.

Un bateau, chargé sur le canal de Mons, en destination pour l'intérieur de la Belgique, payait, pour sa charge de 160 à 178 tonneaux, au passage du territoire français, par Condé (2 lieues), environ 400 francs; cette somme excessive, pour un si court trajet, et les vexations continuelles qu'éprouvaient les bateliers étrangers dans cette ville, par un reste d'esprit de corporation, ont fait faire le canal d'Antoing, pour éviter le territoire français. Si, contre toute attente, les péages exorbitants concédés aux écluses de Thivencelles, de Gueilzin, de Fresnes, de Rodignies, dont on se plaint avec justice et raison, ne sont point considérablement réduits, on établira incessamment un chemin de fer pour conduire directement à l'Escaut, en amont de la ville de Valenciennes, les produits des charbonnages à l'est de Mons, destinés à la consommation française. MM Honoré et compagnie et le Gouvernement français regretteront alors, mais trop tard, d'avoir provoqué et obtenu, par des moyens subreptrices et des péages excessifs et injustes, la construction dudit chemin de fer, comme ils se sont repentis, après l'établissement du canal d'Antoing, de n'avoir pas eu égard aux justes et itératives doléances des bateliers et du commerce. (*Valenciennes.*)

884. Tout droit qui pèse *lourdement* sur une production naturelle étrangère, utile, nécessaire même au développement de l'industrie du pays qui l'impose à son entrée, est déjà un mal.

Ce droit, pour être justifié, doit donc avoir, pour première condition, de protéger seulement les productions analogues du pays; car il est juste que chaque branche de l'industrie nationale jouisse de la protection qu'on n'a pas refusée aux autres.

Mais quand le droit dépasse le but et va jusqu'à tripler la valeur de tels établissements qui en profitent; quand ces établissements procurent des dividendes annuels énormes, même en les considérant comme revenus du

capital triplé; alors cette protection, il faut bien le reconnaître, avanta-
geuse, outre mesure, au petit nombre, est préjudiciable aux intérêts des qui ont à choisir entre les houilles de Mons et d'Anzin.
masses, et prend le nom de privilége.

Telle est cependant la position des établissements d'Anzin, que la loi
de 1816 a voulu seulement protéger.

En effet, d'après des documents authentiques, et tellement répandus,
qu'il est superflu de les reproduire minuticusement ici, la compagnie d'Anzin réalisait déjà, dans les années antérieures à 1812, des bénéfices s'é-
levant à 1,600,000ᶠ

Elle a vu, à partir de 1817, ces mêmes bénéfices s'ac-
croître et s'élever successivement jusqu'à   2,800,000

Donc 1,200,000 francs de plus par année, ce qui, jus-
qu'à 1832, donne un surplus de bénéfices de   16,800,000

Somme énorme, comme on voit, et entièrement à la charge de l'industrie ou au bien-être de sept à huit départements qui rayonnent autour
d'Anzin.

Ces chiffres, dont l'exactitude est facile à constater par une enquête,
feront juger combien peu la compagnie des mines d'Anzin éprouvait le
besoin d'une protection, que la séparation seule du territoire de Mons
de la France rendait inutile.

Cependant, quelque onéreux qu'ait été jusqu'ici le droit imposé, une
foule d'industries tirent leurs houilles des mines de Mons, parce que
celles-là ont des propriétés particulières qui les rendent indispensables
à de certains emplois; propriétés que n'ont pas les houilles d'Anzin.

Arrivés à ce point, nous posons le dilemme suivant :

Ou la loi de 1816 a entendu seulement protéger les établissements
d'Anzin, où elle a voulu créer à l'État des revenus prélevés sur l'industrie
manufacturière.

Dans la première hypothèse, comme il n'est que trop réel que la loi a
constitué un privilége plutôt qu'une protection, nous nous croyons fondés à demander qu'une loi nouvelle vienne faire disparaître les malheureux effets de celle qui régit en ce moment la matière.

Quant à la seconde hypothèse, celle qui paraît supposer qu'on a eu en vue de créer au Trésor des revenus prélevés sur l'industrie manufacturière, comme' dans ce cas les législateurs auraient méconnu ce sage et vrai principe d'économie politique, qui veut qu'un droit de douane frappant sur des matières propres à augmenter le travail de la classe ouvrière ne soit pas établi dans un but unique de fiscalité, parce qu'une ressource créée de la sorte prive l'État de la ressource bien autrement puissante de l'augmentation des impôts indirects, qui résulte toujours de la prospérité et du bien-être intérieurs, il appartient au Gouvernement de faire cesser les suites d'une erreur législative, et comme aujourd'hui la question est suffisamment éclairée, elle peut être résolue d'une manière définitive, et d'après les principes dont nous demandons l'application.

Comme autrefois il peut être utile, non pas à Anzin, mais à d'autres établissements que la France possède dans des rayons qui aboutissent aux mêmes points d'écoulement que Mons, de frapper les houilles de cette dernière provenance d'un droit qui protége une industrie locale; nous nous bornons à demander que le droit de 33 centimes soit réduit, pour les houilles de Mons, entrant, par l'Escaut, à Condé, à celui de 11 centimes que supportent ces mêmes houilles, à leur entrée en France, par la Meuse. (*Abbeville.*)

<table>
<tr><td>Dans l'intérêt
du
port du Havre
et des côtes
de Normandie.</td><td>

885. Je pense que l'abolition totale des droits est nécessaire, surtout quand ces houilles seront importées par navires français : cela ouvrirait un débouché à nos caboteurs qui, privés de travail dans nos fleuves, par la navigation à la vapeur, approvisionneraient cette navigation; ce serait aussi, pour eux, un encouragement, puisqu'ils se sont servis jusqu'alors de houilles anglaises ou belges. L'abolition rétablirait l'équilibre pour les bateaux à vapeur, qui feront les voyages à l'étranger et qui, autrement, feraient toujours leurs provisions dans d'autres ports que les ports français. Elle serait aussi d'un grand avantage pour les filatures et fabriques qui marchent par la vapeur, comme aussi pour les forges et fonderies, non-seulement de la côte, mais de plusieurs départements de la Normandie, lesquels ne possèdent aucunes houillères, et qui, trop éloignés de celles de Saint-Étienne (seules houillères françaises dont les produits con-</td></tr>
</table>

viennent à l'épuration ou transformation en coke) sont obligés de se fournir en Angleterre et de payer un droit énorme de 99 centimes, par hectolitre. Ces établissements ont aussi le plus grand besoin de développement,
afin que les Anglais n'aient pas toujours le monopole de la fabrication de
nos machines. Il faut espérer que bientôt le Gouvernement, ouvrant les
yeux sur ce point important, permettra l'entrée libre des fontes anglaises
brutes et une diminution sur les fers étrangers. (*Le Havre D.*)

886. J'ai l'intime conviction qu'une réduction sur les droits d'entrée
des houilles étrangères, graduée selon les localités, serait très-avanta-
geuse aux raffineries et fabriques, à l'agriculture, pour la confection de ses
outils aratoires, à la navigation par la vapeur, et enfin aux constructions
maritimes qui emploient beaucoup de fer forgé. (*Le Havre C.*)

887. Nous avons eu l'occasion d'établir des relations suivies avec la
Belgique et l'Angleterre, pour le combustible qui joue un si grand rôle
dans toutes les manufactures; c'est dans le cours de ces relations que nous
avons découvert une des lèpres du commerce français. Nos documents
sont précieux, et il nous paraît urgent d'attirer l'attention sur cette matière, et avec d'autant plus de raison, que des essais récents d'exportation
nous ont convaincus de l'impossibilité où se trouvent, notamment, la
teinture et la filature de coton, de soutenir la concurrence avec les
étrangers.

Dans l'intérêt
des
manufactures
de Rouen.

Non-seulement la teinture de notre département, mais beaucoup d'autres industries ont un grand intérêt à obtenir un changement de position :
ainsi, la filature du coton par machines à feu, la nouvelle et secourable
industrie du remorquage, la réclament avec justice.

Trois sources distinctes fournissent au commerce le combustible nécessaire à sa consommation :

1° L'Angleterre;
2° La Belgique;
3° La France (Mines d'Anzin, Nord).

Nous ne parlerons pas de la première, parce que, d'un côté, le droit élevé, imposé aux charbons, à leur sortie des ports anglais, soit par navires de cette nation, soit par navires français, d'un autre côté, la difficulté d'obtenir un fret raisonnable, à cause des obstacles que présente la navigation de la Basse-Seine, dégoûtent les capitaines, et que, dès lors, il y a impossibilité ou absence d'intérêt à y avoir recours.

Restent donc les charbons belges et français.

La qualité des premiers est le motif qui leur ferait encore accorder la préférence, quand même les mines d'Anzin pourraient fournir à tous les besoins, ce qui n'est pas.

L'élévation du prix du combustible ne résulte pas seulement des variations qu'il subit sur le lieu d'extraction, il résulte encore des droits et péages qu'il supporte, avant de parvenir au lieu de consommation, et qui pèsent sur l'industrie. S'il est prouvé que ces taxes sont onéreuses ou mal assises, le commerce doit chercher à les faire redresser par tous les moyens qu'avouent la justice et l'équité.

Sans doute, l'industrie rouennaise est placée sous les circonstances les plus défavorables, puisque toutes les matières nécessaires à son approvisionnement ne lui parviennent qu'à grands frais, et chargées d'une infinité de droits ; aussi souffre-t-elle énormément de la concurrence que des situations géographiques plus favorables lui suscitent journellement : aussi n'est-il pas étonnant qu'elle entre la première dans la lice pour trouver un remède à sa fâcheuse position.

Nous allons faire connaître de combien de droits et de péages la houille est imposée, depuis son départ du rivage du canal de Mons jusqu'à son arrivée dans les fourneaux de Paris et Rouen.

Le premier but de tous ces impôts a été de favoriser la compagnie d'Anzin. Les auteurs d'une semblable législation n'ont vu que l'intérêt privé de cette société, sans apprécier que, par la prime qu'ils lui faisaient obtenir sur les charbons belges, ils imposaient à la fois une contribution énorme aux consommateurs.

Par la Meuse, les charbons belges ne sont imposés, à leur entrée en France, qu'à raison de 1 franc 10 centimes par tonneau, tandis que, par l'Escaut, ils payent 3 francs 42 centimes. Cette différence est injuste dans un pays où l'égalité devant la loi est admise comme le principe vital du gouvernement, et où le combustible est si nécessaire à l'industrie.

Le tonneau de forges gailleteuses (dix hectolitres) se vend à Anzin.. 14ᶠ 00ᶜ

Sur le canal de Mons, la même qualité coûte.......... 10 00

DIFFÉRENCE...................... 4ᶠ 00ᶜ

Il faut aussi ajouter la différence de la mesure, qui est de 12 à 14 pour 100; prenons 12, ce sera............................ 4ᶠ 48ᶜ

Voilà bien la prime réelle dont jouit la compagnie d'Anzin, et qui est payée entièrement par les consommateurs de ce charbon.

Voyons comment cette société s'est procuré cette prime, et par quels moyens :

1° Droit d'entrée à Condé, par l'Escaut (loi du 28 avril 1816). 3ᶠ 30ᶜ
2° Commission, timbres, plombs et visiteurs à Condé........ 0 12
3° Péage à l'écluse de Gueilzin......................... 0 24
4° Droit de navigation intérieure à Condé............... 0 6
5° Péage à l'écluse de Fresnes......................... 0 43
6° Droit de navigation intérieure à Fresnes.............. 0 20

ENSEMBLE...................... 4 35

Elle a, en outre, l'avantage de la localité, que nous estimons pour le fret du batelier, depuis Jemmapes jusqu'à Valenciennes, à...... 2ᶠ 65ᶜ

Ces deux sommes élèvent sa prime, par tonneau, à......... 7 00

Voici maintenant à combien le tonneau de houille belge, dont la valeur est de 10 francs, se trouve imposé de la frontière de France jusqu'à Paris, y compris le fret :

1° Droits d'entrée, timbre, etc., à Condé.................. 3ᶠ 42ᶜ
2° Droits de navigation intérieure et péage concédés aux sieurs

A reporter.................... 3 42

Report...................... 3ᶠ 42ᵉ
Honoré et compagnie............................ 6 10
3° Frais pour la conduite du bateau jusqu'à Paris et retour.. 8 90
4° Produit du fret du batelier, sur le prix actuel de 18 francs
50 centimes par tonneau............................ 3 50
5° Octroi de Paris................................ 5 00

ENSEMBLE...................... 26ᶠ 92ᵉ

Ainsi, pour favoriser les mines d'Anzin, on nous impose, jusqu'à ses rivages, à 4 fr. 48 cent., et le consommateur paye au Gouvernement et à des particuliers, jusqu'à Paris, et par tonneau, pour une valeur de 10 fr., non compris les frais de voyage et le produit du fret, 14 francs 42 centimes environ, et 150 pour 100 en droits et péages concédés.

Il résulte de l'exposé qui précède, et de ce que nous avons dit du péage des écluses, que le combustible étranger, à l'emploi duquel nos industries sont forcées de recourir, supporte, avant d'être livré à la consommation, une charge de droits exorbitante et immorale de 150 p. 100 en sus de sa valeur, laquelle tourne au profit du monopole. Avec de telles charges mises sur les moyens de production, peut-on raisonnablement croire que l'industrie française pourra jamais soutenir la concurrence avec celle des Anglais, des Belges, ou des Prussiens? Cela est impossible ; et cette pensée décourage.

Pour redresser ces griefs, nous demandons :

D'abord, la suppression entière du droit d'entrée sur la houille belge par l'Escaut, ou tout au moins son abaissement au taux de celui qui est payé pour les importations par la Meuse, c'est-à-dire à 1 franc 10 centimes par tonneau ;

En second lieu, la perception des droits aux écluses, ponts et pertuis, non sur le tonnage possible du bateau, mais bien sur sa charge réelle, ce qui est de la plus impérieuse nécessité ;

Enfin, la révision, par le Gouvernement, de toutes les ordonnances illégales qui font peser sur l'industrie des impôts aussi nuisibles qu'injustes.

Nous croyons avoir démontré la nécessité de supprimer, ou tout au moins de modifier, de beaucoup, le droit de douane imposé sur les houilles étrangères et de le rendre égal pour les provenances d'Angleterre et de Belgique.

En adoptant cette mesure, on entrera dans le système d'améliorations réclamé depuis longtemps et toujours éludé; car ce n'est pas seulement le droit de douane qui contribue à l'élévation du prix des houilles, ce sont encore et d'une manière plus pesante les droits de navigation et de péage concédés.

En fait, le droit de douane pèse sur les houilles pour 3 fr. 42 cent.

Et les droits de navigation et péages concédés, pour 6 fr. 10 cent. par muid. (*Rouen A.*)

888. Nous résumons notre avis dans les propositions suivantes :

Diminuer d'un tiers les droits des charbons belges, à leur entrée en France par Condé, à partir d'une époque rapprochée, et d'un autre tiers, un an après.

Diminuer de même les droits d'octroi, à Paris, dans la même proportion.

(Paris D.)

§ II.

Considérations générales tendant au maintien du régime restrictif de l'importation des houilles étrangères.

889. Nommé par mes collègues de la chambre de commerce de Paris, pour répondre aux diverses questions posées par le conseil supérieur du commerce, à l'occasion de l'enquête sur les houilles, je crois devoir faire précéder mes réponses d'une déclaration préliminaire sur mon opinion, en fait de douanes, et sur ma position de consommateur de houille et de

producteur de fer. J'espère démontrer que si, sous un certain point de
vue, on trouve ma manière de penser un peu stationnaire, on ne me re-
prochera pas du moins de la soutenir dans mon intérêt particulier.

Je commence par déclarer que, suivant moi, toutes les industries françaises concourant au même but, celui de fournir, par leurs moyens propres,
tous les produits nécessaires à la consommation intérieure et au commerce extérieur, occupant, par là, une partie extrêmement considérable
de la population, et une des plus intéressantes, motivent un égal droit à
la protection du Gouvernement; ainsi, je considère l'extracteur de houille
de France à l'égal de tout autre industriel; et, par la raison qui a fait accorder des droits protecteurs ou des prohibitions aux fabricants de fer, de
faïence, de verrerie, de coton, de soie, de drap, de sucre, etc., etc.,
afin de prévenir leur ruine, qu'une concurrence étrangère redoutable aurait infailliblement entraînée, je crois qu'il est indispensable d'accorder,
aux extracteurs de nos richesses minérales, des droits préservateurs qui, en
leur donnant de la sécurité pour l'avenir, amèneront de nouvelles exploitations, fourniront, à la population des pays pauvres, un élément important et permanent de commerce, motiveront les dépenses faites pour les
canaux, détermineront la création de nouveaux chemins de fer et établi-
ront, si le Gouvernement persiste dans son système de diviser le plus possible les concessions, une concurrence tellement grande, entre les divers
exploitants nationaux, qu'il n'y aura plus, pour les consommateurs, le
moindre intérêt à aller s'approvisionner à l'étranger, et qu'on pourra
alors, sans le moindre inconvénient, modérer, peut-être même supprimer
complétement, les droits protecteurs qui encouragent aujourd'hui les
exploitants français.

Ceci établi, je crois indispensable de dire quelle est ma position pour
démontrer toute la puissance de ma conviction, puisqu'elle est en opposition réelle avec mes intérêts matériels.

Mes établissements sont situés sur la Loire, au-dessus du point de jonction de cette rivière et de celle de l'Allier. Tous les charbons qui descendent de Saint-Étienne; des mines du Creusot et de Blanzy, par le canal du
Centre, de Briare, des mines de Decize, de la Haute-Auvergne, de l'Allier,

passent, soit pour se rendre dans la Basse-Loire, depuis Nevers jusqu'à
Nantes, soit pour se rendre à Paris par le canal de Briare, exactement devant ma porte. Or, il est bien évident que si, d'une part, la suppression
ou la réduction des droits d'entrée permettait aux charbons étrangers de
prendre la place des charbons du midi sur les marchés de la Basse-Loire
ou de la Seine, il en résulterait *momentanément*, au moins pour moi,
un abaissement dans les prix des charbons que je consomme; et ma consommation est de 250 à 300,000 hectolitres par an.

Je dis à dessein *momentanément;* car je dois déclarer que, dans mon
opinion, si la concurrence étrangère, encouragée ou favorisée par une suppression ou une réduction de droit, parvenait à faire renoncer à l'exploitation des houillères françaises, nous ne tarderions pas longtemps à sentir le tort immense que notre imprévoyance nous aurait causé. Un renchérissement graduel dans les prix du dehors arriverait d'autant plus infailliblement que les travaux d'art de nos mines, n'étant plus continués ni
entretenus, se détérioreraient, et les eaux, n'étant plus épuisées et repre-
nant leur niveau dans l'intérieur des mines, ne pourraient plus être enle-
vées qu'avec des dépenses considérables; la population ouvrière ne trouvant plus à vivre, par suite de l'abandon forcé des exploitations, se disper-
serait, prendrait une autre direction; et, les circonstances amenant, soit
une guerre, soit une tout autre cause qui, en empêchant l'importation des
charbons étrangers, tendrait à faire reprendre en France l'exploitation
des houillères abandonnées, on ne pourrait le faire qu'avec de grands
frais, de grandes avances, et en exécutant de nouveaux travaux, en créant
une pépinière d'ouvriers mineurs dont il faudrait refaire l'éducation.

Ainsi donc, pour obtenir passagèrement quelques faibles réductions
sur le prix des charbons de terre, dont la consommation prend, à la vérité, chaque jour, plus de développement, on s'exposerait, en ruinant
cette industrie si importante, à compromettre plus tard, par les motifs
que j'ai déduits, toutes celles qui s'en alimentent.

Dans la position actuelle des choses, au contraire, on voit que le Gouvernement a reconnu que s'il faut protéger les exploitations françaises contre celles étrangères, il est sage et parfaitement juste de ne plus continuer

le système de grandes concessions qui ne tendraient à rien moins qu'à créer des monopoles pour l'exploitation de chaque bassin houiller; qu'il est juste, au contraire, de diviser les concessions en aussi grand nombre que possible, et de telle sorte seulement qu'elles ne se contrariassent pas dans leurs travaux préparatoires, et qu'elles pussent fournir aux consommateurs la plus grande quantité de produits présentés par un plus grand nombre de vendeurs.

C'est ainsi que les bassins houillers de Rive-de-Gier, de Saint-Étienne et autres ont été récemment répartis; et c'est par suite de cette division qu'on y trouve une grande variété de houille, et à des prix extrêmement modérés.

En généralisant ce système, en l'appliquant aux découvertes qui se font chaque jour, on fera ouvrir des travaux nouveaux sur beaucoup de points de la France, où l'on ne supposait pas, jusqu'ici, qu'il pût y avoir de la houille; et l'on y créera des industries nouvelles, des travaux pour la classe ouvrière et un aliment à notre navigation intérieure.

Ainsi donc, mon opinion bien nette et bien franche est que le Gouvernement doit protéger contre toutes les productions étrangères et laisser s'établir, à l'intérieur, la concurrence la plus illimitée.

Le système des douanes, actuellement en vigueur relativement aux houilles, a-t-il eu pour résultat de ralentir les travaux d'exploitation des houillères, de faire augmenter le prix des charbons, enfin de paralyser ou de nuire aux industries qui s'alimentent de combustible?... Je crois pouvoir, sans crainte d'être contredit, affirmer que non; et cela est démontré par les faits.

L'exploitation des houilles ne s'élevait, jusqu'en 1789, qu'à 2,800,000 quintaux par an; en 1812, elle n'était que de 6,683,000 quintaux, tandis qu'elle est actuellement de plus de 20,000,000 quintaux.

D'une autre part, que l'on considère combien l'industrie manufacturière a fait de progrès depuis, et l'on reconnaîtra alors le mérite d'un système uniforme dans les douanes, puisqu'il est évident que celui qui a été suivi a tout fait développer à la fois, et au grand profit des consommateurs; car plus la production augmente, plus tout tend à diminuer de prix : cela est vrai pour l'exploitation des charbons, comme pour tous les autres objets de production ; il y a même à ajouter que l'exploitation des houillères ne pouvant se faire qu'avec de grands capitaux nécessités par les travaux d'art, qu'il faut absolument entreprendre, ce n'est qu'à l'aide de premières avances considérables qu'on peut extraire beaucoup ; et ce n'est cependant qu'en produisant beaucoup que l'on peut couvrir des frais généraux considérables, et donner ses produits à un prix modéré.

Le prix des charbons de terre varie considérablement en France, suivant les localités et les moyens de consommation et de transport.

Le département du Nord, qui élève les plus vives réclamations contre les droits établis à l'importation, est un des départements consommateurs de houilles les plus favorisés pour les prix ; car, à peu près sur tous les points, soit qu'on y consomme des houilles françaises, soit qu'on y introduise des houilles étrangères, l'hectolitre ne revient pas à plus de 1 franc 50 centimes ; tandis qu'à Paris, à Rouen, à Mulhausen, il coûte de 3 à 4 francs : cette différence est donc entièrement à l'avantage des fabricants du Nord.

En établissant des droits gradués suivant les localités, l'administration antérieure a agi, suivant moi, d'une manière fort rationnelle, et conservé aux exploitations françaises le degré de protection que chacune d'elles motivait. Je ne préjuge pas les changements qui pourraient y être apportés ; mais je crois qu'ils devraient être toujours basés sur les prix de *revient* des houilles françaises, comparés aux prix auxquels ressortiraient les houilles étrangères, sur les marchés communs.

Les exploitants des houilles françaises ne sont pas les seuls intéressés dans cette question, d'autres industries s'y rattachent. On sait que la construction des bateaux, dans la Haute-Loire et dans l'Auvergne, donne seule de la valeur aux forêts de sapin qui couvrent les montagnes bordant la Haute-Loire et l'Allier ; et, indépendamment de la quantité considérable d'ouvriers spécialement employés à l'exploitation des houilles, on sait aussi combien d'hommes sont employés au roulage de ces mêmes houilles, depuis les mines jusqu'aux divers ports de leur embarquement, et l'aliment qu'elles fournissent à la marine intérieure.

En prenant Paris pour centre de consommation, et comme un grand marché sur lequel se présentent concurremment les mines du Nord et celles du Midi, il est évident que les premières y peuvent arriver avec des avantages incontestables d'économie de temps et d'argent. Valenciennes n'est qu'à 60 lieues de distance; la navigation du canal de Saint-Quentin ne laisse presque plus rien à désirer; celle de l'Oise s'améliore chaque jour, et, avant un an, les travaux d'art qu'on y fait permettront d'y naviguer en tout temps et à pleine charge; enfin, un bateau venant du Nord peut porter 3,000 hectolitres de charbon, et n'emploie pas plus de mariniers qu'un bateau venant du Midi et conduisant à peine 600 hectolitres. Si l'on considère ensuite que la distance des mines du Midi à Paris est plus que double de celle de Valenciennes, que la Loire et l'Allier sont des espèces de torrents qui n'offrent que la navigation la plus incertaine, la plus irrégulière et par conséquent la plus dispendieuse, on se convaincra aisément que, pour que les houilles du Midi soutiennent la concurrence avec les mines du Nord, il est indispensable de maintenir les droits actuels.

Les consommateurs parisiens ont, sans nul doute, grand intérêt à obtenir les houilles à des prix modérés et réguliers, et cependant ce ne sont pas eux qui réclament avec le plus d'instance l'abaissement des droits d'entrée des houilles étrangères. J'ai dit que le prix ordinaire des charbons était, à Paris, de 3 à 4 francs l'hectolitre, le droit sur la frontière belge étant de 33 centimes; il en résulte une charge, pour le consommateur parisien, de 8 à 10 pour 100.

Mais je considère que cette charge n'est pas réelle; car, si le droit était levé, les charbons belges augmenteraient infailliblement d'une partie de ce droit; la concurrence des mines du Midi pourrait cesser par le renchérissement des mines belges, lesquelles profiteraient seules alors du retranchement du droit, au grand détriment des houilles françaises et des revenus de l'État, qui méritent aussi une sérieuse considération; car ils s'élèvent à environ 2,000,000 francs par an : il faudrait frapper d'autres impôts pour remplacer le vide de celui-ci.

Ce qui grève considérablement les consommateurs parisiens, ce sont les droits d'octroi; mais ces droits portent également sur les mines du Nord comme sur celles du Midi : et d'ailleurs la ville de Paris n'est point en position de les supprimer.

Les améliorations, qui se créent pour les consommateurs intérieurs, sont, je crois, le meilleur moyen à employer pour faciliter et étendre l'exploitation et la consommation du charbon de terre. Quand les canaux seront terminés, quand les droits de navigation auront été réduits à un taux assez modéré pour qu'on puisse s'en servir, alors les charbons arriveront en tout temps à Paris, et l'on pourra espérer d'y en avoir d'une manière régulière et d'être à l'abri des variations exorbitantes qui en font élever les prix de cette année à plus de 60 pour 100. Ces causes sont, au reste, motivées par l'extrême sécheresse.

Une amélioration notable, pour les houilles du Midi qui ont des distances si considérables à parcourir par les rivières, serait la suppression, si souvent réclamée, des droits de navigation sur ces rivières.

(Paris A.)

890. Des considérations d'un ordre supérieur doivent achever de convaincre de la nécessité de repousser une mesure aussi dangereuse, aussi inconsidérée, que serait la réduction du tarif actuel.

Des intérêts beaucoup plus graves et beaucoup plus nombreux qu'on ne l'imagine généralement se rattachent à cette industrie, dans laquelle on propose de porter le découragement et la perturbation.

Plus de 3,000 bateaux chargés de houilles partent des sources de la Loire et de l'Allier.

La valeur moyenne d'un chargement est de 240 francs; celle d'un bateau est de 350 francs; on l'a vue beaucoup au-dessus (500 et 600 fr.).

Le total du prix des bateaux seulement forme donc un capital de 1,000,000 à 1,200,000 francs.

Cette somme se répartit entre les fabricants de bateaux, les conducteurs, les débitants et les propriétaires de bois. Anéantir ce commerce, ce serait plonger la contrée dans une affreuse misère, ce serait réduire à l'improduction ces vastes forêts qui couvrent une partie des montagnes de l'Auvergne.

Suivant la possibilité de la navigation, une moitié, à peu près, des bateaux reçoit, en surcharge, le contenu des autres qui, abandonnés en route avec une perte de 100 francs environ, servent à transporter des vins, des fers et autres objets dont le prix est atténué d'autant.

Tous ces bateaux parviennent enfin à Paris, où ils sont revendus, au prix approximatif de 110 francs, et immédiatement déchirés pour alimenter les ateliers des constructeurs, des layetiers et des marchands de meubles.

On sent combien la perte de cette masse de bois, achetés au-dessous de leur valeur intrinsèque, serait sensible à la capitale. On compromettrait encore l'existence de ces nombreuses populations de mariniers qui peuplent les bords de la Loire et de l'Allier.

Les mariniers du Nord sont presque tous Belges; ces populations sont françaises, elles n'ont pas d'autres ressources.

Les salaires qui les font subsister, et qui constituent une partie majeure des frais qui enchérissent si fort la houille, sont-ils donc perdus pour le pays, et ne forment-ils pas une compensation des charges que supportent les consommateurs?

Enfin, la cessation des arrivages du Centre, dans la Seine, enlèverait aux canaux de Briare et du Loing presque la moitié de leurs revenus, puisque, sur 4,000 bateaux soumis communément à leurs péages, 1,700 à 2,000 transportent des charbons de terre.

En principe, toute industrie mérite protection.

Celle-là seule qui produit à trop haut prix, *sans espérance fondée* d'une diminution capable de récompenser un jour des sacrifices faits en sa faveur, doit être abandonnée comme incontestablement onéreuse.

L'industrie qui nous occupe n'est point dans ce cas; elle produit moins chèrement que l'étranger, elle peut recevoir de grands développements; elle a droit d'être secourue. La priver des débouchés de la Seine et de la Loire-Inférieure, dont elle ne peut se passer, ce serait lui porter un coup mortel, ainsi qu'aux nombreux intérêts qui s'y rattachent, et perdre à toujours l'espérance de voir s'achever ces grandes lignes de canaux et de chemins en fer, qui contribueront si énergiquement à la prospérité du pays.

Par tous ces motifs, nous sommes déterminés à conclure pour le maintien de la législation en vigueur.

Cependant, considérant que la manière la plus sûre d'abaisser le prix de la houille consiste à réduire ces frais énormes qui composent les 7/8es de sa valeur; que le prix de cette matière première doit être le plus bas possible, nous avons recherché les moyens d'arriver à un but aussi désirable.

Ce serait, d'abord, la suppression des droits de navigation.

L'État ne perçoit aucunes rétributions, et fait, au contraire, chaque année, 18,000,000 francs de dépenses sur les routes de terre.

Il est injuste et peu rationnel d'imposer un péage sur les rivières, véritables routes qui transportent ordinairement des marchandises d'une même valeur.

La suppression des droits de navigation serait d'autant plus convenable qu'elle laisserait aux charbons du centre un avantage sur les charbons belges trop favorisés, depuis 1827 particulièrement.

En second lieu, la révision des tarifs des canaux de Saint-Quentin, de Briare et du Loing; tarifs vicieux, auxquels il appartient à une administration vigilante d'exiger les améliorations que comporte l'intérêt du commerce réuni à celui des actionnaires.

Un dernier moyen, le plus certain, le plus puissant, c'est le perfectionnement de nos voies de communication.

Plusieurs compagnies se sont empressées d'y concourir sur les points qui leur offraient quelques chances de bénéfices.

L'administration elle-même a entrepris le creusement d'un grand nombre de canaux, et nous nous plaisons à reconnaître leur utilité.

Mais, pour ces travaux, des péages très-élevés ont été concédés aux compagnies dont on emprunte le secours.

Deux cents millions de fonds du Trésor ont été ou seront bientôt dévorés.

De parcilles dépenses écrasent le présent et compromettent l'avenir : il serait impossible d'en demander la continuation aux contribuables surchargés.

Aurions-nous la douleur de voir ces canaux revendus sur la place publique, comme ces constructions inachevées qui attestent la prodigalité et la ruine de leurs auteurs?

Une ressource nous reste encore, il faut la saisir!

Que cette formidable armée, qui fait l'honneur et la sécurité de la France, soit appelée à prendre part à ces grands ouvrages, dont l'exécution, sans cette assistance, serait absolument impossible ou indéfiniment ajournée.

Hâtons-nous d'exprimer au Gouvernement ce vœu de tous les bons citoyens, ce vœu qu'il nous appartient de proclamer le vœu général.

En utilisant les militaires, en temps de paix, on pourra éviter un licenciement trop considérable, et qui ne serait peut-être pas sans dangers, eu égard à notre situation politique; car nous supporterions tous avec joie de nouveaux sacrifices pour assurer la gloire et la prospérité de notre belle patrie. (*Cons. Gén. des Man".*)

891. Nous avons démontré :

Dans l'intérêt des mines du Centre.

1° Que les richesses de la France, en charbon minéral, pouvaient répondre à tous ses besoins, quels qu'ils puissent être, et que, sous le double rapport de la qualité et de la variété des espèces, elle n'avait rien à envier aux mines étrangères;

2° Que c'était une grave erreur de croire qu'une qualité de houille avait une spécialité telle, pour un genre d'industrie, qu'elle ne pouvait la remplacer par une autre. Les exemples tirés (32° question, n° 624) des établissements de Mulhausen et de Lyon, qui fabriquent, avec autant de succès, les mêmes produits que Rouen et Paris, ne laissent aucun doute à cet égard;

3° Que, s'il y avait encore un avantage, dans les prix de vente, en faveur des houilles étrangères, sur le marché de Paris, celui du bassin de la Seine et quelques points de nos côtes, cet avantage ne pouvait être attribué qu'à la différence des moyens d'arrivage et au développement de leurs exploitations qui, porté à un plus haut degré d'extension, leur permet d'obtenir le prix de *revient*, qui toujours est en rapport avec le chiffre d'extraction, à un taux inférieur à celui de nos mines.

Que le Gouvernement donc, au lieu de diriger ses regards et sa sollicitude vers l'étranger, reporte sur nos mines les sacrifices qu'il paraît disposé à faire, et bientôt nos exploitations prendront le développement

dont elles sont susceptibles ; et alors elles pourront offrir à la consommation les avantages qu'elle est en droit de réclamer.

En résumé pour arriver à ce but, il convient :

1° De maintenir les droits d'importation par mer, non-seulement tels
qu'ils existent actuellement, mais même de les augmenter, et, quant aux
droits d'importation des houilles de la Belgique par les départements du
nord de la France, si le Gouvernement jugeait utile de les diminuer,
afin de favoriser les localités qui ne consomment que des houilles belges,
à raison de leur position limitrophe de la Belgique, cette diminution
ne devrait pas s'étendre au-delà de ces localités spéciales ;

2° De favoriser, autant que possible, l'ouverture de nouvelles voies
de communication intérieure, afin de mettre en rapport immédiat tous les
points de la France, et d'achever par exemple le canal latéral à la Loire qui
est de la plus haute importance pour toutes les mines du Centre ;

3° De réduire dans une forte proportion, sinon de supprimer, les droits
de péage sur les canaux ;

4° De supprimer entièrement les droits sur les rivières qui ne coûtent
aucuns frais d'entretien à l'État, et qui, par conséquent, ne doivent être
assujetties à aucun impôt.

De l'obtention de ces avantages dépend le sort des mines du Centre ;
ainsi le Gouvernement ne doit pas perdre de vue que le résultat de l'enquête provoquée est une question vitale pour l'industrie des mines en
France. (*Blanzy.*)

892. L'un des principes d'économie politique dont l'application doit
être suivie avec persévérance, c'est celui qui a pour but de protéger le travail national à l'aide d'un bon système de douanes. Parmi les produits qui
sont livrés à la consommation, il n'en est pas qui donne lieu à une plus
grande masse de travail que la houille, cet agent si puissant de reproduction ; la valeur de ce combustible ne se forme et ne s'accroît que par le
travail. L'extraction et le transport occupent la population nombreuse
des mineurs, des fabricants de bateaux et des mariniers. La houille, qui
se livre, à l'orifice même des exploitations des mines de Saint-Étienne, à
30 centimes l'hectolitre et souvent au-dessous, acquiert, par le transport.

Département
de la Loire.

sur le marché de Paris, une valeur de 3 francs 50 centimes à 4 francs
l'hectolitre. Admettre les houilles étrangères en France, sans lesassujettir
à un droit protecteur de notre industrie, ce serait ruiner les exploitations
de mines du centre de la France, porter la perturbation et la misère parmi
la population qui s'occupe de l'exploitation des bois, de la fabrication
des bateaux et du transport de la houille : ce serait décourager les entreprises de canaux ou de chemins de fer, détruire les capitaux qui y ont été
employés et sacrifier de très-grands intérêts à de petites considérations de
localités. Par ces motifs on espère qu'il ne sera apporté aucun changement à la législation des douanes en cette partie. (*Loire A.*)

803. Dans la situation déplorable où se trouvent aujourd'hui les mines
de St-Étienne, l'enquête, demandée par le Conseil de commerce, a paru,
aux exploitants de ce bassin houiller, ouvrir enfin une voie aux améliorations qu'ils réclament depuis si longtemps. Pleins de confiance dans les
intentions et les lumières du Gouvernement, dont le but est de protéger,
avec une égale sollicitude, les intérêts de tous, appréciant les vues élevées
des membres qui composent le conseil, ils ont pensé que le moment était
venu de faire connaître l'état de souffrance et de ruine qui afflige, depuis
plusieurs années, l'industrie houillère de la Loire et des départements du
Centre, d'en reproduire les causes et d'indiquer les moyens de les faire
cesser.

Déjà, en 1822 (19 janvier), nous avons rédigé un mémoire, en
opposition à la demande formée, par quelques départements du nord de
la France, pour obtenir une réduction sur les droits d'entrée des charbons belges.

Ce mémoire démontrait :

1° Que les charbons de Saint-Étienne ne soutenaient, à Paris, la concurrence des charbons belges que grâce à la préférence de 10 à 12 p. 100
accordée, par le commerce, à leur qualité, et que déjà, à cette époque,
le perfectionnement des communications avec le Nord donnait, aux mines
de Mons, de grands avantages pour l'approvisionnement de ce marché,
malgré, la différence, sur les lieux d'extraction, des prix de la houille, qui
à Mons étaient de 90 centimes par hectolitre, et de 54 centimes à Saint-

Étienne. Aussi, en déduisant 12 pour 100 de prime due à la supériorité de nos charbons, restait-il, en faveur des exploitants de la Belgique, un avantage absolu de 17 centimes par hectolitre.

2° Que la réduction des droits d'entrée entraînerait la ruine des houillères du centre de la France, celle des nombreuses industries qu'elles alimentent, et enfin exposerait infailliblement la capitale à tous les inconvénients du monopole exercé par des étrangers, dans la ville la plus manufacturière du continent, sur une matière qui forme la base de l'industrie nationale.

3° Que, pour amener une diminution de prix sur les points de consommation, le Gouvernement devait laisser subsister le droit de 33 centimes sur les houilles belges, favoriser les mines de l'intérieur, en supprimant les droits de navigation, sur la Loire, qui s'élèvent à 15 ou 17 centimes par hectolitre, et en obtenant des modifications utiles aux tarifs des deux canaux de Briare et du Loing, de telle sorte que la perception du péage se fît par quantité et non par bateau; ce qui, en améliorant naturellement les revenus des compagnies propriétaires de ces canaux, amènerait une diminution de 9 centimes, par hectolitre, dans les frais de halage.

L'adoption de ces deux mesures aurait fait baisser, de 25 centimes par hectolitre, le prix des houilles de Saint-Étienne, sur le marché de Paris, et aurait permis de soutenir, à cette époque, sans trop de défaveur, la concurrence de la Belgique.

En 1828, lorsque les améliorations apportées à la navigation du canal de Saint-Quentin eurent permis d'augmenter, de beaucoup, le tonnage des bateaux chargés de houille belge, et de réduire les frais de transport dans une proportion considérable, prévoyant le coup mortel que ces changements allaient porter à nos relations avec le marché de Paris, nous adressâmes de nouvelles représentations au ministre du commerce.

«Le principal débouché des mines de Saint-Étienne, disions-nous, est le bassin de la Seine, qu'elles approvisionnent, surtout en houille de forge et d'éclairage, concurremment avec les mines de la Belgique.

« Jusqu'à présent elles ont soutenu cette concurrence avec un succès peu contesté, et si la prime accordée à la qualité supérieure de leurs produits ne compensait pas toujours exactement les risques et l'excédant des prix de transport, le bénéfice était un peu moindre, mais il y avait encore bénéfice.

«La condition des deux industries rivales était, d'ailleurs, à peu près égale pour la durée du transport de chaque mine à Paris. Quoiqu'à une distance moindre de moitié et par une navigation beaucoup plus régulière, les houilles du Nord n'arrivaient pas plus promptement que celles du Midi.

«Aujourd'hui cet équilibre relatif est absolument rompu. La ligne de navigation du Nord, soumise, depuis deux ans, à un régime spécial, a été et est encore l'objet d'améliorations si importantes, que le bateau qui ne faisait qu'un voyage, par an, en peut faire maintenant trois, que le fret, de Mons à Paris, a baissé de plus de 25 pour 100, et que les houilles belges, dont le prix moyen était, en 1827, de 55 francs la voie, se livrent aujourd'hui à 38 francs.

«Aussi, les houillères du Midi ne dirigent-elles plus vers la Seine que ceux de leurs produits qui déjà étaient amoncelés à l'orifice des puits, sur les ports, ou dans les stations intermédiaires. Le prix de ces produits, tombé de 65 à 44 francs la voie rendue à Paris, couvre à peine les frais de transport; la valeur de la houille, prise à la mine, reste en pure perte, et si le Gouvernement ne se hâte d'y pourvoir, le plus beau marché de France sera bientôt abandonné, sans défense, au monopole de l'étranger. »

Nos conclusions tendaient :

1° A ce que les droits de navigation fluviale, perçus sur la houille transportée par la Loire et la Seine, fussent supprimés ;

2° A ce que les droits d'entrée, sur les houilles de la Belgique, fussent élevés de 33 centimes à 60 centimes par hectolitre comble, jusqu'à ce que des communications plus faciles et plus économiques fussent ouvertes au commerce ;

3° Enfin, à ce que le Gouvernement intervint pour faire modifier les tarifs des canaux de Briare et du Loing, autant dans l'intérêt de ces deux canaux que dans celui des houillères et des consommateurs.

Ces pressantes réclamations sont restées sans effet, et notre situation est devenue d'autant plus critique que les progrès des houilles du Nord ont été plus rapides. Les importations de la Belgique ont quadruplé depuis dix ans, et sont à la veille de nous exclure d'un marché dont nous étions en possession depuis longtemps.

Aujourd'hui, nous avons à insister sur les mêmes considérations, et à montrer que nos besoins réclament encore les mêmes mesures.

La suppression des droits de navigation fluviale n'est point une faveur: c'est une justice qu'on ne peut nous refuser plus longtemps.

Une réduction équivalente, accordée à nos concurrents, dans les droits d'entrée, ne ferait qu'aggraver notre position, en détruisant tout notre espoir dans la sollicitude du Gouvernement.

Le Trésor n'éprouvera pas une grande diminution de revenu de la suppression des droits perçus sur la houille, dans la Loire et la Seine, puisqu'ils ne dépassent pas 150,000 à 200,000 francs, tandis que les droits d'entrée sur les houilles étrangères produisent près de 2,000,000 fr. par an.

Ce n'est pas tout : les houillères françaises sont grevées de deux impositions qui pèsent beaucoup moins sur les mines de la Belgique (*); nous voulons parler des redevances fixe et proportionnelle auxquelles elles sont soumises d'après la loi de 1810.

Le but de la loi du 28 avril 1816, qui a été de donner, aux charbons indigènes, une prime de 33 centimes, par hectolitre comble (ou quintal métrique), n'est donc pas rempli, puisque cette prime est détruite par les circonstances *exceptionnelles* dans lesquelles nous nous trouvons.

Après avoir consacré, à l'amélioration des voies navigables du Nord, une somme de 14,000,000, on s'occupe enfin de créer, dans le bassin de la Loire, des canaux destinés principalement aux transports des houilles. A l'imitation du Gouvernement, plusieurs compagnies se sont formées pour établir des chemins de fer de Saint-Étienne à Roanne, et un canal latéral de Roanne à Digoin. Un capital de 45,000,000 s'immobilise, dans ce mo-

(*) La loi du 21 avril 1810 a été conservée, en Belgique, après la séparation; mais nos ingénieurs sont habitués, dans l'exécution de l'article 35, à forcer l'évaluation du produit net de nos mines, et on nous mne toujours à 5 pour 100 de revenu, c'est-à-dire au maximum. En Belgique, l'évaluation se fait d'une manière beaucoup plus paternelle, et l'on n'impose que 2 1/2 pour 100. (*Note du déposant.*)

ment, pour la construction de ces nouvelles voies; ira-t-on les frapper de stérilité par une suppression intempestive des droits d'entrée?

Les propriétaires de mines de houilles ne sont pas, comme on le croit, les plus intéressés dans la question qui s'agite; le combustible, qui vaut 30 à 40 centimes sur la mine, se vend 3 ou 4 francs à Paris, c'est-à-dire que les frais de transport décuplent sa valeur intrinsèque, et ces frais, qui s'élèvent annuellement à plusieurs millions, procurent des débouchés à nos forêts, occupent des milliers de bras, et alimentent un commerce important.

C'est le transport de la houille qui dotera la France d'un vaste système de communications intérieures; c'est pour opérer ce transport que d'immenses capitaux s'engagent dans toutes nos grandes entreprises de travaux publics, et l'on voudrait arrêter cet essor, porter un coup mortel à l'esprit d'association par un changement inattendu et funeste des tarifs de douanes!

Les canaux et les chemins de fer devront réduire considérablement leurs péages pour être accessibles à une matière aussi lourde et d'aussi peu de valeur que la houille; ce n'est qu'en transportant des quantités très-considérables qu'ils pourront devenir productifs; et, pour cela, il faut que la consommation de la houille s'accroisse beaucoup; les dépenses d'extraction ne peuvent descendre au-dessous du taux auquel elles sont maintenant: c'est sur les frais de transport qu'on trouvera de notables économies; c'est là que sont les véritables conditions du bon marché de la houille en France, plutôt que dans la suppression ou la réduction des droits d'entrée; car, nous ne cesserons de le répéter, les houillères françaises produisent à meilleur marché que toutes celles de l'étranger.

La chambre de commerce de Lille et les autres réclamants du Nord invoquent, en leur faveur, les principes de la liberté du commerce; ils ne craignent pas d'attaquer les droits protecteurs de notre industrie, eux dont les principales manufactures, celles de coton surtout, fleurissent à l'abri des prohibitions; dont les huileries, les sucreries, etc., sont protégées par des tarifs bien plus élevés qu'un faible droit de 33 centimes par quintal métrique de houille, équivalant au plus à 20 pour 100 de sa valeur sur les lieux de consommation, et qui ne frappe pas de 2 francs par 1000 la valeur des produits fabriqués!

Si, comme il n'est pas permis d'en douter, la législation qui favorise le travail national doit être maintenue, aucune industrie ne mérite plus cet encouragement que celle de l'exploitation des mines, dont les produits, primitivement sans valeur, sont arrachés, du sein de la terre, avec de grandes dépenses qui se résolvent toutes en main-d'œuvre.

L'initiative que le Gouvernement vient de prendre, et l'équilibre qu'il a déclaré vouloir rétablir entre les exploitants français et les étrangers, *nous donnent* l'espoir qu'il sera droit à nos réclamations tant de fois reproduites; il recueillera les résultats de cette enquête solennelle à laquelle se rattachent tant d'existences. Nous émettons ici le vœu que ces documents soient rendus publics et livrés à la libre discussion de la presse, afin que la vérité se fasse jour, et qu'aucun intérêt ne soit injustement sacrifié.

Les concessionnaires de mines de l'arrondissement de Saint-Étienne demandent donc aujourd'hui :

1° Le maintien des droits actuels sur les houilles étrangères ;

2° La suppression des droits de navigation fluviale sur les houilles ;

3° L'intervention du Gouvernement pour obtenir, des compagnies de Briare et du Loing, les modifications reconnues nécessaires aux tarifs de ces canaux ;

4° Que le tarif des droits du canal latéral à la Loire soit réduit au même taux que celui du canal de Saint-Quentin, c'est-à-dire 2 centimes par tonne et kilomètre.

L'adoption de ces mesures permettrait de livrer, à Paris, les houilles de Saint-Étienne au même prix que les houilles belges.

Pour donner une juste idée de l'importance des établissements dont nous venons de signaler les besoins et les vœux, nous placerons ici le tableau du mouvement des houillères de l'arrondissement de Saint-Étienne, en faisant remarquer, toutefois, que les houilles extraites pendant les deux dernières années n'ont pas été vendues aux prix que MM. les ingénieurs ont cru devoir leur assigner à l'époque de leurs évaluations, ce qu'attestent les immenses dépôts qui existent sur les mines.

(Suit le Tableau.)

MOUVEMENT des Houillères de l'arrondissement de Saint-Étienne (Loire).

ANNÉES.	NOM du BASSIN HOUILLER.	NOMBRE				QUANTITÉ du PRODUIT BRUT. (Quint. métr.)	VALEUR du PRODUIT BRUT.	OBSERVATIONS.
		D'EXPLOI- TATIONS.	D'OU- VRIERS.	de CHEVAUX.	de MACHINES.			
1820	Saint-Étienne.....	34	753	113	7	1,610,469	903,219f 00c	Non compris 4 machi- nes en chômage.
	Rive-de-Gier.....	41	1,102	112	16	2,189,657	1,089,897 00	
1821	Saint-Étienne.....	20	772	97	6	1,764,813	1,108,404 00	9 machines en chô- mage.
	Rive-de-Gier.....	38	1,226	98	17	2,270,097	2,043,217 00	
1822	Saint-Étienne.....	25	903	118	7	1,928,747	1,145,981 32	11 machines en chô- mage.
	Rive-de-Gier.....	11	1,056	51	17	2,264,838	1,704,480 55	
1823	Saint-Étienne.....	25	1,035	138	18	3,043,833	1,826,321 40	
	Rive-de-Gier.....	11	1,224	58	20	2,469,618	2,055,728 30	
1824	Saint-Étienne.....	26	1,071	131	15	2,217,316	1,376,812 00	
	Rive-de-Gier.....	14	1,443	93	27	2,880,643	2,308,680 85	
1825	Saint-Étienne	21	1,142	137	17	2,877,838	1,454,589 93	
	Rive-de-Gier.....	15	1,672	142	39	2,886,848	2,381,595 90	
1826	Saint-Étienne.....	22	1,346	132	19	2,816,522	1,345,138 80	
	Rive-de-Gier.....	16	1,482	155	40	3,237,680	2,585,974 30	
1827	Saint-Étienne.....	19	1,255	149	17	2,585,736	1,595,595 85	6 machines à vapeur non agissantes.
	Rive-de-Gier.....	17	1,478	257	40	3,667,127	2,972,260 85	
1828	Saint-Étienne	18	1,596	175	17	2,718,146	1,791,743 63	
	Rive-de-Gier.....	17	1,794	266	43	3,945,221	3,080,360 10	
1829	Saint-Étienne.....	18	1,596	175	17	2,718,146	1,791,743 63	
	Rive-de-Gier.....	17	1,794	266	43	3,945,221	3,030,360 10	
1830	Saint-Étienne	16	1,190	193	17	2,380,066	1,637,675 70	
	Rive-de-Gier	19	1,780	292	46	3,882,812	2,741,208 69	
1831	Saint-Étienne ...	17	1,188	144	24	2,846,324	1,832,388 89	
	Rive-de-Gier.....	21	1,841	318	53	3,956,641	3,144,832 50	
1832	Saint-Étienne	17	1,042	93	22	2,210,668	1,388,824 00	
	Rive-de-Gier.....	19	2,011	319	32	4,131,982	3,539,105 00	

(Saint-Étienne.)

Auvergne.

894. A peine cinq années se sont écoulées depuis l'enquête sur les fers, et déjà les exploitations étrangères, qui avaient échoué dans leurs projets d'envahissement, se présentent avec plus d'instance et font revivre les mêmes prétentions.

Malgré que, dans la série de questions posées par M. le Ministre du commerce et des travaux publics, on n'avoue pas explicitement le but qu'on se propose, il est cependant difficile de se faire illusion et de ne pas s'apercevoir qu'il s'agit de la suppression des droits de douane sur les charbons étrangers, ce qui dénote, de la part des gouvernements belge et anglais, beaucoup de persévérance, et, de la part du nôtre, une bien grande hésitation dans ses refus. Cette incertitude continuelle dans les intentions de l'administration est cependant une des causes qui fatiguent et paralysent l'industrie française, qui voit ainsi, chaque année, avec inquiétude, remettre son existence en question.

Nous devons nous opposer, de tous nos moyens, à l'adoption d'une semblable mesure, et nous exposerons nos raisons avec la modération qui convient à notre bon droit, mais avec la franchise d'hommes qui se sentent frappés dans leurs intérêts les plus chers.

Notre position s'est-elle donc améliorée depuis 1828? Notre prospérité intérieure est-elle devenue tout à coup si digne d'envie, que déjà le Gouvernement n'ait plus à faire aucun cas des opinions émises alors par des hommes éclairés et consciencieux? et les motifs qui déterminèrent ces derniers à maintenir les droits d'entrée en France sur les houilles étrangères ont-ils cessé d'exister aujourd'hui?

Voilà près de trois années que notre industrie improductive et languissante attend, avec résignation, la fin de nos discordes civiles et la consolidation de la paix; et c'est après les secousses qu'entraînent les révolutions, après tant d'efforts et de sacrifices de notre part, après avoir conservé, dans nos ateliers, tant d'ouvriers, en pure perte pour nous, mais du moins avec profit pour la tranquillité publique; c'est enfin au moment où la reprise des affaires paraît probable et prochaine, et où nous entrevoyons un terme à nos souffrances, que nous sommes menacés de nouveau dans nos fortunes et dans nos existences? Il serait donc impossible de créer, en France, un avenir de travail, si, à chaque changement de ministère, on devait revenir sur des droits acquis, pour favoriser des exploitations étrangères auxquelles les débouchés, que leur offrent leur pays et une grande partie de la France, ne suffisent déjà plus. Fortes de la protection que leurs gouvernements leur accordent, elles aspirent aujourd'hui, comme toujours, à refouler les produits français qui, au con-

traire, ne demandent qu'à s'étendre, et auxquels il ne manquerait peut-
être que des encouragements et des facilités dans les communications,
pour permettre de faire des essais en exportations.

Les exploitants du centre de la France ne sont plus actuellement dans
les mêmes conditions qu'à l'époque de la dernière enquête. Prévue et
annoncée longtemps à l'avance, cette enquête dont on devait, à plus d'un
titre, redouter l'issue, avait comprimé leur essor; mais dès l'instant que
ses résultats eurent été connus, et quoique les étrangers eussent réellement obtenu gain de cause par le maintien, sur nos produits, des mêmes
droits de navigation, les propriétaires de mines françaises, qui ne retiraient
de l'enquête d'autre perspective que la stabilité, comprirent qu'ils ne par-
viendraient à soutenir la concurrence, qui allait s'établir sur tous les points
à la fois, que par la baisse dans le prix des charbons, et par de nouveaux
modes d'extraction, afin de retrouver, dans une plus grande production,
le même dédommagement à leurs peines. C'est ainsi que, dans nos contrées, le prix du charbon qui, jusque-là, s'était soutenu à 75 centimes,
l'hectolitre, aux lieux d'embarquement, fut soudainement réduit à 60 cent.
C'est ainsi que des améliorations et des innovations importantes furent
introduites sur nos ateliers par l'établissement de machines à vapeur et de
chemins de fer, et par le foncement de nouveaux puits qui, creusés à des
profondeurs inaccoutumées, assurent la richesse et la durée d'une concession, en même temps que le bien-être du pays. Mais, pour y parvenir,
que de capitaux il a fallu aventurer et combien d'exploitants sont restés
sous le coup d'engagements qu'il leur a fallu contracter!

Nos prévisions se sont-elles du moins réalisées? avons-nous pu recueillir le fruit de nos avances et de nos travaux? Non : car la révolution
de 1830 est venue nous surprendre au moment où tous nos sacrifices
pécuniaires étaient faits; et l'on sait assez que, depuis cette époque, nous
avons eu à supporter la plus forte part du malaise général.

Qu'on ne vienne point invoquer, en faveur de la combinaison désastreuse dont nous sommes menacés, le plus grand avantage du consommateur! Sans doute la sollicitude du Gouvernement doit s'attacher à la consommation; mais, par une conséquence forcée, elle doit porter, en même
temps, sur la production, dans un pays comme la France, où il est si facile
de faire marcher de front les deux intérêts. Ce qu'avant tout désire le con-

sommateur, c'est un prix modéré, exempt de variations, et non une baisse momentanée avec les chances d'une augmentation sans limite.

La suppression, ou même seulement la diminution des droits d'entrée sur les charbons étrangers, est une mesure devant laquelle avait reculé le précédent Gouvernement lui-même, par l'impossibilité d'en prévoir ou d'en calculer tous les effets. Dans notre état actuel, les charbons de la Belgique ont déjà le monopole de la capitale et de la Haute-Seine, et ils fournissent, concurremment avec ceux d'Angleterre, aux besoins de presque tous nos ports de mer. Les charbons de Saint-Étienne n'arrivent à Paris qu'avec des pertes, et ceux d'Auvergne ont été forcés d'y renoncer jusqu'à ce que des temps meilleurs leur permettent de s'y représenter.

Les débouchés de l'Auvergne se réduisent aujourd'hui à une consommation locale partagée entre plusieurs exploitations, et à la ligne de la Loire jusqu'à Saumur, et non au-delà; car déjà, à Angers, nous nous trouvons en présence des Anglais, qui n'attendent qu'une diminution dans le tarif, pour s'emparer de Saumur, de Tours, de Blois et d'Orléans. S'il devait en être ainsi, ce serait le dernier coup qui pourrait être porté aux exploitations du centre; matériel, richesses territoriales, capitaux, tout serait perdu pour elles. Vainement elles chercheraient à lutter contre leur destinée en extrayant quelques gros charbons, pour le chauffage des localités; toutes finiraient par succomber un peu plus tôt, un peu plus tard, d'abord parce que ce serait, entre elles, une guerre de désespoir, et ensuite parce que, pour se procurer du gros, il faut nécessairement tirer une grande quantité de gaillette et de charbon de forge dont le placement nous serait interdit.

Mais, à part cette considération, ne peut-il pas arriver que les circonstances graves, dans lesquelles l'Europe se trouve engagée, donnent naissance à quelques-uns de ces événements politiques imprévus qui fassent qu'on en soit à regretter d'avoir trop facilement cédé aux exigences des étrangers en précipitant notre ruine? Dans ce cas, serait-il encore temps de réparer le mal qui aurait été fait, de rétablir la concurrence et de remettre les choses dans leur état actuel? On peut prédire et affirmer le contraire : les anciens exploitants n'auraient plus assez de moyens pour se livrer de nouveau à ce genre d'industrie; les travaux abandonnés

auraient été promptement envahis par les eaux et par le feu, et ne pourraient être repris qu'après beaucoup de temps et des dépenses considérables. De nouveaux exploitants auraient sous les yeux l'exemple de
leurs devanciers, et seraient peu disposés à hasarder d'immenses capitaux
pour monter des machines à vapeur, faire construire des chemins de fer,
aller attaquer les veines dans leurs plus grandes profondeurs, et créer
enfin des établissements pareils à ceux que nous possédons. Ils le vou-
draient qu'ils ne le pourraient plus, par la disparition de cette classe si in-
téressante d'ouvriers mineurs, dont l'adresse égale le courage, et qui devront aller au loin chercher des moyens d'existence, aussitôt que nos
ateliers seront fermés. L'émigration s'étendra aussi aux mariniers, voitu-
riers, fabricants de bateaux, de cordages, etc., etc., et enfin à toute
cette population laborieuse qui fait, en quelque sorte, partie d'une exploitation.

Si les mines de France, privées des moyens d'exportation, produisaient
trop, on concevrait peut-être que, pour se ménager des ressources pré-
cieuses, l'administration cherchât à ralentir l'extraction. Mais il s'en faut
que nous ayons encouru ce reproche; et si l'effet existe, c'est nous, au
contraire, qui sommes en droit de nous plaindre et de l'attribuer à la préférence qu'on ne cesse d'accorder aux étrangers. Saint-Étienne, l'Auvergne et quelques autres bassins du Centre, ne peuvent pas donner à
leur production le tiers du développement dont ces établissements sont
susceptibles; et la raison, c'est qu'accablés par les droits de navigation
contre lesquels on a déjà tant de fois, mais inutilement, réclamé, il ne
peut qu'y avoir perte sur les expéditions de Paris. Aussi ne tire-t-on peut-
être pas, à Saint-Étienne, tout le parti possible de ce riche terrain houiller,
et néglige-t-on souvent des charbons de forge qui restent dans les profondeurs, pour s'en tenir à ce qui peut s'extraire à moindres frais.

Nous produisons peu, parce que nos prix s'opposent à un écoulement
facile, et nos prix ne sont élevés que parce que les droits de navigation
sont pour nous un obstacle de tous les moments; tandis que, sans ces
droits, nous suffirions à tous les besoins et vendrions à meilleur marché
encore que les étrangers, en abaissant nos prix, non pas seulement des
26 centimes dont on nous déchargerait par l'abolition de ces droits, mais
encore de tout l'avantage qui résulterait pour nous du développement que

nous donnerions à cette industrie, par de nouvelles découvertes et la formation de nouveaux établissements.

L'administration semble s'apitoyer sur l'état de détresse dans lequel
se trouvent les exploitations étrangères, qui cependant, indépendamment
des débouchés qui leur sont assurés chez elles, approvisionnent encore
les principaux marchés de la France. En supposant que cette détresse
soit réelle, est-ce sur elles que le Gouvernement doit jeter les premiers
regards? n'avons-nous aucun droit à sa bienveillance, et ne peut-on sauver l'industrie rivale qu'en nous sacrifiant?—Il est douteux que, si jamais
nous arrivions en France à avoir un excédant de production, nous pus-
sions obtenir du gouvernement anglais le même degré d'intérêt, et plus
douteux encore que, pour une différence de quelques centimes, il consentît à compromettre l'existence de ses exploitations, pour empêcher les
nôtres de succomber.

L'Auvergne abonde de produits qui, avant l'ouverture du canal de
Saint-Quentin, s'écoulaient par la Loire et par Paris. Ces produits en-
combrent actuellement son sol, et cependant cette province remplit toutes
les conditions qui devraient lui mériter une protection toute particulière
de la part de la haute administration. Loin de là, on l'abandonne à ses
forces, et ses exploitations, comme son commerce, sont dans un état de
langueur qui ne peut plus se prolonger et qui est dû principalement aux
droits dont la navigation est si injustement frappée.

La loi du 30 floréal, an X, qui a créé ces droits, avait été rendue, di-
sait-on, en vue du plus grand bien-être du commerce et de l'industrie;
mais, dès le principe, elle a été violée dans ses dispositions les plus importantes. Un des paragraphes de cette loi porte que les négociants, marchands et mariniers se réuniront en conseil, sous la présidence du préfet,
pour déterminer la quotité des droits à établir. Cette formalité a été
trouvée incommode, et on l'a éludée. Un autre paragraphe veut que les
sommes perçues en exécution de cette loi soient employées, en totalité et
limitativement, au balisage et à l'amélioration des rivières sur lesquelles
les droits auraient été perçus. Ici la violation est plus criante; car, de
tous les gouvernements qui se sont succédé, aucun n'a pensé à donner à
ces fonds la destination qui leur appartenait, et qui seule motivait leur
perception; car on ne peut raisonnablement faire entrer en ligne de

compte les faibles allocations que, chaque année, le Gouvernement affecte à cet objet. Il en est résulté que, au mépris de la loi, ces fonds sont constamment entrés dans les caisses du Trésor, et que nos rivières sont restées avec leurs écueils et à peine navigables pendant 4 mois de l'année, tandis que, depuis trente-deux ans que les droits se perçoivent, on aurait pu encaisser l'Allier, améliorer le cours de la Loire, et les rendre commodément navigables en toute saison, ce qui aurait permis le chargement au retour, avantage qui nous manque, et qui influe d'autant plus, sur le prix de nos charbons, que la valeur de chaque bateau qui descend, augmente celle de chaque hectolitre de 75 centimes.

Nous nous sommes souvent élevés contre cet abus, sans jamais parvenir à le faire redresser. Plus heureux que nous, les étrangers obtiendraient donc, non pas seulement qu'on leur facilitât l'écoulement de leurs produits, mais encore qu'on leur assurât le plus possible de bénéfices. Pourquoi, en effet, seraient-ils déçus dans leurs espérances? L'administration n'a-t-elle pas déjà montré assez de faiblesse ou de partialité dans une circonstance récente, lorsqu'il a fallu adjuger les réparations à faire au canal de Saint-Quentin? Ce sont deux Belges, MM. Honoré frères, qui ont obtenu la préférence. Pour des réparations qui peut-être n'ont pas coûté 2,000,000 francs, on leur a abandonné, pendant dix-huit ans, les droits à percevoir.

A cette même époque, nous sollicitions aussi, de notre côté, la suppression des droits qui nous gênent, et on ne nous a pas même répondu. Ainsi, pendant que, d'une part, l'administration renonçait, au profit de deux étrangers, et avec une si grande perte pour le Trésor, aux droits que le canal aurait produits; de l'autre, elle refusait de laisser libre, en faveur d'exploitations françaises, le cours d'eau que la nature leur a donné. Et c'est lorsque les étrangers ont l'avantage sur nous d'une expédition prompte et sans danger, peu de droits à payer et le bénéfice des chargements au retour, qu'on leur ferait encore remise de tout ou partie du droit de douane! Il n'y aurait plus alors qu'à leur abaisser les droits d'octroi à Paris.

Que l'on compare le prix de *revient* de la Belgique à celui des mines du centre de la France, et l'on verra qui, d'eux ou de nous, mérite le plus d'encouragement dans l'intérêt de la consommation; il y a une disproportion de plus d'un tiers en notre faveur. En Belgique, sur les rivages de Jemmapes, Saint-Ghislin, etc., le charbon se vend aujourd'hui 4 francs 80 cent. le muid. Trois muids forment la voie de Paris, qui est de 18 hectolitres; soit, par hectolitre, 96 centimes que l'on peut décomposer ainsi :

> Coût de l'extraction . . . . 58°33
> Transport jusqu'aux lieux d'embarquement 15,50
> Bénéfice des exploitants 22,17
> ___________
> 96,00

Chez nous, au contraire, l'hectolitre, rendu sur les ports, ne vaut que 60 centimes, dont,

> Coût de l'extraction . . . . 40°
> Transport jusqu'aux lieux d'embarquement 15
> Bénéfice. 05
> ___________
> 60

Il est évident, d'après cela, que nous produisons à moins de frais, et que cependant nos bénéfices sont de beaucoup inférieurs à ceux des exploitants belges; s'il nous fallait baisser nos prix, nous serions forcés de prendre la différence sur notre capital, ou plutôt de fermer nos ateliers. Si dès l'origine on nous eût soutenus, de même que si, à présent encore, on voulait venir à notre secours, peut-être serions-nous aujourd'hui en position de livrer nos charbons à 15 centimes de moins, avec une plus grande somme de bénéfices pour nous, même en baissant nos prix, par la raison que nous aurions accru nos moyens de production sans augmenter proportionnellement nos dépenses.

Si déjà, avec les avantages dont jouissent les charbons étrangers, nous ne pouvons entrer en concurrence avec eux sur les marchés de consommation, se peut-il qu'on veuille encore aggraver notre position? ou bien l'administration ne pencherait-elle à réparer, à notre égard, une longue injustice, que pour en commettre une nouvelle, en supprimant, tout à la fois, et les droits de douane et les droits de navigation? Nous ne nous plaindrions plus alors, parce que nous n'aurions plus à douter du sort qui nous serait réservé.

57

Si une modification dans le tarif des douanes venait à prévaloir, on ne sait pas combien d'intérêts seraient lésés, et nous-mêmes nous ne pourrions qu'en partie, et très-faiblement, en indiquer les tristes résultats.

Le prix moyen des charbons, aux lieux de consommation,
est d'environ................................ 3^f 00^c l'hectol.

Il faut retirer, de cette somme, ce que coûtent les
droits de navigation............................ 0 26

Il reste pour frais d'extraction, de transport au port,
construction de bateaux, frais d'expédition, etc., etc.. 2^f 74^c

Si maintenant on fait attention que les exploitations du Centre produisent annuellement de 8 à 10,000,000 hectolitres, qu'on juge de l'effet que doit amener la suppression d'une circulation de plus de 20,000,000 francs au cœur de la France, pour diriger cette circulation, en grande partie, vers le canal de Saint-Quentin, pour faire jouir les ouvriers belges des travaux primitifs, pour améliorer la position des bateliers de ce même pays, pour consolider la fortune des exploitants de la Belgique, et enfin pour augmenter les bénéfices des concessionnaires du canal, auxquels nous devons peut-être aujourd'hui d'avoir élevé la prétention qui nous occupe.

En vain on objecterait que les exploitants n'auraient pas à supporter seuls la perte des 33 centimes, et qu'il en retomberait une portion à la charge des expéditeurs. En ce qui concerne les premiers, on a vu plus haut qu'ils doivent être mis hors de discussion, puisque tous les bénéfices sont nuls ou à peu près; quant aux expéditeurs, c'est une question jugée que le commerce des charbons du Centre, si ce n'est celui de Saint-Étienne pour un petit nombre d'équipes, ne peut plus s'approcher de la capitale. Depuis près de trois ans, chaque marchand d'Auvergne, qui s'est trouvé assez mal inspiré pour conduire des équipes à Paris, en est revenu avec une perte notable sur son capital. La place de Nantes leur est fermée depuis bien des années; et déjà même, ainsi que nous l'avons dit, les Anglais remontent jusqu'à Angers. Il importe, avant de prononcer, que le Gouvernement prenne, sur la vérité de ces assertions, les renseignements qu'il lui est si facile de recueillir, et il aura bientôt acquis la certitude que la marine d'Auvergne ne peut aujourd'hui vivre de son travail, et qu'il n'est désormais plus possible d'augmenter ses privations.

Si l'extraction de nos houilles était plus coûteuse, si nos produits ne pouvaient pas suffire, en quantité, aux besoins de la consommation, si leurs qualités étaient défectueuses ou manquaient de variété, ou si enfin l'administration, après avoir protégé les exploitations françaises par des mesures efficaces, telles que l'abolition de droits vexatoires et la facilité des communications, avait, en définitive, reconnu notre insuffisance, nous aurions mauvaise grâce à nous plaindre de l'appel fait aux étrangers; et encore, dans ce cas, devrions-nous toujours compter sur une préférence qui nous serait due comme Français; mais, comme il n'en est point ainsi, qu'au contraire nos produits sont, depuis plusieurs années, recherchés et préférés; que la richesse de nos terrains houillers est telle, en produits appropriés à tous les genres de besoins, que nous pourrions suffire, en tout temps, à la consommation d'un grande partie de la France, nous croyons être en droit d'exiger qu'on ne se fasse pas des armes contre nous, pour nous déclarer incapables, des obstacles presque insurmontables qu'on nous a laissés à vaincre, et au travers desquels nous sommes néanmoins parvenus à nous faire jour et à nous créer la position qu'on nous envie aujourd'hui.

Il est encore des considérations d'un ordre plus élevé, que nous n'avons fait qu'effleurer tout à l'heure et que nous n'abordons qu'avec une sage discrétion : le Gouvernement peut-il, sans imprudence, apporter des modifications à la loi sur les douanes, dans l'intérêt des étrangers, après une révolution qui a été suivie d'une crise financière qui dure encore, et qui a réduit à l'agonie un si grand nombre d'exploitations, et cela, dans un moment où peut-être de nouvelles difficultés peuvent surgir des embarras politiques? Le moment est-il bien choisi pour des essais de ce genre? Est-il donné à l'esprit le plus éclairé et le plus pénétrant de calculer toutes les conséquences d'un tel déplacement d'industrie et d'une semblable désorganisation? Il est aisé, en théorie, de soutenir qu'avec 5,000,000 de cotes financières une révolution territoriale est impossible en France; mais, si des généralités on descend aux détails, on voit que, dans une seule localité comme la nôtre, à l'extrémité des départements de la Haute-Loire et du

Puy-de-Dôme, sur le bord de l'Allier, 1,200 mineurs dépendent de deux ou trois exploitations; que, sur ce nombre, 250 au moins ne payent point d'impôts fonciers; que 750, malgré leur inscription au rôle des contributions, ne possèdent point, en propriétés, de quoi subvenir à leurs besoins pendant deux mois de l'année, et que le surplus ne récolte pas au-delà de cinq à six mois de subsistances. Nous ne parlons ici que des mineurs proprement dits, de ceux qui descendent dans les mines, et non des ouvriers de tous les états auxquels les produits extraits assurent du travail (*). Qu'on nous dise, si nous sommes forcés de fermer nos établissements, ce que deviendra cette masse d'ouvriers, ainsi placés, eux et leur famille, entre une émigration, sans destination précise, et une affreuse misère, en persistant à demeurer sur le sol qui les a vus naître ! et cependant il est peu de localités livrées à l'industrie qui soient plus favorisées sous le rapport de la propriété.

Nous ne pousserons pas plus loin nos observations; elles suffiront pour signaler à l'administration le danger d'une détermination précipitée, qui consommerait notre ruine et celle des populations qui nous entourent, sans amener, en compensation, les résultats dont on se flatte, et que les étrangers ne promettent que pour arriver plus sûrement à se rendre maîtres de tous nos débouchés. Sans doute nous devons placer l'espoir de notre avenir dans la justice et la sollicitude du Gouvernement, et ne pas nous abandonner à des inquiétudes exagérées; mais c'est parce que nous serions les premiers atteints et les premiers anéantis, que nous craignons que sa religion ne soit surprise, et qu'au lieu d'une réparation sur laquelle nous avions droit de compter, nous n'ayons une nouvelle et plus fatale erreur à déplorer. (*Auvergne.*)

Puy-de-Dôme. 895. Le Gouvernement se propose de demander aux Chambres une loi qui modifie le tarif des douanes et supprime entièrement les droits d'entrée sur les houilles étrangères importées en France.

Jusqu'à présent nous avons, le plus possible, évité de l'importuner de nos plaintes et de nos souffrances; mais le moment est venu de renoncer à un silence qui perdrait son véritable caractère, celui de la résignation.

Il y a déjà longtemps que nous sommes malheureux et que nous atten-

(*) La population qui vit du travail des mines, dans le pays, peut s'élever à 25 ou 30,000 âmes.

dons que l'autorité daigne jeter sur nous un regard d'intérêt ou de commisération. Notre état de détresse est dû principalement aux droits de navigation dont sont chargées nos expéditions. Depuis cinq années surtout, nos pertes se sont succédé sans interruption, et d'une manière affligeante pour nos familles, auxquelles, malgré nos fatigues et nos privations, nous ne pouvons accorder le nécessaire qu'aux dépens du faible avoir que nous ont laissé nos pères. Tout notre tort est d'avoir cherché, comme dans les années précédentes, à lutter contre la concurrence étrangère; les chances étaient inégales, et nous avons succombé.

Repoussés de la capitale par les charbons de Belgique, et de la Basse-Loire par les charbons anglais, il ne nous reste, en débouchés, que la ligne de la Loire jusqu'à Tours. Nous voilà menacés, par la suppression des droits de douane, de ne plus même pouvoir aller jusqu'à Orléans.

Chacun de nous expédiait, il y a quelques années, dix ou douze équipes par an; à peine si, aujourd'hui, nous avons la possibilité d'en faire partir deux ou trois, et encore sommes-nous dans la cruelle nécessité de nous faire la guerre entre nous, puisque, suivant la même route et nous rencontrant forcément sur les mêmes marchés, il nous arrive, presque toujours, d'y être en plus grand nombre que ne le comportent les besoins, et il en résulte que nous devenons ennemis, que nous cherchons à nous nuire, et que nous accélérons ainsi notre propre ruine.

Les charbons d'Auvergne sont tous extraits de nouveaux puits, et jouissent d'une faveur méritée. Ce n'est donc point la qualité de notre marchandise qui nous porte préjudice et nous tient ainsi réservés, mais uniquement la différence de nos prix avec ceux des étrangers. Cette différence cesserait d'exister, si on allégeait, en notre faveur, le fardeau des droits de navigation. Et remarquez que ces droits sont devenus plus lourds encore et plus accablants, depuis que les transports, par le canal de Saint-Quentin, ont été rendus si faciles, si prompts et si peu coûteux : il semble que ce soit sur ce point seul que le Gouvernement ait porté toute son attention; toute sa sollicitude.

Dans un précédent Mémoire, nous avons eu déjà l'occasion de soumettre quelques observations sur les droits de navigation qu'on nous fait supporter en vertu de la loi du 30 floréal an X. Eh quoi! nous opposera-t-on toujours cette loi pour nous obliger à payer, et l'administration continuera-t-elle à l'éluder, à la violer, dans les seules dispositions qui nous auraient été favorables? Que prescrivait cette loi? D'abord, que les sommes perçues fussent employées au balisage et à l'amélioration des rivières sur lesquelles ces droits étaient établis, et, ensuite, que les marchands, négociants et mariniers se réunissent en conseil, auprès du Préfet, pour en déterminer la quotité. Au mépris de cette loi, la majeure partie des fonds est entrée dans les caisses du Trésor, et aucun de nous n'a jamais été ni appelé ni consulté.

Nous prévoyons qu'on mettra en avant l'intérêt du consommateur, et qu'on nous imputera à tort de ne pouvoir vendre au même prix que les étrangers. L'allégation sera vraie, quant au prix; mais le reproche doit-il retomber sur nous? Il n'y a pas un seul marchand belge ou anglais qui achète à plus bas prix que nous, et cependant nous ne pouvons soutenir la concurrence. Mais est-ce notre faute si l'on ne s'est jamais occupé de nous pour rendre nos communications plus faciles, et si, au contraire, on a détourné de leur destination des fonds qui devaient servir à améliorer nos cours d'eau? Est-ce notre faute si, par cette infraction à la loi du 30 floréal, an X, depuis trente-deux ans, nous sommes privés du bénéfice des chargements au retour? Est-ce notre faute si, indépendamment d'une rivière ingrate, de passes dangereuses, au milieu des rochers et des obstacles de tout genre dont nous sommes entourés, on fait peser sur nous des droits de navigation exagérés et injustement perçus? Est-ce notre faute si les marchands étrangers, soutenus et protégés par leurs gouvernements, sont sur le point d'obtenir l'abolition des droits de douane? Sera-ce enfin notre faute si l'intérêt général, tel qu'on l'entend, exige que toute une population active et laborieuse, qui ne connaît d'autre métier que celui d'acheter, d'expédier et de vendre des charbons, soit tout à coup privée de travail et réduite à la misère la plus affreuse, pour qu'il ne manque plus rien au développement et à la prospérité des étrangers nos rivaux?

Supposez, au contraire, qu'on supprime nos droits de navigation, et bientôt on nous verrait, avec un avantage réel pour les consommateurs, soutenir la concurrence, multiplier nos équipes, et ramener l'aisance dans nos pays, par le juste dédommagement que nous retirerions de nos pénibles travaux.

Il est une hypothèse dont nous avons à redouter les effets, c'est celle où le Gouvernement croirait devoir supprimer, tout à la fois et en même temps, nos droits de navigation de 26 centimes par hectolitre, et les droits de douane, qui sont de 33 centimes. Une semblable mesure serait le produit d'une erreur, qui, si elle était commise, rendrait notre position plus insupportable encore, malgré qu'il ne soit plus guère possible de l'aggraver.

Nous ne ferons pas au Gouvernement l'injure de supposer que, dans une matière aussi délicate, et à laquelle se rattachent tant d'intérêts, ses idées et ses projets soient, par avance, irrévocablement arrêtés. D'autres que nous, dont les existences sont également menacées, élèveront la voix pour invoquer les lois de la justice et de l'humanité. Si elles venaient à être méconnues, que de familles réduites à la misère et à la mendicité !

Telle est cependant la triste perspective qu'on nous offre, au lieu des encouragements sur lesquels nous avions droit de compter.

(Puy-de-Dôme B.)

896. Les améliorations introduites dans la navigation, par suite du balisage opéré, cette année, sur l'Allier, ont eu des effets tels, que les bateaux de charbon peuvent accroître leur chargement ordinaire de trois à quatre voies. Pour avancer dans la voie des améliorations, on demande : 1° que, dans l'intérêt des exploitants d'Auvergne, les droits de navigation sur les houilles soient réduits de moitié; 2° que les fonds spécialisés continuent à être employés au balisage et à l'amélioration de la navigation de l'Allier; 3° que M. le Préfet veuille bien s'entendre, soit avec le Préfet de l'Allier, soit avec le directeur des ponts et chaussées, pour que le même emploi soit assuré aux péages perçus dans ce département; 4° enfin que le droit d'entrée pour les houilles étrangères soit maintenu.

(Puy-de-Dôme D.)

897. La question, que le Gouvernement cherche à éclairer, étant une question de vie ou de mort pour les exploitations d'Auvergne, qui ont nécessité une avance considérable de capitaux, et qui assurent l'existence de 25,000 à 30,000 individus de toute profession, ne peut être résolue qu'après un examen très-approfondi des raisons alléguées

par les intéressés. Leur ruine totale dépend de l'abaissement du tarif des droits d'entrée acquittés par les houilles étrangères, lors même que, par forme de compensation, les droits de navigation sur l'Allier seraient diminués. La difficulté de leur position provient. de deux circonstances dont il faut tenir compte :

1° Le régime de l'Allier, seule voie par laquelle les expéditions importantes sont effectuées, s'oppose à une navigation ascendante qui diminuerait les frais du transport, au moyen de chargements de retour.

2° Le volume des eaux ne permettant point de faire des équipes en tout temps, les expéditeurs se trouvent forcés de supporter des frais extraordinaires de chargement, pour attendre les crues et les moments favorables.

Depuis longtemps on s'était convaincu que les mines de l'Auvergne avaient besoin d'une protection toute spéciale. On avait reconnu que la longueur du trajet à parcourir par les produits, pour se rendre aux lieux de consommation, Orléans, Nantes et Paris, les frais tout spéciaux de transport sur des rivières qu'on ne peut remonter, et l'élévation des droits de navigation, réduiraient tôt ou tard les exploitants à l'impossibilité de tenir le débouché de leurs produits. Pour prévenir la perte des capitaux considérables consacrés à ces exploitations et la ruine des populations employées à ces mines, on s'était décidé à consacrer entièrement le produit des droits de navigation à améliorer le cours de l'Allier; mais il a été bien vite reconnu, d'une part, que les houilles n'en resteraient pas moins exposées aux mêmes droits, que l'impossibilité de soutenir la concurrence demeurerait la même, et que l'amélioration de la navigation de l'Allier n'était qu'un avantage médiocre et restreint dans ses rapports; et, d'autre part, que la somme consacrée à cette amélioration était beaucoup plus considérable que ne l'exigeaient les travaux, et que, pour employer toute cette somme, on se trouvait obligé d'entreprendre des travaux dont l'utilité était restreinte et même contestée. On pourrait ainsi, sans priver le trésor d'aucune ressource, puisqu'il ne profite pas des droits de navigation de l'Allier, qui ont été spécialisés, réduire au tiers ces droits de navigation. Le produit de ces droits, réduits au tiers, demeurerait encore suffisant pour l'amélioration et l'entretien du cours de la rivière; et les houilles, ainsi dégrevées dans leurs frais de

transport, pourraient soutenir la concurrence avec les houilles étrangères
dégrevées de leurs droits de douane, mais toujours avec beaucoup de
mesure et de ménagement. (*Puy-de-Dôme A.*)

808. Les houillères du Creuzot, de Decize et de Blanzy, se trouveraient
dans la même situation que celles de l'Auvergne et de Saint-Étienne, si
les charbons venant de l'étranger étaient livrés à un prix inférieur à celui
qui existe actuellement; et cette observation s'applique également aux
houillères de Ronchamp et autres exploitations de l'Est. (*Paris B.*) Saône-et-Loire.
Nièvre.

809. Le département de la Creuse est un des plus pauvres du
royaume. La population y végète plutôt qu'elle n'y vit; vingt-quatre à
vingt-cinq mille habitants en sortent tous les ans pour chercher, à Paris et
à Lyon, du travail et des moyens de subsistance. La diminution survenue,
depuis trois à quatre ans, dans les constructions, à Paris, les a refoulés
dans leur pays où ils ont apporté la misère et le désespoir. Creuse.

Le sol granitique de ce département offre peu de ressources à l'agriculture; aucune industrie n'y est établie. Sa stérilité pourrait être compensée par l'exploitation de diverses mines dont la nature l'a doté; mais ce
sont des richesses jusqu'à présent perdues. En vain on en ferait la recherche, et on les exploiterait à grands frais, si, au défaut de communications, et par conséquent de débouchés, vient se joindre la concurrence
étrangère.

On parle d'ouvrir des débouchés par la jonction de la Vienne à la
Creuse et au Thorion, et, de là, par un canal qui ferait communiquer le
Clain avec la Charente et la Dordogne; mais du projet à l'exécution il y a
loin. Des compagnies, qui spéculent sur la construction des canaux, se
portent plus volontiers vers les grandes entreprises que sur celles qui
sont d'un moindre éclat et qui semblent n'être que d'une utilité secondaire, parce qu'elles ne facilitent que le commerce intérieur de quelques
localités. C'est pourtant l'intérieur de la France, ce sont les départements
méditerranés qui ont le plus besoin d'être vivifiés par des canaux et par
des chemins qui excitent l'industrie, en lui fournissant des moyens économiques de transport. Ce sont ces départements, qui doivent d'autant
plus appeler l'attention du Gouvernement que les spéculateurs s'en occu-

pent le moins. D'ailleurs les départements voisins des côtes et des frontières ont déjà, par leur situation, des ressources qu'il est bien sans doute
d'augmenter autant qu'on le peut, mais qui manquent aux départements
intérieurs.

Il faut à ceux-ci des routes et des canaux, si les localités le permettent,
qui établissent une circulation facile pour leurs produits et pour l'échange
de ceux qui leur manquent. Mais ce n'est pas tout; des routes et des canaux sont superflus sans commerce; l'industrie et le commerce languissent s'ils n'ont des débouchés : les uns et les autres s'entr'aident réciproquement.

En attendant que de bonnes routes et des canaux donnent au département de la Creuse, et à quelques autres circonvoisins, une portion de
la vie dont ils sont susceptibles, il y a un autre élément de prospérité plus
prompt et moins coûteux à y développer, c'est l'extraction de la houille
dont le département de la Creuse abonde, et qui y répandrait une grande
richesse, d'abord en approvisionnant les départements voisins, et ensuite
par l'emploi qu'on en ferait pour la fonte du minerai de fer dont le sol présente beaucoup d'indices.

On n'ose pas à présent, dans la Creuse, se livrer, avec l'étendue
désirable, à l'exploitation de la houille, non-seulement parce que le
mauvais état des routes ne permet de la transporter qu'à grands frais,
mais parce que, cette difficulté une fois surmontée, on en rencontre encore une plus grande dans la concurrence.

Tous les ans, 150 à 200 bâtiments, qui viennent charger les eaux-de-
vie des départements voisins de la Charente, apportent *en lest* de la houille
anglaise, et en vendent de 100,000 à 150,000 quintaux métriques. Ce lest,
qui ne coûte point de fret, n'est assujetti qu'à un droit de 1 fr. 50 cent., par
navires étrangers, et de 1 fr., par navires français. La houille anglaise se
répand dans les départements que celui de la Creuse approvisionnerait, et
arrive même jusqu'à Angoulême. On peut l'y vendre de 2 à 3 fr. le quintal
métrique, tandis que les charbons de la Creuse, qui n'est qu'à 20 lieues
d'Angoulême, ne pourraient y être livrés qu'à 4 et 5 francs, attendu la
difficulté des transports. Lors même que les chemins seraient en nombre
suffisant, et plus praticables qu'ils ne le sont, le transport par terre étant
toujours plus coûteux que celui par eau, l'égalité, entre les charbons de la

Creuse et les charbons étrangers, ne peut être établie que par une augmentation du droit : il serait nécessaire de le porter à 3 francs par navires étrangers, et à 2 francs 50 centimes par navires français, sur toute la côte de l'Ouest, depuis Nantes. Cette augmentation devient indispensable si on veut encourager l'exploitation de la houille dans le département de la Creuse, et mettre en valeur cette production, qui le dédommagerait de tant d'autres qui lui manquent, et adoucirait sa pauvreté.

On demandera sans doute pourquoi les charbons étrangers seraient plus imposés sur une partie des côtes de l'Ouest que sur les autres frontières. Nous répondrons que les droits de douane, ayant pour objet d'établir la balance entre les produits étrangers et les produits nationaux, ou même de procurer à ceux-ci la préférence, il est de l'essence de ces droits de varier suivant les localités et le prix des produits.

C'est ainsi que les charbons belges entrant par la frontière du Nord ne payent que 30 centimes, parce que, quoique le département du Nord possède les riches mines d'Anzin et quelques autres moins importantes, elles ne suffiraient pas à la consommation ou en élèveraient trop le prix, si elles étaient sans concurrence.

Les droits d'entrée, pour les départements de la Meuse, de la Moselle et des Ardennes, d'abord fixés à 15 centimes, ont été réduits à 10, parce que les charbons français sont trop éloignés pour fournir à la consommation.

Ces taux, différant de 1 franc, de 30 et de 10 centimes, démontrent ce que nous avons avancé, qu'il n'y a pas d'uniformité dans les droits, et qu'ils doivent être réglés d'après les localités.

Il nous reste à prouver l'utilité et la justice de l'augmentation que nous sollicitons.

Elle nuira, dira-t-on, aux consommateurs. Nous ne saurions nier qu'ils achètent plus cher ; mais nous ferons observer d'abord que le charbon n'est pas, dans les départements que celui de la Creuse peut fournir, d'une nécessité aussi urgente que dans les départements du Nord ; l'augmentation de prix ne portera donc pas sur un trop grand nombre de consommateurs.

Nous ferons observer que le Gouvernement doit prendre en considération l'intérêt des producteurs autant que celui des consommateurs, et balancer l'un et l'autre. Si l'on ne s'occupait que des consommateurs, on n'établirait aucun droit sur tout ce que l'étranger peut fournir à meilleur marché que nous ; et c'est au contraire pour diminuer , au profit de nos producteurs, les gains des étrangers qu'on établit des droits de douane.

En favorisant la recherche et l'exploitation de la houille dans le département de la Creuse, on y développera une industrie qui en fera éclore d'autres , qui produira plus de bien que l'augmentation momentanée des droits sur les charbons étrangers ne nuira aux consommateurs des départements voisins. Ce que nous proposons a été fait, avec bien plus de surcharge pour les consommateurs de fer , en faveur des propriétaires de forges. La consommation des fers est de première nécessité : elle est presque générale ; il en faut à tous les arts et à tous les métiers : son haut prix impose une taxe énorme à l'agriculture ; cependant on maintient, à un taux élevé, les droits sur les fers étrangers, afin de favoriser la recherche et l'exploitation de nos mines et l'établissement des hauts-fourneaux.

Ce que nous sollicitons est d'une moindre importance ; un bien moindre nombre de consommateurs en sera grevé. Un département qui exige des secours prompts sera favorisé ; il s'agit d'ailleurs d'une augmentation qui est annuellement révocable, si elle ne produisait pas le bien qu'on en attend ; si elle nuisait trop aux consommateurs, on la révoquerait : mais refuser d'en faire l'essai, ce serait décourager une exploitation utile, et dont on peut attendre les plus grands avantages. (*Creuse B.*)

900. La suppression des droits d'entrée sur les houilles étrangères va porter le dernier coup aux exploitants de mines de l'intérieur. Je dirai que, quoique la consommation des houilles, en France, ait augmenté beaucoup, depuis vingt ans, et qu'elle augmente, chaque jour, puisque tout, pour ainsi dire, se fabrique à la vapeur, elle est encore loin du produit des houillères du Nord, dont la moyenne partie est expédiée en France. Pour parler plus positivement, je dirai que la consommation est, au produit, comme 1 est à 2.

Le prix des houilles baisse depuis dix ans ; il est tombé si bas qu'une nouvelle baisse, ne fût-elle que de 10 centimes par hectolitre, obligerait un grand nombre d'exploitants de suspendre leur extraction.

Les mines d'Auvergne fournissent une assez grande quantité de houille à la Basse-Loire, au département de la Seine et aux départements environnants. Les bénéfices, sur ces expéditions, sont si minimes que déjà plusieurs expéditionnaires ont suspendu leurs envois, et même renoncé, pour le moment, au commerce des charbons.

Si les houilles anglaises arrivent, sans droit d'entrée, dans la Basse-Loire, s'il en est de même pour les charbons du Nord, qui se brûlent à Paris, ces deux débouchés nous étant fermés par cet état de choses, que ferons-nous de 250,000 hectolitres de charbon qui nous restent, chaque année, après que nous avons fourni le Bas-Allier et la consommation locale? (*Colombelle.*)

901. Les questions préparées pour l'enquête sont de deux sortes, générales et spéciales.

Les questions générales n'embrassent pas tous les intérêts; les questions spéciales sont trop restreintes.

Il résulte de là qu'aucun cadre n'est préparé pour interroger nos intérêts propres, et que nous ne saurions remplir le but des questions.

Si la proposition n'est vue que sous le rapport des douanes, elle ne nous touche pas directement et nous n'avons rien à dire.

Mais il nous paraît qu'ici, comme dans bien d'autres cas, on semble préjuger d'avance que tout tient à l'étranger; et peut-être cela est-il beaucoup moins que l'on ne pense.

Ainsi, pour le département du Tarn, nous avons à tenir beaucoup de compte, non de l'influence directe de la présence des houilles étrangères en France, mais seulement du prix auquel on peut obtenir celles qui se présentent abondamment près de nous.

Les houilles de Carmaux sont sans rivales pour notre consommation, et nous sommes frappés directement par leur monopole.

Le cours de ces houilles se trouve déterminé en ce moment par les conditions suivantes :

Le marché de Toulouse,
Le marché de Bordeaux,
Les besoins de la consommation à petites distances.

A Bordeaux, les houilles anglaises et belges fixent le cours, et déjà

Dans l'intérêt
des
mines du Midi.
Tarn.

Saint-Juéry.

les houilles de Carmaux se vendent, à Bordeaux, à plus bas prix, tout compte fait, que sur place.

Les houilles de Saint-Étienne arrivent, à Toulouse, à meilleur marché que celles de Carmaux dont la consommation relative diminue de manière à les menacer d'une exclusion complète.

Enfin, dans le voisinage, les houilles de l'Aveyron viennent jusqu'aux portes de Carmaux.

Sur ces deux points, et particulièrement par Toulouse, le transport est tout entier à l'avantage de Carmaux.

Quant aux prix d'extraction, peu de mines sont dans une meilleure position que celles de Carmaux, et les frais indispensables diffèrent peu de ceux de Saint-Étienne, Rive-de-Gier, Firmy, Alais, etc.

Mais, outre les frais dont nous venons de parler, il existe un autre élément important du prix payé par le consommateur; c'est le bénéfice que laissent les houilles dans les mains où elles passent.

C'est là, dans notre cas particulier, la véritable entrave qu'éprouve la consommation des houilles dans le Tarn.

En effet, les houilles de Carmaux se vendent, sur le carreau de la mine, 20 francs la tonne (toute venante).

Ces mêmes houilles, à Saint-Étienne, Alais, Firmy, etc., ne valent que de 1/4 à 1/3 de ce prix, en même qualité.

Et nous avons dit que les frais d'extraction sont à peu près les mêmes.

Il y a donc autre chose que la concurrence étrangère, pour augmenter, en France, la consommation des houilles, par l'abaissement des prix.

Là, comme sur beaucoup d'autres points, et particulièrement en tout ce qui se rattache à l'exploitation des mines, notre *infériorité,* malheureusement trop évidente, tient à la *législation.*

Qu'une vallée tout entière, sur une étendue de plusieurs lieues carrées, soit concédée à une seule compagnie qui se contente d'une exploitation peu étendue, pourvu qu'elle lui procure de grands bénéfices, sans que l'administration veuille ni puisse intervenir pour prendre une part réelle à la fixation des prix et des quantités exploitées ni au mode d'exploitation; que cette administration ait, à tout jamais, renoncé à intervenir pour autoriser, dans l'intérêt public, une autre exploitation; voici, dans le cas particulier où nous nous trouvons, la véritable cause du prix énorme des houilles.

On pourra dire que nous parlons sous l'influence de notre intérêt privé; cela est vrai, mais cela n'empêche pas que tout ce que nous avons dit ne soit juste.

Que l'on veuille bien examiner ce qui se passe dans les pays où l'industrie métallurgique est florissante, et on verra que la propriété souterraine a été depuis longtemps arrachée à l'avidité de l'exploitant; qu'il ne peut pas la détruire, à son gré, pour les générations futures, par une exploitation mal dirigée, ou bien en faire l'objet d'un monopole au préjudice de la population pour laquelle cette richesse était préparée, et qu'il est du devoir de l'administration de lui procurer, au plus grand avantage possible du consommateur.

En ajoutant, à ce que nous venons de dire, ce que tout le monde sait et répète sur les moyens de transport, on aura à peu près tout ce qui est important sur la question des houilles. (*Tarn A.*)

902. Les mines de Carmaux n'ont pas cessé d'être en progrès sous le rapport de l'art; mais elles sont loin d'avoir encore obtenu tout le développement dont elles seraient susceptibles, si une grande consommation indemnisait plus rapidement les propriétaires de leurs améliorations continuelles.

Ces mines sont dans une position particulière; leur exploitation sera toujours chère; les niveaux d'eau, qu'il faut traverser, nécessitent des cuvelages fort coûteux; la disposition du gîte houiller y est en général fort tourmentée : aussi les fouilles nombreuses occupent-elles autant d'ouvriers que l'extraction de la houille; l'exfoliation des argiles schisteuses, qui reçoivent les couches de houille dans toute leur étendue, ne peuvent être soutenues que par des étais nombreux, dont la pourriture sèche s'empare rapidement : il n'est pas rare de les voir détruits en moins d'un mois; leur durée moyenne ne dépasse pas six mois.

L'étendue du gîte houiller de Carmaux étant très-restreinte, il est de la plus grande importance de ne rien négliger pour l'exploiter entièrement, ce qui augmente encore la dépense.

A ces difficultés, plus marquées dans les mines de Carmaux que dans toutes celles du midi de la France, vient se joindre le désavantage insurmontable d'un long transport par terre, pour se rendre aux marchés de Bordeaux et de Toulouse. Voilà ce qui a nui jusqu'à présent et nuira toujours à la prospérité de ces mines, en ôtant à leurs produits toute possibilité de concurrence dans les départements éloignés.

Plusieurs autres mines de houille de France ont encore cette difficulté à surmonter; presque toutes verraient, sans cela, augmenter leur consommation.

Celles de Carmaux, entre autres, sans rien changer à leur position actuelle, seraient en mesure de tripler leur extraction; par conséquent elles n'utilisent pas encore leurs frais d'amélioration. Mais, si on parvient à créer des moyens de transport économiques sur tous les points, les houillères de France suffiront à la consommation du royaume, à des conditions rassurantes pour le développement de l'industrie.

Si les houillères de France ont beaucoup à redouter des prix des houilles étrangères, elles peuvent, souvent avec avantage, soutenir leur concurrence quant à la qualité; ainsi le charbon de Carmaux peut servir à tous les usages, et a obtenu la préférence sur tous les charbons avec lesquels il a eu à lutter. Dès 1794, le Ministre de la marine, M. Truguet, reconnut qu'il était supérieur à tous ceux que l'on présenta, de France et de l'étranger, à un essai fait pour l'approvisionnement de l'arsenal de Rochefort. Il fut dressé un procès-verbal de cette épreuve et fait un traité, pour la fourniture de l'arsenal, avec les propriétaires de ces mines. Depuis, ce charbon a constamment alimenté une verrerie, fourni aux forges de Bruniquel, de Toulouse, de l'Ariége et de Saint-Juery, et sert aussi, dans ce moment, à l'opération délicate de la fonte de l'acier, dans les ateliers de M. Jakson, à Saint-Juery.

Il est évident néanmoins que la libre entrée des charbons étrangers diminuerait, même à qualité inférieure ou égale, la consommation des charbons indigènes, le prix de la houille étant, pour la plupart des consommateurs, la raison déterminante du choix entre les charbons.

Les villes frontières, et surtout les villes maritimes, auraient les charbons étrangers à des prix que ne pourraient soutenir les exploitations de l'intérieur, celles même qui auraient les moindres frais de transport à supporter.

Pour la ville de Bayonne, il est probable que les seules houilles françaises qui puissent arriver sous le tarif actuel sont celles de Dunkerque; mais, lorsque le canal Galabert sera terminé, presque toutes les houilles du midi pourront y établir une concurrence.

La diminution faite, il y a quelques années, des droits sur les charbons étrangers, de 150 francs, par tonneau, à 100 francs, a réduit déjà au quart la consommation des charbons de Carmaux, à Bordeaux, et éloigné entièrement, de cette place, ceux de Rive-de-Gier. Une nouvelle diminution de ces droits rendrait cette consommation nulle pour les charbons de Carmaux, et probablement aussi pour la plupart des autres houillères, quoique plus rapprochées. En effet, les charbons anglais, recevant, de leur gouvernement, 60 francs de prime (*) pour chaque tonneau d'exportation, le droit d'entrée en France, qui est de 100 francs, se trouve ainsi réduit à 40 francs de déboursé. Ce charbon n'a aucun frais de transport à supporter; il arrive, comme lest, dans les navires qui viennent charger des vins et autres denrées, à Bordeaux.

Or, quel est le charbon français qui ne supporte pas plus de 40 fr. de frais de transport? La suppression des droits d'entrée permettrait, même aux charbons anglais, de remonter dans l'intérieur de la France, à l'aide des 60 francs de prime dont nous venons de parler.

Le tonneau de charbon, pris à Carmaux, supporte en ce moment, jusqu'à Bordeaux, 206 francs de frais, et ne peut s'y vendre que 300 fr. Aussi la vente en est-elle suspendue. Si on enlève à ces mines le marché de Toulouse, que lui dispute déjà la concurrence anglaise, elles seront anéanties.

La concurrence toujours croissante, entre les nombreuses exploitations de France, est une garantie suffisante pour les intérêts à venir de l'industrie. La cherté des houilles françaises a, jusqu'à présent, dépendu surtout des frais de transport. Les canaux s'améliorent, les rivières deviennent navigables, les chemins de fer s'établissent, autant au profit des consommateurs que des exploitants. Si on diminue le gain de ces derniers, on les entrave dans leurs améliorations, on les force d'extraire

(*) Cette assertion n'est pas exacte : loin d'accorder une prime à la sortie, le gouvernement anglais perçoit un droit. [Voir le tarif, page 22 du présent volume.] (*Note de la Commission d'enquête.*)

à bon marché et par conséquent on les oblige à gaspiller les houillères,
à négliger la sûreté des ouvriers, à ensevelir, par économie, les richesses
immenses que possède la France : ceci est une question grave. Les houillères empêcheront la France de périr faute de bois; mais les houillères,
mal administrées, peuvent finir vite et sans retour.

Il résulte de cet exposé que l'abolition, ou même la diminution des
droits d'entrée sur les houilles étrangères, amènerait une diminution
forcée du prix des houilles françaises et entraînerait la ruine de plusieurs
propriétaires de ces mines qui déjà, sur plusieurs points de la France,
réalisent peu de bénéfices. L'industrie pourrait y trouver un avantage
momentané et peut-être un élan funeste; mais la perte des houillères
serait un malheur irréparable pour la France. (*Tarn B.*)

Dans l'intérêt des mines de l'Ouest. Vendée.

903. Le bassin houiller de la Vendée est divisé actuellement en trois
concessions : l'une à l'extrémité nord-ouest, vers Chantonnay, au nom
de M. Robert de Grandville, n'est pas exploitée; les deux autres, celle
dite de *Faymoreau*, concédée à madame veuve Dobrée, de Nantes, et à
M. Molles de Chassenon, et celle dite de la *Rouffiec*, appartenant à
M. de Cressal de la Fontenelle et compagnie, sont en pleine exploitation, quoiqu'elles n'aient pas encore reçu tout le développement dont
elles sont susceptibles. Déjà, avec les puits de Faymoreau et de la Blan-
chardière, on peut livrer à la consommation 100,000 hectolitres de
houille par an. Vers le milieu de 1833, on aura terminé une galerie
d'écoulement qui desséchera les travaux, à plus de 100 pieds de profondeur. Alors les sept couches de houille du bassin seront traversées,
et, s'il en était besoin, on pourrait avoir, par là, annuellement 300,000
hectolitres de combustible. On se ferait donc fort de mettre, par an,
400,000 hectolitres de charbon dans la circulation, sauf à augmenter
encore cette masse de produits, s'il en était besoin. Une exploitation
si gigantesque serait de nature à durer plusieurs siècles; car ce bassin
principal de l'ouest ne s'annonce point comme devant cesser d'être exploi-
table vers une époque donnée.

Les mines de la Vendée sont appelées, par leur position et par la
nature des produits qu'elles fournissent, à approvisionner la Saintonge,

l'Aunis, le Poitou et partie de la Bretagne. Le port de Rochefort demande, lui, la houille de roche destinée à la marine militaire à la vapeur.

On a vu (14ᵉ question, n° 344) combien est rude la concurrence des houilles anglaises à l'embouchure de la Charente, pour les produits indigènes. Ceux-ci ont encore des difficultés particulières à vaincre. C'est ce que fait connaître un rapport de M. de Rounard, inspecteur général des mines, de la fin de 1830, rédigé après qu'il eut visité cette localité. Là on trouve aussi l'indication des espérances que, dès ce temps, on pouvait avoir sur ce bassin houiller, espérances qui depuis se sont réalisées. Ce travail est analysé dans une lettre de M. le directeur général des ponts et chaussées et des mines, adressée, le 18 décembre 1830, à M. le préfet de la Vendée. On y lit ce qui suit : « Dans ce bassin houiller, étudié sur 25 kilo-
« mètres de longueur et sur une largeur qui varie de 1,000 à 1,500 mètr.,
« existent au moins sept couches de houille. Plusieurs de ces couches
« ont une assez grande épaisseur, et elles donnent une houille de bonne
« qualité avec laquelle on fait d'excellent coke........ Mais un obstacle
« insurmontable au développement de cette industrie existe aujourd'hui
« dans l'état affreux des chemins qui entourent, à plusieurs lieues de
« rayon, le bassin houiller dont il s'agit, chemins qui sont à peine prati-
« cables, pendant quelques mois de l'année, pour des voitures à bœufs.....
« C'est en luttant contre ces difficultés que la houille de Faymoreau
« s'écoule aujourd'hui sur Niort où elle vient combattre la concurrence
« des charbons anglais. Cette direction est la seule dans laquelle, après
« trois lieues de chemins de ce genre, elle rencontre un chemin assez
« viable, celui de Coulonges à Niort........ » Ensuite on finissait par provoquer l'ouverture d'une route spéciale, et on ajoutait : « Qu'alors
« une contrée pauvre et sans industrie acquerrait bientôt, par l'industrie
« minérale, une véritable prospérité, et qu'elle deviendrait des plus flo-
« rissantes, sa richesse minérale étant vraiment considérable. »

Il est bon de faire remarquer ici que les facilités de communication, qu'on réclamait alors pour l'industrie houillère du Poitou, sont encore à espérer, et qu'on réclame, de nouveau, une route dont les résultats seront vraiment immenses pour la prospérité du pays et même pour le maintien de l'ordre.

Dans une telle position, il est aisé de voir que la moindre diminution dans le tarif de l'importation des houilles étrangères ruinerait les exploitations de la Vendée. Plus que cela, il faut augmenter les droits, au moins d'une moitié en sus. C'est ce que l'industrie française a lieu d'attendre du gouvernement du pays. Que l'on y songe bien, il faut des fonds considérables, des connaissances étendues, de la hardiesse et beaucoup de persévérance, pour commencer et suivre l'exploitation des mines. Qu'on ruine les entreprises existantes en France, en laissant le champ libre aux Anglais et aux Belges qui ont débuté, avant nous, dans la carrière, avec des mines plus riches et de nombreux capitaux : alors, nos exploitations tombées, nous deviendrons tributaires de nos voisins pour le combustible minéral, et de nombreux bras, dans notre belle patrie, deviendront oisifs et non occupés. Non, au lieu de cela, le ministère et les chambres prêteront leur appui aux industriels qui vont rechercher, dans les entrailles de la terre, l'agent le plus actif, la houille, dont la vapeur a une force motrice si puissante ! (*Vendée.*)

Languin.

90 f. Nos houilles sont d'autant plus exposées aux funestes effets de la concurrence étrangère, que celles-ci n'ont à supporter que fort peu de frais d'extraction. Toutes leurs couches étant placées horizontalement dans les terres, les exploitants ménagent, dans leurs travaux, des piliers du minéral même, qui servent à soutenir les parties supérieures ; tandis que les nôtres, étant placées verticalement, ont besoin d'être divisées par des galeries dont il faut étançonner les parois avec des bois toujours fort coûteux. Moi-même je viens d'acheter, pour 30,000 francs, un bois du couvent de la Meylleraie, bois qui passera tout entier dans la consommation de l'année prochaine. Un autre désavantage, que nous avons sur les mines étrangères, c'est l'énorme quantité d'eaux que nous rencontrons dans nos concessions. Lorsque les étrangers ne creusent qu'un puits d'exploitation, il nous en faut deux, l'un plus profond que l'autre, qui, servant en quelque sorte de réservoir pour les eaux, nous permet d'extraire plus facilement du puits voisin.

Enfin, la dernière considération que j'aie à présenter au comité, considération qui, j'en suis convaincu, ne paraîtra pas légère à ses yeux, c'est que le travail et la tranquillité du pays sont vivement intéressés à l'existence de nos exploitations. Nos mines occupent d'abord, immédiatement, un grand nombre d'ouvriers ; puis toutes les autres ramifications de l'industrie du pays sont mises en jeu autour de nous : ainsi les entreprises de transport pour nos charbons, la culture des prés pour l'entretien de nos chevaux, la navigation de nos rivières, seraient frappés du même coup qui consommerait notre ruine. Enfin, loin de diminuer le droit de 1 franc sur les houilles étrangères, nous aurions droit d'attendre, de la protection du Gouvernement, plutôt une augmentation de moitié en sus, c'est-à-dire le droit tel qu'il existait pour les navires étrangers, avant qu'on ne traitât le pavillon anglais comme le pavillon national : car, je dois le dire, la loi de 1816 avait bien compris nos intérêts; et, si elle était exécutée, une entreprise comme la nôtre, qui est appuyée sur 1,000,000 francs de capitaux, produirait ce que nous aurions droit d'attendre d'elle, c'est-à-dire 60 à 70,000 francs, ou 7 pour 100. (*Languin.*)

905. Le droit actuel n'est véritablement nuisible qu'à une partie des fabriques du département du Nord, et peut-être de quelques départements environnants; puis nous répéterons que les houillères nationales peuvent subvenir à tous les besoins de la France, tels variés qu'ils soient : il ne faut, pour cela, que des voies de communication; et les chemins de fer y auront bientôt pourvu.

Tout ce que nous pouvons ajouter, en ce qui nous concerne particulièrement, c'est que nous livrons annuellement, pour les fours à chaux, 120,000 hectolitres de houille, sur lesquels nous perdons à peu près tous les bénéfices que nous faisons sur les autres qualités. Or, si le changement de tarif vient, en nous retirant ces bénéfices, nous mettre dans l'impossibilité de continuer à exploiter, ces 120,000 hectolitres manqueront à l'agriculture, attendu que les étrangers ne viendront pas et ne pourraient pas les remplacer au même prix. Ainsi, pour satisfaire aux réclamations de quelques fabriques du Nord, on arrêterait le développement de l'agriculture, dans les départements de l'Ouest, en même temps qu'on ruinerait une compagnie française qui a employé 2,000,000 francs, sur la foi de la législation existante, et cela pour enrichir les producteurs belges.

En résumé, nous avons l'intime conviction que l'abaissement du tarif porterait un coup funeste à notre agriculture et à nos houillères. Nous ajouterons même qu'il ne serait point profitable à nos fabriques prises en masse, parce qu'après avoir ruiné la plupart de nos exploitations, les producteurs étrangers augmenteraient leurs prix.

D'ailleurs, est-ce dans le moment actuel qu'on devrait songer à une semblable mesure? Quoi! c'est lorsqu'on vient d'encourager des compagnies à construire, à grands frais, des chemins de fer, pour répandre, au loin, le charbon des mines inépuisables de Saint-Étienne, qu'on va penser à enlever à ces entreprises, en cours d'exécution, les avantages qui leur étaient assurés par le tarif actuel! Qui voudrait, avec une telle perspective, entreprendre désormais des travaux du même genre? Qu'on attende au moins que les chemins de fer arrivent jusqu'à Paris; ce sera l'affaire de quelques années : alors les divers intérêts pourront être balancés avec plus de justice; et, si l'on reconnaît l'utilité d'en sacrifier quelques-uns pour le bien général, il faudra bien se soumettre.

A présent, au contraire, il ne s'agit que de l'intérêt mal compris d'un petit nombre de fabriques, en opposition avec l'intérêt général; car il est bien certain que l'industrie qui emploie les houilles doit attendre une baisse dans le prix du combustible, bien plutôt du perfectionnement des voies de communication que des approvisionnements tirés de l'étranger.

A notre égard, nous ajouterons encore que c'est au moment même où on menace de nous ôter la protection qui nous permet à peine d'exister, qu'on vient d'empirer notre position, en augmentant le prix du passage aux écluses de la Mayenne; en sorte que ce n'est qu'en faisant de nouveaux sacrifices que nous avons pu, cette année, placer nos charbons de fourneaux à Laval. (*Montrelais.*)

Dans l'intérêt des mines de l'Est. Vosges.

906. Les compagnies de Norroy et de Mirecourt viennent de créer, dans le département des Vosges, privé jusqu'alors du combustible minéral, une exploitation au centre d'une des plus grandes agglomérations d'usines qui existent en France. Mais cette industrie languit, parce que la compagnie de Dieuze, qui consomme 120,000 quintaux métriques de houille, et qui pourrait lui donner la vie industrielle, en usant le combustible français, brûle de la houille prussienne, qui lui coûte, peut-être, 300,000 francs par an.

La concession houillère de Saint-Menge est de 57 kilomètres carrés. Une couche de houille, d'une extraction facile, y est reconnue dans l'é-

tendue de 25 kilomètres; et, avec un bénéfice honnête, mais non somp-
tueux, nous pouvions transporter à Dieuze tout le combustible nécessaire
à cet établissement, pourvu que, par contre, on voulût nous charger
du transport de ses produits, dans nos localités, aux prix que la compagnie donne à ses agents. A ces conditions, nous faisions même la juste
remise d'une quantité proportionnelle à la différence d'effet utile bien
constatée entre notre houille et la houille étrangère. Telles ont été nos
propositions. C'est ainsi qu'avant d'examiner nos droits et les siens, nous
avons employé, envers la société monopolisante de l'Est, les moyens qui
nous ont paru les plus conciliants. Si le monopole l'emporte, qu'il soit
forcé de consommer de la houille française, d'être français enfin! Si l'exploitation du sel est rendue au droit commun, nous consommerons nos produits en rivalisant, à l'aide des capitaux du commerce, qui se porteront
promptement au point d'un sûr et facile emploi. Nos produits pourront,
à toute rigueur, suffire pendant plusieurs siècles, à toutes les exigences;
mais il est des considérations d'habitude qu'on doit aussi respecter. Nous
ne demandons pas prohibition absolue des produits de Saarbruck; nous
demandons protection pour les nôtres. N'en avons-nous pas le droit,
puisque l'État reçoit, de nous, les redevances de la loi des mines, et qu'il
exige que nous exploitions, même à perte, en faveur des consommateurs? Notre demande n'est, en quelque sorte, qu'un rappel à l'égalité
proportionnelle d'impôt entre Saarbruck et nous. On conviendra que la
houille étrangère mérite moins de faveur en France, puisque les capitaux
qu'elle emporte ne sont pas producteurs d'impôts. Et cependant nous, à
qui on doit protection, nous nous bornons à réclamer une simple faveur
pareille. Il est donc juste et politique, à la fois, de grever la houille étrangère d'un impôt protecteur égal ou supérieur même à celui que la nôtre
doit acquitter, du moment où nous sommes en état de rivaliser avec elle.
En induisant l'établissement de Dieuze à consommer nos produits, par
l'augmentation de l'impôt à la frontière, on fera l'économie de 2,000,000
francs, prix d'un canal de Dieuze à Saarbruck, qui ne profiterait qu'au
monopole et à l'étranger. Ce canal, qui est projeté et commencé, serait
une faute(*), aussitôt qu'on aura acquis la certitude que nos houilles peu-

(*) Il paraît devoir coûter 2,200,000 francs, dont 1,200,000 sont déjà dépensés.

(Note des déposants.)

vent suffire à la consommation du pays, compris entre nos houillères et le point où devront s'arrêter les produits rivaux de l'étranger et les nôtres, d'après les prix d'extraction et de transport combinés. Elle serait moindre si sa construction n'était pas à la charge de l'État.

Placés naturellement au point où ces prix de concurrence se trouvent égaux entre les houillères du Forez et celles de Saarbruck, au point où la houille française de Champagney et de Rondchamp n'a plus de vente possible, par la concurrence de celle de Saint-Étienne, arrivant à Gray par la Saone, nous donnerons un peu de faveur à la houille grasse de Rondchamp, par notre concurrence avec l'autre et avec celle de Saarbruck. En imposant celle-ci, on favorisera encore les produits français. De sorte que, si la houille grasse de Saarbruck avait été, jusqu'ici, indispensable chez nous, elle serait facilement remplacée par celle de Saint-Étienne ou de Rondchamp, au profit du Trésor, qui a ses droits sur les capitaux français de mille manières différentes : et surtout si on les dirigeait fructueusement vers l'établissement des canaux intérieurs projetés entre la Saone et la Moselle, entre le Rhin, la Meuse et la Marne, et, mieux encore, si on stimulait, en les favorisant, l'établissement des chemins de fer, si particulièrement utiles aux maîtres de forges et de houillères (*).

(Mirecourt.)

907. Quant aux exploitations houillères situées dans d'autres bassins que ceux du Nord, de Saint-Étienne, de la Nièvre et de l'Auvergne, ce que l'on peut avancer avec certitude, c'est que, peu développées encore, elles ont éminemment besoin de la protection d'un tarif qui permette, à celles de ces houillères qui sont déjà en exploitation, de suivre leur développement successif, et à celles qui ne le sont pas encore, d'y être mises. Sans cette

---

(*) Le chemin de fer projeté entre le Havre et Strasbourg, par Paris, trouverait, jusqu'à Paris, la houille nécessaire au service, dans le Morbihan, le Finistère et le Calvados ; les mines du Nord et du Midi amènent leur charbon à Paris. De Paris à Strasbourg, les Vosges et le Haut-Rhin fourniraient facilement le combustible indispensable. Ce chemin de fer, prolongé en Allemagne jusqu'au Danube, serait la plus longue communication commerciale du monde, par terre, et porterait rapidement les produits réciproques ; en sorte qu'on réaliserait, par ce moyen, cette vue si utile de faire produire à chaque sol, à chaque population, ce qui y croît le mieux, ce qui s'y fabrique à meilleur compte.

(Note des déposants.)

protection et sans la certitude de sa durée, aucune des concessions nouvellement accordées dans le Nord, l'Ouest et le Centre, ne seront exploitées. (*Anzin.*)

908. Si respectables que soient les intérêts que nous avons fait valoir dans nos réponses, il en est de plus dignes encore de la sollicitude
du Gouvernement : ce sont ceux qui se rattachent à l'établissement d'un
nouveau système de communication entre le bassin de la Loire et Paris.
Les capitaux nécessaires à ces vastes opérations se sont engagés et s'engagent encore sur la confiance qu'ils ont dans le maintien de l'état de
choses actuel. On a compté que la houille devait payer les 3/5 environ
des péages.

Le chemin de fer, de Saint-Étienne à Andrezieux , aujourd'hui, a
coûté. . . . .   1,800,000^f

Les concessionnaires de celui d'Andrezieux à Roanne
ont déjà dépensé. . . . . . . Ils ont à terminer plusieurs travaux
d'art, à se procurer tout le matériel des transports, ce
qui est fort considérable; il faut enfin tenir compte de
l'intérêt du capital engagé jusques au moment où l'achèvement de la ligne rendra ce capital productif; en sorte
que la dépense totale ne restera pas, pour une longueur
de 67,000 mètres, au-dessous de.   6,000,000

Une compagnie construit, de Roanne à Digoin, un canal de 58,000 mètres de longueur : les devis sont de
6,500,000 francs; ce qui, avec les intérêts et arriérés,
et dans la supposition qu'aucune prévision de dépenses
ne sera dépassée, conduit à un total de.   7,000,000

Les dépenses déjà faites ou prévues, pour le canal latéral à la Loire, exécuté par l'État, excèdent une somme de   25,000,000

Enfin, la compagnie du canal de Briare offre, dans ce
moment, de dépenser, pour la jonction de sa gare actuelle
avec le canal latéral, et pour donner, à ses écluses, les dimensions de celles des canaux supérieurs, une somme de.   1,800,000
                                                                    ———————
                                                                    41,800,000

Voilà donc 41,600,000 francs engagés, ou prêts à l'être, pour la construction d'une grande voie navigable, et qu'on frapperait de stérilité par la suppression des droits.

Ces canaux, ces chemins de fer, qui ne se seraient point construits, si l'on n'avait pas compté sur un certain tonnage de combustible fossile, desserviront aussi d'autres industries ; on y transportera des marchandises de toute espèce, des vins, des grains : et, puisque la circulation de la houille était la condition de leur exécution, toutes les autres denrées, qui s'y transporteront par le canal, font cause commune en faveur du maintien de l'état de choses sur lequel reposent ces grandes entreprises.

A ces capitaux, appréciables en chiffres, il faut ajouter celui des forêts, celui qui est consacré aux frais de transports, les travaux des mines des départements de la Loire, de Saone-et-Loire, de la Nièvre, de l'Allier, du Puy-de-Dôme et de la Haute-Loire, le versant occidental du canal du centre, le versant méridional du canal du Nivernais, le versant oriental du canal du Berry, et enfin tous les intérêts agricoles et commerciaux qui se développent sur cette ligne.

Les droits de douane, qui protégent certains intérêts, en froissent, par la même raison, certains autres, et le principe d'application doit être de balancer les avantages et les inconvénients de chaque droit, de manière à se restreindre aux points où les avantages sont le plus considérables possible. Cette comparaison paraît facile à faire, et la chambre de commerce de Lille peut évaluer si les capitaux et les intérêts, qui sont blessés par le droit de 33 centimes, en reçoivent un détriment plus considérable que celui qui adviendrait, de sa suppression, au commerce du bassin de la Loire ; si cette suppression donnerait plus de travail aux populations du Nord qu'il n'en ôterait aux populations du midi de Paris.

(Loire C.)

Canal de Briare. 909. Si la question des houilles doit dépendre, en partie, de la possibilité de transporter, facilement et à bas prix, les charbons français, des lieux d'extraction aux lieux de consommation, il ne sera pas inutile de se fixer sur les progrès du canal de Briare.

La compagnie de ce canal a reconnu la nécessité d'effectuer incessam-

ment les travaux qu'exigent le rélargissement de ses écluses et l'augmentation de son tirant d'eau, pour lui donner des dimensions pareilles
à celles du canal latéral à la Loire et du canal du Centre, qui ont, l'un
et l'autre, des écluses de 16 pieds de large et une profondeur qui doit
être de 5 pieds, tandis que le canal de Briare a des écluses qui n'ont
que 13 pieds de large et une profondeur de 3 pieds.

Il résulte de cet état de choses que les bateaux qui suivent cette ligne
ne peuvent avoir qu'une immersion dont la section perpendiculaire serait
en maximum d'environ 36 pieds, tandis qu'en portant la dimension des
écluses et du tirant d'eau du canal de Briare à celle des deux autres canaux, cette immersion pourrait doubler; de sorte que les bateaux qui,
actuellement, ne peuvent charger moyennement que 50 tonnes, pourraient
en porter 100; ce qui diminuerait, de près de moitié ou d'environ 2/5°,
les dépenses du fret, sur toute la ligne navigable qui, pour arriver à
Paris, présente un trajet moyen d'environ 400,000 mètres.

Et, comme la dépense du fret est d'environ 4 à 5 centimes, par tonne
et par kilomètre, on voit que l'économie d'environ 2 centimes, qu'on
pourrait obtenir, par tonne, sur le fret, serait, pour le trajet, environ 8 fr.
par tonne; or il passe, annuellement, à peu près 200,000 tonnes par le
canal de Briare : ce serait donc, pour le commerce, une économie d'environ 1,600,000 fr., d'autant plus importante qu'elle porterait, presque
entièrement, sur l'approvisionnement de Paris.

Le bénéfice, que pourrait retirer le canal de Briare de cette diminution du fret, par l'augmentation des transports, serait sextuplé pour l'État,
puisque le trajet des canaux, l'un latéral à la Loire, l'autre du Centre,
qui lui appartiennent, est sextuple de celui de Briare; et l'État aurait
encore à recueillir d'autres avantages pour les bateaux du canal du Berry
qui pourraient alors passer accouplés par les écluses du canal de Briare.

En calculant l'importance de ces travaux pour la compagnie du canal
de Briare, on doit remarquer, en même temps, qu'ils peuvent être considérés comme travaux d'utilité générale; et la compagnie, d'après l'élévation des dépenses qu'ils exigent, et qui se montent à 900,000 francs,
selon des devis dûment en forme, a fait la demande d'un secours, en
s'obligeant alors à les exécuter dans le délai de deux ans.

COMPARAISON entre le fret actuel d'un bateau de charbon de terre, par la Loire à Paris, et le fret tel qu'il pourra s'élever, si le canal latéral était terminé, et le canal de Briare mis en rapport avec les canaux du Centre et latéral de la Loire.

FRET ACTUEL À 26 POUCES OU 50 TONNES.		FRET PRÉSUMÉ PAR LES CANAUX, POUR 100 TONNES.	
Acquisition de 2 bateaux.......	500f	Achat du bateau, 900 francs pour six voyages...............	150f
Droits de Loire, de Digoin à Decize....................	30	Droits du canal latéral.........	175
Idem, de Decize à Nevers......	14	Droits des canaux de Briare et du Loing.................	100
Idem, de Nevers à Briare.......	40	Droits de Seine..............	20
Mariniers de Digoin à Briare....	200	Mariniers..................	200
Canal de Briare, droit fixe.......	33		
2 pouces d'excédant.	10	TOTAL........ (*)	645
Canal du Loing, droit fixe......	33		
2 pouces d'excédant.	10		
Droits de Seine..............	20		
Mariniers de Briare à Paris......	70		
TOTAL........	1,160		
Revente des deux bateaux.......	200		
MONTANT du fret.......	960		

ÉTAT des bateaux de charbons de terre qui ont passé sur le canal de Briare depuis 1819.

1819 ————	1,856
1820 ————	1,631
1821 ————	1,812
1822 ————	1,769
1823 ————	2,240
1824 ————	1,911
1825 ————	1,152
1826 ————	2,140
Époque du perfectionnement du canal de Saint-Quentin. 1827 ————	2,222
1828 ————	1,754
1829 ————	1,295
1830 ————	1,109
1831 ————	1,022

Il est à remarquer que le nombre des bateaux passés par le canal aurait dû être beaucoup plus considérable, si la troisième embouchure qui existe, depuis 1826, eût pu recevoir, comme elle le fait présentement, tous les bateaux qui parcourent la Loire, dans une gare de 1,000 bateaux, tandis qu'alors, faute de cette troisième embouchure, plus de 300 bateaux descendaient au canal d'Orléans.

(Canal de Briare A.)

(*) Il conviendrait d'ajouter, à cette somme, les frais de remonte du bateau qui, de Paris à Digoin, s'élèveront à 200 francs ; mais il est à présumer que chaque bateau remontera des marchandises qui,

910. Informés des démarches de la chambre de commerce de Lille, pour obtenir la suppression ou la réduction du droit de 33 centimes imposé aux houilles belges, à leur entrée en France, et de la proposition tendante au même but, faite, à la Chambre, par un honorable député du Nord (M. Taillandier), nous devons élever la voix contre une prétention qui entraînerait la ruine d'une entreprise à laquelle ses actionnaires ont consacré un capital de 7,000,000 francs.

On n'entreprendra pas d'énumérer toutes les conséquences que la suppression ou l'abaissement, même le plus minime, de ce droit, aurait sur la prospérité, sur l'existence du pays; le tableau, aussi vrai qu'effrayant, en a été fait par les administrations du département, et par les hommes les plus instruits et les plus spéciaux, tels que MM. Baude et Beaunier, appuyés sur des documents officiels. Ils ont démontré que le débouché de la consommation de Paris était indispensable à l'exploitation de Saint-Étienne pour qu'elle pût se soutenir; que le rapprochement des mines belges et la facilité de l'arrivage de leurs produits, par le canal de Saint-Quentin, en faveur duquel l'État a fait l'abandon de 14,000,000 fr., qui se résolvent en une prime pour les houilles belges, ne permettrait plus, au combustible fossile de Saint-Étienne, de soutenir la concurrence, qu'en raison de sa qualité supérieure, et d'un abaissement excessif sur le salaire des ouvriers employés à l'extraction et au transport; que ces ouvriers ne pourraient plus se procurer la viande ni le vin dont ils usaient et qui leur étaient si nécessaires pour se soutenir dans leurs pénibles travaux, dont le produit suffit à peine pour payer le pain qui les alimente, eux et leur famille; que toute mesure qui viendrait aggraver leur situation, déjà si fâcheuse, serait l'arrêt de mort de l'immense population qui vit de l'exploitation et de la navigation, de celle qui subsiste des nombreuses industries qui s'y rattachent, qu'elle serait la ruine de tout le pays. Ces faits ont acquis l'autorité de l'évidence : la déduction des preuves ne serait qu'une répétition aussi longue que fastidieuse.

non-seulement dédommageront des frais de remonte, mais donneront des bénéfices qui diminueront d'autant les frais de conduite à Paris.

Il faudrait aussi porter, en diminution, le produit de la vente du bateau qui, après les six voyages, pourra valoir 200 francs; ce qui donne encore, par voyage, 50 francs de diminution sur les frais.

D'après ces calculs, il résulte que les frais seraient diminués de plus de moitié, puisque, si 50 tonnes coûtent seulement 860 francs, 80 tonnes coûteront 1,332 francs, tandis que 100 tonnes ne coûteraient que 645 francs. (*Note du déposant.*)

L'entreprise du canal de Roanne à Digoin, sollicitée, pressée, encouragée par le Gouvernement, a été fondée sous l'empire d'une législation qui, par un droit de 33 centimes sur l'introduction des houilles belges, assurait aux produits du bassin houiller de Saint-Étienne une concurrence possible sur le marché de Paris, quant au prix de *revient,* avec la préférence résultant de la qualité supérieure. Le maintien de cette législation était la condition *sine quâ non* de l'association et du succès de son entreprise; ainsi l'ont entendu le Gouvernement et les actionnaires. Sans le transport assuré du charbon de terre de Saint-Étienne, le canal était impossible, car il devenait improductif.

En effet, la construction du canal était estimée, d'après les devis, exiger un capital de 6,500,000 francs, pouvant s'élever à 7,000,000. Il fallait donc compter sur un produit net de 390,000 à 420,000 francs, pour l'intérêt de ce capital à 5 ou 6 p. o/o.

Le nombre de tonnes de houilles qui, de la Loire, arrive à Paris, étant évalué à 112,000, d'après les relevés les plus exacts, assurait au canal, à raison de 5 centimes, par tonne et par distance, et pour 54 distances, un produit de 2 francs 70 centimes, et en totalité de...... 302,400^f

Les vins du Roannais, du Beaujolais, environ......... 35,000

Le transport, à peu près certain, de divers autres produits. 40,000

Les produits de la gare, des plantations............. 25,000

TOTAL.......... 402,400

Ce produit de 402,000 francs, à peu près certain, mais sur lequel il fallait prélever les frais d'entretien, de réparation et d'administration, eût été insuffisant; mais on supposait, avec grande probabilité, que les marchandises du Midi étant attirées par la facilité que leur présenteraient les chemins de fer qui vont établir la communication du Rhône avec la Loire, la plus grande activité imprimée à l'exploitation des houilles s'accroîtrait encore, et le patriotisme des actionnaires les décida à courir les chances d'un plus faible intérêt, en considération du bien que cet établissement produirait par la plus-value qu'acquerraient le sol et ses produits, et par le nombre et l'étendue des spéculations industrielles, agricoles et commerciales qu'il ferait naître.

Que les prétentions du commerce de Lille soient admises, le combustible fossile de la Loire est forcément exclu du marché de Paris ; près des quatre cinquièmes du produit sur lequel a dû compter l'entreprise du canal lui sont enlevés ; il devient impossible de la continuer. Il est vrai que le cinquième du capital social est déjà employé ; mais il est indubitable que les actionnaires préféreront en faire le sacrifice pour sauver les quatre cinquièmes qui restent encore entre leurs mains.

Ce n'est pas tout : probablement ils élèveront la voix pour être indemnisés ; ils invoqueront les engagements réciproques entre eux et le Gouvernement, la foi de la législation sous laquelle ils ont contracté, et qu'ils n'ont jamais pu supposer pouvoir être violée ; ils réclameront la protection due aux régnicoles contre l'étranger ; ils diront qu'assez de millions et de sang français ont déjà été sacrifiés à l'alliance belge : et qui peut calculer toutes les conséquences que peuvent entraîner leur désespoir et celui de toute la population d'un pays qui supportait son malaise actuel avec courage et résignation, dans l'espoir de l'avenir meilleur et prochain que leur promettait la construction du canal ?

Nous ajouterons que, confiants en la sagesse du Gouvernement, nous sollicitons une prompte décision. Ayant déjà consommé en acquisition de terrains, en approvisionnements de matériaux, en travaux, 2,000,000 francs, nous ne serons en mesure d'utiliser une pareille somme, dans la campagne qui va s'ouvrir, qu'autant que la sécurité et la confiance seront rétablies. (*Canal de Briare B.*)

911. Les houilles transportées sur les canaux d'Orléans et du Loing viennent de la Haute-Loire ou de Maine-et-Loire ; elles éprouvent les plus grandes difficultés pour parvenir à atteindre les embouchures des canaux de Briare et d'Orléans en Loire, parce que le fleuve est rarement navigable, et que, lorsqu'il l'est, les vents sont trop fréquemment un obstacle à ce que les bateaux puissent le remonter.

De là des frais de séjour en rivière indéterminés qui ont fait que les houilles de l'Anjou ont renoncé à se produire sur le marché de Paris et à concourir à son approvisionnement.

Quant à celles provenant de la Haute-Loire, elles n'ont pas à lutter contre le vent ; mais si elles ne profitent pas d'une crue, il faut qu'elles en attendent une autre, et quand elle arrive, elle est quelquefois si faible ou si rapidement écoulée qu'elle ne leur permet pas d'atteindre l'embouchure de l'un ou de l'autre canal ; de là des frais de séjour et de transbordement pour alléger les bateaux.

Ces frais sont tels que, tous les ans, le nombre des bateaux, conduisant de la houille de la Haute-Loire à Paris, diminue, et que, depuis dix ans, il est à ma connaissance que cette diminution est de plus de 1/4.

Appelé par les intérêts qui me sont confiés à en rechercher la cause, je me suis convaincu que c'est la présence de la houille du Nord, sur le marché de Paris, qui a empêché celle du Midi de s'y produire, ne pouvant y soutenir la concurrence à cause des frais énormes qu'elle a à supporter avant de pouvoir y arriver.

Vainement j'ai cherché à combiner, avec les propriétaires de mines de houille et avec les mariniers qui en entreprennent le transport, un nouveau mode de chargement des bateaux et une réduction des droits de navigation telle qu'il leur fût possible de se présenter sur le marché de la capitale avec quelque avantage.

Il résulte de cet état de choses que le commerce des bois et des vins ne trouve plus à acheter, aux embouchures des canaux, les bateaux vides qui lui sont nécessaires pour faire transporter à Paris ces marchandises, et que plus de 2,000 bras restent inoccupés par la décroissance progressive des transports par eau. Il existe à Briare, à Combleux et à Montargis, une population de plus de 3,000 hommes dont toute l'industrie consiste à haler les bateaux : la priver de ce travail, c'est la mettre dans le cas de se livrer à tous les excès que le désœuvrement peut enfanter. C'est une race d'hommes toute particulière, capable de se porter à des délits fort graves, ainsi qu'elle l'a fait depuis 1830, époque à compter de laquelle elle n'a cessé, pour ainsi dire, d'être en révolte contre la force publique chargée de s'opposer aux dévastations dans la forêt.

Sans la stagnation du transport par eau des marchandises qui étaient dans l'usage de suivre cette voie, ces malheureux ne seraient pas réduits à l'état de misère dans lequel ils se trouvent; ils vivraient du produit d'une profession qu'ils disputent à la bête de trait que je n'ai pas cru devoir leur faire préférer, pour ne pas leur enlever le seul travail auquel ils sont habitués.

Le transport des houilles, interrompu ou réduit seulement à moitié, porte encore un fort grand préjudice aux layetiers, aux menuisiers et aux ébénistes de Paris, auxquels il fournit des bois nécessaires à leur industrie, par le dépècement de 3 à 4,000 bateaux qu'il procure annuellement au commerce, et que celui-ci revend, aussitôt après avoir effectué le déchargement de ses marchandises, sur le marché de la capitale.

(Canaux C.)

Mulhausen consomme, pour ses propres établissements manufacturiers, 400,000 quintaux métriques de houille qui sont fournis par l'intérieur. Elles servent aux chaudières de teintureries, de machines à vapeur, à l'éclairage au gaz et pour les fontes et forges dans les ateliers de construction, sans qu'on ait jamais signalé leur manque de *flamme*. Leur qualité suffit parfaitement à tous les besoins. On tire, depuis peu, un parti d'autant meilleur de ce combustible, qu'on l'attise par un nouveau système de ventilation, qui procure de l'économie et qui rend les hautes cheminées inutiles.

D'abord, Mulhausen se pourvoyait à la mine de Ronchamp (Haute-Saône), distante de 15 lieues, où le charbon se vend à raison de 2 francs 50 centimes à 3 francs par 100 kilogrammes; le transport, avant l'achèvement du canal, doublait ce premier prix. Depuis l'ouverture de ce canal, on reçoit des charbons du Centre (de Rives-de-Gier, de Blanzy), qui reviennent à 3 francs 50 centimes, tout rendus; il y a donc 1 franc 50 centimes d'économie, soit 600,000 francs sur la seule consommation de Mulhausen.

Pendant la dernière sécheresse (été de 1833), le canal n'étant plus navigable, on a dû recourir, de nouveau et par terre, à la mine de Ronchamp, et encore à Sarrbruck où le quintal métrique se vend 80 cent.; mais les frais de transport le faisaient souvent revenir jusqu'à 7 francs 50 centimes.

Que faisait à ce prix, multiple de celui de la houille à la mine, le droit de douanes de 10 centimes, par 100 kilogrammes, que nous avions à payer

Déposition de M. Nicolas Kœchlin, spéciale à Mulhausen (*).

(*) Cette déposition a été reçue trop tard pour être insérée dans le corps de l'Enquête.

à la frontière? Qu'y aurait même fait le droit de 30 centimes? Ce n'est ni
à la mine, ni à la douane que se fait réellement le prix de la houille ; c'est
sur les routes de terre, quand on est condamné à n'user que de cette voie.

Si la réduction des droits, qu'on réclame si vivement, était une condition
absolue de l'existence des fabriques du Nord, comment celles de l'Est au-
raient-elles subsisté et pris de l'accroissement, depuis 1826 ? Comptez : la
réduction vaudrait, à Lille et à Rouen, 20 à 30 centimes, par hectolitre de
charbon, qui, pour le combustible seulement, forment aujourd'hui une
différence entre l'état de leurs fabriques et celles de l'étranger. Or, il existe,
entre les nôtres et celles de Lille et de Rouen, une bien plus grande inégalité. Lille a du charbon de Mons et d'Anzin à 2 francs l'hectolitre, et nous,
nous payons, 3 francs 50 centimes, celui qui nous vient du centre par le
canal. Rouen reçoit le coton de première main et fait ses exportations
d'une manière directe, tandis que nous avons des transports et des intermédiaires à payer, pour opérer par les ports. Tout cela influe bien autrement, sur nos marchandises, que 20 centimes sur un hectolitre de charbon ;
cependant il faut que nos produits rivalisent avec ceux de Rouen et de
Lille.

Je ne veux pas dire que le bas prix du combustible ne soit la chose
la plus essentielle et la plus désirable pour l'industrie : Dieu m'en garde !
Aussi je réclame les vrais moyens de l'obtenir, c'est-à-dire le perfectionnement des voies de communication économiques. Car, lorsque la navigation de notre canal sera plus régulière, et que les riches houillères
d'Épinal pourront remplir la promesse de nous fournir, en abondance, du
bon charbon, qui, rendu sur le port de Mulhausen, ne reviendra qu'à
2 francs 25 centimes, par 100 kilogrammes, il nous restera peu à désirer
sous ce rapport. C'est donc sur les moyens de transport les plus prompts
et les plus économiques que nous appelons l'attention du Gouvernement.
Ils ouvriront une source de prospérité inappréciable pour toute la France,
mais surtout pour le département du Haut-Rhin éloigné des ports et des
grands centres de production. Nous pensons qu'il est sage d'insister sur ce
point plutôt que sur les conséquence d'un droit qui, après tout, n'est
pas la cause du mal.

LISTE des Personnes qui ont déposé dans l'Enquête sur les Houilles.

MOTS DE RAPPEL.	DÉPOSANTS.
Abbéville.	M. Randoing, délégué de la chambre de commerce d'Abbeville.
Alais.	M. Bérard, membre de la Chambre des Députés, ancien directeur général des ponts et chaussées et des mines.
Amiens.	La chambre de commerce d'Amiens.
Anzin.	M. Marck-Jennings, agent général de la compagnie des mines d'Anzin.
Auvergne.	Les exploitants des mines de houilles de l'Auvergne. (Observations imprimées.)
Avesnes.	M. Godfroy, président de la société d'agriculture d'Avesnes. (Réponses présentées en son nom par M. Taillandier, député du même arrondissement.)
Aveyron.	M. Pillet-Will, membre de la chambre de commerce de Paris.
Blanzy.	Les concessionnaires des mines de Blanzy.
Bordeaux (A).	Les fabricants de Bordeaux. (Observations transmises par la chambre de commerce de cette ville.)
Bordeaux (B).	M. William Stewart, délégué de la chambre de commerce de Bordeaux.
Boulogne.	M. Adam, maire de Boulogne, délégué par la chambre de commerce de cette ville, et représentant les mines d'Hardinghen.
Caen.	La chambre de commerce de Caen.
Calais.	La chambre de commerce de Calais.
Canaux (A).	M. Huerne de Pommeuse, administrateur du canal de Briare.
Canaux (B).	Le conseil d'administration de la compagnie du canal de Digoin à Briare.
Canaux (c).	M. Rouxel, administrateur de la compagnie des canaux d'Orléans.
Colombelle.	M. Sadourny de Sellamines, propriétaire et concessionnaire des mines et verreries de la Colombelle.
Chemin de fer de Roanne.	Mᵉ Mellet, concessionnaire du chemin de fer de Roanne à Andrezieux.
Clermont.	M. Guilhaumon aîné, délégué de la chambre de commerce de Clermont.
Cons. gén. des Man^{es}	M. Prairo-Neyzieux. (Propositions de son rapport adoptées par le conseil général des manufactures en sa séance du 30 mars 1833, pour servir à l'enquête comme sa propre réponse.)
Creuse (A).	L'ingénieur en chef du département de la Creuse.

MOTS DE RAPPEL.	DÉPOSANTS.
Creuse (B).	Le Préfet du département de la Creuse.
Creuzot.	Le directeur de la compagnie anonyme des mines, forges et fonderies du Creuzot.
Decize.	Les membres du comité d'administration des mines de Decize.
Dieppe.	La chambre de commerce de Dieppe.
D. gén. des Mines.	M. Migneron, ingénieur en chef, secrétaire du conseil général des mines, délégué par l'administration générale des mines.
Dunkerque.	La chambre de commerce de Dunkerque.
Grosmesnil.	M. Auguste Lamothe, propriétaire des mines de Grosmesnil. (Mémoire imprimé à Clermont-Ferrand, chez Vaissière et Pérol.)
Languin.	M. Lemaitre, délégué des mines de Languin, département de la Loire-Inférieure.
Le Havre (A).	M. Lebaillif, délégué de la chambre de commerce du Havre.
Le Havre (B).	M. Clerc, raffineur à Harfleur, près le Havre, délégué de la chambre de commerce de cette ville.
Le Havre (C).	M. Lahoussaye, délégué de la chambre de commerce du Havre.
Le Havre (D).	M. Nillus, délégué de la chambre de commerce du Havre.
Lille (A).	M. d'Ambricourt, délégué de la chambre de commerce de Lille.
Lille (B).	M. le comte Destourmel, membre de la chambre des Députés, délégué de Cambrai.
Lille (C).	M. Fevez, délégué de la chambre de commerce de Lille.
Lille (D).	M. Kuhlmann, professeur de chimie, délégué par la chambre de commerce de Lille. (Mémoire imprimé à Lille, chez Danel, grande place.)
Loire (A).	Le conseil général du département de la Loire. (Vœu transmis par le préfet.)
Loire (B).	M. Beaunier, maître des requêtes, inspecteur général des mines, directeur de l'école des mineurs de Saint-Étienne.
Loire (C).	M. Baude, membre de la Chambre des Députés, concessionnaire de mines.
Mirecourt.	La société houillère de Mirecourt, Vosges. (Pétition imprimée, transmise par M. le comte de Tascher, Pair de France, président de la commission des pétitions.)
Montrelais.	M. Jonnart, l'un des administrateurs des mines de Montrelais, département de la Loire-Inférieure.
Oise.	M. Ch. de Saint-Cricq Casaux, membre du conseil général des manufactures, fabricant de poterie de grès fin à Creil, département de l'Oise.

MOTS DE RAPPEL.	DÉPOSANTS.
Nord.	Le conseil général du département du Nord. (Vœu transmis par le préfet.)
Paris (A).	M. Boigues, membre de la Chambre des Députés, délégué de la chambre de commerce de Paris.
Paris (B).	M. Tiphaine, inspecteur principal de la navigation et de l'approvisionnement de Paris.
Paris (c).	M. Lattu, marchand de charbon du midi, à Paris, quai de Gèvres, n° 78.
Paris (D).	M. Gérard, marchand de charbon du nord, à Paris, rue de la Croix du Roule, n° 4.
Paris (E).	M. Dehaynin, marchand de charbon du nord, à Paris, rue du Bac, n° 30.
Paris (F).	M. Delore, fabricant de salpêtre.
Puy-de-Dôme (A).	Le préfet du département du Puy-de-Dôme.
Puy-de-Dôme (B).	Les marchands de charbon de Brassac, Brassaget, Jumeaux, Pont-du-Château, etc., dans le département du Puy-de-Dôme.
Puy-de-Dôme (c).	Le conseil général du département du Puy-de-Dôme. (Vœu transmis par le préfet.)
Rouen (A).	MM. Lemarchand, juge suppléant au tribunal de commerce; Henri Barbet, membre de la Chambre des Députés et maire de Rouen; et Arnaud-Tizon, manufacturier, tous trois délégués par la chambre de commerce de Rouen. (Mémoire imprimé à Rouen.)
Rouen (B).	M. Martin, fondeur, membre de la chambre de commerce de Rouen, désigné par elle.
Saint-Étienne.	Les exploitants concessionnaires des mines de Saint-Étienne. (Mémoire imprimé à Saint-Étienne, chez Pichon, place de l'Hôtel de Ville.)
Tarn (A).	M. Léon Talabot, directeur des mines de Saint-Juery, département du Tarn.
Tarn (B).	Le vicomte de Solages, propriétaire et concessionnaire des mines de houilles de Carmaux. (Réclamations.)
Valenciennes.	MM. Taillandier, de Vatimesnil et Destournel, députés du Nord. (Renseignements fournis au nom de plusieurs négociants de Valenciennes.)
Vendée.	M. de la Fontenelle de Vaudoré, concessionnaire des mines de la Vendée, membre du conseil général des Deux-Sèvres, conseiller à la cour royale de Poitiers.

ERRATUM.

Page 174, ligue 4, *au lieu de* (Rougn) *lisez :* (Rouen A).